Rainer Thiel

Die Allmählichkeit der Revolution

Selbstorganisation sozialer Prozesse

herausgegeben von

Herbert Hörz

Band 6

LIT

Rainer Thiel

Die Allmählichkeit der Revolution

Blick in sieben Wissenschaften

LIT

Umschlagbild: M. C. Escher: BEFREIUNG. Lithographie April 1955. Original
434 x 199 mm. Im Werkverzeichnis Nr. 400. ©2000 Cordon Art
B. V. – Baarn Holland. All rights reserved.

Die Deutsche Bibliothek – CIP-Einheitsaufnahme

Thiel, Rainer
Die Allmählichkeit der Revolution : Blick in sieben Wissenschaften /
Rainer Thiel. – Münster : LIT, 2000
    (Selbstorganisation sozialer Prozesse ; 6.)
    ISBN 3-8258-4945-7

NE: GT

© LIT VERLAG Münster – Hamburg – London
Grevener Str. 179   48159 Münster   Tel. 0251–23 50 91   Fax 0251–23 19 72

INHALT

Was der Leser erwarten kann

Jedermann kennt Redensarten vom „rechten **Maß** der Dinge", vom Ganzen, das „**mehr** ist als die Summe der Teile", von den Bäumen, „die nicht in den Himmel **wachsen**", oder das Goethe-Wort „Vernunft wird Unsinn, Wohltat Plage". Da ist es schon ganz nah zu jenem Logo, wonach **Gegensätze** ineinander umschlagen. Was haben alle diese Redensarten miteinander zu tun? Und wenn wirs wissen: Was würde uns das nützen?

Nun gar der *Sinn* von solchen Redensarten - was hat ihr Sinn zu tun mit diesen Fragen: Wieso kann feuchtes Heu ein **Feuer**-Generator werden? Was braucht ein Witz, um **Witz** zu sein? Wie entstand das **Kapital**?

Beginnend mit Recherchen im Sprichwörterschatz und mit überraschenden Deutungen von Bildern des holländischen Graphikers M.C. **Escher** werden in zwölf Kapiteln Verlaufs-Formen von Prozessen in Natur, Gesellschaft und Denken in Beziehung gesehen zu dem berühmten, universellen Gesetz vom **Umschlagen** quantitativer Veränderungen in qualitative. Einfachste mathematische Modelle, Beachtung des mathematischen Begriffs „Unscharfe Menge" („fuzzy-set") und Einblendungen der mathematischen **Chaos**-Theorie, Blicke in die Physik der Phasenübergänge, in die biologische Evolutionslehre und in die Methodik des Erfindens gehören zur Vorführung. Zusammenhänge werden sichtbar. So kann man Vergleiche ziehen, Denkanregungen gewinnen, Geschichte und Alltagsabläufe besser verstehen.

Man kann sogar noch mehr. Man kann so manchen Sinn von Unsinn unterscheiden. Landläufig glaubt man an Gegensatz zwischen Evolution und Revolution. Revolution sei das *Plötzliche*. Wir fragen aber hier im Gegenteil, ob das universelle Gesetz vom Umschlagen quantitativer Veränderungen in qualitative mit „Plötzlichkeit" überhaupt etwas zu tun hat. Nein, das hat es nicht, wohl aber mit der **Nichtlinearität** in allem Wachstum, die man im Alltag ignoriert. Gern ignoriert, weil uns der lange Atem fehlt, vorm raschen Handeln auch zu *prüfen*: Geht es denn wirklich wie am Lineal? Sind denn die Variablen ohne Exponent? Sind sie nicht wenigstens vom Grade *zwei*?

Von der allgegenwärtigen Nichtlinearität ausgehend erweist sich die traditionelle Frage „**Evolution** *oder* **Revolution**" als Scheinfrage und die Korrelation von Revolution und *Plötzlichkeit* als tragischer Irrtum, der grimmigste politische Kämpfe des 20. Jahrhunderts begleitet und leider auch angeheizt hat. Die Geschichte der Arbeiterbewegung wird erneut neu zu bedenken sein.

Aufmerksam geworden auf *Nichtlinearität* in Mathematik, Physik, biologischer Evolutionslehre und Technologie wird endlich - wenigstens in diesem Buche - wahrgenommen, daß schon Galilei, Hegel, Marx und Engels das *Umschlagen quantitativer Veränderungen in qualitative* als fremd zu,"Plötzlichkeit" verstanden haben. Fremd voneinander wie *Auto* und *outfit*: Das sind zwei ganz verschiedne Dinge. Ein Auto muß eine Karosserie haben. Doch sein *outfit* ist nur Mode und Prestige. Das Auto als Transportmittel braucht kein outfit.

Im 9. und im 11. Kapitel erwarten den Leser besonders delikate Überraschungen. Dort wird zum Beispiel dokumentarisch belegt, daß der Sinn des Marx-Wortes von den „Lokomotiven der Weltgeschichte" - fern von allem Kontext - durch Marxisten um mindestens neunzig Grad gedreht worden ist, quer zu Marx.

Fürsprecher von Plötzlichkeit, denen die Geschichte das Erbe von Galilei, Hegel, und Marx anvertraut hatte, haben sich getäuscht. Das war ein Beitrag, Chancen zu verspielen zu qualitativer Umwälzung: Chancen zur Umwälzung des Quale „Kapitalismus" in ein Quale „Sozialismus".

Was ist „Quale"? Das Gegenstück zu „Quantum". Es gibt Zusammenhänge und Unterschiede zwischen Quantität und Qualität, zwischen Quantum und Quale, zwischen allen vier. Die Dialektik ihrer Relationen hat Hegel erforscht. Der große Denker reklamierte unterm Namen „Potenzenverhältnis" die *Nichtlinearität* für die Philosophie, eilte der mathematischen sog. Chaos-Theorie (die eine Dialektik-Theorie ist) voraus und verbannte die Plötzlichkeit. (An einer einzigen Stelle widersprach er sich selbst). Marx schuf die Theorie der Kapital-Entstehung, indem er *Nichtlinearität* und *qualitatives Umschlagen quantitativer Veränderungen in qualitative* miteinander verband. Es heißt nicht „Um*schlag*", sondern „umschlag*en*". Nicht *Bums*, sondern Entwicklungs-Prozeß.

Bisher aber sagte man, *Qualität-umschlagen* und *Plötzlichkeit* würden zusammengehören. Nachdenklich wurde ich 1956, als ich dazu Marx zum ersten Male las. Zweifel befiel mich, als ich dazu Marx zum zweiten Male las. Anfangs habe ich gelegentlich, seit 1993 systematisch Stoff gesammelt. Nun steht alles in zwölf Kapiteln auf dem Prüfstand. Wer Plötzlichkeit noch weiter lieben möchte, wird enttäuscht sein. Ich hoffe, meine Kritik enttäuscht den Liebhaber der Plötzlichkeit,

„damit er denke, handle, seine Wirklichkeit gestalte wie ein enttäuschter, zu Verstand gekommener Mensch".

Die Worte habe ich bei M. geliehen. Doch kann der Leser sich entschädigen: Zusammengehörig sind *Quale-umschlagen und Nichtlinearität*. Das hatte schon die Geschichtsauffassung und das Politik-Verständnis der originären Dialektiker geprägt. Bisher völlig ausgeblendete oder nur flüchtig gelesene Texte von Hegel, Marx und Engels kommen ins Blickfeld, belegend, daß gewohnte Muster, das Werk von Marx zu deuten, im Gegensatz zum Original stehen.

Mehrere Gegensätze zwischen Marx (Original) und Marxisten habe ich in dem Büchlein „Marx und Moritz - Unbekannter Marx - Quer zum Ismus" behandelt. ISBN 3-89626-153-3, Berlin 1998 und 1999. Weitere Gegensätze sind nun an der Reihe. Mit „Allmählichkeit der Revolution" wächst die Sammlung der aufgedeckten Gegensätze zwischen Marx (orig.) und Marxisten. Der Gegensatz zwischen Marx und Marxisten ist hier auch in Bezug gesetzt zu aktuellen politischen Konzepten. Man muß sich wundern, mit welcher Unkenntnis politisch gestritten wird.

In „Marx und Moritz" sind einige der Ursachen benannt, die diesen Gegensatz hervorgebracht haben. Nun gehts in eine neue Runde: Allmählichkeit der Revolution. Mit Blick in sieben Wissenschaften.

Doch blicken wir vor allem mit dem Ziel, den Leser zu ermuntern: Allgegenwärtiges life im Leben wahrzunehmen, nämlich Quale-Umschlagen in Prozeß-Verläufen. Rückblickend wahrnehmen und vorblickend einkalkulieren! Erkennen, wie gefährlich lineare Verlängerungen von Augenblicks-Tendenzen sind. Positiv gesagt: Nichtlinearität - soweit sie kalkulierbar ist - ausnutzen als Problemlöse-Mittel!

Die sieben Wissenschaften, die unser Blick trifft, sind: Wort-Kunde, Kunst-Kritik, biologische Evolutions-Allometrie, Physik der Phasenübergänge, Mathematik, Erfinde-Methodik, Dialektik, Erkenntnistheorie, Geschichte der Philosophie, Politologie/HistMat. Vielleicht sinds sogar neun. Präzises Querdenken macht Spaß.

Das Manuskript „Die Allmählichkeit der Revolution" schließe ich ab im Gedenken an meine Frau Katrin, die 1998 dem Krebs erlag. Wir hatten vierzig Jahre zuvor unser Familienleben konsequent gleichberechtigt begonnen. Drei Kinder waren unser beider Glück. Da ich aber bald und immer wieder und schließlich bis zur Rente aus dem Forscher-Job hinausgeworfen wurde, hat Katrin - obwohl pro Woche sechzig Stunden von ihrem Beruf gefordert (ihre Zeitschrift genoss hohes Ansehen und ging in das neue Journal INITIAL über) - mir gut die Hälfte meiner Pflichten abgenommen, damit ich in der Freizeit an meinen Projekten arbeiten konnte, neugierig-intellektuell und auf Rettung der mißratenden DDR bedacht, seit 1962 außerhalb aller Pläne. Die un-akademische Gunst war: Ich konnte das Leben kennenlernen. Es bleibt die Bitterkeit, Katrin und den Kindern vieles schuldig geblieben zu sein.

Rainer Thiel

15859 Bugk (Landkreis Oder/Spree)

10. April 2000

1. Fünf Escher - Bilder und die Allmählichkeit des Gegensatz-Umschlagens

1.1 Das Bild „Befreiung". Vom Erdenkloß zum Vogelflug. Kraft und Allmählichkeit

Der holländische Graphiker Maurits Cornelis **Escher** (1898 - 1972) schuf die „am meisten intellektuell anregenden Bilder aller Zeiten". So schrieb der Mathematiker und Philosoph Douglas Hofstadter in seinem Werk „Gödel, Escher, Bach - ein Endloses Geflochtenes Band". (Dritte deutschsprachige Taschenbuchausgabe 1993. Ein Bild/Text-Band „Leben und Werk M.C. Escher" erschien 1994, ISBN 3-8122 3545 5.)

Fügen wir hinzu: Viele Bilder Eschers zeigen, daß auch *kleine* Wandlungen qualitativ sein können und sich als folgenschwer *erweisen*. Sogenannte Qualitäten - korrekter „Qualia" - und sogar *Gegensätze* wälzen sich ineinander um. Oft hörte man, „quantitative Veränderungen schlagen um in qualitative". Doch ist das nur die halbe Wahrheit. Auch krachen muß es dabei nicht, wie einst angenommen wurde. Was umschlägt, ist das *Quale.* Wir haben ja auch *das Quantum.* Was auf „-tät" endet, hat mit *Quale* und *Quantum* zu tun wie Buchhaltung oder Liquidität mit Geld. Es genügt, daß wir uns in Kapitel 7 darüber endgültig verständigen.

Escher-Bilder zeigen: Quale-Umschlagen ist nicht letzter Akt. Jegliche Wandlungen *sind* qualitativ. Von Anfang an. Man darf sie nur nicht mit dem Abstraktions-Hobel bearbeiten. Natürlich *wachsen sie sich aus.* Deutlich werden sie *im Fortgang.*

Unten sehen wir eine Galerie simpler Dreiecke und oben einen Vogel-Schwarm, dazwischen Abwandlung von Dreiecken. Von Galerie zu Galerie klärt sich ab, was an Möwen erinnert. Möwen *werden,* bis sie Möwen *sind.* Die Vögel sind Gegensätze zum Dreieck, einem Symbol gestaltlicher Armut und Leblosigkeit.

Gestaltarme Fliesen und fliegendes Lebewesen sind Qualia, einander entgegengesetzt. Das Bild rührt an wie Verse, die Johannes R. Becher in Ahrenshoop am Ostseestrand, kurz nach Heimkehr aus dem Asyl, geschrieben hatte: „In der Sonne lagen wir am Meer,/ Und die Zeit weithin schien wüst und leer,/ Und das Nichts brach drohend auf uns ein - / Wir erhoben uns: Gestalt zu sein." Aufstehen steht für „Befreiung".

Die Paarheit der Gegensätze wird im Bild durch die gemeinsame Folie unterstrichen; sie herrscht im Umriß der Figuren. Doch ebenso herrscht die Gegensätzlichkeit zwischen den Figuren. Von einer horizontalen Reihe zur nächsten sind die Unterschiede mäßig. Die Möwe prägt

Abb. 1. 1   M. C. Escher: BEFREIUNG. Lithographie April 1955.
Original 434 x 199 mm. Im Werkverzeichnis Nr. 400. © 2000 Cordon Art

sich trotzdem aus. Natürlich hat der Ausprägungs-Grad auch sein *Quantum*. Kann deshalb „graduell" nicht *qualitativ* sein?

So ist der Wandel längst auch qualitativ. Nur sind wir noch nicht sicher, zu welchem Ende das kommen wird. Auf der Folie, von Galerie zu Galerie, sind die Abweichungen vom Dreieck *von Anfang* an auch qualitativ, obwohl die Dreiecks-Figur noch erkennbar bleibt. Es gibt ein Mehr oder Weniger des Bleibens. Doch Spuren beginnen sofort, eine andre Quale zu machen. Zunehmend schlägt die Quale *Dreieck* in die extrem andre Quale *Vogel* um. Das Dreieck ist schon gleich nach Beginn nicht mehr perfekt. Seine Intensität, einem *idealen* Dreieck zu gleichen, wird sofort erschüttert und reduziert sich weiter. Sie *ist* noch nicht in ihren Gegensatz umgewälzt. Doch die Dreiecksfigur ist schon angegriffen. Sie ist: *sich umwälzend*.

Escher erzählt es zuende. Im Bild hat man das Ganze. „Das Wahre ist das Ganze." (G.W.F. Hegel: Phänomenologie des Geistes. Vorrede: Vom wissenschaftlichen Erkennen.) Das Ganze *ist* fließend. Aber, aber: Man möchte *Schubkästen*: Die Extreme erkannt habend will man das Fach des *Gestaltlosen* und darüber - säuberlich abgetrennt - das Fach *Gestalt*. Ein Dreieck der untersten Stufe kann für das untere, ein Vogel aus höchster Reihe für das obere Fach als Symbol gewählt werden. Das wird als Abziehbild auf je einen Kasten geklebt, als Etikett.

Schubfächer sind wie Wasserscheiden, welche Regentropfen klassifizieren: Nördlich vom Grat - Rhein und Donau; südlich - Po und Rhone.

Schubkästen sind Produkte des Abstrahierens, des *Absehens* vom Umwälzen, das erst am Ende - wenn überhaupt - anerkannt wird, wenn alles vorbei ist. Wir legen Schubkästen von den *Extremen* her fest, wo klar ist, was ist. Wir fangen nicht beim Transvestieren an, um Weib vom Mann zu unterscheiden. Dann haben wir unsre liebe Not, in der Mitte liegende Exemplare einzuordnen: nach links? nach rechts? Wir ordnen Schubfächer den *Polen* im Spektrum der Unterschiednen zu. Gegensätze, Extremitäten *und Spektren* von Unterschiedenen sind *objektiv*. Extreme dienen uns Subjekten als Anreger zur Kastenbildung. Was objektiv *zwischen* den Extremen liegt, das macht uns Pein. Ganz objektiv. Deshalb lehnen manche Leute allmähliche Übergänge ab: Wie sollten sie dann Kästen abgrenzen?

Eschers unterste Reihe stellt uns ein Extrem der Gestaltarmut vor. Doch geht es von den perfekten Dreiecken rasch hinauf im Strukturieren. Rasant und *trotzdem* überzeugend. Nicht etwa Kompromiß, sondern *Widerspruchslösung*. Das ist *Kunst*. Schon die sechste Reihe ist ein Extremum jenes Prozesses, der von der untersten zur zweiten Galerie mit dem Trans begann und mit der dritten schon mächtig Armut überwunden hat. Der Schauende ist bei Escher *Zeuge* des Gegensatz-Umschlagens.

19

Escher setzt sogar noch etwas drauf. Bräche Eschers Lithographie nach der sechsten Reihe ab - das Bild hätte schon jetzt den Namen „Befreiung" verdient. Den Namen „Befreien" erst recht. Doch im Bereich der obersten Reihen entwickelt sich's weiter und steigert sich zum Extrem des Extrems. Die Gestalt wird expressiv überhöht.

Und noch etwas: Escher entwickelt die Vögel aus zwei Arten von Dreiecken - den dunklen *und* den hellen. Escher steigert den Umwälzungs-Effekt, indem er ihn verdoppelt, ihn mit sich selber als Schwarz und mit sich selber als Weiß korrespondieren läßt und die Zwischenräume für die Bilddee *ausnutzt*. Dermaßen konsequent, daß die Nischen den Figuren gleichgestellt sind. Durch diesen Gegensatz hinauf zur Möwe!

Zufällig waren mir die weißen Figuren zuerst aufgefallen. Es hätten auch die schwarzen sein können, wie ich bei wechselnder Laune entdecke. Ich bin entweder auf die weißen oder die schwarzen Dreiecke angesprochen. Die jeweils andre Art rührt mich zunächst nur als Hintergrund oder als Zwischenraum, bis ich bemerke: Figur und Nische sind vertauschbar. „Ein und dasselbe offenbart sich in den Dingen als Lebendes und Totes, Waches und Schlafendes, Junges und Altes. Denn dieses ist nach seiner Umwandlung jenes, und jenes, wieder verwandelt, dieses." (Herakleitos von Ephesos) So auch Nische und Figur. Heraklit hätte bei Escher noch lernen können: Figur *entsteht* aus Nische, Nische aus Figur. Sie *erschaffen* einander.

Doch wie ich dann auch die eine oder die andre Erblinie - die schwarze oder die weiße - nach oben verfolge: Ich werde unsicher. Ich verliere den Look, mit dem ich begonnen hatte. Es flimmert mir von Schwarz nach Weiß, von Weiß nach Schwarz, von Nische zu Figur und umgekehrt, bis ich die *Umwälzung* des Flimmerns - sogar des *Flimmerns selber !* - in die Ebenbürtigkeit von Vordergrund und Hintergrund, von Figur und Umfeld, wahrnehme, die Kreation des einen durch das andere. Das erste Quale-Umschlagen war: Vom Dreieck zum Vogel. Jetzt das zweite und das dritte Quale-Umschlagen: Vom Vordergrund zum Hintergrund, von der Figur zur Nische. So begreife ich *Revolution*.

ABER: Es gibt keine scharfe Grenze, von der ich sagen könnte: Jetzt bin ich drüben. Wer sie sucht, geht irre. Alles trägt sich *allmählich* zu. Im ersten Anflug des Begreifens ist's nur eine Schwelle im eignen Hirn, die plötzlich überwunden erscheint: Aha-Effekt *braust auf und läßt sich mühelos protokollieren*. Mit Tag und Uhrzeit. Gehe ich dem Erlebnis nach, erkenne ich:

1. Vordergrund und Hintergrund, Figur und Nische, Erdbrocken und Vogel *sind* Gegensätze, und sie bleiben es. Sie schaffen und begrenzen sich *gegenseitig*. Nicht ein Strich ist es, der sie voneinander abgrenzt. *Sie selber* tun es.

2. Es gibt einen Prozeß des Umschlagens vom einen zum anderen. Es gibt ihn *objektiv*. Wie auch Unterschiede und Gegensätze objektiv sind.

3. Das Umschlagen *ist* Prozeß. Betont sei es, weil uns Sprache und Denken verdorben sind. Man schwelgt in Substantiven statt in Verben. Sünder haben sogar „Gegensatz-Umschlagen", fast *noch* ein Zeitwort, zum Substantivissimum fetischisiert: „Gegensatz-Umschlag". Betrug an der Sprache, der unser Denken täuscht. *Geschehendes* wird wie ein fixer Gegenstand bezeichnet, wie *Fließendes* als „Fluß", von welchem freilich Heraklit schon sagte, man kann nicht zwei Mal in den selben steigen.

4. Umschlagen geht *allmählich*.

5. Den abgrenzenden Strich gibt es gar nicht. Wir sind nur versucht, den Strich zu ziehen, weil es mitunter vorteilhaft ist, die Welt in Schubkästen einzuteilen. Daß wir es können, ist gewiß auch ein Kulturgut. Doch bezahlen wir es mit Sicht-Trübung.

Und noch etwas. Escher zelebriert Gegensatz-Umschlagen nicht nur als allmählich. Er zeigt es *dicht*. Allmählich *und* dicht. Auch das ist künstlerische Widerspruchslösung.

1.2 Das Bild „Luft und Wasser".

FELD-Effekt statt Effekt-PUNKT

Das Bild erwartend erlauben wir uns zwei Vorbemerkungen: Statt „Qualitätsumschlag" wie gewohnt werden wir „Quale-Umschlagen" sagen. „Qualität" ist das Wort für die Quale-*Angelegenheiten*, wie „Finanzen" für Geldangelegenheiten. Quantum ist das Pendent zu Quale wie Quantität zu Qualität.

Zweite Vorbemerkung: Quale-Umschlagen geschieht in *allen* Punkten. Deswegen ist es ein *Feld*-Geschehen. „Feld" steht hier für alles, was *ausgedehnt* ist. Ein Fremdwort wäre gut: Extensio. Es muß nicht eine Fläche sein. Ausgedehnt kann auch ein Strich sein oder ein Körper oder ein Geschehen. Quale-Umschlagen braucht Ausdehnung, um sichtbar zu werden oder Trägheiten zu überwinden.

Manche Phänomene existieren offensichtlich als Feld: Wald im Unterschied zum Baum. Stadt im Verhältnis zum Haus. Wolke im Kontrast zu Kristall, Nebel zu Tropfen. Auch die lange Leine im Unterschied zur Schelle. Das Bungee-Seil im Verhältnis zum Seilstummel. Schneedecke kontra Schneeflocke. Der langlagernde, feuchte, feuergefährliche Heuhaufen, auf den wir in Kapitel 3 zu sprechen kommen, im Unterschied zum einzelnen Grashalm. Der voluminöse Kristall nun seinerseits im Kontrast - zum einzelnen Molekül. Auch die *Dauer* als eine Extensio. Zum Beispiel beruhen darauf Gewohnheitsrecht, Altehrwürdigkeit, Hungerstreik.

Und *Quale-Umschlagen*? Warum einen *Punkt* suchen, an dem die neue Quale begänne? Daß es den Punkt prinzipiell gäbe, kann nicht unterstellt werden. Schon die Frage nach diesem Punkt ist naiv. Es geht überhaupt nicht um einen Punkt. Es geht darum, daß allenthalben *andre Quale* ensteht. Eschers „Befreiung" zeigt es uns. Auch die Bilder in „Leben und Werk M. C. Escher", im Werkverzeichnis unter den Nummern 303, 320, 326, 331, 446. Nun der Holzschnitt „Luft und Wasser" von M.C. Escher:

Abb. 1. 2 M. C. Escher: LUFT UND WASSER I . Holzschnitt Juni 1938. Original 435 x 439 mm. Im Werkverzeichnis Nr. 306. © 2000 Cordon Art B.V. - Baarn - Holland. All rights reserved.

Unter den Beispielen, die Escher uns gibt, ist „Luft und Wasser" (1938) Gipfel der *Meisterschaft*, weil sich das Feld-*Geschehen* im Bild nicht nur perfekt, sondern auch auf extrem kurzer Distanz zwischen den Polen (Wasser und Luft) *vollzieht*. Escher hat dafür Fläche noch konzentrierter in Anspruch genommen als in der Lithographie „Befreiung".

Wieder gibt es keine scharfe Grenze, von der es heißen könnte: Ab hier und heute beginnen die Vögel. Obwohl der Gegensatz zwischen den Po-

Abb. 1.3 M. C. Escher: BELVEDERE. Lithographie Mai 1958. Original
462 x 295 mm. Im Werkverzeichnis Nr. 426. © 2000 Cordon Art B.V. -
Baarn - Holland. All rights reserved.

len auch hier doppelt ist und beide Male gepfeffert: Als Gegensatz zwischen Wasser und Luft sowie als Gegensatz zwischen Vorder- und Hintergrund, Figur und Nische, denn die Vögel entwickelt Escher aus den *Zwischenräumen* zwischen den Fischen. Escher hat auch schon Fisch und Frosch im gegenseitigen Umschlagen gezeigt, auch Fisch und Schiff (Werkverzeichnis Nr. 364 bzw. 360,) Das ist Umschlagen in *Anderes*. Quale-Umschlagen. Und nun Fisch zu Vogel: Das ist *Gegensatz*-Umschlagen!

Escher präsentiert *Allmählichkeit* des Gegensatz-Umschlagens *nicht* in Weite des Feldes zwischen den Polen, was ja leichter wäre. Es könnte dann aber *langweilig* sein. Escher präsentiert mit *Kompression* des Feldes, mit *dichter* Weitläufigkeit des Umschlagens im Muster aus vier mal vier Feld-Elementen.

Ohne Ausdehnung wird Quale-Umschlagen, im Regelfall, nicht deutlich. Ohne Ausdehnung glauben wir, Quale-Wandel überhaupt und seine Allmählichkeit ignorieren zu können. *Ausdehnung* und *Kürze* sind *Gegensätze*. Doch Escher zelebriert Ausdehnung *in Kürze*.

1.3 Das Bild „Belvedere".

Feld-Geschehen und Verdichtung

Schau hin und grüble. Keine Verwirrung? Oder? Unerhörtes wird gezeigt, aus Möglichem *sich ableitend*.

Es gibt Bilder *mit* Unmöglichem, die *nicht* verwirren. Etwa Tannenwipfel unterm Brockengipfel, darüber Hexen. Nichts als Baumspitzen und Besen-Reiter. Nicht eines *aus* und *mit* dem anderen. Unten Wipfel, oben Hexen. Alles separat. Nicht einmal kopulieren tun sie miteinander.

Anders Eschers Lithographie. Zunächst scheint alles zu stimmen. Sogar die Leiter ist *nicht* verbogen, schon gar nicht bis zum Fleischer-Haken. Doch ist der langen Leiter End-Effekt mephistophelisch.

Die Leiter ab *unterem* Ende aufwärts verfolgend sehen wir die beiden Holme vom Inneren des Bauwerks ins Innere des Bauwerks stechen. O.k. Den Blick auf dieselben Holme richtend, doch auf ihr *obres* Ende, sehen wir die Leiter von unten *herauf*kommen, doch wir sehen sie *aus dem Außen* des Bauwerks ins *Innere hinein*stoßen. Während *zwischen* den Extremen - wenn wir nur die Leiter sehen - zunächst nichts auffällt.

Indessen, *indem* die Leiter unten vom Inneren des Gebäudes weiter ins

24

Innere des Gebäudes *hineinführt*, führt sie ins *Äußere* hinaus, um oben aus dem Äußeren kommend im *Innern* anzulangen. Dabei ist sie ganz und gar grade geblieben. *Indem* sich die Leiter von unten wie auch von oben - wenn wir nur die Holme nehmen - korrekt verhält, geschieht Fatales: „Vernunft wird Unsinn, Wohltat Plage." (J.W. v. Goethe: „Faust, der Tragödie erster Teil", Studierzimmer)

Wir können den Fehler nicht ver*orten*. Der Fehler *hat* keinen Ort. Kein Punkt, wo er säße. Wäre *geringste* Ungenauigkeit schon ein Fehler? Wir sehen sie nicht, vorerst. Doch *entwickeln* könnte sich der Fehler aus geringsten Ungenauigkeiten, etwa entlang der Säulen und Pfeiler. Wenn es den Fehler gibt, so ist er *Prozeß,* doch kein punktueller Zustand. In jedem *einzelnen realen Punkt* ist er zu klein, um sichtbar zu sein. Er bleibt innerhalb alltäglicher Toleranzen, die man zu ignorieren pflegt. In einem *ausdehnungslosen* Punkt ist er *überhaupt* nicht. In seiner nächsten Umgebung ist er wie im Differentialkalkül das *dy*, das man einst „Verschwindungsgröße" nannte; heute sagt man: verschieden von Null, nur eben „gerade mal so". Ohne Toleranz kann nichts geschehen in der Welt. Ganz anders, wenn kleine Abweichungen sich *auf*schaukeln. Dann *wirken* sie per Rückkopplung. Elektrotechniker kennen das am besten.

Nun bemerken wir, daß die lange Horizontal-Achse des Obergeschosses im rechten Winkel zur langen Horizontal-Achse des Untergeschosses steht. Wir bemerken abermals keinen Punkt, doch wenigstens einen Winkel und - *ein Resultat:* Das Paradox der Leiter: „gekrümmt ohne gekrümmt zu sein". Oder verschieben wir nur die Antwort? Wie kommen denn die Bauwerks-Achsen dazu, im rechten Winkel zueinander stehen?

Wir sehen die Säulen dem Untergeschoß entspringen. Alles ist oder scheint o.k.
Wir sehen die Säulen vom Obergeschoß aufgenommen. Alles ist oder scheint o.k.
Wir sehen die Säulen in ihrem Mittelteil. Keine Fleischerhaken! Alles scheint o.k.
Wir schauen konzentriert, wie links im Bild die Arkaden von Unter- und Obergeschoß
aufeinander stehen. Alles ist oder scheint o.k.
Endlich bemerken wir: Die Säulen, akkurat wie die Leiter von ihrer Unterlage aufsteigend, die Säulen, akkurat wie die Leiter an der oberen Etage ankommend, die Säulen, so ungekrümmt wie die Leiter...., die Säulen allein sind es nicht, was uns verwirrt.

Gerade weil wir genarrt sind, betrachten wir die Details genauer und genauer. Wir *vertiefen* uns. Das verstärkt unsre Verwirrung. Je länger, desto mehr. Bis wir aufhören, den Blick nur auf Details zu richten. Bis wir beginnen, mit den Augen *auf Reise zu gehen*, nämlich die *Säulen entlang*, ihre längliche *Ausdehnung* nachvollziehend, die Gerade entlang *gleitend*. Die Säulen als *Verbindungen im System* des Bauwerks achtend. Nicht an einzelnen Punkten verweilend. Doch immer im Hinterkopf, was wir *zuvor* gesehen: *Geschichtlich* sehend! Was den meisten Menschen schwerfällt.

Punktueller und surfender Blick sind selbst schon Gegensätze. In der Subjekt-Aktivität. In diesem Escher-Bild sind sie gebraucht zum Experiment mit dem Gegensatz-Umschlagen vom MÖGLICHEN zum UNERHÖRTEN, vom ZUFÄLLIGEN zum NOTWENDIGEN; vom VERSTÄNDIGEN zum ABSURDEN, zu userm Gaudium, fast wie Witze. Escher hätte's auch umgekehrt zeigen können, zum Beispiel vom UNMÖGLICHEN zum MÖGLICHEN, vom ABSURDEN zum VERSTÄNDIGEN. Doch wer weiß, ob's dann *aufgefallen* wäre. Die Bilder zeigen Gegensatz-Umschlagen als *Feld*-Geschehen: ein *objektives Gesetz*, das Wichtigste in unser aller Universum. Verblüffend, wenn es *dicht* gerät.

Das Bild als Ganzes schauend sind wir verwirrt. Wir wissen nicht woher. Details beachtend finden wir keinen Makel, der hinreichend wäre, gerügt zu werden. Doch das *Ganze* im Sinn und die *weitläufigen* Linien verfolgend, begreifen wir: Einige *Verknüpfungen* sind nicht exakt. Verknüpfung heißt: Die *Gesamtheit einer ausgedehnten* Verbindungslinie und *ihrer Beziehungen*.

Das Belvedere ist als *System* zu achten. Der Blick muß die Säulen *in ihrer ganzen* Ausdehnung entlangfahren und dabei auf das umgebende Raster achten. Er muß sie in ihrer Ausgedehntheit *und* ihrer Umgebung verfolgen. In dieser steckt List: Die Einheit von Kopplung und Fehlkopplung *mitsamt* der Schwierigkeit, den Fehler vor dem *zweiten* Blick aufzudecken. Die Säulen beginnen ihre Laufbahn fast korrekt. *Permanent* schlägt Richtiges in Falsches um. Allmählich *wird* es skandalös. „Vernunft *wird* Unsinn, Wohltat Plage." Es geschieht in der *Ausdehnung*.

Gewiß hat Escher noch ein paar kleine Raffinessen aufgeboten, um das Erkennen des objektiven Umschlagens vom Richtigen ins Falsche zu bremsen und zusätzlich zu stauen, damit sich am Ende unser AHA umso kräftiger entlade. Da sind sehr kleine Klitterungen perspektivischer Proportionen. Im Hintergrund stehende *Abschnitte* der Säulen hätten - weil sie in Wirklichkeit dem Betrachter ferner sind als die im Vordergrund - im Bild etwas dünner ausfallen müssen.

Escher hat nun Gegensatz-Umschlagen, welches der Ausgedehntheit des Prozesses und der Linien bedarf, um sichtbar zu werden, derart *verdichtet*, daß es in einem Bungalow - genannt „Belvedere" - Platz findet. Verdichtung kann Quale-Umschlagen zum *Witz* steigern.

1.4 Das Bild „Wasserfall".
Technik-Witz und Witze-Technik

Schauen wir die Lithographie „Wasserfall", die Escher 1961 schuf:

Abb. 1.4 M. C. Escher: WASSERFALL. Lithographie Oktober 1961.
Original 380 x 300 mm. Im Werkverzeichnis Nr. 439. © 2000 Cordon Art
B.V. - Baarn - Holland. All rights reserved.

Wie kann Hinabfließen, das wir sehen, in Hinauffließen umschlagen, das wir nicht minder mit eignen Augen sehen? Mal sehen wir dieses, mal jenes. Wir können die Phasen des Blickwechsels verlängern, wir können sie verkürzen, bis unsre Augen nicht mehr mitmachen. Es komme niemand und rufe: „Optische Täuschung". Er sollte fragen: Täuschung - *woher kommst du?*

Ich wußte es auch nicht gleich. Hofstadter ist der Wahrheit nahe: Jeder lokale Einzelteil sei durchaus legitim. (Ich füge hinzu: bei Toleranz.) Erst die Art, „wie sich die Teile zu einem globalen Ganzen zusammenfügen, schafft etwas Unmögliches". (S. 23) Strukturelle Verwandtschaft bestehe mit mathematischen Beweisen: „....obgleich jeder einzelne Schritt auf der Hand zu liegen scheint, tut es das Endergebnis nicht." (S. 64) O.K. Auf Escher trifft es auch erst mal zu. Ich aber entdecke winzige Winkel-Verzeichnungen der Wasserkanäle im Bauwerk und zueinander. Manche Winkel weichen von der korrekten Perspektive ab. Sehr sehr wenig nur.

Sodann kommt die Betrachter-Perspektive ins Spiel, die auch nur mit Blick aufs Ganze entzaubert werden kann. Im sächsischen Erzgebirge war ich am Bau von Gräben beteiligt, in denen Wasser aus dem Tal A ins Tal B fließen sollte, in die Sosa-Talsperre, was dann auch jahrelang geschah. Doch haben wir damals gezweifelt, daß die Vermesser mit ihren Geräten die Neigung richtig ermittelt hatten: Von A nach B soll Wasser fließen? Das läuft doch eher umgekehrt!

Escher tut, was der Künstler muß: Die Subjektivität des Betrachters zu unterstellen. Im Escher-Bild ist die An-Kathete des Fehlerwinkels sehr lang, und so kann am Ende die Gegen-Kathete als *resultierender* Fehler in natura einen Meter hoch werden. Winkel-Fehler wird zum Aufstiegszuschlag, und dieser akkumuliert sich mit der Streckenlänge. *Auf jedem Millimeter* der Fließstrecke schlägt Hinab in Hinauf um. In jedem Punkt. In *allen* Punkten. Feldeffekt. Stifter sind die kleinen Winkelabweichungen im Bauwerk. Ihre Ergebnisse häufen sich an. An jeder Ecke empfängt das Spektakel Extra-Zuwachs.

Um lange Kanal-Strecken im Bilde unterzubringen und sichtbare Akkumulation zu erzielen, führt Escher das Wasser fünf mal um die Ecke. Die so entstandne Gesamtlänge des Kanals erlaubt beträchtliche Ansammlung des ständigen Umschlagens von Hinab in Hinauf. Mit dem Zick-Zack schuf Escher zudem an jeder Ecke eine spezifische Winkelabweichung mit eigenem Umschlagens-Geschehen: Je zwei Kanalabschnitte zum *Paar* zusammengefaßt ergeben schon je für sich ein Gegensatz-Umschlagen. Schon jede Ecke ist zum Schmunzeln, wenn man sie als *Feld* sieht.

Kleine Tricks - im Rahmen des Erlaubten - unterstützen die Illusion, das

28

Wasser flösse, wie es muß, nach unten, obwohl es - deutlich sichtbar - oben ankommt: Die Mauern der Kanäle; die Oberfläche des Wassers in Bezug auf die Oberkanten der Mauern. Die im Leben allgegenwärtige Diskrepanz zwischen Wesen und Schein wird nur ein wenig gespreizt. In der Politik besorgen das die Parteien. Das ist ihr Wesen. Was dem Bürger nicht auffällt, wollen sie auffallend machen. Statt mit den inneren Widersprüchen in den Dingen bekommen es die Menschen mit den äußeren Widersprüchen zwischen Polit-Potentialen zu tun.

In den Kanälen schlägt ständig „nach-unten-Fließen" in „nach-oben-Steigen" um. Das Gegensatz-Umschlagen geschieht fließend wie fließendes Wasser. Am Ende zeigt sich, wie groß die Höhendifferenz geworden ist. Endlich bündeln sich alle Prozesse zum General-Spektakel: Das Wasser ist so hoch gestiegen, daß es als Wasserfall von ganz oben herabtosen kann.

Escher hätte sich damit begnügen können, daß Höhe erreicht worden ist. Der Kanal hätte sich im Hintergrund oder am linken Bildrand aus der Sicht stehlen können. Ohne Wasserfall. Schon die Höhe erreicht zu haben ist erstaunlich. Doch jetzt der Wasserfall als Quale eigner Art! Synthese aus den Ecklösungen, die Länge bringen, ist mehr als nur Summe von Kanalabschnitten. Nicht nur Höhe schlechthin. Als Synthese kreiert Escher das nun entstandne Gebilde mit seiner völlig neuen Funktion. Der kohärente Wasserfall ist ein Clou der Bild-Komposition. Patentleute sprechen analog von Einzelakt-Verschmelzung und Kombinationserfindung. Das ist der Wasserfall im Bildaufbau in doppelter Weise:

Daß das Wasser auf Höhe gekommen ist, nutzt Escher zu einem Extra. Das Feld-Geschehen bekommt noch was drauf. Das Wasser muß abwärts auch noch arbeiten. Sinnvoll sogar! Ohne zusätzlichen Mühlgraben. Escher nutzt das Vorhandne. Indem das Wasser von selbst hinabstürzt, treibt es ein Rad. Das ist der i-Punkt. Selbst dieser ist doppelt:

Obwohl es in der Natur des Wassers liegt hinabzufallen, kommt doch grade diese Logik überraschend, nach so viel Konsequenz im Berg-auf-Fließen. Und zweitens: Da der Wasserfall nicht plötzlich entstanden war, hätte es nahegelegen, das Wasser nach unten abzuleiten, wie es nach oben gestiegen ist. Hinab vielleicht auf Rutsche des Erlebnisparks.

1.5 Treppauf, treppab zu gleicher Zeit - antiparallel. Aufstieg und Tod als gleichzeitig und allmählich

Ein Jahr zuvor hatte Escher ein Bild dieses Musters mit Namen „Treppauf, Treppab" geschaffen:

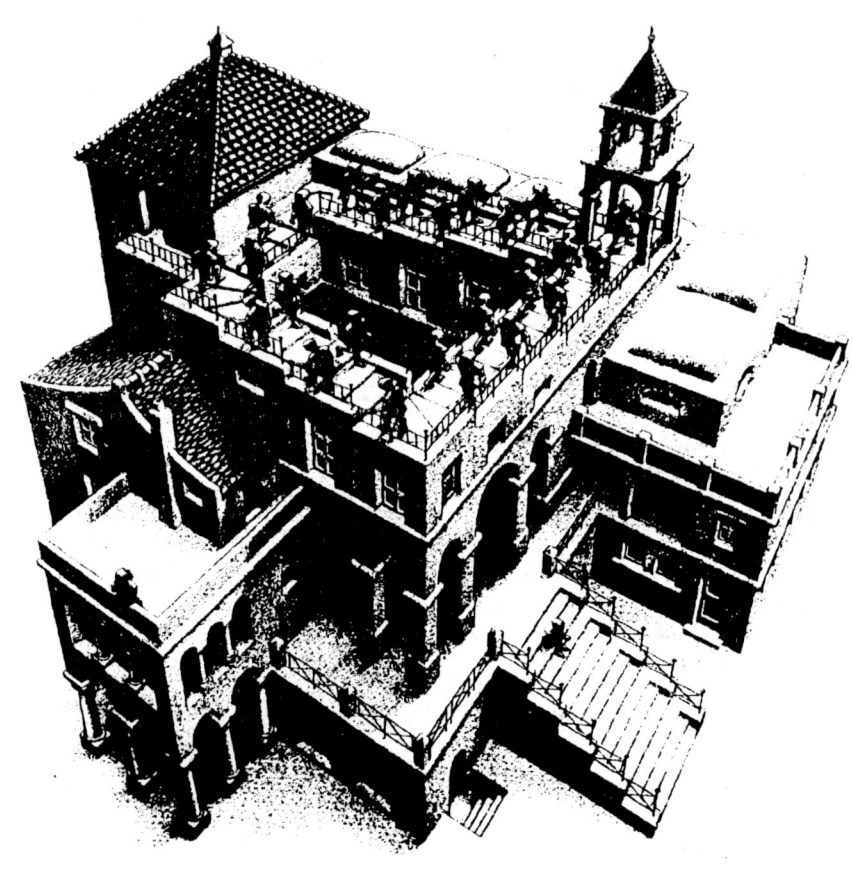

Abb. 1. 5 M. C. Escher: **TREPPAUF; TREPPAB.** Lithographie, März 1960. Original 380 x 285. Im Werkverzeichnis Nr. 435. © 2000 Cordon Art B.V. - Baarn - Holland. All rights reserved.

Auf und Ab auf ein und derselben Treppe entspricht dem Widerspruch „Abwärtskanal als Aufwärts-Kanal": zwei Männer-Riegen, die eine ständig hinauf, die andre ständig hinab. Die Treppe selbst geht *nur* hinauf oder *nur* hinab, beides in einem. Hinab und Hinauf sind anti-parallel. Dem entspricht im Bilde „Wasserfall" die Parallelität zwischen dem Hinauf des Mühlgrabens und dem Hinab des darin fließendes Wassers. Das dennoch oben ankommt! Leben ist Sterben. „... die Königin ..., öfter auf ihren Knien als auf ihren Füßen, starb jeden Tag, den sie lebte." (Shakespeare, „Macbeth", in Wielands Übersetzung, IV,3. Von Egon Günther als Leitspruch seines Romans über Christiane Vulpius-Goethe gewählt.) Das geht noch über Anti-Parallelität hinaus: Eines geschieht *vermittels* des anderen. In allem Leben. Nur manchmal etwas deutlicher.

Deshalb der Spruch von Shakespeare. Der Film-Mann Richard Engel erzählt von Gerhard Gundermann, der Hunderttausende ermutigt hat: „Gundi lebte mit dem Tod, ganz praktisch. Ein Beispiel: Mit der Videokamera machte er Aufnahmen von seiner kleinen Tochter Linda. Sie spielt im Garten, sie rennt auf ihn zu, die Kamera blickt ihr ins Gesicht, wir hören ihr Lachen. Und in diesem Moment intensivsten Glücks bedient Gundi den FADER-Schalter, Bild und Ton verschwinden langsam, bleiben einige Sekunden lang weg, ... wird der Tod ins Glück hineingenommen. Diese kleine Erfindung trug mit dazu bei, *dass ich mit Gundis Tod anders umzugehen lernte, als in der Gegenüberstellung zweier unvereinbarer Zustände.*" (In „Neues Deutschland", 13. 12. 1999)

Ein Rilke-Gedicht im Schulbuch 1948 hatte ich seinerzeit nicht verstanden: „Der Tod ist groß. / Wir sind die Seinen / lachenden Munds. / Wenn wir uns mitten im Leben meinen, / wagt er zu weinen / mitten in uns."

Der Krebstod ist - wenn er sich denn vollendet (heute schon oft besiegbar!) - ein langes, langes Stück vom Leben. So kann er kommen: Das Leben lebend vergiften uns Chemikalien. Zuerst ist das Leben an seiner Peripherie angegriffen, wo Luft und Nahrung an uns kommt. Dann werden innre Kreisläufe erfaßt. So kann zum Beispiel ein Darm-Tumor entstehen (es gibt Varianten und viele Theorien). Dem Tumor, vielleicht auch seiner Resektion geschuldet - entstehen Metastasen, dann werden weitere Stoffkreisläufe geschädigt, die Körpervergiftung nimmt zu. Körperschwächung, Verminderung des Giftabbauens und Vergiftung verstärken sich gegenseitig. Das kann ins Finalstadium führen. In jeder Phase und allmählich werden die Spielräume des Körpers und der Ärzte kleiner.

Prozedierend entstehen allmählich Tatsachen, und immer mehr, die kein zurück mehr zulassen. Doch weiß man nie, was unumkehrbar ist. Manche Menschen schicken sich, durchs ganze Leben ans Resignieren gewöhnt. Andre ringen um Tendenz-Umkehr, wenn auch der Tod längst parallel läuft.

Therapie-Strapazen, Entbehrungen und Lebens-Korrekturen werden ertragen. Das mindert schon das Leben. „Alles schmeckt nach Abschied" (Brigitte Reimann, Tagebücher 1964-1970, Aufbau-Verlag 1998, Tagebucheintrag 1968, an einem frühen Tag des Zweifels. Nicht alles schmeckt schon permanent nach Abschied. Die Herausgeberin der Tagebücher faßt Lebensdaten zusammen: 1968 Krebserkrankung und Operation, Umzug von Hoyerswerda nach Neubrandenburg. 1970 Scheidung. Ende 1970 letzte Eintragung ins edierte Tagebuch, doch Korrespondenz mit Christa Wolf. 1971 Heirat. 1973: Brigitte Reimann stirbt in Berlin.

Zeitweilig scheinen dem Leben nur Spuren eines Salzes beigegeben. Nur Spuren wie in den letzten Symphonien von Schubert. Doch anti-parallel, weil Sterben zum Leben gehört, also die Vollendung allmählich kommt: Treppauf, treppab und Sicht auf Nimmerwiederkehr - Gewißheit nicht, aber zunehmende Wahrscheinlichkeit - macht Lebens-Fackeln heftig lodern. Der Parallel-Verlauf - treppauf, treppab, - ist überhaupt nicht gleichförmig. Stattdessen oft dramatisch. Vielleicht kommt eine Traum-Reise noch zustande. Aus zwei Gründen: Lebenswille parallel zur Sicht auf baldige Vollendung.

Luther hat recht: „Unser ganzes Leben ....ist nichts anderes als der Tod, wenn wir darauf auch nicht achten. Unser Leben und der Tod sind nicht weit voneinander, wenn ich es mit rechten Augen ansehen könnte."

Ist der Tod jene letzte Minute, die für das Standes-Amt der Arzt **beurkundet**? Dann wäre ein langes, langes Stück Leben nicht gelebt. Tod und Leben prozedieren antiparallel. Gleichzeitig treppauf, treppab. Treppauf gehts manchmal schneller als treppab. Manchmal auch umgekehrt. Meist ist es schwer zu sagen, was schneller geht. Der Maßstab ist hier völlig subjektiv.

Dabei ist jede Phase anders. Und wird auch anders vom Subjekt und seinen Angehörigen gemessen. Verlegung in andre Stationen der Klinik sind nur Abgrenzungen zwischen den Spezialisten und den Kostenträgern. In Wirklichkeit gehen alle Phasen fließend ineinander über. Es sei denn, beim Tumor-Wegschneiden geraten Krebszellen augenblicklich ins Blut und stiften in Lunge oder Leber die schwerer zu bekämpfenden Metastasen.

Von diesem Messer-Eingriff abgesehen, kann man sich vorstellen, daß physiologische und psychische Ebenen, auf denen alles allmählich geschieht, in einem Schema *übereinanderliegend* und sich überschneidend beschrieben werden könnten. Dazu wird anhand eines andren Beispiels in Kapitel 9 Anregung gegeben, zu diskursiven Zwecken. Die Poesie kanns freilich eindrucksvoller. Doch bleibt es jedem unbenommen, zum Beispiel die Evangelien über das Leben und Sterben eines großen Menschen auf Anti-Parallelität und Allmählichkeit des Quale-Umschlagens zu beobachten. Die dramatischen Phasen sind dramatisch, weil *sichtbar* oder *vermutbar* wird, was anti-parallel allmählich im Gange ist.

Das Leben - diese qualitas - schlägt ständig um ins Gegenteil. Die Resultante ist - Allmählichkeit. Bis sich die andre Qualitas perfektioniert hat, was in einer kostenpflichtigen Urkunde beurkundet wird und den Nachlaß regelt. Wir haben allmähliches Quale-Umschlagen. „Quale" hat zunächst nichts mit „Qual" zu tun, es ist nur korrekter als „Qualität". Gründe sind in Kapitel 7 zusammengestellt.

1.6 Noch einmal „Wasserfall"

Zurück zum Wasserfall. Wenn nun schon das Wasser hinabstürzt, hätte es bereits von der ersten Etage aufs Mühlrad stürzen können. Doch nein - Escher treibt es erst noch höher. Nicht nur aus Übermut. Wir hatten schon bemerkt, daß er dabei die Ecklösungen einheimst. Das sind allein schon Pointen, wie beim guten, echten Erfinden, das man besser „Widerspruchlösen" nennen sollte. Doch nun läßt Escher die großen Pointen kommen. Der Wasserfall ist Pointe in zweiter Potenz. Und die dritte - sie ist nicht als Zusatz angebracht, nicht als Zierat, sie ist *nicht offensichtlich* angelegt, sie widerspricht nicht der Logik dieses Wasserfalls, doch ist *hervor* aus dieser *entwickelt*: Wohin denn mit dem Wasser? Das Vorhandne nutzen - und - der Kreis schließt sich! Das Ende ist der Anfang. Und zwischendurch wurde per Mühlrad Arbeit geleistet. Nichts war umsonst.

Das Ende ist der Anfang seiner selbst. Zum Vergleich die Ballade vom Hund: „Ein Hund kam um die Ecke und stahl dem Koch ein Ei. Da kamen viele Köche, und schlugen ihn zu Brei. Nun kamen viele Hunde, die setzten ihm 'nen Stein, darauf geschrieben stunde: 'Ein Hund kam um die Ecke.... ' „ Der strukturelle Unterschied zu den Escher-Bildern, die wir sahen, ist: Das In-sich-Zurücklaufen wird bei der Ballade vom Hund, der ein Ei stahl, von vornherein gesetzt, nämlich als Tandem aus „tätiger Hund" und „Widerspiegelung seiner Tat auf dem Grabstein". Die Widerspiegelung einzubinden war von vornherein Idee der Fabel und vermutlich ihr Sinn. Analoge Escherbilder gibt es auch, zum Beispiel „Bildgalerie", in der das *Bild* von der Bildgalerie hängt. Ein Motiv im Geiste der fraktalen Geometrie.

„Bildgalerie" und „Hundeballade" sind einander analog. Sie zeigen Insichzurücklaufen *pur*. Die Rückkehr kommt konsequent und *trotzdem überraschend!* Daher die Heiterkeit. Man möchte das Lied immer wieder singen. Der Trick im Spiele: Bildgalerie wie Hundeprozeß - jedes wurde mit seinem Abbild gekoppelt. Beide bespiegeln sich gegenseitig und treiben Spott miteinander.

Wenn „Wasserfall" und „Treppauf, treppab" sich strukturell von „Bildgalerie" und „Hundeballade" unterscheiden, weil die Motive der beiden letzteren das Insichsichzurücklaufen nicht schon als geboren in sich tragen, sondern einer künstlerischen Handlung bedürfen, um zu entstehen, so sind Logik und Überraschung, die erstere uns erleben lassen, *innerhalb ihrer selbst im Prozessieren zwischen Bilddetails und Bildganzem entwickelt,* deshalb als Künstler-Idee noch feiner.

Das Muster würden manche Philosophen etikettieren: Quantitative Veränderungen schlagen um in qualitative. Das wäre aber irreführend. Besser ist: Es gibt kleinste Abweichungen von stillschweigend unterstellter Norm. Das sind hier im Bilde tolerierbare Abweichungen von der „richtigen" Größe der geometrischen Winkel, Differenzen gegenüber dem Konterfei der Natur, belanglos, wenn es nicht zu topologischen Ohrfeigen geführt hätte. Die Abweichungen sind zunächst an den Bild-Details, zufällig oder vorsätzlich. Sie summieren sich nicht nur in der bildlichen Fortsetzung der Schenkel jener Winkel, sie akkumulieren sich nicht nur zum Integral, wodurch sie - in ihrem Endergebnis - *auffällig* werden. Sie sind *von vornherein* auch qualitativ. Wie wir an den nachgewiesenen Gegensätzen zwischen und in den Prozeß-Komponenten sahen. Die Kumulation fügt nur noch hinzu, daß das *permanente Umschlagen* wegen Unauffälligkeit für unsre Sinne *zu einem aufgestauten Wahrnehmungs-Erlebnis wird.*

1.7 Unsere Escher-Bilder und die Methodik des Witze-Erzeugens

Sigmund Freud verfaßte „Der Witz und seine Beziehung zum Unbewußten". (Leipzig/Weimar 1989) Freud fordert richtig „Unifizierungen". Das sind in-Eins-Fassungen von Unterschiednen, auch von Gegensätzen. Wir meinen: Diese sind stark als *Einheit von echten Gegensätzen; sie sind* schwach, wenn sie nur als Silbenaggregation daherkommen. Unifizierungen erzeugen ohne *Feldgeschehen* keinen Witz. Was Freud ahnt (an Logik weniger interessiert, daher auch seine schwachen Beispiele), ist bei Escher *praktiziert.* Das Wichtigste davon ist *Quale-Umschlagen* unter Nutzung von Feldgeschehen und mit Eklat in Form von vollends exponierten und deftigen Gegensätzen als sichtbarem End-Effekt.

Freud will präsentieren „einen prächtigen Witz von Heine, der eine seiner Figuren, den armen Lotteriekollekteur Hirsch-Hyacinth, sich rühmen läßt, der große Baron Rothschild habe ihn ganz wie seinesgleichen, ganz *famillionär* behandelt." Das soll schon der Witz gewesen sein. Daß die zwei Worte „familiär" und „Millionär" zu einem Wort zusammengezogen werden, ist für einen Witz zu wenig. Echter *Gegensatz* liegt hier gar nicht

34

vor. Wenigstens Schmunzeln kann man, wenn man einen *ausgedehnteren* Text vom Dichter liest in Heinrich Heine: Reisebilder. Die Bäder von Lucca, Kapitel VIII.

Good-will-Witze machen kaum Lachen. Es sei denn, man erlebt einen schlagfertigen Situations-Interpreten oder leibhaftigen Kindermund. Dann lacht man auch über bloßen Doppelsinn im Kinder-Witz: „Mein Vater hatte einen Schlaganfall. Sieh dir mal meinen Hintern an." Ansatz, über Doppelsinn hinauszugehen, ist zum Beispiel die Weiche am *Geradeaus-Gleis einer Extrapolation*, wie in dem Kinderwitz „Millimeter, Zentimeter, Kilometer, *Elf*meter". Umschlagen in ein schwach anderes Quale steckt hier schon drin und ist ein bißchen vorbereitet. Doch nur etymologisch. Vor allem: Hier ist es ein *schwach* andres Quale. Also ist der *Gegensatz* schwach. Fortsetzung nach „Kilometer" könnte „Megameter" sein. Wäre aber *Elf*meter ein Gegensatz zu *Mega*meter? Ein Unterschied ist noch kein Gegensatz. Andrerseits: Völlig korrekt ist diese Extrapolation nur im Sinne eines rückläufigen Wörterbuchs. Etymologische Reinheit ist nicht gewahrt (Latein, Griechisch, Deutsch) Vor allem aber: in der *Quere* steckt hier kein Gegensatz, nur ein Unterschied.

Ist nun der folgende Kinderwitz stärker? „'Wenn ich ein Stück Papier in vier Teile zerreiße, habe ich ein Viertel. Wenn ich es in acht Teile zerreiße, habe ich ein Achtel. Und was kommt heraus, wenn ich es in tausend Teile zerreiße?' - 'Konfetti'." Hier ist Extrapolation schon mit Quale-Wandel, allmählichen, versteht sich. Vom sinnlosen Schnipsel zum Faschingsartikel (der natürlich auch noch sinnlos ist). Mit „Konfetti" ist am Ende ein - allerdings schwach - anderes Quale offenbart. Es wuchs im vorangegangnen Feldgeschehen *allmählich* mit. *Unbestreitbar und objektiv.* Und unbemerkt. Für Witz o.k. Aber nichts von Plötzlichkeit! Und vom Hörer nicht bemerkt. Leise wie das Graswachsen. Erst am Ende wahrgenommen. Plötzlich *wahrgenommen.* *Wahrnehmumg* plötzlich. Notwendig für einen Witz, aber nicht hinreichend.

„Konfetti" ist aus der Extrapolation heraus gerechtfertigt und wurde trotzdem nicht erwartet. Im Gegenteil: Die Extrapolation hat dem Hörer suggeriert, es ginge weiter so. Gegensatz zwischen stark Erwartetem und - deshalb stark - Überraschendem. (Die subjektive Seite.) Der Gegensatz stimmt den Hörer heiter. Der - allerdings schwache, wenn auch objektive - Gegensatz zwischen „Konfetti" und dem erwarteten „Tausendstel", ist eben doch ein bißchen andres Quale, objektiv andres, in der Extrapolation als dem Feldgeschehen angelegt, nur unbemerkt geblieben. Immerhin - das geschah. Der „zweite Gedanke" muß „mit dem ersten verbunden" sein, „aus dem er zugleich hervorgeht." (Freud, a.a.O. S. 314) Die Extrapolation muß des inneren Widerspruches *fähig* sein, der zu *entwickeln* ist: Dem Hörer erst mal suggerieren, es ginge weiter so. Die Aufmerksamkeit des Hörers fest und fester fesseln. (Das sieht auch Freud. a.a.O. S. 140) Zugleich muß die Entwickelung Quale-Umschlagen praktizieren, die Information davon in das Unterbewußtsein des Hörers einlagern - der Hörer darf nichts bemerken und muß dennoch zur Verfügbarkeit der Information gerüstet werden! Dann plötzlich dem Hörer die im Unterbewußten schon lagernde Information *öffnen lassen* wie ein Weihnachtsgeschenk.

„Wenn ein Komiker eine Geschichte erzählt, versucht er von Anfang an gezielt, in seinen Zuhörern eine gewisse Spannung aufzubauen, die im Verlauf der Erzählung zunimmt." (Artur Koestler: Der Mensch - Irrläufer der Evolution) Nur muß das doppelt geschehen: als Vordersinn, als Hintersinn, und beide in Zusammenhang und Gegensatz. Dieser muß drastisch sein.

Ausdehnung muß sein. Die unbekannte Quale muß sich entwickeln. Das sagt auch das Gesetz vom Quale-Umschlagen. Doch Ausdehnung darf nicht sein. Sie ist der Tod des Zuhörens. Statt Spannung würde Langeweile aufgebaut. Zuhören würde in Gähnen umschlagen. Ausdehnung ja, Ausdehnung nein - aufs Komprimieren kommt es an. Dialektik (oder Logik, dialektische Logik) des Witzes ist grundlegend. Psychische Spannung (oder Stauung) ist nur Folge davon. Wir haben also *mehrere* Ebenen zu unterscheiden: den Aufbau der dialektischen Struktur durch den Erzähler, das fertige Gebäude mit seiner Struktur - überpersonell und objektiv - und den psychischen Prozeß im Hörer. Letzterer hat selber zwei Komponenten: Informationsaufnahme und Begreifen.

Von allem, was als Witz gesammelt ist, sind fünf Prozent dem angemessen. (Fünfzig Prozent sind es in der Sammlung „Von armem Schnorrern und weisen Rabbis", Verlag Volk und Welt, Berlin 1983) Escher erfüllt die Forderung rein als solche. Dergleichen gelingt seltener, als politischen oder sexuellen Hintergrund anzusprechen, was der perfekte Witz *auch* manchmal leistet: *Tendenz.* Corporate identity von Erzähler und Hörer zu aktivieren, politisch oder sexuell, ist *auch* ganz gut. Witz kann noch mehr sein als Escher praktiziert. Doch Escher hat das *Schwerere* geschafft.

Nun beurteile man die folgenden drei Beispiele:

* Die züchtig Märkische Oderzeitung druckte 1999: *Unterhalten sich drei Männer. Sagt der erste: „Meine Frau hat 'Das Doppelte Lottchen' gelesen und Zwillinge gekriegt." Darauf der zweite Mann: „Meine Frau hat 'Die drei Musketiere' gelesen und Drillinge gekriegt." Da steht der dritte Herr erschrocken auf und sagt: „Ich muß nach Haus. Denn meine Frau liest 'Ali Baba und die vierzig Räuber'".*

Wenn Leser lacht, verdankt er es: Der Ausdehnung, die hier nicht leer, denn ein Topos prozessiert sich steigernd: zwei, drei, vierzig. Und Lottchen, Musketiere, Räuber. Schlag auf Schlag *und - progressiv:* Die Progression ist stark hier. Wir kommen auf „Progression" zu sprechen unterm

Stichwort „Nichtlinearität", ab Kapitel 8. Aber im Beispiel hier hat man - wie Köstler es nennt - nur Bisoziation, Unterschied, doch keinen Gegensatz: Buch-Titel und Kindersegen sind bisoziativ, aber kein Gegensatzpaar.

** Jiddisch: *„Wenn man einem russischen Bauern einen Witz erzählt, lacht er dreimal: Das erstemal, wenn er den Witz hört. Das zweitemal, wenn man ihm den Witz erklärt. Das dritte Mal, wenn er verstanden hat. Erzählt man einem Gutsbesitzer einen Witz, so lacht der zwei Mal: wenn er den Witz hört, und dann, wenn er erklärt wird. (Kapieren wird er ihn nie.) Ein Offizier lacht nur einmal: Wenn man ihm den Witz erzählt, denn erklären läßt er sich prinzipiell nichts.... Erzählt man einem Juden einen Witz, so sagt der: 'Den kenn ich schon....'."*

Progression und heimlich-allmählich aufgebauter Gegensatz mit Öffnung am Ende. Zwei Halbsätze habe ich weggelassen, sie raubten die gebotne Kürze. **

*** Das Ende der DDR war nahe, da sagten Insider: *Die Trans-Sibirische Eisenbahn kommt im Urwald zum Stehen. Vor der Lok das Gleis - ist verschwunden. Stalin befiehlt: „Die Feinde vernichten!" Dann bittet Gorbi: „Männer, macht hinterm Zug die Schienen los. Tragt sie nach vorn und schraubt sie fest!!" Endlich kommt Honecker, stets lustig, heiter, hoppsassa. „Kommt heraus, Genossen", ruft er. „Faßt an die Türen an den Griffen, und die Puffer. Mit Kampf-Kraft rüttelt!! Die Frauen und die Kinder jubeln dann: Vorwärts, Genossen, wir rattern!*

Problem und Abhilfe - ihr Gegensatz als Quale - allmählich aufgebaut, psychologisch und geschichtsbezogen, völlig logisch. Logik und Bild vom Urwald und vom gestohlenen Gleis fesseln den Zuhörer, schließen ihn auf. Doch lassen sie ihn im Dunklen, wie es nach Gorbi weitergeht. Man ahnt, es kommt etwas. Doch was? Doch was nun kommt, ist deftig wahr. Der eitle Honi nackt. ***

Bei Escher aber fängt der Witz von hinten an. Zuerst fällt der Eklat auf. Man fragt sich erst danach: Wie kommt denn der hierher? Das Feldgeschehen, das beim Witz die Pointe im *Subjekt* aufbaut, ist bei Escher objektiv vorhanden, wird aber vom Betrachter erst *hinterher* vollzogen. Ein Grund, daß Lauthals-Lachen ausbleibt, obwohl Eschers Witz-Logik perfekt ist.

Daß Lauthals-Lachen ausbleibt hier, hätte Freud ganz anders erklärt: Escher-Graphik ist *tendenz*los; sie spricht *das Unterbewußte* nicht an, in dem ein politisches, soziales oder sexuelles *Interesse* wohnt, das in Sklaven-Sprache geäußert wird. Escher reflektiert nicht auf solches Interesse.

Stattdessen zeigt Escher-Graphik Witz-*Logik* pur. Gerade dieser fehlt bei Freud die Deutlichkeit: *Feld-Geschehen*, angereichert und *obendrein dicht*, mit echtem, gepfeffertem Quale-Umschlagen, mit *Gegensatz*umschlagen, das vorerst nicht bemerkt wird. Und Gegensatz mit einem Stich in das Absurde. Der Gegensatz muß ebenso Folge wie Gegensatz zur vorangegangnen Exposition sein, also dialektisch. Am besten aber in Potenz: Gegensatz im Gegensatz. Beispiel:

Stephan Heym erzählt in „Immer sind die Weiber weg", wie er auf einem Schiff spazieren fährt und dabei über *Berühmtheit* sinniert. Das geht schon eine Weile, objektiv ein Quale allmählich aufbauend, zugleich den Leser fesselnd, doch ahnungslos lassend, einwickelnd, doch insgeheim informierend. Heym macht die Ausgedehntheit attraktiv durch Ironie und Groteske, durch viele kleine Witzchen. So gewinnt er Spielraum, per dichter Ausgedehntheit beträchtlichen Quale-Wandel allmählich zu betreiben und enorme Information in den Hinterkopf des Lesers geheim einzulagern, die sich kraft ihrer selbst entladen kann. Der Leser ahnt, daß ihn etwas erwartet. Doch er ahnt nicht, was:

„...und daß du erst wirkliche Berühmtheit bist wenn du bist mindestens soviel wert auf dem Markt bei den Fans wie ein Popsänger. Und wenn die Fans lieb sind legen sie dir bei ein Kuvert welches sie addressiert haben mit ihrer Adresse und mit einer Briefmarke drauf, sonst mußt du die Adressen selber schreiben und die Marken kaufen mit deinem eignen Geld und sie aufkleben mit deiner eignen Zunge, und das ist die wahre Berühmtheit.

Doch manchmal denk ich mir, vielleicht ist es ganz gut zu sein berühmt; vielleicht regt es die Leute an zu lesen was ich hab geschrieben, und sie werden sich zu Herzen nehmen was ich hab geredet, und es wird sie machen ein bissel besser und vielleicht sogar auch gescheiter, selbst wenn mein Weib mir sagt, ich soll mir nicht einbilden einen Haufen Schwachheiten.

Und wir sind gefahren auf der Fähre von der Insel Bornholm nach der Insel Rügen, mein Weib und ich, ist das Meer gewesen so lieblich und der Himmel so blau daß wir uns gestellt haben an die Reling von dem Deck und haben gekuckt auf die Wellen und auf die Möwen und ich hab mein Weib genommen um die Schulter und sie um mich. Da ist auf uns zugetreten ein Herr, so ein kleiner dicker, und hat uns begrüßt mit Freundlichkeit und hat gefragt ob er mich könnt fotografieren er wäre ein großer Fan von mir und ein Bild zusammen mit ihm auf der Fähre von Bomholm nach Rügen, das wär die Krönung von seiner Sammlung, und ob mein Weib es nicht vielleicht knipsen könnt, und mein Weib sagt, aber gerne, und ich murmle etwas von Public Relations, und der Herr reicht ihr seinen Photoapparat und zeigt ihr die Knöpf daran und auf welchen sie soll drücken und wo sie soll durchkucken, und ich denk, schöne Sammlung das wo ein Bild zusammen mit ihm soll sein die Krönung, gesammelte Berühmtheiten, hah, aber dann kuckt er mich an als ob er weiß was ich denk und sagt er sammelt Bücher und da kommt das Bild von ihm und von mir an eine Ehrenstelle, und sagt er hat gelesen alle meine Bücher und wie er mich bewundert und was ich bin für ein Großer. Und wenn einer so redet zu mir dann sagt mir eine Stimme in mir ich soll mich zeigen bescheiden aber ich kann mir nicht helfen ich freu mich doch, endlich ist da statt einem Fan ein Leser, und die Wellen glitzern so schön und das Schiff schaukelt so hübsch und ich kuck auf mein Weib. Siehst du, sag ich mit meinem Kuck, so reden meine Leser, so einen Mann hast du. Und mein Leser redet weiter weil er sieht wie ich häng an seinen Lippen und redet wie spannend ich schreib und wie gut ich darstell die Menschen und wenn er anfängt ein Buch von mir zu lesen kann er es einfach nicht hinlegen bis zur letzten Seite, und lauter solche Sachen mehr, und dann dreht er mir zu sein Gesicht und sagt, so richtig mit Überzeugung, 'Aber Ihr bestes Buch, Herr Zweig, ist doch 'Der Untertan'.'"

Per Ausdehnung - hier schon erzählerisch von Reiz - ist von Heym sogar viel mehr als nur ein Gegensatz entwickelt worden: Literaturfreund \ eitler Schwätzer, doch dieser Gegensatz wird manifest vermittels zweier deftiger Unterschiede: Heym \ Zweig und Heym \ Heinrich Mann, das letztre noch gesteigert durch den kurzen, weltbekannten Titel. Der klingt nicht etwa hehr wie *Faust; das wäre kontraproduktiv zum Witz.* Er heißt ganz schlicht: *Der Untertan.* Das aber ist hier nicht nur jener Titel. Es ist der Schwätzer selbst. Zum Schluß doch Milde über den horrenden Gegensätzen: Das Männlein - offensichtlich schon in Jahren - hat *Heym* und *Zweig* gemeinsam unter „ei" gespeichert und den Unterschied vergessen.

Gegensätzlichkeit also in Potenz. Gegensätze mehrfach ineinander wie die Puppen in Matrjoschka oder wie Muster in einem Fraktal nach neuester Geometrie. Und obendrein aus dem initialen, zunächst verborgenen Gegensatz zwischen Humanist und Schwätzer entwickelt.

Um die Ausdehnung wenigstens bis zu *einem* Gegensatz zu gewinnen und trotzdem fesselnd zu sein, braucht es einen Dichter. Spannung ist auch für Freud Quelle des Witzes. Doch Spannung entsteht vermittels *dicht* gefüllter Ausdehnung. *Feldeffekt,* doch komprimiert. Ohne Langeweile. Ausdehnung mit Dichte ist selbst ein Widerspruch, von Escher und von Heym gelöst. Die Dichte besteht darin, daß auch kleinste Änderungen Quale schaffen, *qualitativ* sind, und den Gegensatz aufbauen, als dessen Entwicklung und in seiner zunächst verborgenen Einheit - einen dialektischer Widerspruch. Dieser ist von Heym bis zum Extrem und das Extrem ins Paket gesteigert.

Heyms Witz ist der beste, weil das Paket der Gegensätze in nur fünf Worten eklatiert: Von „Zweig" bis „Untertan". Sind nicht Heyms Witz und Eschers „Belvedere" Modelle füreinander?

2. In Sprichworten gesammelt —
Erfahrungen des Quale-Umschlagens

2.1 Sprichworte zu Standard-Situationen

Sprichworte zeigen, was man vom Quale-Umschlagen wissen kann auch
ohne die Wörter "Quantum" und "Quale", "Quantität" und "Qualität". Das
"Quale-Umschlagen" finden wir trotzdem im Sprichwort: *Wenn kein Maß
gehalten wird, dann kannst du was erleben.* Denn daß Quale sich in Quale
wandelt und auch *wie* - das ist wahrlich Weltgesetz. Und wie sich mensch
dazu verhalten kann, das ist ein Sprichwort-Thema.

Es gibt universelle Sammlungen mit hunderten Sprichworten. Das
Sprichwörterlexikon von Horst und Annelies Beyer - nennen wir es *"Beyer"*
- präsentiert etliche tausend. (Untertitel: Sprichwörter und sprichwörtliche
Ausdrücke aus deutschen Sammlungen vom 16. Jahrhundert bis zur Gegenwart. VEB Bibliographisches Institut Leipzig 1985)

Der Inhalt von Sprichwörtern "erschließt sich nicht unmittelbar aus
dem....eigentlich mitgeteilten Sachverhalt, sondern über eine metaphorische, verallgemeinernde Bedeutung, die als 'tieferer Sinn' zugrunde-
liegt." (Beyer S. 7) "Die Situation, die das Sprichwort ausweist, unterscheidet sich von der Episode durch die feste Erwartung einer häufigen
Wiederkehr. Eine Episode ist einmalig - der im Sprichwort beschriebene
Vorgang kann sich jeden Augenblick wiederholen." (Werner Krauss, nach
Beyer S. 8,)

Streiten Schulze und Meier miteinander, kommt es vor, daß sie einander
widersprechende Sprichworte anwenden. Aber ein Sprichwort ist nie *alleiner*-
klärendes Modell für einen Vorgang. Auch ein Gesetz ist nie alleinerklärend,
nicht einmal das *Fallgesetz:* Papiertauben und Zylinderhüte fallen von
einem Aussichtsturm nicht so schnell herab, wie es die Schule lehrt, denn
anderes ist auch im Spiel - Luftwiderstand, und Auftrieb, wenn die Winde
um die Berge wehen. Sprichworte können einander widersprechen. Doch
Achtung ist geboten, ob Sprichwort oder Fallgesetz. Im *Beyer* sind etwa
15000 Sprichwörter aufgereiht nach rund 5000 Stichworten wie zum Beispiel *Schwiegermutter, Schwierigkeit, Manneslist* und *Maurerschweiß.* Weil
jedes Sprichwort mehr als ein Indizier-Wort enthält, kommen viele Exemplare mehrmals vor. Immerhin dürfte dieses Lexikon ca. 6000 *verschiedene* Sprichwörter enthalten. Die Sammlung hat Vorläufer, darunter das 5-
bändige Sprichwörter-Lexikon von K.F.W. Wander. (Leipzig 1867-80, Neu-
druck 1964)

Im Beyer fand ich etwa 300 Sprichwörter, die ich dem Quale-Umschlagen
zuordne; 90 wähle ich aus, die ich in Gruppen zusammenfasse:

Gruppe 1

Über "Quale-Umschlagen" sind Lebenserfahrungen oft unter "Maß" und "Maßhalten" (24 Exemplare) im Beyer gespeichert:

1. "Alle Dinge mit Maßen, das soll man tun und lassen."
2. "Frauen und Wein wollen mit Maß genossen sein."
3. "Halte Maß in allen Dingen, so wird dir jedes Werk gelingen."
4. "Maß besteht, Unmaß vergeht."
5. "Mäßig Feuer kocht am besten."

Gruppe 2

Sechzig Sprichwörter im Beyer enthalten das Wort "zuviel". Unter diesen sind:

1. "Wer gar zu viel bedenkt, wird wenig leisten."
2. "Auch des Guten kann man zuviel tun."
3. "Genug ist besser als zuviel."
4. "Zuviel Demut ist halber Stolz."
5. "Zuviel Pflege tötet das Kind."
6. "Zuviel Glück ist Unglück."
7. "Zuviel ist böses Spiel."

"Zuviel" heißt, es wird etwas überschritten: Manche sagen "Grenze". Wir werden sehen, daß dieses Wort uns irreführt. (Es kommt in Sprichworten fast gar nicht vor.) Manche sagen **"Maß"**: Man soll wohl "wage"mutig oder "bedenklich" oder sonstwas *werden*, doch *nicht hinaus* über ein Maß oder ein Optimum.

Gruppe 3

Assymmetrie in bezug auf das Optimum zeigen an (beachte Kursivschreibung):

1. "Hochmut kommt vor dem *Fall*."
2. "Ein *bißchen* zuviel schadet *mehr als ein bißchen* zuwenig."
3. "Ein *wenig* zu spät ist *viel* zu spät."
4. "Wer zuviel wagt, verliert *alles*."

Gruppe 4

Den Sprichworten vorstehender Gruppen sind weitere Weisheiten analog, die man unter anderen Indikatoren findet. Mehrere dieser Sprichworte könnten auch lauten: Steigere deine Eile, doch steigere sie nicht zu stark, sonst steigt die Gefahr, daß etwas schiefgeht und dir Zeitverlust entsteht. Steigern heißt gewinnen. Doch zu viel steigern heißt verlieren. Viele Sprichworte der Gruppen 1, 2, 3, 4 warnen vor **Gegensatz-Umschlagen:** Je mehr du dich dem Maße näherst, desto besser. Je weiter du das Maß überschreitest, desto schlechter. Deine Bewegung des fortwährenden *Steigerns* hört auf, heilsam zu sein; du erlebst ein Umschlagen ins Gegenteil. "Vernunft wird Unsinn, Wohltat Plage." (J. W. v. Goethe.)

1. "Je mehr Gesetz, je weniger Recht."
2. "Eileviel kommt spät ans Ziel."
3. "Allzu fein taugt nichts."
4. "Übereilen bringt verweilen."
5. "Allzu gut ist liederlich."
6. "Mit Salz und Spaß muß man's nicht übertreiben."
7. "Man soll das Kind nicht mit dem Bade ausschütten."
8. "Übermut ist niemals gut."
9. "Die Kirche muß im Dorf bleiben."
10. . „Der Mittelweg ist der beste."

Ob "Mittelweg" immer das beste sei, ist umstritten. Das wäre aber ein neues Thema. Hier nur so viel: Der "Mittelweg" ist ein Kompromiß im Rahmen des weiterbestehenden Widerspruchs zwischen Extremen bzw. Streitparteien. Ein guter Kompromiß nimmt dem Widerspruch einen Teil seiner Schärfe, meist nur zeitzweilig. Ein *Optimum* ist immer ein Kompromiß und meist ein "Mittelweg". Das wird in der mathematischen Operationsforschung untersucht. Davon ist die Widerspruchs*lösung* zu unterscheiden als eine Strategie, die sich am Ideal orientiert und die *Grundlage* des Widerspruchs ohne Gewalt *aufhebt*. Zu unterscheiden ist auch, auf welcher Ebene eines hierarchischen Systems ein Ergebnis angesiedelt ist: Kreativ kann ein Kompromiß in einem System dann sein, wenn er sich auf Widerspruchslösungen in *Teil*systemen stützt. Dazu ist erfinderisches Denken erforderlich. (Vgl. R. Thiel, H.-J. Rindfleisch: "Dialektische Widersprüche in der technischen Entwicklung", Berlin 1986; diess.: Erfinderschulen in der DDR, Berlin 1994, ISBN 3-930412-23-3)

2.2 Maßhalten und Maßüberschreiten. Nun im Modell

Menschen setzen ihr Tun in Relation zum Ergebnis, das sie erwarten. Selten tun sie es hinreichend, doch sie tun es. Es seien

- ■ x eine Kennziffer für die Ausdehnung (extensives Quantum) oder für die Intensität (intensives Quantum, Grad) einer Bemühung,
- ■ y = F(x) eine Kennziffer für das Ausmaß (extensives Quantum) oder für die Intensität (intensives Quantum, Grad) des zu erwartenden Ergebnisses.

Dann lassen sich zumindest die Sprichworte der Gruppen 1, 2, 3, 4 auf die Grundform zurückführen:

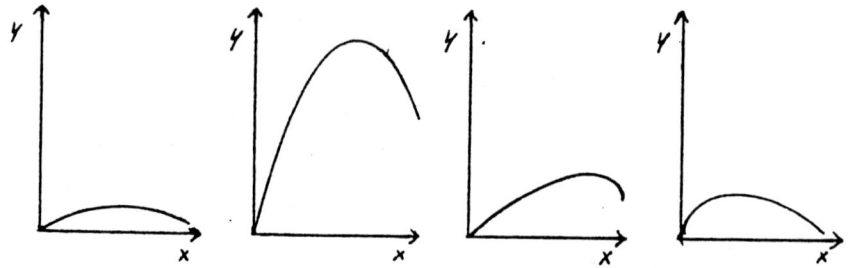

Abb. 2.1 Verlaufsformen von y = F(x) in vier Grundvarianten: symmetrisch flach, symmetrisch steil, assymmetrisch linksflach, assymmetrisch rechtsflach

· ■ Mit den zitierten Sprichworten werden mehrere Sachverhalte zugleich ausgedrückt: Der Mensch - sein Verhalten steuernd - kann ein *x* größer oder kleiner machen. Mit wachsendem *x* würde die Höhe des Ergebnisses *y* wachsen, das vom Wert des *x* abhängt.

■ Würde *x* noch weiter erhöht, so würde sich das Ergebnis *y* *nicht verbessern*.

· ■ Im Gegenteil. Je weiter *x* wüchse, desto deutlicher würde sich der zuzuordnende Wert *y* des Resultats verringern. Fortgesetzte Mühe zum Verbessern würde in ihr Gegenteil umschlagen. Den Scheitel der Kurve (den Umkehrpunkt) bezeichnet man heute gern als *Optimum*. Die Tangente an die Kurve verläuft hier waagerecht (parallel zur *x*-Achse.

So interpretieren wir die Funktion y = F(x) .

Hier stutzen wir: Sieht der Entdecker, der Anwender oder Hörer des Sprichworts tatsächlich so etwas wie eine *stetige* Funktion y = F(x) ? Hat er sie wenigstens *vage* in seiner Intuition? Tief im *Unter*grund? Modelle mit *stetigen* Funktionen benutzen zu können würde unsre Überlegungen erleichtern.

Die Menschen sehen Vergangenheit und Zukunft - wenn überhaupt - als Girlanden, mitunter als Netze von **Ereignissen**. Wo *Entscheidungen* anstehen, sehen die meisten Menschen auch mögliche Resultate als mögliche *Ereignisse*. *Eigenes* Steuern sehen sie teils als Dosierung der Handlungsintensität, teils als Auswahl aus Mengen möglicher *Ereignis*-Varianten.

44

Andrerseits: Die zitierten Sprichworte der Gruppen 1, 2, 3, 4 beziehen sich gar nicht auf Ereignisse. Wohl kann eine sprichwortbegleitete Güter-Abwägung durch *Ereignisse ausgelöst* sein. Wohl kann Zwang zur Wahl zwischen zwei Varianten bestehen, deren jede für ein *Ereignis* steht. Doch provozieren die Sprichworte der Gruppen 1, 2, 3, 4 folgende Annahmen über das Verständnis der Sprichwort-Nutzer:

a) Meine Einstellung kann zwischen Leichtsinn und Ängstlichkeit variieren. Meine Bewegungen kann ich variieren.

b) Viele Dosierungen erfolgen vor dem Hintergrund einer Vorstellung über die Variabilität (Elastizität, Toleranz) der Dinge, Situationen und Partner. In dieser Vorstellung ist manchmal - objektbezogen - *ein Maß ausge*zeichnet. Je näher man dem Maße kommt, desto mehr Aussicht auf ein gutes Resultat. Das Maß überschreitend riskiert man zunehmend Unheil.

c) Ereignisse und Varianten lassen sich miteinander vergleichen und mitunter dem *Range* nach ordnen. Die Rangordnung kann umstritten sein.

2.3 Vom Modell wieder zum Sprichwort. Demokrit und Hiob als Kronzeugen

Maße wirkten schon vor Jahrhunderten im Unterbewußtsein vieler Menschen. Das hat **Demokrit** (etwa 460 - 370 v.u.Z.) bezeugt:

"Wohlgemutheit erlangen die Menschen durch Maßhalten in der Lust und Harmonie ihres Lebens. Denn Mangel und Überfluß pflegen umzuschlagen und große Erschütterungen in der Seele zu verursachen." - "Schön ist bei allem die rechte Mitte. Übermaß und Untermaß mag ich nicht." - "Wenn einer das Maß überschreitet, wird das Erfreulichste zum Unerfreulichsten."

Schon hundert Jahre vor Demokrit enthalten höchstrichterliche Signale Anspielungen auf spezielle Vorgänge in *metaphorischer Funktion*. Gott soll zu Hiob - um dessen Hochmut zu dämpfen - gesagt haben: "Bis hieher sollst du kommen und nicht weiter; hie sollen sich legen deine stolzen Wellen." (Hiob 38.11) Die Ufer des Meeres, auf die hier angespielt ist, werden *metaphorisch* in Anspruch genommen. Gott soll Hiob gefragt haben: "Wo warest du, da ich die Erde gründete?.... Weißt du, wer ihr das Maß gesetzt hat? Oder wer über sie eine Richtschnur gezogen hat?" Und Hiob hat dem Allmächtigen erwidert: "Siehe, ich bin zu leicht fertig gewesen." (Hiob 38.4 und 5 sowie 40.4)

Diesen Aussprüchen über das Maß lassen sich an die Seite stellen: "Halt den Knecht zur Arbeit.... doch lege keinem zu viel auf, und halt Maß in allen Dingen." (Jesus Sirach, 33.26-30, um 200 v.u.Z.) Beachtlich der Aufstieg vom Speziellen - dem Knecht - zum Allgemeinen, dem "Maß in allen

Dingen". - "Halt Maß in allem; denn in allem gibt's ein Mittel, dessen Linie das Wahre bezeichnet: dies- und jenseits wird gefehlt." (Horaz, 65 v.u.Z. - 8 v.u.Z.) - "Auf dem Mittelweg gehst du am sichersten." (Ovid, 43 v.u.Z. - 18 n.u.Z.)

"Maß" ist hier schon Inbegriff der Maß**heit** *aller* Dinge und Haltungen. Jede Quale hat ihr Maß. Aber "Maß" hier nicht etwa Synonym für *Abmessung* oder *Quantum*. *Maß* ist das, was *voll* werden kann: Jedes Faß hat sein Maß. Mehr kann es nicht fassen.

Anders aber, als *Ikarus* zu seinem Flug antrat. Da soll sein Vater gewarnt haben: Nicht zu hoch an die Sonne fliegen, damit das Wachs der Flügel nicht schmelze, nicht zu nahe an die Erde, die mit ihrem Wasserdunst den Flieger herniederziehe. Oder Odysseus an der Meerenge von Messina : Weder der Scylla noch der Charybdis zu nahe kommen! "Maß" ist *hier* - Demokrit, Horaz, Ovid - ein *ausgezeichnetes* Quantum, das unserem heutigen Begriff "Optimum" entspricht.

Maß kann also nicht nur *voll* werden. Maße kann man auch **überschreiten**. Mehr noch: Beim Überschreiten schlägt etwas in sein **Gegenteil** um.

2.4 Vom Sprichwort abermals zum Modell

Zurück zu den Hypothesen a) b) und c). Wir erkannten Spezielles als Metapher für Allgemeines. Ob Hiob, Sirach, Demokrit - a), b) und c) sind verifiziert. So akzeptieren wir die Funktion $y = F(x)$ als Modell. Offen bleibt, wer sich diese Funktion auch als *stetig* vorstellen konnte.

Heraklit (um 500 v.u.Z.) war dieser Vorstellung nahe: "Das Kalte wird warm, Warmes kalt, Feuchtes trocken, Trocknes feucht." - "Die Welt....war immer und wird immer sein ein ewig lebendiges Feuer, nach Maßen sich entzündend und nach Maßen verlöschend." - "Alles ist Austausch des Feuers und das Feuer Austausch von allem, gerade wie für Gold Waren und für Waren Gold eingetauscht wird." (Nach W. Capelle: Die Vorsokratiker. Dort unter den Fragmentnummern 20, 58, 61) Heute wird unterstellt, es lasse sich alles in Geld ausdrücken, das wegen seiner Teilbarkeit in Pfennige fast stetig summierbar ist.

Hat *Demokrit* über Stetigkeit reflektiert? Was auch immer Demokrit sich vorgestellt hat - er konnte voraussetzen, daß vielen seiner Zeitgenossen die Vorstellung "Annähern und Überschreiten von Maß" verständlich war: Man soll sich den Maßen annähern, welche schleichend *in Unmaß über*gehen, wenn man über sie hinwegschleicht. Wo von Annähern gesprochen wird, herrscht die Vorstellung von Stetigkeit. Eines dürfen wir gewiß: Die alten Vorstellungen von Maß mit der graphischen Ansicht in Abb. 2.1 und dem Begriff der stetigen und der differenzierbaren Funktion *unterlegen*:

y = F(x) ist stetig und hat ein Extremum. Dort ist der Wert des Differential-quotienten *dy/dx* von *y = F(x)* - auch "Ableitung" genannt und *y' = F'(x)* geschrieben - gleich *0* . Das heißt, die Tangente an die Kurve *y = F(x)* hat in diesem Punkt den Steigungswinkel null und verläuft in diesem Punkte parallel zur *X*-Achse. Das würde auch gelten, wenn das Extremum nicht ein Maximum wäre, sondern ein Minimum. Im Maximum geht Steigen von *y* in Fallen über, wenn *x* wächst.

Der allgemeine Typus des Verlaufs von *y = F(x)* kann vielfältig abgewandelt sein: flacher oder steiler, symmetrisch oder assymmetrisch. Uns interessieren vor allem Abwandlungen, die im Maximum bestehen können:

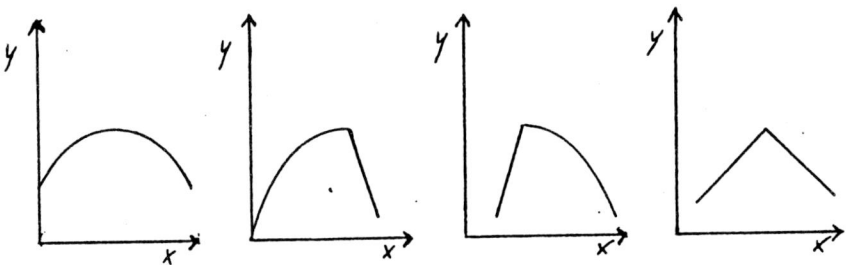

Abb. 2.2 Varianten der Funktion *y = F(x)*.
Die Ableitung *y'* - der Differentialquotient *dy/dx* - würde dann sein:
a) beiderseits des Extremums und im Extremum selber stetig.
b) , c), d) Springt im Extremum von einem Wert zum anderen, ist also im Extremum unstetig.

Das Sprichwort-Verständnis ist durch diese Varianten *unterlegbar*.

2.5 Modell hilft, die Allmählichkeit zu spüren

Die Sprichwort-Gruppen 1, 2, 3, 4 enthalten keine direkten Aussagen darüber, ob die Verlaufsform der Funktion *y = F(x)* im Extremum halbseitig oder beidseitig unstetig ist. Vor allem schließen sie beidseitige Stetigkeit des Verlaufs nicht aus. Insofern schließen sie ein: Das Umschlagen kann *allmählich* erfolgen. Und da die Maßvorstellung - schon bei Hiob, Heraklit und Demokrit beginnend - von singulären Ereignissen *abgehoben* ist, während Abmaße des Handelns (seiner Extension, Intension, Dauer, Nachhaltigkeit) mit einer gewissen Feinheit dosierbar sein können, liegt Allmählichkeit des Maß-Erreichens und des Maß-Überschreitens in der Natur der Sache, wenn wir auch Sonderfälle nicht ausschließen können.

Die Verlaufsformen können allesamt so formuliert werden: "Wachstum von y bei Wachstum von x schlägt bei Fortsetzung des Wachstums von x um in Abnahme von y ." Progression schlägt um in Degression, Aufstieg in Abstieg. Das ist kein Grund zur Annahme von Unstetigkeit im Umschlagspunkt, wenn y = F(x) in dessen *Umgebung* stetig verläuft. So können die Aussagen der Sprichworte unsrer vier Gruppen allesamt der universellen Verlaufsform zugeordnet werden:

"Quantitative Veränderungen schlagen in qualitative um," im allgemeinen allmählich. Das ist wahr, doch ist es nur die halbe Wahrheit. Es würde noch nicht bedeuten, daß aus y ein *Nicht-y* oder ein *u* würde. Doch damit muß gerechnet werden. Denn wenn aus einem *wachsenden* ein *fallendes* y wird, so heißt das: ein Quale *Ypsilon* mit dem veränderlichen Parameter y geht bezüglich y über von einem wachsenden zu einem fallenden *Ypsilon.*

In jedem unsrer Sprichwörter ist von einem speziellen *Ypsilon* die Rede. Ob es steigt oder fällt - das ist der Kick im Sprichwort. Da geht es eben nicht nur um quantitative Veränderung von *Ypsilon.* Da ist auch eine *qualitative* Veränderung *an Ypsilon. Ypsilon* bleibt *qualitativ* nicht mehr das, was es war. Es ist vielleicht ein *Noch-Ypsilon.* Doch Wachsen und Fallen *an Ypsilon* ist Erleben von Änderungen, welche aus dem *Ypsilon* ein *Alpha* oder *Omega* machen, ein *Anderes*, welches **nicht mehr** Ypsilon bleibt: *Ypsilon* im Vergehen und im Werden zu *Omega.*

Allmählichkeit des Umschlagens kann bedeuten:

- ■ Es gibt gar keine scharfe Grenze, es gibt gar keinen *Punkt,* sondern ein *Gebiet* des Umschlagens.
- ■ Es gibt objektiv einen Kulminationspunkt des Umschlagens, doch die Kurve der Abmaße läuft objektiv stetig in diesen Punkt hinein und kommt objektiv stetig aus ihm heraus. Das erinnert an Abb. 2.1 und 2.2a .
- ■ "Stetig in diesen Punkt hineinlaufen" kann bedeuten: Nicht nur y = F(x) ist in diesem Punkte stetig, sondern auch y' = F'(x) , sodann y" = F"(x) und eventuell existierende Ableitungen höherer Ordnung sind in diesem Punkte stetig.

Alle Versionen können sich beziehen auf

A)   qualitative Änderungen **an** Ypsilon.

B)   das Umschlagen von Ypsilon in ein gewisses **Nicht**-Ypsilon.

48

2.6 Qualitative Änderungen an Ypsilon

Das können allmähliche Änderungen sein. Hierfür stehen Sprichwörter der

Gruppe 5

1. "Aus Kitzlein werden Böcke."
2. "Aus Buben werden Männer."
3. "Aus Lehrjungen werden Meister."
4. "Aus Knospen werden Rosen."
5. "Aus Knaben werden Leute, aus Mädchen werden Bräute."

Man weiß nie, ob man teenager mit "du" oder "sie", mit "Frau...." oder "Herr...." ansprechen soll. Reife mit Datum zu zertifizieren ist ein Verwaltungsakt, der nur ein Ergebnis *signalisiert*, das im Prozeß *geworden* ist. Manche Oberlehrer haben sich fürchterlich echauffiert, wenn sie glaubten, es habe jemand eine Tatsache mit deren Widerspiegelung verwechselt. Doch dieselben Leute trugen keine Bedenken, ein Zertifikat (Stempel, Richtfest, Schlüsselübergabe, **Parteitag**) wie plötzlichen Quale-Wandel, als qualitativ neue **Etappe** zu deklarieren, während die *zugrundeliegenden* Vorgänge *allmählich* abliefen. Das *Übergehen selbst ist* Mühe und Arbeit gewesen, allmähliches Quale-Umschlagen. In einem Lied heißt es: "Eine Woche Hammerschlag, eine Woche Häuserquadern, zittern noch in unsern Adern...." Nun soll ein andauernder Prozeß schon deshalb nur "quantitativ" sein, weil er *Dauer* hat? Er soll schon deshalb nur quantitativ sein, weil er nicht auf einen Augenblick reduziert werden kann?

Teenager legen das Kind nicht an einem Tage ab. Da hilft es auch nicht, physiologische Erst-Tags-Termine zu stempeln. Erwachsenwerden ist langandauernde Schwerarbeit. Am 4. August 1944 wurde Anne Frank von der SS abgeholt. Gewaltsam. Am 12. Juni 1942 - ihr 13. Geburtstag - hatte sie im Versteck begonnen, Tagebuch zu schreiben. In dem Versteck auch der zwei Jahre ältere Peter. *Allmählich* beginnt Anne ihn zu erkennen. Das anvertraut sie dem Tagebuch. Eltern und mitversteckte Erwachsne wollen nicht wahrhaben, was sich umwälzt. Am 24. März 1944 notiert Anne: "Ich muß mir von allen ganz schön was über die plötzliche Freundschaft anhören und weiß wirklich nicht, wie viele Tischgespräche nicht schon vom Heiraten im Hinterhaus handelten, falls der Krieg noch fünf Jahre dauern würde. Was gehen uns eigentlich diese Elterngespräche an? Nicht viel jedenfalls, sie sind alle so blöd. Haben unsre Eltern vergessen, daß sie mal jung waren? Es scheint so. Wenigstens nehmen sie uns immer ernst, wenn wir einen Witz machen, und lachen über uns, wenn wir es ernst meinen....Ich würde Peter gern fragen, ob er weiß, wie ein Mädchen eigentlich aussieht."

Am 25. März 1944 notiert Anne Frank: "Wenn man sich selbst verändert, merkt man das erst, wenn man verändert ist. Ich bin verändert, und zwar gründlich, ganz und gar. Meine Meinungen und Auffassungen, mein kritischer Blick, mein Äußeres und mein Inneres, alles ist verändert, und zwar zum Guten."

Ist es Frevel, aus dem Buch der 782 Tage diese Zeilen *heraus*zugreifen? Ab 4. August 1944 kann Anne nichts mehr aufschreiben. Die Umwälzung wurde durch **Gewalt** abgebunden. Anne war 15 Jahre und 54 Tage alt.

2.7 "Viele Borsten machen eine Bürste." Nichtlinearität im Sprichwortschatz. Quale-Umschlagen an oder von Ypsilon?

Ein weiteres Element des Quale-Umschlagens lassen die Sprichworte der Gruppe 6 erkennen:

Gruppe 6

1.	"Viele Bäche machen einen Fluß."	
2.	"Viele Bäche machen einen großen Strom."	
3.	"Viele Borsten machen einen Besen."	
4.	"Viele Haare geben ein Bürste."	
5.	"Viel Reiser machen einen Besen."	
6.	"Ein Grashalm macht keine Wiese."	(Aber *viele* Halme)
7.	"Eine Tanne macht keinen Wald."	(Aber *viele* Tannen)
8.	"Ein Krämer macht keinen Jahrmarkt."	(Aber *viele* Krämer)
9.	"Eine Biene macht keinen Schwarm."	(Aber *viele* Bienen)
10.	"Viele Fäden machen ein Bett."	
11.	"Alle Tage einen Faden macht des Jahres ein Hemd."	
12.	"Vereint sind auch die Schwachen mächtig."	
13.	"Bündnis macht die Schwachen stark."	
14.	"Zwei sind ein Paar, drei sind ein Haufen."	
15.	"Eine Sorge kommt nicht allein."	
16.	„Viele Köche verderben den Brei." (Das Team der Köche wird zum Verderber)	
17.	"Viele Ärzte sind des Kranken Tod." (Das Team der Helfer wird zum Verderber.)	

Das sind die berühmten Fälle: Ein Stein ist kein Haufen, Hundert Steine können ein Haufen sein. Wo fängt der Haufen an? Da gibt es keine Grenze, es sei denn, sie wird administrativ festgelegt. Noch aber ist nicht deutlich, wieso der Haufen eine andere Quale sein soll als ein einzelner Stein oder viele einzelne Steine. Indessen - wenn etwas nichts weiter wäre als größer zu sein denn ein Vergleichsmuster, dann ist wohl vergessen worden, nach den *Auswirkungen* des Größerwerdens zu fragen. Es gibt deren drei:

* Der Steinhaufen kann Zufluchtstätte von Kleingetier werden oder Podest, um Kirschen zu ergreifen; der Steinhaufen erzeugt eine *Funktion,* die ihm zuvor nicht eigen war. Über Heuhaufen im Kontrast zum Grashalm sprechen wir in Kapitel 3. Der *Strom* kann Schiffe tragen (Funktion), das Bächlein nicht. Bürste oder Kamm oder Rechen kann Werkzeug sein. Ein Wald ist eine völlig andre Lebensgemeinschaft als ein Baum. Ein Bienenschwarm ist fortpflanzungsfähig, eine versprengte Biene nicht. *Ein* Krämer ist Monopol. *Viele* Krämer stehen in Konkurrenz. Wie bei Eschers Abweichungen muß man das Quantum steigern, damit es zur vollen *Wirkung der Funktion* des Verbands-Charakters kommt. Das Quale-Umschlagen in die zunehmende Ausbildung und Auswirkung der *Funktion* erfolgt hier **an** einem Ypsilon, sofern ein Verband Ypsilon mit dem Parameter y existiert und der Verband *Funktionen* ausführen kann, die ihm bei kleineren Abmaßen, bei kleineren Werten des Parameters y , nicht möglich waren.

** Man verspricht sich von Einigkeit (Nr. 12, 13) nicht nur rein mengenmäßig Masseneffekt, sondern einen **Surplus-Effekt**, indem das Ganze mehr ist als die Summe der Teile. Mit wachsender Mannschaftsstärke kann erstens die *Effektiv*kraft *überproportional* - das heißt nichtlinear - wachsen. Das kann dann zweitens zum Eintreten einer Fähigkeit (siehe *) führen, welche noch so vielen *unverbundnen,* lediglich *gezählten* Einzelnen nicht zukommt. (In Kapitel 10 ausführlich.) Natürlich kann wachsende Mannschaftsstärke auch zu gegenseitigen *Behinderungen* führen. (Nr. 16, 17) Das Ganze ist dann *weniger* als die Summe der Teile. Mit wachsender Mannschaftsstärke verändert sich auch hier die Effektivkraft überproportional, also nichtlinear, doch jetzt im Sinne degressiven Wachstums bis zum absolut wachsenden Defizit, negative Surpluskraft, bis sich - möglicherweise - ein Gleichgewicht an der Stelle optimaler Mannschaftsstärke bildet oder Suizid eintritt.

*** Prozesse wirken auf sich selbst zurück. Wir erkennen das an Zins und Zinseszins. Oder an prozentualen Zuwächsen von Bezügen Besserverdienender: Wer reich ist, wird noch reicher, die Abstände zwischen arm und reich werden gespreizt. Im Verband steigt die Wirkung der wachsenden Zahl *überproportional* oder auch *unter*proportional und insofern *nichtlinear.* Das Ganze ist dann ebenfalls mehr (oder weniger) als die Summe der Teile. Das wird später gründlich erörtert.

In allen Fällen erfolgt grundsätzlich Quale-Umschlagen *von* einem Ypsilon *in* ein Alpha oder Omega,

1. wenn ein Objekt entsteht, das Funktionen ausüben kann, an die mit Ypsilon überhaupt nicht zu denken ist;
2. wenn *Ypsilon* ein Ganzes ist, also *y* ein *Ganzes* kennzeichnet und nicht einfach nur eine Menge;
3. wenn *Ypsilon* als *Ganzes* einen Surpluseffekt hervorbringt und beim

Wachsen seines Parameters *y* die Fähigkeit zum Surplus-Effekt zunehmend stärker durch überproportionales Wachstum von *y* ausdrückt;

4. wenn *Ypsilon selbst* in sein Gegenteil umschlägt und nicht nur die Richtung seiner Wandlung ändert, (die vom Wachsen der Werte *y* in Fallen umschlagen kann);
5. wenn Ypsilon sich selber umbringt.

Doch auch das Quale-Umschlagen *an* einem Ypsilon kann nach * und ** und *** zugleich ein Quale-Umschlagen *in* ein Alpha oder Omega sein, denn Ypsilon, *an* dem sich ein Qualke-Umschlagen vollzieht, ist keineswegs mehr das, was es vorher war.

2.8 Qualitative Wandlungen von Ypsilon, auch Umschlagen in das Gegenteil, mitunter Suizid

Qualitative Wandlungen *von* Ypsilon können darin bestehen, daß *Ypsilon* umschlagend ist in den *Gegensatz* von *Ypsilon*, in den Gegensatz seiner *selbst*, den Anfängen oder gar dem Sinn des *Ypsilon entgegen*schlagend bis zum Untergehen. Umschlagen heißt nicht, *plötzlich* zu kippen. Vielmehr werden Änderungen *an* Ypsilon auch Änderungen *von* Ypsilon

Mit dem *Wahrnehmen* des Umschlagens sind wir Erdenbürger gewöhnlich der Geschichte weit hinterher. Wie allmählich auch das Umschlagen geschieht - *Wahrnehmung* kann plötzlich eintreten. Das Umschlagen ist *Prozeß*, aus vielen Teilprozessen bestehend, welche wechselwirken.

Gruppe 7

1.   Je mehr einer trinkt, je mehr ihn dürstet.
2.   Wenn dem Esel zu wohl ist, geht er aufs Eis tanzen.
3.   Allzu gerecht tut unrecht.
4.   Die größte Gerechtigkeit ist die größte Ungerechtigkeit.
5.   Zuviel Recht ist Unrecht.
6.   Gar zu höflich sein ist auch eine Grobheit.
7.   Allzu gut ist liederlich.
8.   Allzu keck liegt bald im Dreck.
9.   Auf Scherz folgt Schmerz.   (Oder "*Aus* Schmerz..."?)
10.   Eilleviel kommt spät ans Ziel.
11.   Allzu weise ist töricht.
12.   Übereilen bringt verweilen.
13.   Übermut Schaden tut.
14.   Man muß aus der Not eine Tugend machen.
15.   Bosheit ist ihr eigner Henker.
16.   Das Böse straft sich selber.
17.   Die Dummheit straft sich selbst.
18.   Wer seinen Ruhm mehrt, der tötet ihn.

19. Es ist dafür gesorgt, daß die Bäume nicht in den Himmel wachsen. Über Nr. 19 als Ausdruck von **Nicht**linearität in Kapitel 4. Belege für Gegensatzumschlagen sind auch die meisten Sprichwörter der Gruppen 1, 2, 3, 4.

2.9 Allmählichkeit und Plötzlichkeit

Alle Sprichwörter der Gruppen 1 bis 7 belegen Allmählichkeit oder lassen die Interpretation als allmählich zu. Andere Interpretationen sind aber nicht ausdrücklich ausgeschlossen. Doch gibt es Sprichwörter, die die Allmählichkeit von Übergängen ausdrücklich ausstellen:

Gruppe 8

1. "Ehe es regnet, fängt's an zu tröpfeln."
2. "Regnet's nicht, so tröpfelt's doch."
3. "Es muß lange regnen, ehe eine Sintflut kommt."
4. "Es ist keine Scheuer so voll, es geht noch eine Garbe hinein."
5. "Kein Meister so gut, der nicht noch dazuzulernen hätte."
6. "Es wird keiner auf einmal schlecht."
7. "Zeit frißt Eisen."
8. "Schwanken kommt vor dem Fall."

9. "Auf den ersten Streich fällt kein Baum."

Gruppe 8 besteht aus Metaphern für Allmählichkeit im Quale-Umschlagen. Aber wir haben die folgende Gruppe zu beachten, die für Plötzlichkeit zu stehen scheint:

Gruppe 9

1. Allzu fein bricht leicht ein Bein.
2. Zu fein gesponnen reißt der Faden.
3. Man zerreißt den Sack, wo er am dünnsten ist.
4. Überladen bricht der Wagen.
5. Allzu spitz bricht.
6. Allzu straff gespannt zerspringt der Bogen.
7. Wenn sich der Frosch zum Ochsen bläst, so muß er platzen.
8. Glück und Glas, wie leicht bricht das.
9. Not bricht Eisen.
10. Unmaß sprengt das Faß.
11. Zwischen Wahrheit und Lüge ist ein schmaler Pfad.

Indessen ist das Quale-Umschlagen auch in Gruppe 9 nicht aufs Plötzliche festgelegt. Behauptet wird vor allem, daß viele Vorgänge *unumkehrbar* sind. (Nr. 1 bis 10) Vor allem in der Unumkehrbarkeit liegt ja die Ge-

53

fahr, auf welche diese Sprüche hinweisen. Daß *Unumkehrbarkeit* dennoch nicht das letzte Wort sein muß, sagen *inverse* Sprichwörter: "Es ist kein Unglück so groß, Geduld kann es überwinden." Und "Geduld überwindet alles."

Auch etymologisch können Wörter wie "brechen", "sprengen", "reißen" - zumal in Sprichworten - nicht unbedingt als Signale für Plötzlichkeit von Quale-Umschlagen gelten. Zwei Beispiele:

"brechen": siehe unter anderem "Bruch", "Brache": ursprünglich das Aufbrechen der Felder im Juni. (Nach Lutz Mackensen: Vom Ursprung der Wörter. Wiesbaden 1985.) Zu "Bruch" im Röhrich unter anderem: „In die Brüche gehen: zerbrechen, entzweigehen, fehlschlagen, in Schwierigkeiten geraten." Man habe versucht,diese Redensart aus dem alt- und mittelhochdeutschen *bruoch = sumpfige Niederung* abzuleiten. Hierher gehöre aber nur die Wendung *etwas in die Brüche werfen*, als wertlos wegwerfen.... Die überzeugendste Erklärung habe 1800 J.F. Schütze gegeben, indem er die Redensart auf die Bruchrechnung bezog: *dat geiht in de Brok* = es ist nicht gut zu teilen.... So sagt z.B. der Mathematiker Euler in seiner "Anleitung zur Algebra" 1770: "Diese Arbeit scheint unserm Endzweck gar nicht gemäß zu seyn, indem wir hier auf Brüche geraten sind, da wir doch für x und y gantze Zahlen finden sollten." Und weiter Röhrich: "Der ursprüngliche Sinn unserer Redensart war also,: etwas geht nicht glatt auf, später übertragen zu: es wird zunichte, schlägt fehl." Rörich fährt fort: Der ursprüngliche Sinn war also: etwas geht nicht glatt, wird zunichte, schlägt fehl. In jüngerer Zeit werde *Bruch* in der Bedeutungen wie *Gebrechen, Körperschaden, schlecht, minderwertig,* usw. verwandt. Von Plötzlichkeit keine Rede.

"sprengen": Nach Mackensen Bewirkungswort zu "springen". Unter "springen" wird auf verwandte Worte anderer Sprachen verwiesen: "heranstürmen", "eilen", "sich schnell bewegen". Unter "Sprung" wird auf "springen" zurückverwiesen. Im Röhrich fehlt "sprengen", doch sind "springen" und "Sprung" ausführlich belegt, unter anderem so: "*Einen großen Sprung machen:* in einer Laufbahn überraschend weit vorankommen, im Gegensatz zu anderen rasch befördert werden.... Der Ausdruck Sprung = geringe Entfernung wird auch für eine kleine Zeitspanne eingesetzt....*es ist ja nur ein Sprung:* es ist nicht weit." Von Plötzlichkeit wiederum keine Rede.

So die Etymologie. Erst im Verbund mit Wörtern wie "Eis" und "Glas" werden Wörter wie "brechen" und "sprengen" zu Mittragenden einer Bedeutung, in welcher Quale-Umschlagen mit Plötzlichkeit assoziiert sein kann.

Die Sprichwörter der Gruppe 9 weisen allerdings darauf hin, daß rechts vom *Maß* das Abfallen von $y = F(x)$ relativ rasch erfolgen kann, etwa in Form rasch wachsender Wahrscheinlichkeit für Unfälle. Sie können insofern den Sprichworten des *assymetrisch* eingelagerten *Maßes* (Optimums) in Gruppe 3 beigeordnet werden.

Sprichworte der Gruppe 9 erinnern an Vorgänge, die verschiedenen Geschwindigkeitsmaßstäben entsprechen, und an Übergänge zwischen Vorgängen mit verschiedenen Tempi. Weiter nichts. Daß für solche Vorgänge oder Übergänge ausgerechnet die Wörter "Eis" und "Glas" als Signale gesetzt sind - Körper, mit denen wir nur ausnahmsweise hantieren - zeigt an, daß Qualia nur ausnahmsweise "plötzlich" umschlagen. Quale-Umschlagen ist eben Quale-Umschlagen und hat nichts mit Plötzlichkeit zu tun.

3. Einfachste Modelle

3.1 Wann beginnt der Haufen?

Im Sprichwort ist - wie wir sahen - das Umschlagen quantitativer Veränderungen in qualitative dokumentiert, sogar das Umschlagen eines *fortgesetzt* sich wandelnden Quale in seinen *Gegensatz*. Auch die *Allmählichkeit*, mit der sich Umschlagen vollzieht, ist im Sprichwort belegt.

Wie nun, wenn das Quale-Umschlagen an Modellen demonstriert wird, die so einfach sind wie Sprichworte, doch die quantitative Anhäufung *in ihrer Nacktheit* vorführen? Beispiel: „der Haufen". Ein Korn ist kein Haufen. Zwei Körner sind kein Haufen. Drei Körner auch nicht. Und so fort. Eine Million Körner *können* einen Haufen bilden. Wo beginnt der Haufen?

Niemand weiß wo. Kann es überhaupt einen *Punkt* geben, an dem der *Nicht*haufen in Haufen umschlägt? Leiden wir an falscher Erwartung? Liegt der Fehler vielleicht darin, daß wir mit einem Schuß *Poesie* von „Haufen" sprechen? Wäre ein Wort wie „Million" nicht klarer? Statt „Million" kann man 1000000 schreiben. Siehe da: Es gibt von 1 bis 1000000 keine Zahl, die für einen Quale-Umschlag stehen könnte.

Die Ziffernfolge 1000000 entstammt dem Vokabular der Arithmetik, das Wort „Haufen" der Umgangssprache. Soll nun der Haufen an irgendeinem Punkt begonnen haben? Oder war das Wort vom „Haufen" - wo beginnt er denn? - nur ein Trick? Um auf einer Fete die Tischrunde, die Witze begehrt und einen geheimen *Knackpunkt* erwartet, *in Spannung* zu versetzen? „Ein Korn ist kein Haufen, zwei Körner auch nicht.... *Wo beginnt der Haufen?*" Gelächter der Zechbrüder.

Man empfindet die Paradoxie:

* Eine Grenze müßte existieren. Was *Haufen* denn auch immer sei: Zwischen Haufen und *Nicht*haufen besteht ein Gegensatz. Wie zwischen Erlaubtem und *Nicht*erlaubtem. Da setzt die Polizei eine Grenze, der Gesetzgeber, die Justiz.

" ODER hat man die Grenze nicht *richtig* gesucht? ODER hat man nicht die *richtige* Grenze gesucht? Unter „Grenze" vielleicht etwas Falsches *verstanden?* (Dazu Hegel - Kapitel 8)

Wer nachdenkt, kann die Paradoxie fassen, wenn er zwei Schritte, und verstehen, wenn er fünf Schritte mitgeht:

a1) Wer in deutscher Sprache denkt, glaubt, er denke in Qualitäten. Jedes Adjektiv, jedes Adverb, jedes Substantiv scheint ihm der Name einer Qualität (eigentlich *Quale*). Ausdruck für *quantitative* Bestimmung scheinen ihm nur Ziffern und Zahlwörter zu sein. Wenn anstelle der Schulnoten 1 bis 6 verbale Ausdrücke wie „sehr gut", „gut" usw. gesetzt werden, scheint ihm das schon qualitativ. So regt sich im Teilnehmer der Fete Empfinden, das Wort „Haufen" stehe für eine Qualität.

Doch durch den Übergang von einem Zahlwort zu einem gewöhnlichen Wort der deutschen Sprache entsteht noch lange kein Quale. Nicht im entferntesten. Zu erwarten, ein Wort der Umgangssprache müsse stets eine Qualität anzeigen, ist falsch.

Würde nun „Haufen" nur als Substitut für eine Zahl gebraucht, so stünde das Wort gar nicht für ein neues Quale, das gegenüber dem einzelnen Korn ein anderes Quale ist. Und so kann es gar keinen Punkt geben, der die Grenze zwischen Haufen und Nichthaufen markiert. Wer an der Zahlenreihe einfach nur spazieren geht, kann keinen interessanten Punkt finden. Es gibt ihn auch nicht.

Anders die Lage des Zahlentheoretikers. Für diesen ist z.B. 1024 die zehnte Potenz von zwei. 362880 erregt sein Interesse, weil es das Produkt der Zahlen 1 bis 9 ist und deshalb die *einzige* (!) Zahl, die durch die Zahlen 1 bis 9 und durch nichts anderes (!) teilbar ist.

a2) Zugleich hält der Spaziergänger SEIN und NICHTSEIN - zum Beispiel von Haufen - für klar unterschieden. „Klares Abgrenzen" hält er für einen Akt, in dem ein *Punkt* gesetzt ist. Und so regt sich in ihm auf der Fete Erwartung, es müsse einen Punkt geben, durch den die Grenze zwischen Nichthaufen und Haufen verläuft.

b) Doch könnte im Unterbewußtsein des Spaziergängers noch etwas gewirkt haben: Die Ahnung, daß Haufen dem einzelnen Korn und auch einer Vielzahl *verstreuter* Körner gegenüber doch so etwas wie ein eigenes Quale sei: Wenn die Körner feucht sind, beginnt der Haufen, *warm* zu werden. Mit Schimmelpilzen geht es los. Bakterieller Abbau der Körner, die Sonnenenergie gespeichert hatten, folgt nach. Das Korn hört auf, Korn zu sein. Schließlich setzt Schwelbrand ein, thermische Zersetzung, Pyrolyse. Tritt Sauerstoff hinzu, schlagen Flammen aus dem Haufen. Erst recht ein Feuergenerator ist *Heu*, das nicht ganz trocken gelagert wird. Der Haufen ist gegenüber dem Nichthaufen ein *Anderes*, ein anderes *Quale*. Krasser als ein Feuerzeug, das einen *äußeren* Antrieb braucht.

c) Stellt man das einzelne Korn einerseits und den zur Schwelbrand-Erzeugung fähigen Haufen andererseits einander gegenüber, so hat man zwei *Extreme*. Von einem Extrem zum andren ist es in der Tat ein *Sprung*. Ob wir es sehen oder nicht, ob wir es denken oder nicht. Es *ist* ein Quale-Sprung.

d) Doch der Übergang vom Nichthaufen zum Haufen hat keinen Punkt des Umschlags, höchstens eine kritische *Zone*, in der man mit dem Übergehen rechnet und wo die Übergangswahrscheinlichkeit nach und nach die Werte null bis eins durchläuft. Selbst die Entzündungstemperatur des Schwelbrandes - im Labor ermittelt - ist nicht unbedingt als Punkt auf der Celsiusskala anzusehen, wie bei hochexplosiven Medien üblich, was uns verleitet, die Vorstellung von „Punktualität des Übergangs" auf den Kornhaufen zu übertragen.

In einem *kleinen* Kornhaufen besteht die Gefahr des Aufflammens *weniger*, denn in seinem Inneren ist Sauerstoff knapp, während an seiner luftumspülten Oberfläche Wärme *ab*geführt wird, sodaß die Körner die Entzündungstemperatur nicht erreichen. Doch im Inneren des Kornhaufens kann die Temperatur ausreichen, um einen *Schwelbrand* auszulösen. Das geschieht umso leichter, je größer der Haufen ist. Indem der Schwelbrand selber Wärme erzeugt, wird die von ihm erfaßte Zone *allmählich* größer. Und werden trotz Sauerstoffmangels hohe Temperaturen erreicht, setzt thermische Zersetzung ein. Der Körnerhaufen wird zum pyrolytischen Reaktor.

Die pure Größe ist ein (extensives) Quantum. Jedes Exemplar einer Quale hat ein solches, während seiner ganzen historischen Karriere. Meist scheint das Quantum dem Quale gleichgültig zu sein, weil es *sichtbar* sich selbst und unauffällig *allmählich* das Quale verändert. So daß es *schleichend* anders wird. Vernunft in Unsinn, Wohltat in Plage übergehend:

„Das Quantum, indem es als eine gleichgültige Grenze genommen wird, ist die Seite, an der ein Dasein unverdächtig angegriffen und zugrundegerichtet wird. Es ist die *List* des Begriffes, ein Dasein an dieser Seite zu fassen, von der seine Qualität nicht ins Spiel zu kommen scheint, - und zwar so sehr, daß die Vergrößerung eines Staates, eines Vermögens usf., welche das Unglück des Staats, des Besitzers herbeiführt, sogar als dessen Glück zunächst erscheint." (G.W.F. Hegel: Wissenschaft der Logik, Erstes Buch, Dritter Abschnitt, Erstes Kapitel)

3.2 Paradoxien weiterdenken

Doch werden wir das Gefühl nicht los, einer Paradoxie aufzusitzen. Wir sagten SPRUNG, aber nicht Ruck. Obwohl wir gewohnt sind, einen Sprung als eine ruckartige Bewegung und einen Ruck als eine Art Sprung zu sehen. Also SPRUNG, DER KEIN SPRUNG IST? Wir unterscheiden:

- von einem Quale zum anderen, von einem *Extrem* zum anderen. Das ist ein Sprung. Siehe c).

- Dieser Sprung ist aber ebenso ein Prozeß - siehe d) - der   allmählich verläuft.

59

Sprunghaft und allmählich? Jeder reale Prozeß fordert uns vielerlei Beobachtungen ab. Er dauert seine Zeit, doch wir können nicht ständig zuschauen. Wer hat denn Zeit, das Gras wachsen zu sehen? Andermal wieder sind wir aufs Detail fixiert und denken gar nicht daran, daß zugleich *Großes* im Gange ist. Dann wieder verabscheuen wir, in jeder noch so kleinen Phase des Prozesses hervorzuheben, daß nun schon wieder ein Schritt in Richtung auf das große Ziel-Extrem zurückgelegt ist. Selbst wenn wir wünschen, das Ziel-Extrem möge erreicht werden, verbitten wir uns allzu häufiges Gerede über die Annäherung. Wir sehen davon ab, daß der sich voranquälende Prozeß oder auch sein sorgebereitendes Voranschreiten ein Übergehen von einem Extrem zum anderen ist. Wir ABSTRAHIEREN.

Das Leben ist zu reich, um alle Fasern simultan wahrzunehmen. Wohl dem, der wenigstens verschiedne Beobachter unterscheidet: Einer nimmt das *Schleichen* wahr, der andere den *Sprung*. Im Alltag herrscht Oberflächlichkeit, denn: Was macht Gewinnen? Nicht lange besinnen. (J.W.Goethe)

Das Beobachten zu relativieren ist aber nicht die letzte Weisheit. Den Verstand überragt Vernunft. Sie *begreift* beide Beobachter als einseitig. DAS WAHRE IST DAS GANZE. (Hegel) Und so begreift der Vernünftige, daß beide Relativierungen in dem Ganzen *aufgehoben* sind. Der reale Prozeß ist das GANZE, nämlich Einheit von Gegensätzen.

In der Einheit ist der Unterschied zwischen c) und d), der sogar ein Gegensatz ist, stets gegenwärtig, stets mitzudenken, wie in der Ehe, wo die Partner nicht vergessen, verschiedne Biographien und Geschlechtsteile zu haben, sogar in dem Sinne: Was des einen Spezifik ist, hat der andre *nicht*. Beide unterscheiden sich, indem er/sie ein Nichtsein von etwas hat, und sie/er ein Nichtsein von etwas anderem. Beide zuammen sind in ihrer GEGENSÄTZLICHKEIT das GANZE. Einem jungen Freunde empfahl Friedrich Engels: Das Exempel „haben Sie als Bräutigam....an sich selbst und Ihrer Braut. Es ist absolut nicht festzustellen, ob die Geschlechtsliebe die Freude ist an der Identität im Unterschied oder an dem Unterschied in der Identität. Nehmen Sie den Unterschied weg oder die Identität, und was bleibt Ihnen übrig?" (F. Engels an C. Schmidt, 1. November 1891)

3.3 Der Haufen - ein Automat

Wird das Ergebnis anders ausfallen, wenn statt Körnerhaufen ein *Kies*haufen zu sehen ist? Lassen sich die Muster b), c) und d) auch mit anderen Beispielen belegen? Natürlich dürfen wir als Ausdruck des Quale nicht immer einen Schwelbrand erwarten.

Sollte der Haufen statt aus Korn aus unklassiertem Kies entstehen und sollte er per Förderband mit weiterem Kies beschickt werden, wobei sich ein Schütt-Kegel ausbildet, so beginnt der Kies, sich selber zu sortieren. Annähernd können das Kinder beobachten, wenn sie im Buddelkasten trocknen Sand hoch aufhäufen, der Körner unterschiedlicher Größe enthält.

Der Haufen-Effekt ist 1982 sogar zum Kern einer patentierten Erfindung gemacht worden. Einer der Erfinder - langjährig Leiter einer chemischen Fabrik - schrieb darüber: „Bekannt ist, daß z.b. bei einem lose aufgeschütteten Kieshaufen die Grobanteile bevorzugt über die Flanken nach außen abrollen, so daß gegenüber der Spitze bzw. dem Kern des Kegels eine gewisse Klassierung zugunsten gröberer Anteile in den Außenbereichen eintritt." (Dietmar Zobel: Erfinderfibel. Berlin 1985, S. 91ff. und Dietmar Zobel: Systematisches Erfinden, Berlin 1991, S. 170)

Die Erfindung, die daran anschließt, betrifft ein Verfahren und eine Vorrichtung zum automatischen Klassieren von Schüttgütern, wobei der Schüttkegel, der sich unterm Förderband mit zufließendem Schüttgut aufbaut, schon in einem frühen Stadium seines Entstehens mit Hilfe einer sehr einfachen Vorrichtung seinerseits in ein gewisses Fließen versetzt wird. Beide Fließprozesse bewirken dann miteinander das gewünschte automatische Verfahren:

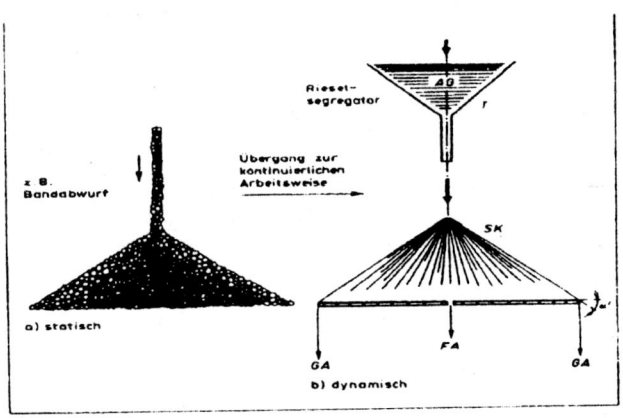

Abb. 3 Prinzip des Verfahrens zum automatischen Klassieren von Schüttgütern nach Zobel, Gisbier, Busch.

Es bedeuten: AG Aufgabegut; T Trichter; SK Schüttkegel; GA Grobanteil; FA Feinanteil. DD Patentschrift 206882 vom 10.3.1982. Abb. entnommen aus D. Zobel: Systematisches Erfinden, S. 170.

„Das Gut rieselt auf eine mittig durchbohrte Scheibe. Das Feingut läuft kontinuierlich nach innen, das Grobkorn bevorzugt über die Flanken nach außen ab. In Kombination mit einem starren kegeligen Sieb, das in den Aufgabegutstrom kurz oberhalb des Kegels eingebracht wird, verbessert sich der Trenneffekt wesentlich. Besonders vorteilhaft ist, wenn Maschenweite des Siebes und Nennkorn wie bei einem Mogensen-Sizer aufeinander abgestimmt sind. Die Vorrichtung kommt in ihrer Einfachheit dem Wesensbild der 'idealen Maschine' recht nahe. Dafür müssen nicht unwesentliche Kompromisse bezüglich der Trennschärfe hingenommen werden.... Für das automatische Abtrennen des Feingutanteils solcher Schüttgüter (z.B. bestimmter Salze), bei denen Schwing- oder Trommelsiebe nicht vorteilhaft oder zu aufwendig sind, ist die Vorrichtung dagegen recht gut geeignet. Auch unmittelbar nach ihrer Herstellung frei rieselnde, später aber wegen ihrer ungünstigen Kornzusammensetzung ('Betonkiesspektrum') zum Verbacken neigende Salze lassen sich in dieser Weise vorteilhaft klassieren. Besonders günstig ist, mehrere Trennapparate in Kaskadenschaltung zu betreiben (wesentliche Verbesserung der Trennschärfe). Erprobt wurde die Vorrichtung bisher für Sand, Trinatriumphosphat ($Na_3PO_4 \cdot 12H_2O$) und Natriumhypophosphit ($NaH_2PO_2 \cdot H_2O$)." Dem Kegel-Effekt gemäß wird auch ein japanisches Patent von 1983 angezogen, das zum Beispiel beim Bunkern polierten Reises anwendbar ist und zum Ziel hat, „die beim Befüllen großer, leerer Bunker unvermeidlichen Entmischungserscheinungen zwischen Oberkorn und Unterkorn ('Segregation') gar nicht erst auftreten zu lassen bzw. weitgehend wieder rückgängig zu machen." (vgl. Dietmar Zobel: Systematisches Erfinden, S. 87)

3.4 Der Wald. Die Stadt. Der Heuhaufen

Das Wort „Haufen" trug die Bedeutung, mehr als nur „Vielzahl" zu sein, nicht offen zur Schau. Deutlicher melden die Wörter „Wald" und „Stadt": Wir sind Namen für Qualia. Doch auch jetzt ist man versucht, zu sagen:

„Ein Baum ist noch kein Wald." Und so fort. Das verleitet zur Frage: Wo fängt der Wald an? Man ist verdammt bequem. Statt anzugeben, worin das Quale von Wald besteht, möchte man eine Zahl.

Wieso ist nun *Wald* gegenüber dem Einzelbaum und gegenüber der bloßen *Menge* von Bäumen ein anderes Quale? Ein Phänomen eigener Art, Akademiker sagen „sui generis"?

In einem Lexikon steht: Der Wald ist eine Lebensgemeinschaft von Pflanzen und Tieren, für die ein mehr oder weniger dichter, ihren Zustand und ihre Entwicklung bestimmender Baumbestand auf genügend großer Fläche charakteristisch ist. Das Wort *Lebensgemeinschaft* regt an, den Wald tatsächlich als besondere Quale zu verstehen. Lebensgemeinschaft, jawohl. Doch sind die Angaben „mehr oder weniger dicht" und „genügend große Fläche" selbst nur quantitative Bestimmungen. Und gar das Wort

„Genügend"! Man möchte ja gerade wissen, was das heißt. Mit diesem Worte wird nur eine Tautologie angeboten:

Der Wald ist Wald, wenn er genügend dicht ist, also wenn er Wald ist. Insofern wird *Qualität*, d.h. *Bestimmung* von Quale - unterlaufen. Das ist Betrug am Leser. Höchstens Signalwert hat das Wort „genügend": Rechne mit Qualität, doch man kennt sie nicht, zumindest ist man sprachlos. Ich ahne nur: Der Wald ist ein Verband. Aber was für einer? Ein einzelner Baum bildet mit seiner Umgebung *auch* eine Gemeinschaft. Quale-Bestimmung des Waldes müßte so beginnen: Wald ist ein Verbund von Bäumen, sodaß

* Kiefern - im gegenseitigen Wettbewerb um Sonnenlicht - senkrecht in die Höhe wachsen, während sie als Einzelbäume vom Lot abweichen und zum Krüppelwuchs neigen.

* solche Pilze wachsen, die unter einzeln stehenden Bäumen nicht zu finden sind: Fliegenpilze, Pfifferling und Maronenröhrling.

* Rehe, Füchse, Wildschweine lebensnotwendigen Unterschlupf finden, selbst wenn sie auch auf Äckern Futter suchen.

* Pflanzen vorkommen wie Farn und bestimmte Grasarten, die außerhalb des Waldes nicht leben könnten.

Auskünfte der Form „*so, daß*" oder „*derart, daß*" zu geben heißt, *qualitative* Bestimmungen anzugeben. Das ist soeben geschehen. Dabei erwies sich: Auch der *Wald* ist mehr als die Summe seiner Teile. Qualitative Bestimmungen anzugeben wird aber aus Bequemlichkeit meist versäumt.

Der Übergang von Nichtwald zu Gebüsch, Gehölz, Park und Heide bis hin zu Wald ist fließend. Das ändert nichts daran, daß es - wenn wir von „*Nicht*wald" zu „Wald" springen - ein qualitativer Sprung ist. Wir sind über das ganze objektive Spektrum von Einzelbaum über Gebüsch, Gehölz, Park zu Wald hinweggesprungen.

Auch eine *Stadt* ist mehr als Summe. Wie groß auch immer die Zahl der Häuser: Stadt empfinden wir als ein Quale, so wie wir SAUER, BITTER, SÜSS als Qualia empfinden. Was ist das Quale *Stadt*?

Lexika betonen: Die Einwohner sind anders. Schuster, Schneider, Leineweber, Kaufmann, Doktor, Totengräber - das sei Stadt. Landwirte - Dorf. Man gibt den *Stoff* an, aus dem der Gegenstand gemacht ist, doch hat man übers Objekt *selbst* geschwiegen. Wie üblich. Man gibt oft vor, von einer Qualität zu sprechen, doch man tut es selten.

Deshalb schrieb Hegel am Anfang(!) seiner Begriffs-Dialektik: Man begnügt sich zu Beginn des Wahrnehmens eines Quale, *Empfindungen* zu

63

registrieren. Man zeigt. Zum Beispiel auf die Einwohner des Objekts, von dem man meint, es sei eine Stadt. Und statt das Quale zu definieren, wird mit den Fingern gefuchtelt. Man denkt sehr schlicht von Qualität. Deshalb sagt Hegel über den Anfang: „Um dieser Einfachheit willen ist von der Qualität als solcher weiter nichts zu sagen." (G.W.F. Hegel: Wissenschaft der Logik, Erstes Buch, Erster Abschnitt) Hegel findets aber doch heraus. Das wird uns arg beschäftigen. (Kapitel 8)

Siedlungs*dichte* ist typisch für „Stadt". Mußten Kaufleute und Handwerker den Siedlungstyp schaffen, der anders ist als Dorf? Wie konnten sie? Einst bekam ihre Siedlung aufwendige Mauern zu ihrem Schutz. Da galt es nicht nur, pro Hektar viele Bewohner zu haben. Es gilt ein Potenzgesetz: Wenn die Fläche F der Stadt wächst, so wächst ihr Umfang U unterproportional zu F, nämlich proportional zur Quadratwurzel von F. Und umgekehrt: Wächst die Mauerlänge - also der Kreisumfang U, so wächst die Fläche F der geschützten Stadt in der zweiten Potenz, also überproportional.

Bei gleichbleibender Einwohnerdichte *sinkt* mit größerer Einwohnerzahl der Schutz-*Aufwand* pro Einwohner. Und bei gleicher Fläche *sinkt* mit wachsender Einwohnerdichte der Schutz-*Aufwand*. Bei gleicher Einwohnerdichte ist die Stadt mit der größeren Fläche im Vorteil, bei gleicher Fläche die Stadt mit der größeren Dichte. Zusammengefaßt: Mit wachsender Dichte und Zahl der Einwohner fällt der Schutzaufwand.

Die Relation zwischen Fläche und Umfang - eine *Nicht*-Linearität, ausgedrückt in einem *Potenz*gesetz - ist in Altertum und Mittelalter eines der Fördermittel gewesen, das Quale *Stadt*, verschieden vom Dorf, zu schaffen.

Kommen wir zum Heuhaufen zurück, bei dem mit größerwerdendem Volumen - analog zum Schutzaufwand der Stadt - der Wärmeverlust *degressiv* wächst.

Das bakteriell verursachte Warmwerden nicht ganz trockenen Korns begann schon bei einem einzelnen Exemplar. Aber das einzelne Korn ist rundum von Luft umgeben, die zudem sich sanft bewegt. Die Luft trocknet das Korn und stoppt die bakterielle Zersetzung. Entstehende Wärme nimmt sie hinweg. Dadurch bremst sie chemische Prozesse. Je größer aber der Haufen wird, desto größer wird die Körnermenge, die im Innern des Haufens dem Luftstrom entzogen ist. Gewiß wird auch die Oberfläche des Haufens größer und damit die Berührungsfläche des Haufens mit der Luft. Aber diese Oberfläche wächst langsamer als das Volumen:

Nehmen wir wegen der Rechenvorteile an, der Haufen wäre ein Würfel. Wie auch die Kantenlänge L, die Oberfläche F und das Volumen V gemessen werde - ob in Zentimetern oder Metern - beim Würfel ist bekanntlich

Volumen V gemessen werde - ob in Zentimetern oder Metern - beim Würfel ist bekanntlich

$$F = 6 L^2 \qquad V = L^3 \qquad V = (1/6 \ F)^{3/2} \qquad F = 6 V^{2/3}$$

L, F und V stehen in unterschiedlichen Potenzen zueinander, nichtlinear. L soll nun wachsen. Zum Beispiel würde sich - von den Kantenlängen 1, 2, 3, ..., 10000 ausgehend - ergeben:

Kanten-länge L	Oberfläche F	Volumen V	F : V	V : F
1	6	1	6	0,167
2	24	8	3	0,333
3	54	27	2	0,5
4	96	64	1,5	0,667
5	150	125	1,2	0,833
6	216	216	1,0	1,0
7	294	343	0,86	1,167
8	384	512	0,75	1,333
9	486	729	0,67	1,5
10	600	1000	0,6	1,667
100	60000	1000000	0,06	16,667
1000	6000000	1000000000	0,006	166,7
10000	600000000	1000000000000	0,0006	1666,7

Wenn die Kantenlänge des Würfels auf das Zehnfache wächst, so wächst die Oberfläche auf das Hundertfache, doch das Volumen aufs Tausendfache. Die Oberfläche bleibt hinterm Volumen mit Potenz zurück. Oder: Das Volumen wächst progressiv (überproportional) im Vergleich zur Oberfläche (dem 6fachen der Seitenfläche), nach dem nichtlinearen Gesetz:

portional) mit dem Volumen des Haufens. Die Wärmeerzeugung im Körnerhaufen wächst proportional zu seinem Volumen. Aber die Oberfläche, von
deren Größe - bei sonst gleichen Bedingungen - der Wärmeabfluß in die
Umgebung abhängt, wächst „degressiv" (unterproportional) zum Volumen,
nach dem nichtlinearen Gesetz

$$F = 6V^{2/3}$$

Nichtlinearität führt zu Proportionsverschiebung. Was bringt diese ihrerseits hervor? Bei hinreichend fortgesetzter Vergrößerung des Haufens den
Sekundäreffekt. Der Wärmeanteil im Haufen, der nicht in umgebende Luft
übergehen kann, wird immer größer. Das *innerhalb* des Haufens vagabun-
dierende Wärmedargebot je eines Korns wirkt zurück auf alle anderen
Körner, an und in ihnen die bakterielle Erzeugung von Wärme intensivie-
rend, bis aus dem Korn - ganz allmählich - ein Substrat entstanden ist, das
selbst ein Schwein verschmähen würde.

Schließlich kann bei weiter wachsenden Temperaturen ein (sekundärer
Zusatz-) Effekt entstehen, indem die bakterielle Zersetzung in thermische
Zersetzung, zum Schwelbrand übergeht. Der Kornhaufen wird zum
pyrolytischen Reaktor. Tritt noch Sauerstoff hinzu, schlagen die Flammen
heraus. Das fürchten die Bauern, wenn Heu nicht ganz trocken gelagert
wird.

Die nichtlineare Relation von Oberfläche und Volumen hat schon Galilei
zur Erklärung von Naturprozessen benutzt. Als Galilei 1638 seinen skepti-
schen Zeitgenossen das Gesetz vom freien Fall vortrug, erklärte er auch,
warum verschieden schwere Körper dem Gesetz scheinbar zuwiderlaufen
und verschieden schnell nach unten fallen. Je kleiner ein Körper, desto
größer im Verhältnis zu seinem Volumen seine Oberfläche, an welcher
der fallende Körper von umgebender Luft gebremst wird. (Galileo Galilei:
Discorsi e dimenstrazioni matematiche intorno a due nuove scienze
attenenti alla mecanica i movimenti locali.) Vom Absturz kopfgroßer Steine zum Schweben staubfeinster Teilchen, die länger als ein Flugzeug oben
bleiben, ist der Übergang ebenso allmählich wie vom Ein-Korn im Wind-
strom zum dampfenden Milliardenhaufen.

Nichtlinearität und Proportionsverschiebung sind allgemeine Form des
Qualitätssprungs. Was wir als Effekte der Kumulation bezeichnet hatten,
ist Folgespektakel der Nichtlinearität.

3.5 Das Ganze ist mehr als die Summe der Teile. Nichtlinearität

Am Muster „Haufen" sieht man, daß nicht das Material - Körner oder Kies
- unser Interesse fesselt. Unser Interesse gilt der *Kumulation*, die *Effekte*
hervorbringt, welche nicht eingetreten wären, wenn der Haufen aus nur

einem Korn bestünde oder statt des Haufens verstreute Körner herum-
lägen. Quale-Wandel beginnt damit, daß eine bloße *Menge* allmählich zu
einem *Verband* zusammenwächst. Wir suchen Effekte, die einem *Ver-*
band entspringen im Gegensatz zu einer bloßen *Anzahl*. Wegen der Effekte ist der Verband im Gegensatz zur bloßen Anzahl ein Quale (eine
sog. Qualität). Mit dem Wachsen des Verbandes und der Intensität des
Verbundes wächst - allmählich - das neue Quale. Freilich hängt die *Art*
des Verbands-Effekts von der *Art* der kumulierten Elemente ab: Zum Beispiel Körner oder Kies.

„Verband" heißt, es existiert in der Menge der Körner mindestens eine
Auswirkung des Verbundes. Eine solche besteht schon dann, wenn die
Äußerung eines Elements - zum Beispiel die Wärmeabstrahlung eines
Korns - an einem andren Korn auf das ausstrahlende Korn zurückgeworfen
wird wie ein Ruf, der als Echo zurückkehrt. Die Körner sind dann - im
Gegensatz zu ihrem lockeren Nebeneinander in verstreuter Menge, wo
sie zueinander indifferent sind - in gegenseitiger Rückwirkung. Diese ist -
bezogen auf das einzelne Element in der *Streu*-Menge - ein *Zusatz*-Effekt.
Es kann einen primären, sekundären usw. Verbands-Effekt geben.

Die Rückwirkung mag so schwach sein, daß sie einen Effekt erst dann
erkennen läßt, wenn er *vielfach* verstärkt ist. Wir sprechen vorerst von
dem Verband, der eine solche Verstärkung noch nicht erfahren hat. (Eine
Verstärkung durch ein Beobachtungsinstrument, das wie ein Mikroskop
ein vergrößertes *Abbild* liefert, interessiert uns hier nicht. Wir denken erst
recht nicht an Energiezufuhr von außen.) Uns interessiert „das Ding an
sich selbst, seine eigene Bewegung, sein eigenes Leben". (W.I. Lenin:
Werke Band 38, S. 212 f.)

Effekt ist Effekt, auch ohne verstärkt zu sein. Allerdings ist auch der
Verbandscharakter *selber* ein „Ding an sich selbst". Er hat *selber* „sein
eigenes Leben". Das bildet sich stärker aus,

a) wenn sich die Distanz der Elemente verkleinert.

b) wenn die Größe des Verbandes wächst, indem die Menge der Elemente des Verbandes größer wird, zum Beispiel, bis die Entstehung von Wärme im Haufen den Abfluß von Wärme nach außen überwiegt.

c) wenn man den Verband sich selbst überläßt, bis *im Laufe der Zeit* der
dank seines Verbundes wirkende (primäre) Effekt einen Sekundäreffekt
kreiert, der möglicherweise so eindrucksvoll ist wie die Brandstiftung per
Heuhaufen. Aber Verbund ist Verbund, und sei er schwächer als ein Spin-
nennetz. Es genügt, daß er von null verschieden ist. Nicht die Größe dieses Unterschieds ist hier die Frage, sondern der Unterschied NICHTSEIN
oder SEIN. Verband heißt Verbund, dem ein Verbands-*Effekt* entspringt.

So ist das Ganze MEHR als die Summe seiner Teile. Nicht nur das. Es ist *eine andere Quale.*

Außerdem hat der Verband im Gegensatz zur bloßen Menge auch eine *Struktur* und ist auch insofern ein Quale. Diese Struktur hat durch sich selbst Effekt, zum Beispiel die erwähnte Verstärkerwirkung per Rückkopplung.

Selbst jenes gerade mal von null verschiedene Quentchen, um das das Ganze mehr ist als die Summe seiner Teile - der (primäre) Effekt des *Verbandes*, welcher so klein ist, daß der Praktiker den Logiker verspottet, der pedanterisch den Mikro-Effekt, nur weil er nicht ganz null war, in Anschlag bringt - selbst dieses Mikro-Quentchen wird auf den Verband zurückwirken. So wird im Verband der Mikro-Effekt verstärkt. Im Beispiel „Kornhaufen" gibt es Rückwirkung der Korn-Wärme auf die bakterielle Zersetzung. Das können wir noch konkreter sagen:

Sei a_0 die Größe der Energieabgabe eines einzelnen Korns. Nun mögen (zunächst) *zwei* Körner einen Verband bilden. Dann wird ein Quentchen Wärme nicht an die umgebende Luft abgeführt, sondern auf das benachbarte Korn übertragen. Von dort aus unterstützt es den bakteriellen Prozeß im Verband, sodaß die Größe des Wärmedargebots je eines Korns bald um ein sehr kleines Quentchen h größer wird:

$$y = a_0 (1 + h)$$

a_0 bleibe beständig (konstant), und unser y-System erfahre den Zuschlag innerhalb einer gewissen Zeit, in einem ersten Wirkungszyklus. Diesem ersten Zyklus kann ein zweiter, dritter usf. folgen. Nach dem zweiten Zyklus ergibt sich

$$y = a_0(1 + h)(1 + h) = a_0(1 + 2h + h^2) \ ,$$

nach dem dritten Zyklus

$$y = a_0 (1 + h)(1 + h)(1 + h) = a_0 (1 + 3h + 3h^2 + h^3) \ ,$$

nach dem vierten Zyklus

$$y = a_0 (1 + 4h + 6h^2 + 4h^3 + h^4) \ ,$$

nach dem *n*ten Zyklus

$$y = a_0 (1 + h)^n = a_0 (1 + nh + \ldots . \ nh^{(n-1)} + h^n) \ .$$

$$(n + 1 \quad Summanden)$$

Das ist die Zinseszinsgleichung mit h als Zinssatz und n als Anzahl der Laufjahre der stehenbleibenden Starteinlage a_0.

Die Vorstellung vom Zyklus werde nun der Praxis weiter angenähert. Die Rückwirkung pufft im Körnerverband nicht wie ein Kolben-Hub im Otto-Motor oder wie eine *jährliche* Zinsgutschreibung. Nicht ruckweise zirkuliert sie im Verband, sondern kontinuierlich. Das heißt: An die Praxis sich *annähernd* stellt man sich die *Dauer* jedes einzelnen Zyklus nicht nur als klein, sondern als *unbegrenzt* kleinerwerdend vor und im Gegenzug die *Anzahl* n der ultrakurzen Zyklen nicht nur als groß, sondern als unbegrenzt größerwerdend. Die Länge des Gesamtprozesses - die Laufzeit eines kontinuierlich verzinsten Guthabens - veranschlagen wir ebenfalls; sie heiße t.

Es gibt also nt Zyklen. Zugleich ist die ursprünglich veranschlagte Rückwirkungskonstante, der Zinssatz h, in dem ultrakurzen Zyklus durch eben dieses n zu teilen. Daraus ergibt sich:

$$y = a_o (1 + h/n)^{nt} .$$

Nun hilft eine heuristische Idee weiter: Der gewonnene Ausdruck wird äquivalent umgeformt, sodaß sich Brücken zu weiterführenden Ausdrücken abzeichnen: Wir setzen $n = nh = hn$. Das fette n bringt Verwandtschaft mit n und *zugleich* Modifikation gegenüber n zum Ausdruck:

$$y = a_o (1 + 1/n)^{hnt} = a_o [(1 + 1/n)^n]^{ht} .$$

Nun lassen wir - wie angekündigt - n und damit n gegen unendlich gehen, richten den Blick auf die eckige Klammer und erinnern uns, daß der Grenzwert des Inhalts der eckigen Klammer für $n \circledR \yen$ gleich e ist, wobei e die Basis der natürlichen Logarithmen. Das wird in der Lehre von den Grenzwerten unendlicher Folgen bewiesen. So ergibt sich

$$y = a_o e^{ht} .$$

Dieses Gesetz nimmt unter den nichtlinearen Gesetzen die Sonderstellung höchster Einfachheit ein: Der je erreichte Stand y ist proportional zur Wachstumsgeschwindigkeit y'.

Diesem Gesetz folgen im wesentlichen alle Kettenreaktionen.

Vorerst besteht unser Verband aus nur zwei Elementen. Trotzdem hatten wir korrekterweise die dem Verbund geschuldete Zusatzwirkung - so klein sie auch sei - veranschlagt, woraus sich für die Energiebilanz eines Korns im Zweierverband das Zinseszinsgesetz - hier mit kontinuierlicher Verzinsung - ergab.

Natürlich wird die Wärmebilanz unsrer zwei Körner rasch zunichte gemacht, weil Wind alle Wärme sogleich hinwegweht. Wir wollten aber anhand der Bilanz eines Korns im Zweierverband uns vorbereiten auf den Fall, daß 2, 3, ... k Körner nicht an der Oberfläche des Haufens liegen, sondern im Inneren.

Dabei wird eine einschneidende Konsequenz deutlich: Im Verband gilt ein anderes Additionsgesetz als in der Menge von Elementen, die zueinander indifferent sind. In der puren Menge gilt - wer wüßte es nicht -

$$a + a = 2a$$

$$a + a + \dots + a = na \; .$$

Da ein Verband als Ganzes mehr ist als die Summe seiner Teile, *muß* im Verband ein anderes Additionsgesetz gelten, bei dem auch das gewohnte Plus-Zeichen eine modifizierte Bedeutung hat, auf die wir durch hier durch Fettschreibung hinweisen:

$$a + a = 2a + 2ha = 2a(1 + h)$$

$$a + a + . \; \dots + a = ka(1 + h)^k$$

$$k \; mal \; a$$

Der Haufen werde nun so groß, daß *k* Körner völlig in seinem *Inneren* liegen, also ringsum von anderen Körnern umgeben sind. So vervielfacht sich - schrittweise mit dem Anwachsen von *k* - die Gesamt-Rückwirkung, die je ein Korn per Reflexion seiner eigenen Ausstrahlung von seinen Nachbarn (quasi als Echo) zurückempfängt. Die quasi-Summe des GANZEN (des Verbandes) weicht also umso stärker von einer aus der Schul-Algebra bekannten Summe ab, je größer die Anzahl *k* der Fett-Summanden ist. Das ist abermals ein Effekt der Nichtlinearität.

Dieser ähnelt dem schon gefundenen, sodaß wir von dem oben betrachteten Zweierverband mit seinem wachsenden *n* zu einem *k*-gliedrigen Verband übergehen können, indem wir die Bilanzen der im Verband - unter der windgeschützten Oberfläche - liegenden Körner miteinander multiplizieren:

$$Produkt \; (aller \; y) = \{a_0 \; e^{ht}\}^k \; .$$

Das alles sind Einschlüsse des Satzes „DAS GANZE IST MEHR ALS DIE SUMME SEINER TEILE".

3.6 Komponenten des Quale-Umschlagens

Was wir fanden, liefert eine Liste der Komponenten des Quale-Umschlagens. Wir fanden:

A) Eine (innere) Struktur des Verbandes (z.B. Feedback) und schon damit Verband als ein Quale (fälschlich „Qualität" genannt).

B) Verbands-Effekt als Wirkung, die weder beim einzelnen Korn noch bei der Menge zueinander indifferenter Elemente existiert.

C) Zwang zur Ablösung linearer Modelle durch nichtlineare. Schon (primäre Zusatz-)Effekte zwangen uns, beim Notieren Potenz- und Exponential-Ausdrücke zu verwenden. Nichtlinearität fanden wir vier Mal:

C_1) Im Verhältnis Kreisumfang zu Kreisfläche bei wachsendem Kreisdurchmesser im Paradigma „vom Dorf zur Stadt". Hier handelte es sich um Potenzen mit konstanten Exponenten und um das Verhältnis zweier verschiedner Potenzen bei wachsender Basis. Auch im Heuhaufen ist das wichtig im Sinne zwangsläufigen Quale-Umschlagens: Bei wachsendem Heuhaufen wächst das Volumen schneller als die Oberfläche; die Wärmeabgabe an die umgebende Luft nimmt relativ ab.

C_2) Im Zweierverband wegen der Anzahl n bzw. n der schon im Zweierverband auftretenden Rückwirkungs-Zyklen; exponentielle Nichtlinearität.

C_3) Im größer werdenden Verband, vermittelt durch wachsendes k, ebenfalls exponentielle Nichtlinearität, uns lehrend, daß das Quale-Umschlagen in solchen Fällen auf mehrere Exponenten bezogen sein kann.

C_4) Der Verband ist auch unterm Gesichtspunkt seiner Dauer zu sehen. Diese war im Haufen-Modell analog dem Zinseszins-Modell als t veranschlagt, das als variabler Exponent von e wirkt, in Verbindung zu n und k, parallel zu ihnen im Modell auftretend.

D) Möglichkeit zur Entwicklung eines nachfolgenden (sekundären) Verbands-Effektes, der vom primären Verbands-Effekt hervorgerufen wird. Insofern Zwei-, Drei-, Vier-Sterne-Übergehen von einem Quale in ein anderes. Also zum Beispiel nicht nur Konservierung von Feuchtigkeit, Bakterien-Zucht und Wärmeerzeugung, sondern heu-gezeugtes Feuer.

3.7 Der kriechende Sprung

Nachdem wir Komponenten des Quale-Umschlagens aufgelistet haben, wollen wir auch die verschiedenen Ausprägungen von Kumulation in einer Liste zusammenfassen:

- Ein Korn,

- verstreute Menge von Körnern,

- zwei beieinanderliegende Körner,

- mehrere mehr oder weniger beieinanderliegende Körner,

- mehr oder weniger aneinandergepreßte Körner und

- größerwerdender Haufen, in dem schließlich die Mehrzahl der Körner

71

von ihresgleichen bedeckt und von Luftzufuhr abgeschnitten ist.

Die *End*ergebnisse O der Verwandlungen im Verband und zum feuererzeugenden Körnerverband ergeben aufgereiht eine Kette von Qualia. Zwischen den *End*stadien O liegen deutliche Abstände.

Von einem Glied O zum anderen ist es ein Sprung. Das Bild von der Überquerung einer Sprunggrube durch einen Sportspringer kann so weit wörtlich genommen werden. Auf einer Strecke von mehreren Metern berührt der Springer den Boden geflissentlich nicht. Doch ist die Welt auf Sport nicht reduzierbar. Dem Worte „Sprung" muß ein *metaphorischer* Sinn beigelegt werden, wie das bei anderer Gelegenheit auch geschieht, wenn zum Beispiel beim Eintreffen unerwarteter Gäste Tante Emma - am Sommerabend im Garten sitzend - ausruft: „Wer kommt denn da *hereingeschneit.*" Und der Hereinschneiende antwortet: „Ich komme nur mal auf einen Sprung vorbei." Ohne Fähigkeit zum Gleichnis gäbe es auch jenes Gedicht „An den Mond" nicht, welches beginnt:

„Füllest wieder Busch und Tal

Still mit Nebelglanz,

Lösest endlich auch einmal

Meine Seele ganz;

Breitest über mein Gefild

Lindernd deinen Blick,

Wie des Freundes Auge mild

Über mein Geschick...."

Sprung von einem Quale zu einem andern gibt es *metaphorisch* wie den *hereingeschneiten* Spaziergänger und den *talfüllenden* Mond. Der Übergang von einer vollendeten Quale zu einer andern ist keine Kleinigkeit und will auch sprachlich gewürdigt sein. Der reale Prozeß qualiert

kriechend, schleichend, gleitend, kletternd, rutschend, fauchend, beißend, raufend, hangelnd, stoßend, kullernd, walzend, trippelnd, aufbauend, einreißend, strikkend, häkelnd, webend, spinnend, schmiedend, schmelzend (lustvoll, gleichgültig oder quälend), quellend, quallend, qualierend/quallierend

von einem Quale zum andern. Der reale Prozeß „qualiert", wie der Görlitzer Grübler Jacob Böhme (1575-1624) wortspielend sagte. Hegel referierte Böhme sehr warmherzig in seinen Vorlesungen über die Geschichte der Philosophie: „....die Qual ist diese innere Zerrissenheit.... Davon leitet er ab Quellen - ein gutes Wortspiel; die Qual, diese Negativität geht fort in Lebendigkeit, Tätigkeit; und so setzt er es auch mit Qualität, woraus er Quallität macht, zusammen."

In unsrem realen Muster ändern sich die geometrischen, die physikalischen und chemischen Werte der dichter und größer werdenden Körneransammlung kontinuierlich, und mit jedem noch so kleinen Zuwachs wächst das neue Quale. Wir setzen aber nicht aufs vielzitierte Wort des großen Leibniz, wonach die Natur keine Sprünge macht. So einfach ist das nicht.

Dem Sportplatzbild vom Sprung am nächsten war das metaphorische Bild „von ganz vom *Anfang* bis ganz zum *Ende"* der Kette: „Ganz vom *Anfang und ganz am Ende"*, weil wir den Blick auf den look traditioneller Logik eingeschränkt hatten, die nur Extreme kannte: Ja oder nein, null oder eins, Nichtsein oder Sein von etwas, hier des Verbandes zweier Körner. Physikalisch war das sofort zu relativieren, denn es konnte Zwischenstufen geben zwischen „verbunden" und „nichtverbunden", je nach Distanz und Abschirmung zwischen den Körnern. Inzwischen hat auch die Logik gelernt, mit Grautönen zwischen schwarz und weiß umzugehen.

Zwischen „ganz am Anfang" und „ganz am Ende" kann das Springe-Muster *subkjektiv* akut sein, wenn der Praktiker vor der Entscheidung steht: Feuerwehr rufen oder nicht rufen. Alarm-Unterlassung kann vors Gericht führen. Blinder Alarm kann auch teuer werden. Man hat die Qual des Entscheidens und muß es fühlen, daß im Objekt ein Grenzpunkt *nicht* existiert, der das Subjekt von Verantwortung befreit: „Ich hab ja nur die Vorschrift ausgeführt." Indessen ist *Entscheiden* ein Vorgang auf der *Meta-*Ebene *über* dem allmählichen Qualitätsübergang.

3.8 Allmähliches Gegensatz-Umschlagen - Beispiele aus der Politik

Analoga zum Haufen, von welchem man nicht weiß, „wo fängt er an", sind Ausweis der Allmählichkeit des Quale- und des Gegensatz-Umschlagens. Ein Beispiel präsentierte die Märkische Oderzeitung unter dem Vorspann: „Einen Tag nach Aufnahme der Regierungsarbeit in Berlin ist Bundeskanzler Gerhard Schröder gestern offiziell im Nachbarland Brandenburg willkommen geheißen worden. Ministerpräsident Manfred Stolpe begrüßte den Regierungschef ...." Die Zuschauer im brandenburgischen Arkadien seien nicht enttäuscht worden: „Wie die Schauspieler einer antiken Komödie demonstrierten die beiden Akteure in der Maske des Lächelns, dass sie die hohe Kunst des gegenseitigen Komplimentierens *bis zu jenem Grade* beherrschen, wo *nicht mehr zu unterscheiden ist, wo das Streicheln endet und die Ohrfeige beginnt."*

Weil der Übergang allmählich ist. Jedermann kann sich die Skala von *Streicheln S bis zu Ohrfeigen O* vorstellen, als allmählich. Dosierung ist einfach, die Skala simpel wie die Größen-Skala des Haufens. Mit einfacher Normierung betreffs Dichte, Feuchtigkeit und Umgebungstemperatur kann man erreichen, daß die Skala eindimensional wird. Sollte nicht auch die Skala von Streicheln bis Ohrfeigen durch Normierungen gestaltbar sein? Damit sie werde *eindimensional?* Dann bliebe nur noch nach den **Anlässen** A_s und A_o für *S* und *O* zu fragen: Sind diese *proportional* zu *S* beziehungsweise *O* ?

Stürmer und Dränger bevorzugen „entweder oder" und wählen *eines* der Extreme. Dagegen ist es stets bescheiden, den Mittelweg zu suchen, den *Kompromiß,* im Felde des allmählichen Übergangs von Pol zu Pol. Halb Ohrfeige, halb Streicheleinheit. Golden ist daran nichts. Immer nur so getippelt ist Verzicht auf Ambition. Im Durchschnitt nullkommafünf. Manche Menschen vereinen sich unterm Logo *ambitionslos durch die Politik.* Per Training kann man darin Meister werden.

Es gibt noch eine weitere Interpretation: Die beiden Staats-Männer haben jeden Satz ihrer Komplimente *zwei*deutig formuliert, sodaß jeder Satz *zwei* Komponenten enthält: Streichel aus Anlaß A_s, Ohrfeige aus Anlaß A_o. Ich nenne das „*Kompromiß₂*", weil das Resultat unterm Strich auch nur vom Typ „halbe - halbe" ist wie beim Mittelwegs-Kompromiß (vgl. R. Thiel: Dialektische Widersprüche in der technischen Entwicklung, das Verhalten des Ingenieurs und die Methode des Herausarbeitens von Erfindungsaufgaben. Bauakademie der DDR 1986) Doch Zweideutigkeit gibt Glanz dem Kompromisse. Deshalb rühmte der Reporter die Kunstfertigkeit der beiden Männer.

Zweideutigkeit verliert an Penetranz, wenn die Übergänge von Anlaß A_s zu Anlaß A_o sowie von *S* und *O* allmählich sind und als Grund nicht abgewiesen werden können, das „halbe - halbe" zu akzeptieren, und wenn der Hörer die *Zwei*heit des Gesprochenen erkennen kann. Wenn nicht, so ist der Hörer eingewickelt.

Schließlich gibt es die erfinderische, kreative Lösung, die den Gegensatz *aufhebt* und Horizonte eröffnet.

In einem ganz anderen Beispiel ist nicht minder Analogie zum Haufen, von dem man nicht weiß, wo er anfängt. In Schillers *Die Verschwörung des Fiesco zu Genua* spricht Fiesco: „Wenn auch des Betrügers Witz den Betrug nicht adelt, so adelt doch der Preis den Betrüger. Es ist schimpflich, eine Börse zu leeren - es ist frech, eine Million zu veruntreuen, aber es ist namenlos groß, eine Krone zu stehlen. Die Schande *nimmt ab* mit der *wachsenden* Sünde." Der Übergang ist allmählich. Bei „Mille" ist die Schande schon recht klein.

Hier sind *zwei Ypsilon* genannt: Preis/Gewinn (Y_1) und Sünde (Y_2). Vom Extremum *Betrüger* - mit seinen Wesensmerkmalen Y_1 = *klein bis mittelgroß* und Y_2 = *klein bis mittelgroß* - per *Erhöhung* von Preis/Gewinn Y_1 und Sünde Y_2 hin zum anderen Extremum „*denkmalgeschützter Geschichtsheld*". Das entspricht dem Quale-Umschlagen des anfangs indifferenten Körnerhaufens - vermittels der ihm eigenen, wachsenden Größe, Dichte und Rückkopplungsstruktur samt Wärmeerzeugung - zum Extremum *Automatischer Pyrolyse-Generator*. Perfekte Analogie zur Körner-Kumulation, die mit wachsender Größe und Dichte zum Feuerteufel wird. Gewinn/Sünde des Patriarchen (Y_1, Y_2) und Größe/Dichte des Haufens sind die Parameter, deren Wachstum die Qualia ineinander umschlagen läßt. Allmählich sogar.

Nun ein Beispiel nach Engels: „In der entwickelten kapitalistischen Produktionsweise weiß kein Mensch, wo die Ehrlichkeit aufhört und die Prellerei anfängt." Engels fügt hinzu, es werde nur „immer einen bedeutenden Unterschied machen, ob die öffentliche Gewalt auf Seite des Prellers oder des Geprellten steht". (MEW 22.501) Umschlagen der Qualia, sogar Gegensatz-Umschlagen, ist angesprochen. Nur fehlt hier der Hinweis auf vermittelnde Parameter, die wir - den Haufen betreffend - präsentieren konnten und die wir - analog - in andren Beispielen erkannten.

Stattdessen würden wir jetzt ein kompliziertes Netzwerk von Wirkungen und Rückwirkungen mit vielen Verlaufskurven bekommen. Da ist der Kampf schon auszutragen um *Durchschaubarkeit*. Mangel an Durchschaubarkeit widerspricht dem Verfassungsgebot der Rechtsstaatlichkeit und der Demokratie. Der Mangel existiert und wird größer. In diesem Mangel eklatiert das kapital-beherrschte System. Je eine Prellerei heckt mehrere. Die Preller streuen Reifentöter hinter sich. Die Polizei steht da mit plattem Pneu. Der Staatsanwalt nicht minder. Wer reich ist, hält sich seine Advokaten. Übertroffen wird die industrielle Mehrwert-Heckerei von meta-industrieller Spekulation. Wo hört die Ehrlichkeit auf? Wo fängt die Prellerei an?

Mangel an Durchschaubarkeit kann dem gegenwärtigen System das Ende bereiten. Nur müßten die Bürger, statt größere Autos zu wünschen, auf Rechtsstaat und Demokratie bestehen, erkennend die *Folgen* zunehmender Kompliziertheit gesetzlicher Regelungen: Aus Recht wird Unrecht. Vernunft wird Unsinn, Wohltat Plage. Vertrautsein mit dem Quale-Wandel und seiner Allmählichkeit könnte Bereitschaft zu alternativem Handeln erhöhen.

4. Quale-Umschlagen in der Biowelt

4.1 Zoologische Qualitäten (Qualia)

Auch der Städter kann Hunde und Katzen unterscheiden. Im Zoo erlebt er noch feinere Unterschiede. Schildchen am Gehege: Hier ist ein Baummarder. Das ist kein Steinmarder und kein Zobel. Denn jede dieser drei Sorten ist eine eigene *Art*. Individuen einer Art sind paarungsfähig. „Art" (species) wird gerade so definiert: Die und nur die Individuen, die paarungsfähig sind.

Mutationen verändern die Gene. Zunächst bleibt das Resultat auf die Töchter und Söhne eines einzigen Eltern-Paares beschränkt, falls es nicht bei Paarungen herausgekreuzt wird. Doch deren Nachkommenschaft kann Vorzüge oder Nachteile fürs Überleben erworben haben.

Nachteile verringern, Vorteile erhöhen die Chancen, selbst wieder Nachkommen zeugen zu können. Im Laufe der Zeit wird - bei sonst gleichen Bedingungen - die benachteiligte Nachkommenschaft immer ärmer an Individuen, die bevorteilte aber immer zahlreicher. Selbst wenn man annähme, es träten vorerst keine weiteren Mutationen und auch keine Änderungen ihres Lebensraumes ein, gäbe es bald keine Individuen mehr, die der benachteiligten Nachkommenschaft entstammen. Stattdessen existieren nun ausschließlich Individuen, die sich aus der *bevorteilten* Nachkommenschaft herleiten. Bekanntlich nennt man das Auslese (Selektion). In einem Lehrbuch lese ich:

„Veränderungen von Individuen innerhalb einer Population können der Ausgangspunkt für die Entstehung neuer Arten sein. Eine neue Art könnte zum Beispiel so entstehen: In einem größeren abgeschlossenen See lebt eine Population einer bestimmten Fischart. Infolge geologischer Veränderungen wird der See in zwei Teile geteilt, wobei auch die Population geteilt wird. In beiden neuentstandenen Seen liegen sowohl im Genotyp der Individuen als auch in den Umweltverhältnissen keine vollständig übereinstimmenden Verhältnisse vor. Außerdem können in jedem Teilsee neue, voneinander unabhängige Mutationen auftreten.... Jede Teilpopulation entwickelt sich in einer ihr eigenen spezifischen Weise weiter, so daß es innerhalb sehr langer Zeiträume zu so tiefgreifenden Unterschieden in den Merkmalen der Einzelindividuen kommen kann, daß eine Fortpflanzung zwischen den Individuen der einen und der anderen Teilpopulation nicht mehr möglich ist. Aus der ursprünglich einheitlichen Population sind.... zwei neue Arten entstanden." („Biologie Klasse 10", VEB Verlag Volk und Wissen Berlin.)

Es gilt als sicher:

A) Die Entwicklung der Lebewesen - die Phylogenese - hat in der Vergangenheit zehntausende Arten hervorgebracht, die es einst nicht gegeben hat.

B) Die Arten unterscheiden sich *qualitativ*. Die Arten *sind* unterschiedliche Qualia (Qualitäten).

C) Die phylogenetische Entwicklung von einer Art zu einer anderen geschieht *allmählich*.

D) Der qualitative Unterschied zwischen zwei genetisch benachbarten Arten, die wir *unvermittelt* einander gegenüberstellen, stellt sich dann auch unvermittelt dar, als hätte die Natur von einer Art zur anderen einen *Sprung* getan. Von „Sprung" im wörtlichen Sinne kann man aber nur dann sprechen, wenn man die Arten *unvermittelt* einander gegenüberstellt und die *Fakten über*springt, in denen der allmähliche Übergang von einem Quale zum anderen *geronnen* ist. Das Wort „Sprung" ist hier nur im übertragenen Sinne verwendbar.

E) Allerdings erleben wir kurzlebigen Menschen diese Allmählichkeit viel weniger als die qualitative Differenz nebeneinander bestehender Arten oder die Differenz zwischen einer heute lebenden Art und einem Fossil im Museum, das der phylogenetischen Vorgänger-Art entstammt. Eigentlich erleben wir die zeitliche Allmählichkeit des Übergangs überhaupt nicht. Wir *können* sie nicht erleben. Nur ein Beobachter, der viele Millionen Jahre mit den Tieren lebte, würde Allmählichkeit erleben.

Wir haben es mit zwei völlig entgegengesetzten Beobachtungsleistungen zu tun: Die *permanente* Beobachtung erlaubt es nicht, die langsamen Veränderungen überhaupt wahrzunehmen. Die andere Beobachtungsleistung ist die nichtpermanente.

Ein Beobachter, der nicht permanent, sondern nur nach Ablauf längerer Zeiträume die Augen aufschlüge, um sich die Entwicklung anzuschauen, ein Beobachter, der also nicht die Veränderungen beobachtet, aber die *Resultate* sieht, würde ausrufen: Hier und da sehe ich eine neue Qualität. Hier und da *ist* eine neue Art entstanden. Wer die Veränderungen nicht beobachtet, nicht einmal sehen kann, braucht sich nicht zu wundern, *daß* er sie nicht sieht. Er hat von ihnen abstrahiert. Doch dem zum Trotze gibt es sie. Und sie sind qualitativ.

Mitunter haben Biologen die Allmählichkeit des Entstehens neuer Arten in Zweifel gezogen, weil paläontologische Befunde dafür selten seien. Andrerseits findet man schon in Lexiken, die für den Hausgebrauch bestimmt sind, Hinweise auf heute lebende Tiere, die von Biologen nicht eindeutig einer Art zugeordnet werden können. *Es gibt also Übergangsformen.* Daß sie paläontologisch selten belegbar sind, ist kein Wunder. Übergangsformen existieren nur kurze Zeit, weil sich aus ihnen neue Arten entwickeln, die mit wesentlichen Selektionsvorteilen ausgestattet sind, sodaß sie die Übergangsformen schnell verdrängen und selber eine hohe Stabilität in ihren Lebensräumen erlangen.

4.2 Phylogenetiker schließen
Ruckartigkeit der Entwicklung aus

Könnte nun doch eine einzige Mutation „so groß" sein, daß mit einem Schlag aus einem bestehenden Quale, zum Beispiel aus einer bestehenden Art, eine neue Art entsteht?

Treten Großmutationen auf, so sind ihre Auswirkungen in der Regel tödlich. Das heißt: *Weil* sie so groß sind, gelingt es etwaigen Nachkommen der betroffenen Individuen nicht, sich fortzupflanzen. Selbst wenn sie nicht tödlich sind, wären die betroffenen Individuen nicht fortpflanzungsfähig. Also würde *keine* neue Art entstehen. Eine Großmutation, die ruckartig eine neue Art schüfe, wäre ein Widerspruch in sich, eine contradictio in subjecto, eine runde Ecke.

Selbst dann, wenn die unmittelbaren Nachkommen des von einer Großmutation betroffenen Individuums nach einem Bauplan beschaffen wären, der sich „überaus gravierend" von dem der Eltern unterschiede, und selbst dann, wenn dieser Bauplan nicht tödliche Nachteile einschließen würde, selbst dann würde es einer gewissen Zeit und mehrerer Generationen bedürfen, bis sich die Individuen mit jenem neuen Bauplan unter ihren Artgenossen durchgesetzt haben. Dann aber wäre auch die Neuentstehung von Arten auf der Grundlage einer Großmutation ein *allmählicher* Prozeß.

Freilich könnte eine ausnahmsweise günstige Großmutation zum Wechsel von einer Art zur anderen beitragen. Aber selbst eine sehr schnelle Evolution von einer Art zu einer anderen wäre noch eine allmähliche und keine ruckartige. Auch ein Formel=I=Rennwagen wechselt seine Geschwindigkeit allmählich, auch wenn er in Sekunden von Null auf 100 km/h beschleunigt.

Gelegentlich finden sich in der phylogenetischen Literatur Ausdrücke wie „schnellere Evolution", (Bernhard Rensch: Neuere Probleme der Abstammungslehre. Die transspezifische Evolution, Stuttgart 1954, S. 102) „explosive Entwicklung" (S. 103), „außerordentliche Beschleunigung des Evolutionsvorganges" (S. 107), „Virenzperioden oder explosive Phasen in den Entwicklungsreihen" (S. 107f.), „Entwicklungssprung" (S. 112), „Periode schneller Umgestaltung und Formenaufspaltung" (S. 119) Damit ist eben *nicht* gemeint, daß eine neue Art aus einer schon existierenden plötzlich hervorgeht, sondern daß es Phasen in der Wandlung der Erdoberfläche oder in der Artbildung gibt, in denen *Verzweigungen häufiger* auftreten als in anderen. *

Zum Verständnis der von Rensch so genannten „explosiven Entwicklungs-phasen", in denen Wandlungen *häufiger* auftreten, ist schon - wie Rensch sofort hinzufügt - „die Annahme einer Häufung von Großmutationen über-haupt gar nicht nötig", denn die „normale Mutation" schafft jederzeit genü-gend „differierende Varianten". (S. 112) „Es genügt die Annahme einer zeitweilig intensiveren Selektion, für deren Wirksamkeit in den explosiven Phasen und Virenzperioden meist viele Jahrmillionen zur Verfügung stan-den...." Viele Jahrmillionen! *Ist das nicht allmählich?* „Die natürliche Aus-lese wird sich besonders dann stark auswirken, wenn eine Tierform ihr Areal stark erweitert und damit unter neue Selektionsbedingungen gerät. Bei einer Tiergruppe wird deshalb die Besiedelung eines Gebietes, das verschiedenartige neue und von konkurrierenden Tierformen noch nicht besetzte Biotope enthält, zu einer schnelleren Formenaufspaltung führen. Der Vorgang wird besonders schön verdeutlicht bei der Besiedlung ozea-nischer Inseln über das Meer hinweg." (S. 113)

Dafür gibt Rensch ein Beispiel an: Die starke *Artenaufspaltung* von Singvögelpopulationen, die vor Millionen von Jahren aus Amerika kom-mend auf die Hawai-Inseln verschlagen worden sind. Das wird von Rensch auf „das Vorhandensein sehr verschiedenartiger Biotope und Ernährungs-weisen" zurückgeführt. „Eine ganz ähnliche Formaufspaltung erfuhren auf den Hawaiinseln auch die meisten Insektengruppen." (S.113) Auch der Übergang vom Wasser= zum Landleben führte „in vielen Tiergruppen gleichzeitig zu schneller Transformation und explosiver Aufspaltung in zahlreiche Gruppen." (S. 104) Wieder ist das Wort „explosiv" irreführend. Gemeint ist verstärkte Diversifizierung von Tiergruppen, gehäuftes *Auf-treten* von Formenspaltungen, ohne daß die Entstehung je einer Art ex-plosiv erfolgt wäre.

Zusammenfassend erhärtet Rensch, daß von explosiven Entwicklungs-schritten keine Rede sein kann. Insbesondere kann Formenspaltung selbst kein plötzlicher Akt sein. Vielmehr wird unter Formenspaltung verstanden, daß kleine mutagene Änderungen am tierischen oder pflanzlichen Bau-plan den Weg zu vielerlei Auslesevarianten im langandauernden Selektions-prozeß eröffnen, sodaß mit fortdauernder Selektion und weiterer Mutatio-nen eine Vertiefung von ursprünglich geringfügigen Differenzierungen er-folgt, auf die dann bei hinreichender Ausprägung, das heißt bei zuneh-mender Weite der Unterschiede, der Ausdruck „Formenspaltung" oder „Aufspaltung" zutreffend wird.

Und weiter Rensch: „Neben Differenzierungen von untergeordneter Be-deutung können derart auch wichtige Organbildungen und neue Baupläne zustandekommen.... (S. 79)

Sprachgebrauch verfeinernd gelangt man zum Schluß, daß Phylogenetiker die Ruckartigkeit der Entstehung neuer Arten ausschließen.

Dagegen ist es heute nicht mehr schwer, die Allmählichkeit der Phylogenese *verständlich* zu machen. Dazu kann man drei Gruppen von Fakten benutzen:

- Das allmähliche Größerwerden der erwachsenen Exemplare einer Art oder das allmähliche Größerwerden von Organen als Resultat von Mutationen. (Rensch, Abschnitt 2.7.3)

- Konsequenzen und Grenzen des Größerwerdens.

- Das Umschlagen allmählicher Größenveränderungen in der Evolution zu artneuschaffenden, allmählichen qualitativen Veränderungen im Spektrum der Arten.

4.3 Wandel der artspezifischen Größe
von Körper und Organen

Kleinerwerden, vor allem aber Größerwerden der Individuen innerhalb einer Art gilt den Phylologen als eine der Grundformen evolutionären Geschehens. Wie Rensch berichtet, hatte 1896 A. Gaudry erkannt, „daß sowohl bei Wirbellosen als auch speziell bei Säugern eine generelle Größensteigerung in den Stammesreihen festzustellen ist, und E. Cope (1896) hatte unabhängig davon .... eine Größensteigerung als generelle Regel für die einzelnen Entwicklungsreihen erkannt." (Rensch S. 216) Die Copesche Regel besagt: Sukzessive Körpergrößensteigerung in den einzelnen Stammesreihen ist die verbreitetste Tendenz phylogenetischer Entwicklung. Phylogenetische Größenzunahme gilt „sowohl für kurze Entwicklungsreihen als auch für viele große Kategorien insgesamt". (Rensch S. 218) Gegenbeispiele stören uns hier gar nicht, denn unsre Argumentation knüpft an *Änderung* von Abmaßen an, gleich, ob größer oder kleiner werdend.

Rensch berichtet ausführlich. Uns genügen Beispiele: Die Fleischfresser lassen zahlreiche durch Fossilien gut belegte Stammesreihen mit sukzessiver Größensteigerung erkennen. Das gilt bsonders für die Familie der Bären, der Hyänen, der Hunde und der Katzen. Für alle Huftierordnungen gilt generell, daß sie sich aus relativ kleinen Vorfahren entwickelten. (S. 219) „Am besten belegt ist die sukzessive Größenzunahme.... in den bekannten Pferdereihen, die mit fuchs- bis wolfsgroßen Formen im ältesten Tertiär beginnen." (S. 219) Auch die Primaten, die - wie Rensch ausführt (S. 222) - von kleinen Insektenfressern herzuleiten sind, lassen eine Größensteigerung erkennen.

Wir nähern uns nun der Antwort auf die Frage, wieso Größen-Änderungen zwangsläufig auch *qualitativ* sind. Qualitative Änderungen, von denen wir dann sagen müssen, daß sie *allmählich* eintreten.

4.4 Wandel von Körpergröße und Proportionen.

Berichterstatter: Galileo Galilei

Galilei interessierte sich auch für die Festigkeit von Maschinen und Bauwerken. Dabei gelang ihm eine doppelte Entdeckung. Er spiegelte Maschinenwelt und Biowelt aneinander. Er bemerkte, daß ein grundlegendes Festigkeitsproblem der Maschinenwelt auch in der Biowelt auftritt und dort von der Natur gelöst wird.

Da Galilei das Problem in der Maschinenwelt spürte, wußte er der Biowelt mehr Erkenntnis abzugewinnen als andere Beobachter. Galilei entwickelt das in „Diskursionen und mathematische Demonstrationen über zwei neue Wissenszweige, die Mechanik und die Fallgesetze betreffend" (1638), in einer fingierten Unterredung der Herren Salviati, Sagredo und Simplicio. Wir wollen die Signores abgekürzt hören, doch mit Worten des Originals:

Salv. Geben Sie..., Herr Sagredo, Ihre von vielen anderen Mechanikern geteilte Meinung auf, als könnten Maschinen aus gleichem Material, in genauester Proportion hergestellt, genau die gleiche Widerstandsfähigkeit haben. Denn man kann geometrisch beweisen, daß die größeren Maschinen weniger widerstandsfähig sind als die kleineren: so daß schließlich nicht bloß für Maschinen und für alle Kunstprodukte, sondern auch für Objekte der Natur eine notwendige Grenze besteht, über welche weder Kunst noch Natur hinausgehen kann: wohlverstanden, wenn stets das Material dasselbe....

Sagr. .... Aus dem, was Sie gesagt haben, scheint mir zu folgen, daß es unmöglich sei, zwei Maschinen aus gleichem Stoff zu konstruieren, die dabei ungleich groß und von gleicher Widerstandskraft seien....

Salv. Ist es nicht klar, daß ein Pferd, welches 3 oder 4 Ellen hoch herabfällt, sich die Beine brechen kann, während ein Hund keinen Schaden erlitte, desgleichen eine Katze selbst von 8 oder 10 Ellen Höhe, ja eine Grille von einer Turmspitze und eine Ameise, wenn sie vom Mond herabfiele?.... Und wie kleinere Tiere verhältnismäßig kräftiger und stärker sind als die großen, so halten sich die kleinen Pflanzen besser: und nun...versteht Ihr.... meine Herren, daß eine 200 Ellen hohe Eiche ihre Äste in voller Proportion mit einer kleinen Eiche nicht halten könnte und daß die Natur ein Pferd nicht so groß wie 20 Pferde werden lassen kann, noch einen Riesen von zehnfacher Größe, außer durch Wunder oder durch Veränderungen der Proportionen aller Glieder, besonders der Knochen, die weit über das Maß einer proportionalen Größe verstärkt werden müßten. (Galileo Galilei: Schriften, Briefe, Dokumente. Bd.1, Berlin 1987, S. 330-332)

Bertolt Brecht läßt im Theater Worte aus diesem Text Galileis vor dem Vorhang verlesen, nachdem er seiner *Theater*figur Galilei auf der Bühne eine soziale Botschaft verkünden ließ: „Unglücklich das Land, das Helden nötig hat." Das heißt: Unglücklich das Land, das große Männer oder Prominente nötig hat, denn diese würden moralisch abnorm proportioniert sein.

Nun weiter Galilei, der die Herren Salvatio, Sagredi und Simplicio am zweiten Tag der Discorsi sagen ließ:

Salv.... erkennen wir nun, wie weder Kunst noch Natur ihre Werke unermeßlich vergrößern können, sodaß es unmöglich erscheint, immense Schiffe, Paläste oder Tempel zu erbauen, deren Ruder, Gebälk, Eisenverkettung und andere Teile bestehen könnten: wie andererseits die Natur keine Bäume von übermäßiger Größe entstehen lassen kann, denn die Zweige würden schließlich durch das Eigengewicht zerbrechen; auch können die Knochen der Menschen, Pferde und anderer Tiere nicht übergroß sein und ihrem Zweck entsprechen, denn solche Tiere könnten nur dann so bedeutend vergrößert werden, wenn die Materie fester wäre und widerstandsfähiger als gewöhnlich; sonst müßten bedeutende Verdickungen der Knochen gedacht werden, damit keine Deformationen einträten, wie denn ein scharfsinniger Dichter solches erkannte, wenn er einen Riesen folgendermaßen beschrieb:

Man kann nicht sagen, wie lang er war,

So über alles Maß war alles dick an ihm

Weiter Salvatio: Zur Erläuterung habe ich Euch einen Knochen gezeichnet, der die gewöhnliche Länge ums Dreifache übertrifft und der in dem Maße verdickt wurde, daß er dem entsprechend großen Tiere ebenso nützen könnte wie der kleinere Knochen dem kleineren Tiere. In der Figur erkennt Ihr, in welchem Mißverhältnis der große Knochen geraten ist. Wer also bei einem Riesen die gewöhnlichen Verhältnisse beibehalten wollte, müßte entweder festere Materia finden, oder er müßte verzichten auf die Festigkeit und den Riesen schwächer als Menschen von gewöhnlicher Figur werden lassen; bei übermäßiger Größe müßte er durch das Eigengewicht zerdrückt werden....

Nun ergreift auch Simplicio das Wort: Wie steht es aber mit den ungeheuren Ausmaßen, die wir bei Fischen finden? Ein Walfisch ist, wie ich glaube, zehnmal so groß wie ein Elefant, und doch bleibt er erhalten.

Salv .... man könnte unter Beibehaltung aller Verhältnisse das Gewicht der Knochen und des Fleisches verkleinern,.... und dieses Prinzip hat die Natur bei den Fischen verwertet, da sie deren Knochen und Fleischteile nicht bloß sehr leicht machte, sondern ohne alles Gewicht.

Simpl .... Ihr meint, daß, da die Fische im Wasser leben und da das Wasser durch seine Dichte, oder wie andere sagen, durch sein Gewicht das der eingetauchten Körper vermindert, die Materie der Fische kein Gewicht habe und sich ohne Belastung der Knochen im Wasser erhalten könne...."

(S. 368ff.) In diesem Zusammenhang läßt Galilei Herrn Sagredi auch sagen:

„Ist nicht die Geometrie das mächtigste Werkzeug zur Schärfung des Verstandes, das uns zu jeglicher Untersuchung befähigt? Wie hatte doch Plato recht, wenn er vor allem anderen seine Schüler gründlich in der Mathematik unterrichtete?"

Galilei hat also erkannt: Entweder ein Objekt ist *letztendlich* nicht existenzfähig, oder es muß anders aussehen als ein Objekt anderen Ausmaßes. Damit muß es *letztendlich* aus der Art schlagen. *Letztendlich* heißt: nach einer Serie von Vergrößerungen oder Verkleinerungen, die in einer Serie aufeinanderfolgender Generationen von Bauplänen verwirklicht würden.

4.5 Proportionsverschiebung als Folge des Größen-Wandels. Berichterstatter: der Phylogenetiker Bernhard Rensch

Rensch erinnert an Erkenntnisse, die seit Galilei gewonnen wurden: Große Tiere haben relativ kleinere Herzen als kleine (1748), desgleichen relativ kleineres Hirn und kleinere Augen (1762). „Im 19. Jahrhundert wurden diese Beziehungen nun auch an anderen Organen von Wirbeltieren eingehender analysiert. C. Bergmann (1847, 1855) zeigte, daß größere Tiere anders proportioniert sein müssen, weil generell ihre flächenhaft wirksamen Organe (Haut, Darm, Atemorgane) in der 2. Potenz, die versorgte Körpermasse aber dreidimensional angewachsen ist." (Rensch S. 143) Man analysierte, *warum* größere Tiere relativ kleinere Hirne und Augen haben.

Man fand Anlaß, Proportionierungsregeln aufzustellen.(Rensch S.144f). Eine dieser Regeln besagt, „daß große Landwirbeltiere 'Säulenbeine' mit unverhältnismäßig massigen Knochen entwickeln müssen, weil Knochen nur proportional ihrem Querschnitt wirksam sind, während das Volumen des zu tragenden Körpers bei Größensteigerung dreidimensional anwächst. Deshalb finden sich Säulenbeine bei den großen Säugern verschiedener Ordnungen wie Elefanten, Nashörnern, Einhufern, Paarhufern, den ausgestorbenen Titanotherien, Amblypoden, Megatherien, bei den großen Vögeln wie den Straußen und vor allem den fossilen Dinornithiden, bei den riesigen Sauriern des Mesozoikums...."

Eine weitere Regel betrifft den Energiehaushalt von Tieren, die auf Warmblütigkeit angewiesen sind: Da bei Körperhöhenvergrößerung die

Oberfläche *zwei*dimensional anwächst, das Körpervolumen aber *drei*dimensional, so ist der Wärmeverlust größerer Tiere relativ geringer, das heißt es werden relativ weniger Kalorien zur Aufrechterhaltung der Körperwärme benötigt. Sehr kleine Warmblüter wie Spitzmäuse und Kolibris haben es da schwer. Sie haben einen relativ intensiveren Stoffwechsel als größere Warmblüter, die insofern mit einem relativ kleineren Herzen auskommen. Dadurch wird Platz gespart für das Heranwachsen von Embryonen, wodurch eine verlängerte Tragezeit, also mehr Brutpflege, ermöglicht wird. (Rensch S. 224)

Größenrelationen in Maschine und Lebewesen können sich wandeln ausgehend vom Wandel einer einzigen Größe. Ungleichmäßigkeit im Wachstum von *Größenpaaren* ist die Folge. Diese Ungleichmäßigkeit heißt *Allometrie*. Bei Gleichmäßigkeit im Wachstum von Größenpaaren würde man von *Isometrie* sprechen. Isometrisches Größenwachstum zweier in Relation stehenden Größen *x* und *y* = *f(x)* könnte man durch *lineare Funktionen* beschreiben:

$$f(x) = ax + b$$

Allometrisches Wachstum von Größenpaaren *x, y* = *f(x)* ist durch *nichtlineare Funktionen* zu beschreiben, deren einfachster Typ die Funktion

$$f(x) = ax^p + b$$

ist. Der Einfachheit halber lassen wir *b* hier außer betracht. Sei nun *x* die Körperhöhe, zum Beispiel gemessen als Schulterhöhe, und nehmen wir als *f(x)* - grob gerechnet - zum einen das Körpervolumen *V* und zum anderen die Oberfläche des Gesamtkörpers oder einen andren Flächenparameter *F*, zum Beispiel den Knochenquerschnitt oder die Darmfläche, so bekommen wir die beiden Funktionen

$$V = ax^3 \quad \text{beziehungsweise} \quad F = ax^2$$

Nehmen wir der Einfachheit halber noch an, daß *a* in der *V*-Funktion und *a* in der *F*-Funktion in beiden Fällen gleich *1* wären, so ergibt sich bei einer Veränderung der Körperhöhe *x* von *1000 mm* auf *2000 mm* folgende Wertetabelle:

x in Millimetern	Vergrößerung von F	Vergrößerung von V
1000	1	1
1200	1,44	1,728
1400	1,960	2,744
1600	2,560	4,096
1800	3,240	5,832
2000	4,000	8,000

Bei Verdopplung von *x* wächst *F* auf das Vierfache, *V* auf das Achtfache. Würde sich *x* verdreifachen, so wüchse *F* auf das Neunfache und *V* auf das Siebenundzwanzigfache.

Solche Proportionsverschiebungen schaffen vollendete Tatsachen für die Auswahl der günstigsten Varianten durch Selektion. Mutationen beeinflussen also nicht nur einzelne Körperteile, sondern indirekt *Relationen* zwischen den Abmessungen von Körperteilen. Das könnte *phylogenetische* Allometrie heißen.

Objekt von Mutationen sind oft auch *ontogenetische* Wachstumsgradienten *jeglicher* Körperteile, die ihrerseits zu Verschiebungen der Proportionen zwischen Körperteilen beim Erwachsenwerden der Individuen führen. Der Körper eines Lebewesens hat im Erwachsenenstadium meist andere Proportionen als im Geburts- oder Kindheitszustand: „ontogenetische Allometrie".

Die Wege-Netze, auf denen eine Mutation den Bauplan der Nachkommen eines von Gen-Mutation betroffenen Individuums beeinflußt, sind meist *komplexer* Natur. Man spricht von *pleiotroper Genwirkung*: Beeinflussung *verschiedener* Merkmale durch ein Gen. Tatsächlich konnte für viele Mutationen nachgewiesen werden, „daß sie jeweils verschiedene morphologische oder physiologische Merkmale zugleich abändern. Eine solche pleiotrope Genwirkung ist offenbar der häufigere Fall. Sie ist für die Beurteilung der Selektionsvorgänge von besonderer Bedeutung." (Rensch S. 5)

Doch selbst einfache Genmutationen, etwa solche, die nur zu quantitativen Änderungen einer Hormondrüse oder zu Körpergrößenänderungen führen, können viele Proportionsveränderungen nach sich ziehen. (Rensch S. 9) Schon durch relative Längen- und Breitenunterschiede der Körpersegmente, der Extremitäten und ihrer einzelnen Glieder können „die heterogensten Typen" zustandekommen. (Rensch S. 68 und Abb. S. 69)

Während Mutationen die Veränderung von Größenrelationen einzelner Individuen auslösen, entscheidet Bewährung der Nachkommen und deren Selektion darüber, welche Änderungen sich als vorteilhaft für die Art durchsetzen. Natürlich zieht Körpergrößen-Wandel auch Organ- und Gewebeänderungen nach sich. „Es ist nun von besonderem Interesse, daß viele für die Menschwerdung entscheidenden Merkmale (Hirnvergrößerung, Verjugendlichung <d.h. zeitliche Verlängerung des ontogenetischen Wachstums. R.Th.> usw.) durch rein *quantitativ* wirkende Mutationen zustande kamen...." (Rensch S. 327)

4.6 Wandel der Körpermaße und seine Nebenwirkungen. Organ-Neubildungen

Proportionsverschiebungen sind Quale-Wandel, nicht nur quantitativ, auch qualitativ. Sie sind Angriffsmöglichkeiten zur Bildung neuer Organe, die - per Mutation und Selektion - entstehen. Dazu zwei Beispiele:

Die Entwicklung von Mehrzellern zu bedeutender Körpergröße „ist nur möglich, wenn ein System für Stoffumtrieb und für O_2-Umtrieb entwickelt wird (Blutgefäße, Tracheen)." Ohne derartige Systeme müßten Gewebe entweder an Sauerstoff und Nährstoffen Mangel leiden, gar zugrundegehen, oder die Gewebe müßten - z.B. durch extrem flache oder extrem verzweigte Gestalt des Lebewesens so sauerstoff- und nährstoffnah bleiben, daß die Diffusionsstrecken und Nahrungstransportstrecken relativ kurz sind. (Rensch S. 82)

Nun auch ein Beispiel für Konsequenzen, die sich aus dem *Kleiner*werden von Lebewesen ergeben: „Bei kleinsten Insekten genügt die Thoraxgröße nicht mehr für die Ausbildung von Muskulatur, die einen längeren Schwirrflug zuläßt. Es hat sich hier deshalb .... eine neue Konstruktion herausgebildet durch lange Bewimperung der Flügel, die durch Ausnutzung der Zähigkeit der Luft einen *Schwebemechanismus* darstellt. Solche Flügelfranzen haben sich konvergent entwickelt bei sehr heterogenen Gruppen," (Rensch S. 184) Es folgt eine lange Liste mit Tiernamen, auch Zwergkäfer und kleinste Motten sind als Beispiele genannt.

Sehr kleine freischwimmende Meerestiere, wie z.B. Fischlarven, „deren aktive Fortbewegung nicht genügt, um ein Absinken .... zu überwinden, zeigen eine Umkonstruktion durch Ausbildung von *Schwebeeinrichtungen*, die in Verlängerungen und Auswucherungen der verschiedensten Körperpartien bestehen." (Rensch S. 184)

Organ-*Neubildungen* werden oft durch Größerwerden der Art-Exemplare begünstigt. Durch vergrößerte Partien ein und desselben Gewebes entstehen Differenzierungen auch des *inneren* Milieus „mit besonderer selektiver Auswirkungsmöglichkeit auf die verursachenden Gene". „*Derart ist mit rein quantitativ, auf die Teilungsrate einwirkenden Mutationen auch schon der Keim für eine Differenzierung gebildet.*" (Rensch S. 310) „Die Zunahme der Komplikation einer Struktur bietet sehr häufig einen *Auslesevorteil, weil damit die Möglichkeit weiterer Arbeitsteilung gegeben ist.*" (Rensch S. 322)

Größenwachstum der äußeren Körperabmessungen „bedeutet nicht ein einfaches Größerwerden eines geeigneten Parameters, des Wachstumsindikators, sondern immer auch einen inneren Organisationsprozeß, der von diesem Parameter... widergespiegelt wird." M. Peschel, W. Mende: Leben wir in einer Volterra-Welt, S. 10. Akademie-Verlag Berlin 1983) So deutet sich schon an, wie absurd die Ansicht ist, man finde in Natur und Gesellschaft „nur" quantitative, nichtqualitative, unwesentliche Vorgänge und daneben „nur" Qualitative, nichtquantitative, *wesentliche* Vorgänge, die man sich als plötzlich vorstellen müsse. Die *Dialektik* von Quantität und Qualität wurde von Hegel erforscht. (Kapitel 8)

Neue Organe entstehen „zumeist nicht als etwas absolut Neues", sondern aufbauend „auf bereits vorhandenen histologischen Differenzierungen". (Rensch S. 295) Also aufbauend auf Differenzierungen im Zellgewebe. Das sind zunächst unbedeutende, der Größe und der Auswirkung nach sehr kleine Abweichungen von einem Standard. Solche Abweichungen können sich in gegenseitiger Wechselwirkung nivellieren, also wieder rückgängig machen. Doch sie können sich auch gegenseitig aufschaukeln, verstärken, wofür es im technischen und im politischen Bereich Analogien gibt.

Zellgewebe können sich gegenseitig beeinflussen, auch auf chemischem und morphologischem Weg. Wieder kann man an gegenseitige Beeinflussungen auf Grund allometrischer Verschiebungen denken, zum Beispiel, wenn bei größer gewordenem Tiervolumen erhöhter Platzbedarf für flächig wirkende Organe entsteht. „Nicht wenige charakteristische Eigenschaften von Zell- und Gewebetypen sind .... trotz einer unverkennbaren Autonomie ihrer Differenzierung 'Systemeigenschaften'.... So wird deutlich, daß die Systemmerkmale im allgemeinen bei den Organismen überwiegen." (Rensch S. 135 f.)

Sind Neubildungen durch Vergrößerung einzelner Gewebepartien eingeleitet worden, können sie - anfangs nicht in Anspruch genommen - in der Folge „mit neuen Funktionen 'gefüllt werden'." (Rensch S. 311) Das gibt schon allen den Nachkommen einen Selektionsvorteil, die durch Mutation und Vererbung eine - wenn auch unbedeutende - Abweichung im Gewebewachstum erfahren haben.

Nachdem zum Beispiel die paarige Schwimmblase bei Fischen entstanden war, wurde sie von einigen abseitigen Typen als zusätzlicher Atemmechanismus benutzt, der es „ermöglichte, auch in sauerstoffarmen Gewässern zu leben .... oder Trockenperioden im Schlamm vergraben zu überstehen. .... beim Übergang zum Landleben gewann dieses neue Atemorgan seine hohe Bedeutung und wurde allmählich bei höheren Reptilien zu dem schwammigen Gebilde weiterentwickelt, dessen außerordentlich große Gesamtfläche schließlich eine so intensive Sauerstoffaufnahme gestattete, daß damit eine der wichtigsten Voraussetzungen für die Herausbildung der Homöothermie <Konstanthaltung der Körpertemperatur. R.Th.> gegeben war." (Rensch S. 296f.)

Als analog zur phylogenetischen Proportionsverschiebung, der *Ungleich-*

mäßigkeit des Größer- oder Kleinerwerdens von Abmessungen des Körpers oder seiner Teile, erwähnten wir die *ontogenetische* Allometrie, die Ungleichmäßigkeit des Wachstums und damit die Proportions-Verschiebung im Verlauf des vor- oder des nachgeburtlichen Individual-Wachstums. Beim Menschen haben Kinder im Vergleich zum Erwachsenen kurze Beine und großen Kopf.

Allometrien können auch für Organ-Neubildungen erheblich sein. Für Organ-Neubildungen sind deshalb auch solche Mutationen bedeutsam, die zur Dehnung *der Wachstumsphase* im Lebenszyklus der Individuen führen. (Rensch S. 310) Wenn nämlich während der Ontogenese einzelne Gewebepartien schneller wachsen als andere und wenn sich die Phase des ontogenetischen Wachstums verlängert, so wird sich beim erwachsenen Tier eine Gewebepartie mit progressivem Wachstum zu beträchtlicher Größe auswachsen. Sie kann es dem Individuum erlauben, diese Gewebepartie zu vorher nicht praktizierten Funktionen zu nutzen.

Vorteile ziehen oft nachteilige Nebenwirkungen nach sich. Oft wächst ein Nachteil aus unsichtbaren Anfängen heraus, wenn sich der Vorteil schon entfaltet hat. Der Nachteil kann sich auswachsen. Pro und contra können sich gegenseitig hervorrufen. Ein *dialektischer* Widerspruch entfaltet sich. Das gilt für Lebewesen wie für technische und politische Gebilde.

Natürlich kann man einem Nachteil wehren. Für die Technik-Entwicklung gibt es hierzu Listen von möglichen Maßnahmen. Am elegantesten ist die gegenseitige Kompensation *zweier unerwünschter* Nebenwirkungen. (Vgl. H.J.Rindfleisch, R. Thiel: Erfindungsmethodische Grundlagen. Lehrmaterial für Erfinderschul-Trainer. KDT Berlin 1988)

4.7 Die Allmählichkeit des Quale-Umschlagens in der Bio-Entwicklung

Proportions-Verschiebungen und Organ-Neubildungen können nicht anders als *schrittweise* erfolgen: Die Schritte als sehr klein, doch nicht „unendlich" klein. Viele, viele Schritte. Ist das *allmählich* oder nicht?

Wir sahen, wie Mutation, Begünstigung und Selektion zu neuen Arten führen. Mutation und Begünstigung in der Selektion betreffen aber *unmittelbar* nur *Individuen.* Der biologische Art-Begriff betrifft dagegen *die ganze Menge* merkmalsverwandter Individuen, die sich im *System* des Verbands und nur dort fortpflanzen. Neuentstehende Individual-Merkmale müssen sich *durch ein* System von *vielen* Individuen - *im Ganzen* - durchsetzen. Das geht nur in Massen von kleinsten Schritten aller Eltern-Paare in vielen Generationen, sodaß man mit Blick *aufs Ganze* nicht anders sagen kann: *allmählich.*

Zugleich ist jede individuelle Mutation bauplanändernd, also quale-wandelnd schon die Erzeuger-Familie, auch wenn primär nur die Schulterhöhe der Nachkommen gewandelt wird, denn angeschlossen ist immer die allometrische Auswirkung (Nichtlinearität) auch schon in der unmittelbaren Nachkommenschaft. Indirekt ist das ein *Beitrag* zur Auslese innerhalb der *ganzen* Population, ist also fürs *Ganze wirksam*, analog jedem einzelnen Korn im Verband (Kapitel 3), ein Wirkungs*plus*, das über die unmittelbare Nachkommenschaft hinausreicht, quale-wandelnd auch die Art.

Haufen, jeglicher Verband und Art als Verband sind einander analog. Damit der Verbandseffekt *signifikant* wird durch *Auswirkungen*, die denselben Rang haben wie im Falle *Haufen* die Erwärmung und der Feuerteufel (Pyrolyse-Effekt), muß die Anzahl der Individual-Prozesse wachsen. Das leistet die Art.

Es ist möglich, daß gewisse individuelle mutagene Begünstigungen sich relativ schnell im Ganzen durchsetzen. Das modifiziert quantitativ die Massenhaftigkeit der Einzelakte, aber nicht die Massenhaftigkeit als solche. Also auch nicht die Allmählichkeit als solche. Es kann nur erklären, daß Fossilien dann seltener zu finden sind als Fossilien aus Entwicklungsphasen, in denen die Lebensbedingungen die Auslese verschieden bevorteilter Exemplare entschärften. Mit „mehr oder weniger schnell" ist also nur die unterschiedliche Fund-Häufigkeit von Fossilien erklärbar. Das Quale-Wandeln selbst hat nichts mit Geschwindigkeit oder Zeit zu tun. Das Quale-Wandeln gibt es immer.

Nun haben Phylogenetiker gewünscht, einige „Lücken" im Fonds der Funde zwischen Arten mögen aufgefüllt werden durch Entdeckung von Zwischenglieds-Fossilien. Der Mangel an solchen Fossilien ist aber kein Mangel an Zwischengliedern. Die Zwischenglieder hat es gegeben. Zwangsläufig wegen des Mechanismus des Arten-Wandels. Nur müssen sie nicht immer nachweisbar sein, denn die Erdgeschichte hat die Masse der Fossilien gesiebt. Übriggeblieben sind solche aus langandauernden Phasen.

Das hat Folgen auch für den Begriff „Verzweigungspunkt" in der Artenentwicklung. Es *gibt* Verzweigungen. Doch wir sind wieder bei einer perversen Frage: Wo fängt eine Verzweigung an? Wo ist sie perfekt? Man bedenke den Prozeß *Mutation - Begünstigung von Individuen - Selektion*. Dieser Prozeß besteht aus Milliarden von Verzweigungen, aus denen eine *General*verzweigung ableitbar sein müßte. Doch diese kann nur auf Millionen „kleiner" Verzweigungen beruhen, auf einem „Haufen" von Verzweigungen. So ist die Frage falsch gestellt, wo denn die Verzweigung beginne. Die Frage ist so absurd wie die Frage „wo fängt der Haufen an".

Damit hat schon Hegel seinen Spott getrieben. Einerseits werde *Eins* und *Ganzes* ganz richtig als Gegensatz empfunden. Gerade deswegen kann man Vielheit/Haufen nicht auf eine Stufe mit Einzelnem stellen. Die Auflösung mißlingt jedoch, weil zugleich unterstellt wird, das sog. Quantitative sei nicht qualitativ und das Qualitative nicht quantitativ. (Vorlesungen über die Geschichte der Philosophie, Abschnitt Eubulides)

Schwierigkeiten, ein biologisches Phänomen einem biologischen Quale zuzuordnen, das als Art, Gattung, Ordnung, Familie oder Stamm ausgewiesen wird, tun ein übriges, um immer wieder Vorstellungen über Qualia überwinden zu müssen, die als allzu simpel gehegt worden waren. Die taxonomische Zuordnung selbst ist an einigen Stellen im Fließen. Karl Linné, der Stifter biologischer Systematik, hat das mit Seufzern und der Dialektiker Goethe belustigt konstatiert. (Vgl. Rolf Löther: Beherrschung der Mannigfaltigkeit, Jena 1972, S. 93, 129). Es gibt „eine objektiv bedingte Unschärfe der Klassifikation" der benachbarten Arten, also der Verzweigungs-Produkte. (Löther, a.a.O. S. 232)

Grzimeks *Encyklopädie Säugetiere* (München 1986) bietet ein Beispiel: „Die früher in eine eigene Ordnung gestellten Robben werden heute mit den Landraubtieren vereinigt, weil durch fossile Zwischenformen und Blutserumbefunde gezeigt werden konnte, daß beide Gruppen nicht nur nahe verwandt sind, sondern daß sich die Robben von einer Teilgruppe der Landraubtiere, den Arctoidae (Bären, Hunde, Marder) ableiten lassen." (Grzimek S. 410) Und was ist ein Trennungs-Prozeß (Verzweigung), wenn er tausende Jahre gedauert hat? **Löther** schloß nach gründlicher Analyse methodologischer Probleme der Arten-Entwicklung: Es ist schwierig, die „Stelle" in der Evolution festzustellen, an welcher eine Art aus einer anderen entstanden sei, oder - wie wir sagen - wo eine Verzweigung stattgefunden habe.

Da nun der rückwirkend festgestellten Verzweigung der Arten, deren jede aus Massen von Individuen und Paaren besteht, die riesige Menge von Elementar-Akten (Mutationen, Fortpflanzungen, Selektionsprozesse) gegenübersteht, ist klar, daß Verzweigung *ganzer Arten* nicht auf einen einzelnen Akt gegründet sein kann, der in Milliarden Akten markierbar sein müßte, um als *die* Verzweigung gelten zu können. Die Verzweigung des Kollektiv-Phänomens „Art" muß also selber als kollektiver Prozeß und deshalb als allmählich angesehen werden.

Wir haben gesehen: Das Wort „Sprung" von einer Art zur anderen hat auch hier ausschließlich metaphorische Bedeutung. *Sprung* wörtlich zu nehmen wäre *Täuschung,* logisch und erkenntnistheoretisch. Als wenn jemand den Sonnenaufgang verschliefe und feststellte, daß die Sonne von Mitternacht bis Mittag einen Sprung getan habe. Die Täuschung beruhte darauf, daß die Augen - bis auf zwei Augenblicke - zugemacht wurden.

5. Wasser, Eis und Dampf im Wandel

5.1 Küchen-Sicht und PR-Sicht

Aus Wasser wird Eis, aus Wasser wird Dampf. H_2O bleibt. Doch kann man es als „Quale-Umschlagen" akzeptieren, wenn H_2O aus einem *Zustand* in einen anderen übergeht. Man muß die *Ebene* des Wandelns angeben, wenn man über Quale-Wandel spricht.

Das Unglück: Die Eis/Wasser/Dampf-Wandlung ist als plötzlich deklariert und zum Symbol allen Quale-Umschlagens erhoben worden. (Dazu Kapitel 6) Dieses Stalin-Monument wurde nie gestürzt. Wir werden sehen, daß es aller Vernunft spottet.

Zur Physik werden wir gleich blicken. Doch zuvor sei angezeigt: In diesem Symbol der Plötzlichkeit sind *drei* Symbole enthalten:

A) Abgrenzung von Wasser, Eis und Dampf gegeneinander, scharf in der Unterschiedlichkeit.

B) Das Umschlagen als Vorgang, der genau auf einem Punkt der Temperaturskala stattfindet. (Frage: Ist das Umschlagen des Phasenzustands einzelner Moleküle gemeint oder das Umschlagen eines *riesigen Haufens* von Molekülen, den wir in einem makroskopischen Gefäß vor uns haben? Auf diese Frage kommen wir bald zurück.)

C) A) und B) *zusammengefaßt* als *plötzlicher* Übergang von einem Aggregatzustand zu einem anderen, falls Entzug oder Zufuhr von Wärme hinreichend erfolgt.

Freunde der Plötzlichkeit sagen: „So mit A), B) und C) haben wir das nie formuliert.... Aber bitte.... Klingt richtig gut...."

Physiker sagen (wenn man sie provoziert): „A) und C) decken sich nicht mit dem Bild, das der Mensch im Alltag wahrnimmt. Und mit B) ist der Laie sich nicht sicher. Das Modell der Phasen - so nennen wir das, worauf Sie anspielen - können Sie in der Fach-Literatur studieren." Wenn nun ein Journalist partou wissen will, ob der Herr Physiker dem Schema A), B), C) zustimmen würde, bekäme der Medienmann zur Antwort: „Nun ja.... Doch ist das nicht so einfach."

Der Autor dankt den Physikern Dr. rer. nat. Peter Gloede (Direktor a.D. des Aerologischen Observatoriums Lindenberg) und Dr. rer. nat. Joachim Kaldasch (Berlin) für die Durchsicht und hofft, daß auch die vorliegende endgültige Fassung ihrem kritischen Blick standhalten würde.

Auch m.-l.-Ideologen wollten verständlich sein und sprachen doch gegen die Sinne. Was ist im Alltag zu sehen? Sie würden sagen:

R) „Wasser ist flüssig, Eis ist fest. Dampf ist flüchtig. Ja, das sind für mich unterschiedliche Qualitäten." Sie dachten nicht an Schneeflocken, Schneematsch und Nebel.

S) „Selber gemessen habe ich nicht." Sie dachten nicht daran: Beim Schneeball-Formen friere ich nicht. Aber im Sommer, nach dem Baden, wenn der Wind weht....

T) Bis T) kam man gar nicht. Man hätte aber wissen können: Wenn ich Wasser lange genug erhitze, fängt es zu brodeln an. *Allmählich* wird der Topf leer. Dabei beschlägt *allmählich* das Fenster. Und draußen? Wenn es lange kalt ist, gefriert der See. *Allmählich* wird das Eis dicker.

5.2 Den Physiker fragen

„Feste Stoffe" widerstreben Gestaltänderungen. Man unterscheidet kristalline und amorphe feste Stoffe.

Kristalle sind von gleichmäßig angeordneten, ebenen Flächen begrenzte Körper. Ihre Atome, Moleküle oder Ionen liegen raumgitterartig nebeneinander, in einer regelmäßigen, räumlich periodischen Struktur, die sich dank der Kräfte zwischen den Teilchen als stabile Gleichgewichtslage ausbildet. Die atomaren Kristallteile schwingen um feste Ruhelagen. Kristalle entstehen, indem sich aus Lösungen, Schmelzen oder Dämpfen einzelne Atome, Moleküle oder Ionen - ihre freie Beweglichkeit verlierend -geordnet aneinanderlagern.

Anfangs nehmen mehrere Teilchen *zufällig* eine Lage ein, die der Struktur des potentiellen Kristalls entspricht. Das Tempo der *Keim*bildung hängt von der Temperatur, den zwischenmolekularen Kräften, den Störungen durch Bewegung der Flüssigkeit und - bei Molekülgittern - von der Kompliziertheit der Moleküle ab. Entstehen viele Keime gleichzeitig, kommt es zu feinkristallinem Niederschlag, *zum Beispiel Schneeflocken*. Kristalle *wachsen,* indem sich Teilchen an schon entstandne Oberflächen anlagern. Konzentrations- und Temperatur-Unterschiede während der Kristallisation sowie Fremdstoffe beeinflussen das Wachstumstempo und können auch die Kristallform verändern.

Eis ist kristallisiertes H_2O. Aber Wasser gefriert bei 0° C nur, wenn Kristallisationskerne - Eis oder Fremdkörperchen (die man nur schwer beseitigen kann) als Keime anwesend sind. Zuweilen wird angenommen, völlig keimfreies, unbewegtes Wasser gefriere erst bei - 72° C. (W. Westphal: Physik. Berlin und Heidelberg 1947, S. 220)

Wird die Temperatur erhöht, schwingen die atomaren Bestandteile heftiger um ihre Ruhelagen, bis schließlich die thermische Bewegungsenergie größer wird als die Bindungsenergie des Kristalls. Die regelmäßige Ordnung des festen Stoffes geht in den weitgehend ungeordneten Zustand der Flüssigkeit über.

Zu den Kristallen in gewissem Gegensatz stehen die amorphen Stoffe, auch Glas, Siegellack, Pech. In amorphen Stoffen ordnen sich die Atome, Moleküle oder Ionen *nicht* in Gittern. Amorphe Stoffe werden bei steigender Temperatur zähflüssig, dann dünnflüssig. Beim *Abkühlen* wird ihre Zähigkeit so groß, daß ihre Moleküle sich nicht mehr in die regelmäßige Gitterordnung der Kristalle umlagern können. Sie verharren in der weitgehend ungeordneten Lagerung wie die Moleküle einer Flüssigkeit.

Flüssigkeiten setzen einer Gestaltänderung einen sehr kleinen, einer Volumenänderung einen sehr großen Widerstand entgegen.

Flüssigkristalle (kristalline Flüssigkeiten) sind Flüssigkeiten oder Lösungen mit weitgehender, relativ beständiger Nahordnung der Moleküle. Sie bestehen aus großen Schwärmen parallel gelagerter, langgestreckter Moleküle, innerhalb deren sich die Einzelmoleküle beliebig gegeneinander verschieben können.

Lösungen sind im allgemeinen flüssige, mitunter auch feste Systeme aus mehreren Stoffen. „Lösungsmittel" nennt man in der Regel den in überwiegender Menge vorhandenen Stoff. Homogenität einer Lösung beruht darauf, daß der gelöste Stoff sehr fein zerteilt ist.

Nach der Teilchengröße unterscheidet man *echte* (streng homogene) Lösungen mit Teilchen molekularer Größenordnung (Atome; Ionen; Moleküle, ausgenommen Makromoleküle) und *kolloidale Lösungen* mit Teilchen von 10^{-7} bis 10^{-5} cm Durchmesser, die den Übergang von streng homogenen zu inhomogenen Systemen darstellen, z.B. nicht in allen Fällen klar durchsichtig sind. Die Konzentration der gelösten Stoffe kann im allgemeinen innerhalb bestimmter Grenzen stetig verändert werden. Lösungen mit Teilchen, die größer sind als 10^{-5} cm, heißen „Suspensionen".

Weiter unterteilend unterscheidet man den Sol- und den Gelzustand. Während in einem *Sol* die Teilchen ungeordnet, beweglich und relativ weit voneinander entfernt sind, liegt im *Gel* eine gewisse Nahordnung vor; das Gel kann netz- oder wabenartige Strukturen bilden, in welche Flüssiges unter mehr oder weniger großem Verlust seiner freien Beweglichkeit eingelagert ist. Eiweiße, Polysaccharide und Plaste gelten wegen der Größe ihrer Moleküle selbst bei molekularer Verteilung als kolloide Lösungen.

Thixotropie ist die Eigenschaft mancher verfestigter (gelartiger, nicht fließfähiger) Kolloide, unter dem Einfluß mechanischer Kräfte vorübergehend flüssig zu werden (aus dem Zustand des *Gels* in den Zustand des *Sols* überzugehen).

Gase sind Stoffe, in denen sich die Moleküle voneinander unabhängig bewegen und nur durch (zufällige) Zusammenstöße in Wechselwirkung geraten. Dampf ist Gas, das sich - etwa bei Zimmertemperatur - durch Druck verflüssigen läßt. Die Temperatur darf nicht über einem artspezifisch kritischen Wert liegen.

Nebel - schwebend, auch steigend wie Dampf - entsteht aus (unsichtbarem) Dampf und besteht aus „sehr kleinen" Tröpfchen. Diese können sich zu Regentropfen vergrößern.

Der Physiker wird anmerken: „Das finden Sie schon in Lexiken." Der Alltagsmensch wird anfügen: „Ich habe ja geahnt, daß „fest", „flüssig" und „gasförmig" nicht alles ist. Sie bleiben bei den drei Begriffen nicht stehen. Sie sehen deutlicher, was mir als Laien aufgefallen ist:

Amorphe Stoffe, die ich **zwischen** *fest* und *flüssig* sehe.

Flüssigkristalle, echt **zwischen** *fest* und *flüssig* liegend, doch anders als die amorphen Stoffe.

Kolloid und *Suspension* wieder ganz anders - Gemisch aus *fest* und *flüssig*. Als *Gel* echt dazwischen.

Nebel, den ich **zwischen** Dampf und Flüssigkeit sehe.

Die Übergangsformen lockern das Schema. Das neigt zur Allmählichkeit. Aber haben Sie mir schon alles gesagt?"

5.3 Physiker zum Küchengeschehen, zu Gletschern und Wolken. Beispiele

Physiker deuten, was der Laie sieht: Ein Klumpen Eis kann gar nicht plötzlich zu Wasser werden. Führt man dem Klumpen Wärme zu, wird sich stellenweise Feuchte zeigen. Aber das Eis wird - Normaldruck vorausgesetzt - bei 0° C verharren. Wenn sich in einem Kristall örtlich die Ordnung aufzulösen beginnt, wird den benachbarten Teilchen Wärme entzogen. Es dauert seine Zeit, bis das Defizit durch Wärme kompensiert ist, die aus der Umgebung kommen muß (zum Beispiel Sonne), bis endlich weitere Moleküle aus der Ordnung des Kristallgitters ausscheiden und in die Flüssig-Phase gelangen.

Umgekehrt kann Wasser - etwa ein Eimer voll - selbst bei andauerndem Wärmeentzug nicht „plötzlich" zu Eis werden. An Kristallisationskeime lagern sich Moleküle kristallisierend an. Dabei geben sie Wärme ab. Sie sinken auf ein energetisch niedrigeres Niveau. Doch mit der abgegebenen

Wärme werden benachbarte Moleküle gehemmt, sich ihrerseits dem Keim kristallisierend anzulagern.

Auf weitem *Um*weg - besondere Mühen in Kauf nehmend - kann man Eis auch plötzlich entstehen lassen: allmähliche (!) Unterkühlung von Wasser bis weit unter null Grad. Dabei ist das Wasser zu rühren, oder aber das Wasser muß absolut von Staubteilchen frei sein. Wird dann das Gefäß heftig angestoßen, erstarrt das Wasser *mehr oder weniger*. Aus dem Wasser wird ein Gemisch aus Wasser und Eis. Analoge Umwege gibt es, um relativ plötzlich Verdampfung bzw. Kondensation herbeizuführen. (Sogenannter Siedeverzug bzw. Kondensations-Verzug.) Doch gerade diese Umwege haben die meisten Menschen nie erlebt. Solche Umwege sind selten in der Natur.

Kann unterkühltes Wasser auch allmählich zu einem amorphen Körper werden wie Glasschmelze? Oder wie Milch zu Eiscrem? Man kann Wasser und andere Flüssigkeiten um einige zehn Grad unterkühlen und in einen glasartigen Zustand überführen. Dieser ist vermöge der außerordentlich hohen Viskosität praktisch stabil, und die Substanz neigt nicht mehr zum Kristallisieren.

Zu den Bedingungen, unter denen Stoffe in eine andere Phase übergehen, gehört der Druck. Zum Beispiel sinkt der Schmelzpunkt des Eises bei Druckerhöhung. Bringt man ein Stück Eis von etwas weniger als 0° unter erhöhten Druck, so tritt im ersten Augenblick ein Schmelzvorgang ein. Die hierzu nötige Schmelzwärme entzieht die Eis-Masse aber sich selber. Sie kühlt sich auf eine etwas niedrigere Temperatur ab, sodaß ein Fortschreiten des Schmelzvorganges unterbunden wird, solange dem Eis nicht Wärme von außen zugeführt wird. Der Vorgang läuft als Wechselwirkung in sich selber ab. Seit Jahrzehnten habe ich wohl tausend Mal bemerkt, daß m.l. Ideologen Vorgänge nicht in ihrer inneren Wechselwirkung zu sehen bereit sind, obwohl in den Arbeiten von Karl Marx, insbesondre in *Das Kapital*, die Menge der Beipiele riesengroß ist. (Vgl. auch Rainer Thiel, Georg Klaus: Die Existenz kybernetischer Systeme in der Gesellschaft. Deutsche Zeitschrift für Philosophie 1/1962. Vgl. auch R. Thiel: Quantität oder Begriff. Deutscher Verlag der Wissenschaften, Berlin 1967)

Zusammenpressen von lockerem Schnee - als einer Ansammlung von feinen Eiskristallen - bedeutet Druckzunahme, sodaß Kristalle schmelzen und beim Nachlassen des Druckes überwiegend wieder kristallisieren, jetzt aber zum Eis-Kuchen zusammenbackend.

Eis schmilzt auch unterm Schlittschuh. Zwischen Kufe und Eis entsteht eine Wasserschicht, die als Gleitmittel wirkt. Wird ein Gletscher dicker, so wird der Druck größer, den die oberen Eismassen auf die unteren ausüben. Durch den größer werdenden Druck sinkt der Schmelzpunkt des

Eises. An Stellen hohen Druckes schmilzt das Eis, ohne durchweg in den Zustand zu gelangen, den wir als „Wasser" zu sehen gewohnt sind. Das Eis wird plastisch. „So kommt es, daß das Gletschereis wie eine äußerst zähe Flüssigkeit talwärts fließt." (W. Westphal: Physik) Der Haysgletscher in der Antarktis ist bis zu tausend Meter dick und fließt mit einer Geschwindigkeit von 1400 Metern im Jahr nach Norden. (Antarktisforscher Peter Speer, ND 17. 12. 96) Die obere Eisschicht „schwimmt" auf den unteren plastischen Schichten. Das Profil der Fließgeschwindigkeit nimmt nach unten hin ab.

Also Gletscher-Eis der unteren Schichten als zähe Flüssigkeit. Zusammengebackener Schneeball, Minikristalle kreuz und quer, mit Molekülen im flüssigen Zustand dazwischen, zu einem Konglomerat zusammengepresst, in unterkühltem Zustand, nicht mehr fähig, sich zu größeren Kristallen geordnet aneinanderzulagern, ähnlich, wie die Moleküle in einem amorphen Stoff, die sich nicht mehr ordnen können.

Und *Schneematsch*? In flüssiges H_2O eingelagerte Minikristalle, deren Gesamtheit bei ca. 0° im Gleichgewicht ist mit der Gesamtheit der einzelnen Moleküle, die flüssig bleiben.

Läßt man die Schmelze eines kristallisierenden Stoffes erstarren, so bilden sich häufig keine großen, mit dem Auge sichtbaren Kristalle, sondern es entsteht ein mikrokristallinisches Gefüge mit winzigen Kriställchen in dichter Packung. Der Stoff im Ganzen verhält sich insofern wie ein amorpher Stoff, denn die Achsen der Mikrokristalle fügen sich nicht zu integrierten Achsen wie in einem Ein-Kristall, sondern liegen kreuz und quer, ohne Vorzugsrichtung. In diesem Zustand befinden sich zum Beispiel die Metalle, wenn sie in technisch üblicher Weise aus ihrer Schmelze gewonnen werden. (Nach W.H. Westphal: Physik, 12. Auflage, S. 673) Das erklärt auch deren Verformbarkeit, die sie bei höheren Temperaturen, jedoch unterhalb der Schmelztemperatur den amorphen Stoffen vergleichbar macht. In der Nomenklatur der Stoffe von den kristallinen über die glasartigen Festkörper bis zu den hochviskosen Flüssigkeiten sind die Übergänge fließend. (Nach Kleine Encyklopädie Natur S. 500)

Zurück zu Eis und Wasser. Sie **verdunsten permanent** zu Dampf, bei allen Temperaturen, mit zunehmender Temperatur stärker. Geht ein Molekül aus der festen oder flüssigen in die Dampfphase über, also in einen energetisch reicheren Zustand, entzieht es benachbarten Molekülen Wärme und hindert sie, der Dampfphase näherzukommen.

Das läßt sich auch so deuten: Damit eine Flüssigkeit verdampft, müssen Moleküle aus dem Inneren durch die Flüssigkeitsoberfläche nach außen gelangen. Es gibt in den Flüssigkeiten wie auch in den Gasen Moleküle mit allen möglichen Geschwindigkeiten. Die schnelleren durchstoßen am leichtesten die Oberfläche. Die Flüssigkeit verarmt also durch das Verdampfen an ihren schnelleren Molekülen. Die mittlere Molekulargeschwindigkeit und damit die Temperatur der Flüssigkeit sinkt. Wird aber genügend Energie von außen zugeführt, steigt die mittlere Molekülgeschwindigkeit. Desto mehr Moleküle sind imstande, die Oberfläche zu durchstoßen.

„Die Oberfläche durchstoßen" heißt, die Oberflächenspannung zu überwinden, die in jeder Flüssigkeit waltet. Diese ist an kleinen Tröpfchen kleiner als an ebenen Oberflächen. Daher verdampfen kleine Tröpfchen leichter als Flüssigkeiten mit ebenem Spiegel. Umgekehrt findet an ihnen schwerer eine Kondensation statt. (Nach Westphal S. 223f und 226) Das erinnert an die Phänomene der Nichtlinearität, die wir am Körnerhaufen beobachtet hatten.

Eine Flüssigkeit verdampft allerdings auch dann, wenn sie in ein Gefäß eingeschlossen ist. Sie verdampft, bis Flüssigkeitsmenge und Dampfmenge im Gleichgewicht sind. Beide Phasen existieren *simultan*. Ihr Gleichgewicht ist *dynamisch*. Der von der Flüssigkeit abhängige Dampfdruck steht im Gleichgewicht mit dem Partialdruck der Dampfphase, also dem Anteil des Gesamt-Gas-Druckes/Luftdruckes, der auf den Dampf entfällt. Das heißt: In jeder Zeiteinheit verlassen - statistisch gesehen - ebenso viele Moleküle die Flüssigkeit, wie aus dem Dampf in die Flüssigkeit eintreten.

Fehlt aber auf dem Gefäß der dampfdichte Verschluß, so entweicht der Dampf in die Atmosphäre, und der Partialdruck (der Anteil der Dampfmoleküle an der Atmosphäre über der Flüssigkeit) bleibt klein. So fehlt es an Molekülen, die wieder in die Flüssigkeit eintreten. Doch austretende Moleküle gibt es immer. Auch ohne Feuer unterm Topf trocknet die Flüssigkeit aus. Reales H_2O existiert ständig in zwei Phasen simultan. Zusatz-Energie - ein Feuer - macht die Moleküle nur umtriebiger. So ist klar, warum der Wasserinhalt eines Kochtopfes, auch wenn er auf starkem Feuer steht, nie plötzlich in Dampf umschlägt, sondern allmählich, Molekül für Molekül.

Bei anhaltender Wärmezufuhr kann im offenen Topf das reale Wasser brodeln, bis der Topf leer ist. Währenddessen stagniert die Temperatur bei 100°. Auf dem Montblanc (4800 m über NN, mittlerer Luftdruck 555 hPa) würde die Temperatur bei 84° verharren, solange das Feuer anhält und der Topf nicht allmählich leergeworden ist, denn bei dieser Temperatur beträgt der Dampfdruck des Wassers ebenfalls gerade 555 hPa.

Bei ausreichend niedrigem Druck (etwa bei 23,3 hPa) kann man Wasser sogar bei Zimmertemperatur (20°C) zum Sieden bringen, wobei es sich aber abkühlt bzw. Wärme aus der Umgebung aufnimmt. Geht letzteres nicht oder nicht schnell genug, wird sich das Wasser bei weiter reduziertem Druck (6,1 hPa) bis zum Gefrierpunkt abkühlen und gefrieren. Jetzt sind es sogar *drei* Aggregat-Zustände, die simultan ineinander übergehen.

Das Verdunsten einer Flüssigkeit bei „normalem" Luftdruck wird beschleunigt, wenn Wind die schon mit Dampf gesättigte Grenzschicht über der Flüssigkeitsoberfläche laufend durch trockene Luft ersetzt oder wenn man anderweitig der Luft (dem Gas) die gerade aufgenommene Feuchtigkeit wieder entzieht. Das geschieht beispielsweise durch konzentrierte Schwefelsäure oder durch Silicagel und wird im Exsikkator zum Trocknen genutzt.

Ein Blick noch zum Himmel, der in unseren Breiten meist mit Wasserdampf angereichert ist. In der Luft spielen sich infolge der Auf- und Abstiegsbewegung der Luftkörper ständig Erwärmungs- und Abkühlungsvorgänge ab. Letztere führen, wenn die Abkühlung hinreichend groß ist, zur Sättigung des Wasserdampfs, zur Bildung von schwebenden Tröpfchen oder Kristallen. Doch geschieht das nicht geraden Weges.

5.4 Nichtlinearität beim Phasenübergang

Das sogenannte thermodynamische Potential eines Tropfens ist quasi dessen Schicksal. Es wird bestimmt von verschiedenen physikalischen Parametern des Milieus, in dem - möglicherweise - der Tropfen entsteht, darunter Temperatur und Druck. Außerdem wird es bestimmt von Materialkonstanten: Den spezifischen Volumina der - möglicherweise - entstehenden Flüssigkeit bzw. des anstehenden Dampfes und von der Oberflächenspannung an der Grenze zwischen Flüssigkeit und Dampf. Schließlich wird es bestimmt von der *Größe* der kleinen *Tropfen,* die in der Atmosphäre schwebend *Kugeln* sind. Sei R ihr Radius.

Angenommen, es seien sehr kleine Tropfen entstanden. Die Oberfläche des Tropfens ist proportional R^2, sein Volumen proportional R^3. Oberfläche und Volumen eines Tropfens sind mitbestimmend für dessen thermodynamisches Potential. Wie auch immer dieser Zusammenhang Z zu beschreiben ist, der die Mitbestimmung ausdrückt - er ist **nichtlinear**, weil in Z eine Größe enthalten ist, die einen von *1* verschiedenen Exponenten hat. Wir werden in Kapitel 8 sehen, daß solchen „Potenzenverhältnissen" auch Philosophen-Beachtung zuteil geworden ist, zuerst von Hegel.

In dem Zusammenhang Z zwischen thermodynamischem Potential G und Tröpfchenradius R sind sogar *drei* „Potenzenverhältnisse" enthalten: Das Verhältnis des thermodynamischen Potentials zu R^2 und zu R^3 sowie das Verhältnis, in dem sich die Potenzen R^2 und R^3 ihrerseits einander gegenüberstehen. Diesen drei Potenzen-Verhältnissen gemäß ergibt sich Z als Zusammenhang von thermodynamischem Potential G und Tröpfchenradius R :

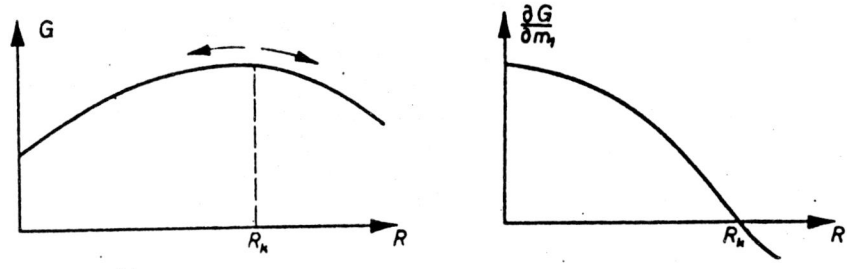

Abb. 5. Links die Funktion, rechts die Ableitung. Nach M.A. Leontowitsch: Einführung in die Thermodynamik, Deutscher Verlag der Wissenschaften Berlin, S. 131.

R_k heißt „kritischer Radius". Die Kurve rechts zeigt die Änderung des Richtungsfaktors (Tangenten-Anstiegswinkel) der Kurve links. Die Größe m ist die Tröpfchenmasse. Mit ihr sind Oberfläche und Volumen und damit Radius R verbunden. $\partial G / \partial m$ ist der variierende Anstiegswinkel der Tangenten an die Kurve $G(R)$.

Beim Radius R_k würde das thermodynamische Potential G des hypothetischen Tröpfchens sein Maximum annehmen. Nun ist zu unterscheiden zwischen $R > R_k$ und $R < R_k$. Im ersten Fall sinkt das thermodynamische Potential, wenn R wächst. Der Tropfen wird sich in Richtung sinkenden Potentials entwickeln, aus dem übersättigten Dampf kondensierend. Im zweiten Fall würde sich das thermodynamische Potential G *vergrößern*, wenn sich der Radius vergrößert. G müßte quasi - sich selbst überlassen - den Berg hinauf. Das läßt die Natur nicht zu. Insofern müßte ein *hypothetischer* (!) Tropfen mit $R < R_k$ nicht wachsen, sondern verdampfen. Realiter würde er gar nicht erst entstehen. Insofern dürfte es gar keinen Regen geben. Wieso es trotzdem zu Regen kommt, wird der Physiker auf Anfrage erläutern. Doch der soeben benannte Tatbestand ist Physikern so wichtig, daß er in Physik-Literatur mitunter genannt wird.

Die „Potenzenverhältnisse" (Ausdruck von Hegel), die *Nicht*linearität, bedeuten immer etwas Besonderes, bei unserem menschlichen Bestreben zur Vereinfachung meist ignoriert, bevor uns die Natur mit der Nase darauf stößt. Zwar ist in vorliegendem Fall für den Physiker nicht primär das Stichwort „Nichtlinearität" anregend gewesen, sondern die Erfahrung, daß Oberflächenspannungen an Grenzflächen von physischen Medien in der Regel tückisch sind. Tückisch ist in der Tat die innewohnende Nichtlinearität.

Potenzenverhältnisse waren uns schon in den Kapiteln über das Quale-Umschlagen in einfachen Modellen und in der biologischen Evolution begegnet. Sogar das spezielle Verhältnis von Oberfläche und Volumen, von Schulterhöhe und Volumen, allgemein gesprochen von Körpermaßen erster, zweiter und dritter Dimension hatte sich brisant enthüllt. Wir erkannten die Unterschiede zwischen kleinen und großen Lebewesen, zum Beispiel im Hinblick auf den Wärme-Austausch von Körpern mit ihrer Umgebung. Kleinere Körper verlieren schneller ihre Temperatur an die Umgebung als größere. Ihr *Austausch*potential ist größer. Unterm Stichwort „Allometrie" waren weitere Potenzenverhältnisse in der Entwicklung von Lebewesen ausgemacht worden. Wir sprachen schon mehrfach von „Nichtlinearität".

Nun haben wir auch beim *Tropfen* gefunden, daß die Wachstums-Probleme - gerade *wegen* der universellen Naturzusammenhänge - für kleine Exemplare anders liegen als für große. Das erinnert uns an allometrische Zusammenhänge, die wir in den Kapitel 3 uns 4 schon besprochen hatten.

Unterm Gesichtspunkt des Quale-Umschlagens und seiner Allmählichkeit sind am Beispiel „Tropfen-Bildung" etliche Erscheinungen philosophisch bemerkenswert:

1. Unter sonst gleichen Bedingungen kann die Größe (hier des Radius) über Sein oder Nichtsein ihres Trägers entscheiden.

2. Hinsichtlich der Größe des Radius sind die Bereiche links beziehungsweise rechts von R_k zu unterscheiden: Links von R_k Degression des Tropfens, eigentlich „Nichtsein", rechts davon Wachstum, also „Sein". Insofern sind die beiden Qualia

a) nicht nur einander entgegengesetzt, also *inhaltlich* entscheidend bestimmt,

b) sondern (hier bei R_k) auch scharf voneinander abgegrenzt.

Während a) nichts anderes ist als eine Formulierung für das Quale-Umschlagen schlechthin, ist b) eine spezielle Form, die eher selten anzutreffen ist. Doch ist unter b) sechserlei zu unterscheiden:

b_1) Obwohl eine scharfe Grenze existiert, verläuft die Kurve der Abhängigkeit $G(R_k)$ *stetig*. Der linke Kurvenast geht naht- und bruchlos in den rechten über.

b_2) Auch der Richtungsfaktor der Tangenten zu $G(R_k)$ - siehe Abb. 5.1 rechts - ändert sich stetig. Die Kurve überquert naht- und bruchlos die *R*-Achse.

Es gibt keinen Wert von *R*, bei welchem *G* oder die Tangente zu *G* einen „Sprung" - vergleichbar einem Weitsprung oder einem Hochsprung - vollführen würde. Derartiges graphisch darzustellen wäre überhaupt kein Pro-

102

blem. Es liefe darauf hinaus, eine Treppenstufe zu zeichnen. Doch ein Anlaß dazu liegt hier gar nicht vor, auch nicht bei R_k. Die beiden Funktionen von R ändern sich allmählich, wenn R allmählich variiert. Für R von Null an wachsend wächst G allmählich zunehmend langsamer, also „echt allmählich" in die Horizontale einlaufend, wo der Anstiegs-Winkel gleich Null ist. Indem das geschieht, beginnt, „echt allmählich" und anfangs ganz langsam, G abzufallen.

b_3) Gleichwohl wechselt G bei R_k die *Richtung* seines Wachstums nicht nur von *irgend* einem Wert zu *irgend* einem anderen, sondern von „plus" nach „minus": Im Punkt R_k geht Wachsen in Fallen über. $\partial G / \partial m$ wird negativ. Die Grund-Richtung des Veränderns wechselt - wie sachte der Übergang auch immer sei - vom Bereich des Wachsens in den Bereich des Fallens. Insofern geschieht an der Stelle R_k nicht nur mehr als bei jedem anderen Wert von R, sondern ein *besonderes* Qualitatives.

b_4) In der Nachbarschaft von R_k ist das Abfallen der Werte von G, das an der Stelle R_k exakt gleich null ist, noch kaum von null verschieden. Falls die Kurve die G-Achse unter einem sehr flachen Winkel schneiden würde, könnte diese Nachbarschaft sogar als ziemlich groß erachtet werden. Daß es überhaupt eine solche mehr oder weniger große Nachbarschaft gibt, ist Ausdruck der Allmählichkeit gemäß b_1) und führt zu der Frage, ob derart geringe Werte-Variation - hier von G bzw. von $\partial G / \partial m$ - überhaupt der Beachtung wert sei. Nahezu alles Existierende schwankt und flimmert mit den Werten seiner Parameter. Oft nimmt man das wegen der Geringfügigkeit der Schwankungen gar nicht wahr, oder man verdrängt die Wahrnehmung wegen Geringfügigkeit. Dabei handelt es sich in aller Regel um Fälle, in denen die Schwankungen kommen und gehen und in der Nähe eines Fixpunktes schwankend bleiben. Die Lage am Fixpunkt ist in diesem Falle stabil. Insofern ist auch der Übergang vom Wachsen zum Fallen nicht unbedingt einschneidend.

b_5) Wegen des allgegenwärtigen Schwankens realer Objektmerkmale wird in der Regel auch der Zahlenwert von R_k schwanken. Das kann dazu führen, daß in bezug auf einen größeren Realbereich der Wert von R_k unscharf ist. Die Folgen lokaler Unterschiedlichkeit des Wertes von R_k müssen sich in dem größeren Bereich erst einstellen. Das ist eine Spezial-Form der Allmählichkeit des Übergehens vom linken in den rechten Kurvenast.

b_6) Doch in vorliegendem Fall kommt Wesentliches hinzu. Denken wir an b_4. Wie klein die Differenz zu null auch sei - sie eröffnet die Möglichkeit zum Größerwerden ihrer selbst. Weil im vorliegenden Fall (Atmosphäre übersättigten Dampfes) die Bedingungen gegeben sind, begründen selbst kleinste Radius-Abweichungen R_k die Tendenz entweder zum Wachsen oder zum Verdunsten des Tropfens. An der Stelle R_k ist die Lage *instabil.* Hier ist eine Weiche für das Tropfenschicksal.

Dem ist hinzufügen: Entweder müssen - wie auch immer - genügend große Tropfen schon vorhanden sein, damit sich größere Tropfen bilden, die schließlich vom Himmel fallen, wahrnehmbar als Flüssigkeit. Oder die Tropfenbildung findet vorläufig gar nicht statt, der Dampf bleibt vorläufig Dampf. Man sagt, er befinde sich in einem *metastabilen* Zustand. Es muß etwas *hinzukommen,* damit etwas geschieht. Das heißt hier: Kondensations-Kerne in Gestalt von Staubteilchen, in der Atmosphäre schwebend. Dazu genügen die Teilchen, die sich oft auch in der klaren Luft siedlungs- und verkehrsfreier Territorien befinden. Überm Ozean können Salzteilchen als Kondensationskerne fungieren. Diese können bewirken, daß an ihrer Grenzfläche dem Dampf entstammende Partikel mit kleineren Oberflächenspannungen auskommen als Dampfpartikel, die ohne solche Anlehnungspartner sind. Ihre Wirksamkeit verschiebt die Charakteristik der Kondensation zur Seite der Allmählichkeit.

In eben dieser Richtung wirkt eine weitere Komponente: Die Kondensation von Wasserdampf in der Atmosphäre wird auch beeinflußt durch elektrische Ladungen, die im Gegensatz zur Oberflächenspannung die Kondensation erleichtern. Dieser Effekt spielt eine Rolle beim Entstehen von Gewitter-Wolken und wird in der sog. Nebelkammer auch technisch genutzt: Hindurchtretende geladene Teilchen erzeugen auf ihrer Bahn im übersättigten, doch unsichtbaren Dampf sichtbare Nebelstreifen. Da ist dann schon Flüssigkeit, wie sie der Alltagsmensch kennt, nicht mehr fern.

Vergleichbare Komplexität besteht beim Wechsel zwischen kristalliner und flüssiger Phase.

5.5 Plötzlich/allmählich oder stabil/instabil ? - Vergleich zweier Muster

Die Natur springt also vorzugsweise allmählich. Sie bewegt sich unentwegt, gelangt auch in qualitativ unterscheidbare, mit gegensätzlichen Merkmalen ausgestattete Zustände. Doch bringt sie Rückwirkungen auf sich selber hervor, die gewissen Bewegungen - im vorliegenden Falle der Tropfenbildung - entgegenwirken oder aber sie fördern. Der Physiker wird also dem Alltagsmenschen, der den irdischen Wasserkreislauf und andere Prozesse als allmählich sieht, nicht widersprechen. Den PR-Mann wird er verwünschen.

Der Physiker wird aber zu denken geben, daß hinter dem Phänomen der Allmählichkeit Systeme physikalischer Beziehungen wirken, die so konkret, so reich an Bestimmungen sind, daß es ihm schwerfällt, sich mit dem vereinfachenden Logo „Allmählichkeit" anzufreunden. Erst recht nicht mit dem Logo „plötzlich", welches noch heute fühlen läßt, daß es - laut Mackensens Etymologischem Wörterbuch - von dem ausgestorbenen niederdeutschen Schallwort „Plotz (etwa = Bums)" abstammt.

Der Physiker gibt uns zu denken auf:

Erstens - kann es Verzögerungen im Umschlagen geben. Unterkühlung von Flüssigkeiten, Siedeverzug und nun Kondensations-Verzug wurden erörtert. Beispiel Siedeverzug: Wird mehrfach destilliertes Wasser keimfrei gehalten, doch weit über hundert Grad erhitzt, siedet es explosiv. Das gehört überhaupt nicht zu den Alltagserfahrungen. Den Stagnations-Zustand während dieser Arten des Verzuges nennt man *metastabil*.

Zweitens: In Gang befindliche Wandlungen, die durch Temperaturänderungen des Mediums eingeleitet und weitergetrieben werden, können sich trotz andauernder Energiezufuhr von außen oder trotz andauerndem Energieentzug von außen auf Verweilwerte der Temperatur einpegeln. Beispiel: Siedetemperatur des Wassers und Schmelztemperatur des Eises. Wir hatten gesehen, daß makroskopische Mengen von H_2O - zum Beispiel in einem Topf auf dem Herd - an diesen Festwerten lange verweilen.

Phänomenologisch gesehen ist das Verweilen eine Form von Allmählichkeit. Es ist sogar Ausdruck von besonderer Allmählichkeit innerhalb der Allmählichkeit des permanenten Übergehens von Wasser in Dampf. Makroskopisch herrscht Allmählichkeit des Übergehens von einer Quale in eine andre.

Merkwürdig bleibt, daß gerade diese *potenzierte* Allmählichkeit des Übergehens verbunden ist mit einer Verweildauer und diese mit einem *Fest*wert, der Siedetemperatur bzw. der Erstarrungstemperatur. Mit einem Festwert, der allerdings - von den Umständen, dem Druck, abhängig - variabel ist und in seiner ohnehin schon relativen Bedeutung gemindert wird, falls jene tiefergreifenden Umstände eintreten, die wir mit dem Beiwort „Verzug-" markiert hatten.

Immerhin, dieser Festwert - mag er auch relativ und variabel sein - ist ein Bezugspunkt praktischen wie auch physikalisch-theoretischen Denkens. Aber: Müssen wir diese Tatsache zum Anlaß nehmen, um bedeutungsgeladen von Plötzlichkeit im Ablauf der Naturprozesse zu sprechen? Hieße das nicht zu kaschieren, was *konkret* geschieht? Damit kommen wir zum Wichtigsten:

Drittens: Moleküle wechseln - energiumsetzend - ihren physikalischen Status. Des Energieumsatzes wegen immer nur einzelne Moleküle im Gefäß, und jeder Weggang in den andren Status macht es den Nachbarn schwerer, seinerseits umzusteigen. Es gibt retardierende und forcierende, negative und positive Rückwirkungen der physikalischen Objekte auf sich selber.

Manchmal geraten einzelne Atome oder Moleküle zufällig in einen kristall-gemäßen Verband, und es gibt Bedingungen, unter denen das kleine En-semble zu einer Keimzelle für einen wachsenden Kristall wird, wobei der Keim mit jedem Schritt seines Wachstums die Voraussetzungen für fort-gesetztes Wachstum reproduziert oder sogar - nach Art der Lawine - *er-weitern* kann. Manchmal reproduziert die Rückwirkung den retardierenden Effekt, den sie auf ihr Subjekt ausübt, bis hin zur Auslöschung ihrer selbst.

Quale-Umschlagen scheint demnach zusammenzufallen mit der Exi-stenz solcher Rückwirkungen, die von Ideologen - wie Erfahrung zeigt - ignoriert werden.

6. Das Sprungmuster des J. W. Stalin

6.1 Stalins meinungsbildendes Grundmuster

Stalins Verbrechen bestanden nicht darin, dem Volk die Schrift „Über dialektischen und historischen Materialismus" (1938) vorgelegt zu haben. Es war ein Versuch, breitem Publikum eine Variante alternativer Philosophie zu bieten. Allerdings vermittelte das Pamphlet auch arge Irreführung.

Diese Schrift ist in der Sowjetischen Besatzungszone und in der DDR in ca. einer Million Exemplaren verbreitet gewesen. Sie ist u.a. enthalten in J. Stalin: Fragen des Leninismus. 3. Auflage Berlin 1951, 61. - 102. Tausend. Sie ist auch enthalten in „Geschichte der Kommunistischen Partei der Sowjetunion (Bolschewiki), Kurzer Lehrgang", Verlag der Sowjetischen Militärverwaltung in Deutschland. Berlin 1946. Von dieser Geschichte dürften - in diversen Editionen - hunderttausende Exemplare vertrieben worden sein. Außerdem wurde die Schrift auch als Broschüre verkauft. Mindestens ebenso groß dürften die Verbreitungs- und Nutzungszahlen von Philosophie-Lehrbüchern und Lexikon-Artikeln gewesen sein, die auf Stalins Text gegründet und seit Ende der fünfziger Jahre in der DDR verbreitet waren.

Stalins Writer hatten als Didaktiker gearbeitet und bis in die sechziger Jahre Millionen Menschen beeindruckt. Das Philosophie-Personal des sog. Marxismus-Leninismus kam bis Ende der Achtziger nicht davon los. Stalin quer zu Marx, ohne daß es bemerkt wurde. Wir beschränken uns aufs Teilthema „Quale-Umschlagen" und dokumentieren zunächst, wie Stalin das „Umschlagen quantitativer Veränderungen in qualitative" verstand, jenes Welt-Gesetz, das als Dritter Grundzug der Dialektik und damit als eine Säule der Philosophie überhaupt galt:

„Im Gegensatz zur Metaphysik betrachtet die Dialektik den Entwicklungsprozeß nicht als einfachen Wachstumsprozeß, in welchem quantitative Veränderungen nicht zu qualitativen Veränderungen führen, sondern als eine Entwicklung, die von unbedeutenden und verborgnen quantitativen Veränderungen zu sichtbaren Veränderungen, zu grundlegenden Veränderungen übergeht, in welchen die qualitativen Veränderungen nicht allmählich, sondern rasch, plötzlich, in Gestalt eines sprunghaften Übergangs von dem einen Zustand zu dem anderen Zustand eintreten, nicht zufällig, sondern gesetzmäßig, als Ergebnis der Ansammlung unmerklicher und allmählicher quantitativer Veränderungen." (in Stalin, Fragen des Leninismus, S. 649f.)

Die Hervorhebungen im Zitat stammen von R.Th. Die hervorgehobnen Ansichten Stalins sind in zwei Gruppen einzuteilen:

1. Unterstellungen Stalins, Veränderungen seien anfangs nur quantitativ, nicht qualitativ von Anfang an, sie müßten sich erst *ansammeln,* um qualitativ *zu werden.* Erst das eine, dann das andere. Bürokraten-Logik.

2. Nach dieser Unterstellung kann der Übergang zu neuer Quale nichts andres als plötzlich sein. Das Übergehen muß - obwohl Prozeß - in einem Augenblicke stattfinden.

Stalin nennt das Phänomen „Übergang von quantitativen Veränderungen zu qualitativen". (Fragen des Leninismus S. 650) Man beachte: *„Übergang von .... zu".* Mit dieser Wortwahl suggeriert Stalin, es handle sich darum, daß zuerst nur quantitative Änderungen erfolgen und *zeitlich danach* qualitative. Quantitative und qualitative Änderungen scheinen nur äußerlich miteinander verknüpft. So unterstellt Stalin, daß auch Evolution und Revolution auseinanderfallen und erst das eine, *dann* das andre geschehen würde.

Und nun Stalins Geistes-Putsch: „Wenn das Umschlagen langsamer quantitativer Veränderungen in rasche und plötzliche qualitative Veränderungen ein Entwicklungsgesetz darstellt, ... so ist es klar, daß die von unterdrückten Klassen vollzogenen revolutionären Umwälzungen eine völlig natürliche und unvermeidliche Erscheinung darstellen. Also kann der Übergang vom Kapitalismus zum Sozialismus .... nicht auf dem Wege von Reformen, sondern einzig und allein auf dem Wege der Revolution verwirklicht werden." (A.a.O. S. 653f.)

Stalin unterstellt natürlich auch die landläufige Vorstellung von „Revolution", die er nicht selbst erfunden hat. Aber er hebt sie aus dem Zustand der Diskutierbarkeit in den Rang eines Weltgesetzes. Falsch und verwerflich daran ist nicht der Bilateral-Effekt, daß Quale-Wandel als Weltgesetz deklariert wird. Quale-Wandel ist tatsächlich ein Weltgesetz. Falsch und verwerflich ist, daß Stalins falsche Ansicht, die wir soeben in zwei Punkten gekennzeichnet hatten, zum Weltgesetz erhoben wird.

Stalin unterstellt auch den Kampf unterdrückter Klassen nach befreiendem Quale-Wandel als historisch gegeben und berechtigt. Falsch und verwerflich daran ist aber, daß er den Kampf um Freiheit, Gleichheit und Recht in die Schablone seiner metaphysischen Auffassung von Quale-Wandel preßt.

„Bis zu einer gewissen Periode vollziehen sich die Entwicklung der Produktivkräfte und die Veränderungen auf dem Gebiete der Produktionsverhältnisse als elementarer Prozeß, unabhängig vom Willen der Menschen. Aber dies nur bis zu einem gewissen Augenblick, bis zu dem Augenblick, wo die neu entstandenen und sich entwickelnden Produktivkräfte die notwendige Reife erlangt *haben. Nachdem* die neuen Produktivkräfte ausgereift *sind*, verwandeln sich die bestehenden Produktionsverhältnisse und ihre Träger, die herrschenden Klassen, in das 'unüberwindliche' *Hindernis*, das nur aus dem Wege geräumt werden kann durch die bewußte Tätigkeit der neuen Klassen, durch gewaltsame Handlungen dieser Klassen, durch die Revolution.... Der elementare Entwicklungsprozeß macht der bewußten Tätigkeit der Menschen Platz, die friedliche Entwicklung der gewaltsamen Umwälzung, die Evolution der Revolution." (677f.)

Wir finden also wieder, was wir oben unter 1. vermerkt hatten: Erst das eine, dann das andre. Wie es jener Feldwebel im Erstlingsroman von Erich Loest gesehen hatte, der den Hitlerjungen des letzten Aufgebots erklärte, „das Geschoß würde nach dem Verlassen des Laufs eine Weile geradeausfliegen, bis Erdanziehung und Luftwiderstand die Flugbahn krümmten," worauf die Gymnasiasten behaupteten, „das stimme nicht, *sofort* wirkten diese Faktoren, schon im ersten Millimeterbruchteil." Der Feldwebel wiederholte seine Ansicht, doch Gymnasiast Loest „blieb hartnäckig, der Feldwebel jagte den Aufsässigen um den Block.... Die Unteroffiziere sahen in L. einen Schnösel von der Oberschule, der sich über sie lustig machte".

Erst das eine, und dann - von einem bestimmten „*Augenblick*" an - das andre. Das ist die anti-dialektische Denkweise des Bürokraten, des Null-eins-Denkers, des Gewaltmenschen: Bis zu einem Punkt *nichts*, dann von diesem Punkt ab *alles*. Dem Null-eins-Schema nahe ist der Begriff „Hindernis, das wegzuräumen ist wie ein Stein im Weg", während nach der Dialektik nicht *Beton* und *Steine*, sondern *Widersprüche und Rückkopplungen* entwicklungstypisch sind.

Es ist nun beinah selbstverständlich, daß aus dem „erst das eine, dann das andre" die Forderung nach Gewalt resultiert. Nun wäre natürlich Gewalt, wenn sie von der Mehrheit des Volkes ausgeübt wird, dennoch etwas Wunderbares. Heißt es doch im Grundgesetz der Bundesrepublik Deutschland: „Alle Staatsgewalt geht vom Volke aus." (Art. 20 GG) Doch aus Stalins Zuschnitt der auszuübenden Gewalt auf *Plötzlichkeit*, auf „*den Augenblick*", resultiert - völlig pervers - die Wertschätzung des Putschs, den Mangel an Bereitschaft der Massen unterlaufend, und das Risiko, die Bereitschaft der Massen nicht einmal nachträglich herbeiführen zu können.

Selbstverständlich ist bei diesem absurden Verständnis vom Quale-Umschlagen, daß Stalin das Verhältnis von Reform und Revolution, von Evolution und Revolution jeder Dialektik entzieht.

In dieser vorstehend dokumentierten Form, unter dem falschen Etikett *Marxismus* und unter der irreführenden Bezeichnung „Qualtätsumschlag" ist jahrzehntelang Metaphysik statt Dialektik zur Meinungsbildung über gesellschaftliche Prozesse mißbraucht worden.

Stalins Sprungmuster steht gewiß auch in Zusammenhang mit Stalins Meinung, die sog. Zuspitzung antagonistischer Widersprüche sei selbstverständlich und stets unvermeidbar, solange ein antagonistischer Widerspruch bestehe. Dagegen ist einzuwenden, daß eine geschlossene Theorie des dialektischen Widerspruchs, auf die sich eine solche Meinung hätte stützen können, nie existiert hat. Selbst die Versuche, sog. antagonistische und sog. nicht antagonistische Widersprüche zu definieren und voneinander abzugrenzen, sind nicht ernsthaft unternommen worden. Ansätze zu einer Klassifikation dialektischer Widersprüche habe ich in den achtziger Jahren zu Papier gebracht. Aussichten auf Publikation bestanden aber nicht. Selbst das Expose' zu einer vorgesehenen Monographie wurde abgewiesen. Ich hoffe, daß mir noch Zeit bleibt, das Thema erneut aufzunehmen.

Obwohl Stalin in erster Linie machtbesessener Pragmatiker war, werden Historiker auch das Weltbild zu beachten haben, das im Hintergrund seiner Dispositionen gegenwärtig gewesen ist und die Bewertung sowie die Auswahl der Varianten gesteuert hat, die der Pragmatiker getroffen hat.

6.2 Stalins Versuch, sein Sprungmuster suggestiv zu machen

Stalin hatte 1938 sogar unterstellt, daß Plötzlichkeit auch das Quale-Umschlagen im Weltbild der Physik kennzeichne. Dabei mißbrauchte er Äußerungen von Friedrich Engels aus dessen „Dialektik der Natur". Der Mißbrauch wurde nie zurückgewiesen.

Engels' Werk über Dialektik der Natur war Fragment geblieben; es besteht überwiegend aus Notizen. Stalin bedient sich auch einer Bemerkung aus Engels „Antidühring", wo sich Engels begnügen konnte, Anmaßungen von Eugen Dühring burschikos abzutun. In beiden Schriftsätzen sucht Engels Interesse zum Nachdenken über die Beziehungen von quantitativen und qualitativen Änderungen zu wecken und sich selbst zu rüsten, ohne Anspruch, das Thema gründlich behandelt zu haben.

Wir werden in den Kapiteln 9 bis 11 Texte kennenlernen, die ein Verständnis des Quale-Umschlagens durch Engels zeigen, das für Stalin und seine Claqueure unerreichbar gewesen ist und auch ärgerlich gewesen wäre, wenn sie es begriffen hätten. Doch instinktiv hat der pfiffige Stalin erreicht, was er wollte: Engels' Worten durch Fusion mit Stalin-Worten eine Färbung zu geben, die ihnen original nicht zukommt.

Engels ist bei Stalin so zitiert: „So ist z.B. der Temperaturgrad des Wassers zunächst gleichgültig in Beziehung auf dessen tropfbare Flüssigkeit; es tritt dann aber beim Vermehren oder Vermindern der Temperatur des flüssigen Wassers ein Punkt ein, wo dieser Kohäsionszustand sich ändert und das Wasser einerseits in Dampf und andererseits in Eis verwandelt wird." (S. 650) Das ist nicht falsch, doch zu sehr abgekürzt: Was heißt „verwandelt"? Wir hatten in Kapitel 5 gesehen, wie kompliziert das ist. Engels schob falschen Auslegungen nicht den Riegel vor, der stark genug gewesen wäre, Manipulationen vorzubeugen.

Stalin schneidet aus dem Text von Engels einen Teil heraus und läßt ihn assoziiert mit Stalins Äußerungen über *Plötzlichkeit* und *Augenblick* auf den Leser wirken. Die Folgen waren verheerend. Man konnte erleben, daß selbst gebildete Leute glaubten, das Umschlagen quantitativer Änderungen in qualitative sei *identisch* mit Plötzlichkeit, schon vom Begriff her. Ein Dozent für dialektischen Materialismus, der für Studenten der Naturwissenschaft die obligate Vorlesung hielt, sagte 1956 zu seinem Assistenten: „Morgen spreche ich über den Qualitätsumschlag. Ich werde den Umschlag darstellen als das Plötzliche. Das *Plötzliche*."

Wir hatten in Kapitel 5 gesehen, wie falsch es ist, die Phasenübergänge von realem H_2O mit Plötzlichkeit auch nur zu assoziieren.

Natürlich ist an der scharfen Abgrenzbarkeit der *Idealtypen* von fest, flüssig und gasförmig im Sinne des Kriteriums A) in Abschnitt 5.1 nicht zu rütteln. Doch in Kapitel 5 präsentierten wir etliche Übergangs- und Zwischenphänomene sowie die Allmählichkeit des Phasenübergangs *realer* Stoffmengen im *über*molekularen Bereich, sodaß gerade dem Verständnis einfacher Menschen die Allmählichkeit qualitativer Übergänge und die Existenz von Mischtypen näherliegt als die Plötzlichkeit.

Wirkung auf Menschen eines großen Landes, die sich anschickten, den mentalen Langzeitwirkungen des Zarentums und der Leibeigenschaft zu entwachsen, hätte Stalin in der Tat nötig gehabt. Doch hätte Stalin auch die naive Sinnlichkeit der Entwachsenden einkalkulieren müssen, in welcher *Zwischenzustände* zwischen Fest und Flüssig eine ernstere Rolle spielen als in der Vogelscheuchenwelt halbgebildeter Claqueure.

Stalin hat von der Unsicherheit profitiert, welche diejenigen Menschen gesunden Verstandes befällt, die sich im *Übergehen* zu einem Beruf befinden.

6.3 Stalins pragmatisch relativiertes Grundmuster

Unter dem Titel „Der Marxismus und die Fragen der Sprachwissenschaft" erschien 1950 eine Stalin-Kollektion *modifizierter* Botschaften. (Russisch Moskau 1950. Deutsche Übersetzung: 1. Auflage 1951. 5. Auflage 331. - 380. Tausend) Dort heißt es:

„Der Übergang von einer Qualität der Sprache zu einer anderen Qualität" vollzog sich „nicht durch eine Explosion, nicht durch schlagartige Vernichtung des Alten und den Aufbau des Neuen, sondern durch allmähliche und langwährende Ansammlung von Elementen einer neuen Qualität, einer neuen Sprachstruktur, durch das allmähliche Absterben der Elemente der alten Qualität". (A.a.O. S. 33)

Die Reihenfolge „Erst quantitativ, dann qualitativ" scheint gelockert. Denn wenn „Elemente einer neuen Qualität" entstehen, dann entsteht eben doch schon *etwas Qualitatives*. Nur suggeriert der Ausdruck „*Ansammlung*" zugleich wieder die Ansicht, die neue Quale entstehe ruckartig, nachdem sich „genug Elemente *angesammelt*" haben. Insofern wird der „*Allmählichkeit*" schon wieder zuwidergesprochen.

Ist es Zynismus, womit Stalin nun fortfährt? „Zur Kenntnis der Genossen, die für Explosionen begeistert sind, muß .... gesagt werden, daß das Gesetz des Übergangs von einer alten zu einer neuen Qualität vermittels einer Explosion nicht allein auf die Entwicklungsgeschichte der Sprache unanwendbar ist - es ist auch auf andere gesellschaftliche Erscheinungen nicht immer anwendbar." (A.a.O. S. 35)

Aber das Gesetz „Explosive Wandlungen" sei - so Stalin - „unbedingt gültig für eine in feindliche Klassen gespaltene Gesellschaft". (ebd.) Damit werden wir uns in Kapitel 9, 10 und 11 gesondert auseinandersetzen.

Dagegen sei der Übergang von der einzelbäuerlichen Landwirtschaft zur Kollektivwirtschaftsordnung eine allmähliche, nicht-explosive Revolution gewesen, eine „Revolution von oben mit Unterstützung der Hauptmassen der Bauernschaft". Man weiß jetzt, daß dieser Übergang in der Sowjetunion in wenigen Jahren, mit viel Gewalt und mit wirtschaftlichen Verlusten durchgesetzt worden ist. Allmähliche und gewaltfreie Revolution hätte dem Land unermeßlichen Schaden erspart.

Natürlich hatte Stalin seine Claqueure, die er nun auch beschwichtigt: „Es handelt sich darum, daß unter unseren sozialistischen Verhältnissen die wirtschaftliche Entwicklung nicht auf dem Wege von Umwälzungen vor sich geht, sondern auf dem Wege allmählicher Veränderungen, wobei das Alte nicht einfach beseitigt wird ...." (J.W. Stalin: Ökonomische Probleme des Sozialismus in der UdSSR. Deutsche Fassung: Dietz-Verlag Berlin, 6. Auflage, 561. bis 610. Tausend, Berlin 1955, Seite 54. Vgl. auch S. 68)

Von der *Allmählichkeit* wird hier gesagt, sie könne keine „Umwälzung" kennzeichnen. Soll das heißen: Was allmählich verläuft, kann keine Quale-Änderung sein? Kein Wunder, daß es dann schwer fällt, den Claqueuren, Apparatschiks und gutwilligen Menschen zu vermitteln, was Quale-Wandel, *Umwälzung und Revolution* ist. Kein Wunder, daß sich heute noch

Menschen dem Quale-Wandel verweigern und auf den großen Kladderadatsch warten.

Fassen wir zusammen, was wir in Zweifel ziehen: a) die Bindung des Revolutionsbegriffs an eine Zeitdauer überhaupt und besonders an Plötzlichkeit, b) die Bindung des qualitativen Wandels an einen Punkt, c) die Reduktion der Dialektik von „quantitativ" und „qualitativ" auf ein Nacheinander, d) die Beschränkung der Dialektik von Quantität und Qualität auf die Äußerlichkeit ihrer Beziehung, e) die Entgegensetzung von Evolution und Revolution, f) die Bindung von Revolution an Gewaltsamkeit.

Was wir wirklich erwarten können, begann sich schon an Escher-Bildern und allometrischen Betrachtungen in den Kapiteln 1, 3 und 4 ganz anders abzuzeichnen.

6.4 Schwierigkeit, von Stalins Grundmuster wegzukommen.

6.4.1 Immer noch bei Stalin: M. M. Rosental

Rosental hat über die Begriffsdialektik berichtet, mit welcher Marx die historische Entwicklung der Wertkategorien nachvollzogen hat - ein Modell der tatsächlichen Genese. („Die Dialektik in Marx' Kapital". Übersetzung aus dem Russischen. Berlin 1957.) Verfasser ist nicht ungebildet. Weit und breit der einzige, der dem Thema nähertrat: Der Dialektik in Marx' Kapital. Die Freude darüber ist sofort passé, wenn man merkt, daß Rosental - quer zu Marx - Stalins Grund-Muster auch in diesem Bericht bedient. Zu dieser Durchsicht ist „Zur Geschichte der m.-l. Philosophie in der DDR" (Akademie für Gesellschaftswissenschaften 1979) nicht vorgedrungen. Sie kennt nur Lobgesang auf Rosental. Auch andre Absurditäten kommen vor.

Marx hatte modellhaft die historisch-begriffsdialektische Entwicklung entlang des Entwicklungspfades beschrieben, der durch die Ideal-Typen „einfache Wertform", „entfaltete Wertform", „allgemeine Wertform" gekennzeichnet ist.

Natürlich verlaufen die qualitativen Änderungen allmählich. Marx hat in dieser allmählichen Entwicklung die Muster ausgemacht und ein *Modell* geschaffen, den nachfolgenden Historikern zur Anregung. Aber statt sich der Aufgabe zu stellen, die allmähliche Entwicklung nachzuvollziehen, dulden sie die These Rosentals, es habe gar keine allmähliche Entwicklung gegeben, sondern: „.... quantitative Veränderung, die in bestimmten Momenten durch eine qualitative Veränderung, durch die Entstehung einer neuen Qualität unterbrochen wird".

Warum diese Worte? Warum die Worte *in bestimmten Momenten*, *unterbrochen*? (S. 125) Warum im Kontext immer wieder das Wort „Sprung", gar „ein ganz großer Sprung", wenn man weiß, was alltäglichen unter „Moment" und unter „Sprung" verstanden wird? Und wenn es unterlassen wird, dem Leser zu sagen, daß Hegel und Marx das Wort „Sprung" in *metaphorischer, philosophischer* Bedeutung verwandt haben? Und wenn es unterlassen wird zu fragen: Was könnten denn die Philosophen Hegel, Marx und Engels gemeint haben, wenn sie sagten, dies und jenes schlage um „in einem bestimmten Moment"? Es hätte Rosental freigestanden, den merkwürdigen Wortgebrauch zu erläutern. Davon keine Spur. Unsrerseits haben wir in den Kapiteln 1 bis 5 damit begonnen; wir werden das in den Kapiteln 7 bis 11 fortführen.

Dem Text von Rosental kann man nur entnehmen: Das Quale-Umschlagen ist unter bestimmten Bedingungen plötzlich und unter andren Bedingungen allmählich. Doch Rosental will mehr und verzichtet am Ende auf Relativierung. Auch wenn es nicht plötzlich ist, ist es plötzlich, denn „an einem bestimmten Punkt erfolgt ein Sprung", ein „großer Sprung", die Entwicklung ist „unterbrochen".

„Das Feuer ist heiß und das Feuer ist nicht heiß." Oder „Hier ist Hochspannung und hier ist nicht-hoch-Spannung." Solche Aussprüche sind absurd und gefährlich. Rosental hätte sagen können, wo, auf welcher Ebene, in welchem Sinne ein Sprung erfolgt und wo, auf welcher Ebene, in welchem Sinne nicht. Danach hätte er sich allemal noch der Metapher Goethes anschließen können: „Natur ist weder Kern noch Schale, alles ist sie mit einem Male." Dann hätte Rosental ergänzen können: Entwicklung ist quantitativ und qualitativ; beides ist sie mit einem Male.

Wenn ihr schon *gehört* habt, daß man Kern und Schale unterscheiden kann, dann müßt ihr auch lernen, wie Kern und Schale aussehen, wie sie sich unterscheiden und wie sie zusammenhängen. Wenn ihr schon *gehört* habt, daß „quantitativ" und „qualitativ" unterscheidbar sind, dann müßt ihr auch lernen, wie Quantum und Quale identifizierbar sind und *wie* sie zusammenwirken. Das verlangt mehr, als Kern und Schale einer Pflaume zu unterscheiden.

Wir werden finden: Wenn wir schon „quantitativ" und „qualitativ" unterscheiden, dann müssen wir auch mehrere und nicht nur zwei Schichten im Aufbau der Vorgänge unterscheiden. Wer Etiketten verteilt, muß Rechenschaft geben. Haben wir nun außer Rosental, der versagt hat, andere Geister?

114

6.4.2 Am weitesten voran: Georg Klaus (1912 - 1974)

Unter seinen vielen Publikationen ist hier belangvoll „Jesuiten, Gott, Materie", Berlin 1957, davon die Abschnitte VI. 3, 4, 5 . Als ich Klaus - den achtzehn Jahre älteren Meister - das letzte Mal sah, meinte ich: „Du hättest das Zeug gehabt, den dialektischen Materialismus auf die Höhe der Zeit zu bringen." Klaus, der fast schon hoffnungslos krank war, erwiderte, es gehe ihm nicht um Nachruhm, er wolle *jetzt* leben.

Klaus war Student der Mathematik im 4. Semester gewesen, als er - Funktionär der Kommunistischen Partei Deutschlands - von den Nazis ins Zuchthaus geworfen wurde. Ein Stipendium seiner Heimatstadt Nürnberg hatte ihm zuvor - den begabten Sohn einer Putzfrau und eines Eisengießers - ein Studium ermöglicht: Mathematik und Physik. Im Zuchthaus setzte Klaus seine Studien zur Algebra fort. Im KZ Dachau wurde das unmöglich. Nach dem Krieg war Klaus Kreisvorsitzender der KPD in Sonneberg, dann Mitarbeiter des thüringischen Ministerpräsidenten in Weimar. Bücher waren damals rar. Zu dieser Zeit, am 8. Januar 1948, erwarb er auf dem Tauschweg mindestens zwei „völlig beschädigte" Bücher „Funktionentheorie" sowie „Allgemeine Funktionentheorie und elliptische Funktionen" aus dem Bestand des Mathematischen Instituts der Universität Jena. Die Erwerbs-Urkunden sind von Professor Karl Maruhn unterschrieben. Zur selben Zeit muß Klaus philosophische Literatur studiert haben.

1950 promovierte Klaus in Jena, auch Lehraufgaben übernehmend. Gestützt auf eine Gruppe tüchtiger Mitarbeiter sprach Klaus über Geschichte der Philosophie aus materialistischer Sicht. Die Aula - größter Saal der Alma mater - war bis zum letzten Platz gefüllt. Neben einem jungen Physiker in Berlin (Hans-Jürgen Treder) war Klaus seinerzeit der einzige, der sich über die Vulgarismen von Parteischul-Mystikern hinwegsetzte und die Physik des zwanzigsten Jahrhunderts - zumal die Relativitätstheorie - als kopernikanische Wende kommentierte. Trotz Verdächtigung, den Klassenfeind einzuschmuggeln, führte Klaus die moderne mathematische Logik in die Buch- und Konferenzwelt der jungen DDR ein.

Klaus schrieb Essays über philosophie-historische Themen und verfaßte Bücher über Logik, dialektischen Materialimus und zur Verbreitung aufregender Erkenntnisse der von Mystikern verteufelten Kybernetik. Ab Ende der fünfziger Jahre erschloß er der DDR den Inhalt der kybernetischen Weltliteratur, den er mit Vorschlägen zur Entwicklung einer sozialistischen DDR verband.

Ständig war Klaus Träger wissenschafts-organisatorischer Ämter. Teils verlangte man das von ihm, teils wollte es sein Lebenshunger. Klaus war als Mitglied der Akademie der Wissenschaften Initiator der Kybernetik-Kommission, die sich anschickte, Korrektive zu schaffen für die Parteiführung, die - vielleicht mit Ausnahme von Ulbricht - vor Wissenschaft scheute wie Hühner vorm Wasser. Parallelen zum Widerstand nachdenklicher Künstler gegen Mystiker-Politik sichtbar zu machen haben die Linken noch nicht begonnen. Ausnahme ist vielleicht das Büchlein von R. Thiel: „Marx und Moritz - Unbekannter Marx - Quer zum Ismus - 1945-2015", *trafo verlag* Berlin, 2. Auflage 1999, ISBN 3-89626-153-3 .

Klaus wurde angerempelt von Dogmatikern, die sich für sozialismus-treu hielten: viele der jungen Leute. Andere duldeten die Pöbelei. Sie konnten den im Kampf bewährten Kommunisten nicht auf kurzem Weg aus der Bahn werfen. Sie trafen aber den Leib, der im KZ gelitten hatte. Als sich Klaus 1960 von der Universität zur Akademie wandte, kamen zum ersten Mal Bedenken auf, daß man ihn „nicht richtig behandelt" habe.

Schicksalsgefährten von Klaus, ein paar wenige Altkommunisten unter den Philosophen, Überlebende aus den KZ, Autodidakten, die im Alter von vierzig Jahren zu studieren begannen und rasant lernten, auch sie hatten Klaus anfangs verdächtigt. Nach zehn Jahren verbissenen Büffelns begannen sie zu verstehen, was ihr vorauseilender Genosse geleistet hatte. Sie hatten nur noch wenige Jahre. Die meisten noch nicht sechzig, und sie lagen alle darnieder.

Ende der fünfziger Jahre - etwa 45 Jahre alt - hatte Klaus einen Schlaganfall, 1961 befiel ihn ein Leberleiden. Bis zum frühen Tod 1974 verbrachte er fortan die Hälfte seiner Monate im Krankenhaus. Die Kürze der Zeit, die Klaus hatte, um dem dialektischen Materialismus ein Promoter zu sein - im Unterschied zu Bloch und Lukacz mit mathematisch-physikalischer Bildung - erinnert an die Fristen, die Mozart und Schubert gegönnt waren.

Klaus hatte die Begabung, den dialektischen Materialismus auf die Höhe der Zeit zu heben. Verfolgt von Todesfurcht verfehlte er - der Schöpferische - die von mir ausgesprochne Option, weniger die Anzahl als die Gründlichkeit seiner Werke zu steigern.

Manches ist über Klaus zusammengetragen in „Philosophie - Wissenschaft. Zum Wirken von Georg Klaus", Sitzungsberichte der Akademie der Wissenschaften der DDR, Berlin 1983, sowie in Heinz Liebscher: Georg Klaus zu philosophischen Problemen von Mathematik und Kybernetik, Berlin 1982.

Leider gelang es mir nicht, meine Erinnerungen an Klaus einzubringen in die Monografie, die mein Freund Heinz Liebscher 1995 unter dem Titel „Fremd- oder Selbstregulation? Systemisches Denken in der DDR zwischen Wissenschaft und Ideologie" publiziert hat. (ISBN 3-8258-2181-1) Nach meinem Verständnis war es Klaus und mir um *sozialistisch programmierte Selbstregulation kontra Bürokratie- und Kommando-Wirtschaft* gegangen. (Wir waren zu einsam, um Wirksamkeit herzustellen.)

Inzwischen haben Wissenschaftler aus den alten Bundesländern begonnen, die Initiativen zu recherchieren, die unter dem Logo „Kybernetik" in der DDR ergriffen worden waren.

Unser Thema betreffend - das Umschlagen quantitativer Änderungen in qualitative - hat Klaus in „Jesuiten - Gott - Materie" die Aufzeichnungen von Friedrich Engels durch Interpretation mathematischer und naturwissenschaftlicher Erkenntnisse ergänzt. Vulgarisiern links und rechts hat er einige Fußbreit Boden entzogen. Er dachte so: „Ich ziehe die Spieße der Geharnischten auf mich. Wie Winkelried in der Schlacht von Sempach. Freunde, drängt in die Lücke und rollet auf die Front." Zweideutig, wie ich es verstand, gebe ich es wieder.

Es ist nicht dem Einzelkämpfer Klaus vorzuwerfen, daß an der Stelle „Quale-Umschlagen" die stalinistische Front *nicht* aufgerollt wurde. An einigen anderen Stellen ist im Lauf der Jahrzehnte die Verhärtung aufgeweicht worden durch einzelne jüngere Kräfte, denen eine Aspirantur am Lehrstuhl für philosophische Fragen der Naturwissenschaft gewährt worden war, welchen die Parteiführung dem Freidenker Hermann Ley übertragen hatte, einem vielbelesenen Plauderer, der Klaus gern verketzerte, um ihm fünf Jahre später nachzufolgen. So konnten sich in diesem Kreise Herbert Hörz, Rolf Löther, Klaus Fuchs-Kittowski und einzelne andere entwickeln, Hoffnungen weckend und bis heute erfüllend.

Doch zum Thema „Quale-Umschlagen" ist nichts Vernünftiges ans Licht gekommen. Die Hochschul-Lehrbücher zum Dialektischen und historischen Materialismus, auch eine spezielle Monographie „Die Dialektik von Quantität und Qualität im Sozialismus", Dietz-Verlag Berlin 1979, enthalten zum Thema „Quale-Umschlagen" nichts, was über das 1951 modifizierte Stalin-Muster von 1938 hinausgeht. Die anspruchsvolle Dialektik von Marx hat fast niemand verinnerlicht. Das simple Stalin-Muster aber fast jeder.

Unser Thema betreffend hat auch die sechzehnte Auflage des Lehrbuchs „Dialektischer Materialismus - Lehrbuch für das marxistisch-leninistische Grundlagenstudium" von 1989 nichts erbracht. Die Behandlung der Relationen von Quantität und Qualität ist dort gegenüber früheren Auflagen reduziert, vom Quale-Umschlagen handeln nur noch wenige Zeilen. Im Gegensatz zu Rosental begann man vielleicht zu spüren, daß man am besten schweige.

Einige listige Autoren suchten dem Dilemma zu entgehen durch die These, in Revolutionen beschleunige sich die Geschichte. Das scheint etwas für sich zu haben, doch führt es am Wesen des Quale-Umschlagens vorbei. Dort geht es nicht um „schneller oder langsamer", sondern eben um *Quale*-Wandel. Das war schon in unseren Kapiteln 1 bis 5 zu spüren. In Kapitel 7 bis 11 wird es begrifflich geklärt.

6.4.3 Wird immer noch gestalint?

Kurios ist die erwähnte Monographie von 1979 im Parteiverlag der SED. An sich belanglos, doch einem Test äquivalent ist folgender Fakt: Hier ist ein Titel von R. Thiel aus dem Jahre 1963 erwähnt. (In einer Fußnote auf S. 34 wird genannt „Zum Gebrauch der Kategorien Quantität und Qualität" von Thiel in Deutsche Zeitschrift für Philosophie 1963 Heft 4) In Thiels Aufsatz 1963 war erstmals versucht worden, an *Marx* anknüpfend das Plötzlichkeitsmuster zu entblättern. Marx war authentisch präsentiert. Mit seinem Hauptwerk. Engels auch. Beide in wörtlicher Rede. Mit Quellen-Angabe. Das war ja der Clou. Der 79er Autor teilt aber darüber kein Wörtlein mit. Marx/Engels wird verschwiegen. Obwohl der Text des 79ers durch die Hände mehrerer Gutachter gegangen ist. Im Habil.-Verfahren und beim Parteiverlag. Kein Gutachter hats begriffen. Indizien zeigen: bis heute nicht. Man nennt sich nur „Marxist". Damit war Karriere zu machen.

In einer weiteren Fußnote in der Spezial-Monographie des SED-Verlages 1979, auf Seite 150, finden sich die Worte: „Sprünge sind keine punktualen Ereignisse, sondern besitzen Prozeßcharakter, in dem Diskontinuität und Kontinuität gleichzeitig auftreten." Warum nicht einfach „sie fließen" anstatt der Worte „besitzen Prozeßcharakter"? Man möchte meinen, hinter dem barbarischen Ausdruck sei die richtige Ansicht verborgen. Warum aber nur Fußnoten? Warum keine Erörterung? Niemand bemerkte das Loch.

Dabei wäre Thiels Arbeit 1963 nicht einmal veröffentlicht worden, wenn Th. nicht als Schützling von Georg Klaus und Klaus nicht als geschützt von Ulbricht und Hager gegolten hätte. Die jüngeren Leute im Auge soll Hager gesagt haben, man solle Klaus in Ruhe lassen.

Th. hatte versucht, das Thema „Quale-Umschlagen" nach Marx mit dem Thema „Nichtlinearität" zu verbinden, das aus der Mathematik herrührt. Der Ansatz von 1963 verpuffte. Es war ein Ansatz, der zu gleicher Zeit im Ausland - wenn auch ohne Gebrauch des Wortes „Quale-Umschlagen" - zur Begründung der physikalischen Evolutionstheorie führte und bald auch öffentlich wurde. Es wäre möglich gewesen, daß Mathematiker und Physiker in der DDR vorangepirscht wären auf jenem Pfad, der wenig später mit durchschlagendem Erfolg von Wissenschaftlern wie Prigogine zum Licht führte. Die Anregungen wurden aber im Keim erstickt, der Anreger als enfant terrible der Universität verwiesen. Durch den Physiker Werner Ebeling - damals in Rostock - ist dann die Entwicklung mit Zeitverzug in die DDR hereingeholt worden, wo Ebeling und Mitarbeiter Beiträge zur Weltliteratur leisteten. Modewirksam, doch irreführend nennt man die mathematische Komponente auch „Chaostheorie".

Was aber wurde aus der Legende, wonach das Umschlagen quantitativer

Veränderungen in qualitative *plötzlich* erfolge und der Terminus „Sprung" nicht metaphorisch, sondern wörtlich zu nehmen sei? Noch 1989 wird im Hochschullehrbuch „Dialektischer und historischer Materialismus", Kapitel 9, behauptet, die soziale Revolution sei „gesetzmäßig **die Form des Übergangs von einer niederen zu einer höheren Gesellschaftsformation.**" (Fett im Original. A.a.O. Seite 357 und Seite 355) Wieso „die *Form*"? Entweder der Übergang von einer niederen zu einer höheren Formation *ist* Übergang zu einem neuen Quale. Ganz recht. Dann gälte aber nach dem Lehrbuch: Der *Übergang ist* der *Übergang*! So ist jener Satz ein „weißer Schimmel", eine Tautologie, banal.

Wenn Revolution aber „die *Form* des Übergangs sein soll, so ist gemeint, der Übergang sei eben ein plötzlicher Kladderatsch. Das scheint dann wieder abgeschwächt: „der Gesamtprozess sozialer Revolution" umfasse „stets länger andauernde geschichtliche Epochen". Doch wird die Abschwächung ihrerseits zurückgenommen: die Übernahme der Staatsgewalt finde nicht nur oft in „relativ kurzer Zeit" statt. Sie könne sogar „genau datiert werden", sei „Markstein", sei **„wichtigstes und zugleich offensichtliches Kriterium** einer Revolution". (Fett im Original)

Nun war aber inzwischen durch Historiker geklärt worden, daß „Übernahme der Staatsgewalt" - durch wen? - ein höchst abstrakter Begriff ist. Da wird mit „Markstein" und „genauer Datierung" wieder zu Stalins Grund-Muster zurückgekehrt und plötzlicher Aufstand als Revolution verstanden; taggenau. Alternative wäre gewesen, „Übernahme der Staatsgewalt" als komplizierten, langandauernden, allmählichen Prozeß zu verstehen, in dem heterogene, in steter Entwicklung stehende Kräfte sich miteinander oder auch gegeneinander arrangieren, in aller Widersprüchlichkeit der Entwicklung. Dann wäre „genaue Datierung" und „Markstein" als Fiktion und Irreführung zurückzunehmen gewesen. Aber die Fiktion wurde nicht zurückgenommen. Irreführung bis ins Weltbild, das die Politik geprägt hat. Ist das nicht stalinissimo?

Was wurde weiter aus der Fiktion? Das Gros der potenten Linken hat sich davon getrennt. Es hat begonnen, politisch Abstand von den Mythen zu nehmen. Die philosophische Überwindung steht noch aus. Unlust zu politischer Tagesarbeit wird kaschiert mit dem Mythos: Es gibt keine allmähliche Quale-Wandlung, wir müssen warten auf den großen Kladderadatsch. „Bis dahin verbleiben wir mit dem Gruß: Nieder mit dem Kapitalismus." O ja. Allein: Wer hängt der Katz die Schelle um?

Zugleich werfen wortstarke Abwarte-Linke ihren intelligenten Vorständlern und Parlamentariern vor, dem sog. Sozialdemokratismus zu huldigen. Der Vorwurf ist absurd. Es wird wieder mal nicht differenziert, was das heißen könnte. Geschichte zeigt, daß unter diesem Wort zu subsummieren wäre:

1. Verzicht auf sogenannte Revolution nach Stalins Sprung-Muster. O.k.

2. Mangel an Reform-Konzepten.

3. Opportunismus gegenüber der Kapital-Herrschaft, Mangel an politischer Energie und demokratischer Streitlust.

4. Mangel an menschlichen Wertvorstellungen und langfristigen Visionen, an denen Reform-Ideen orientiert werden, bei Anerkennung, daß Geschichte offen ist.

5. Mangel an Kritik am historischen status quo.

Eins bis fünf. Einmal o.k. Viermal o weh. Man kann nun an den Fingern abzählen, was einem Quale-Wandel dienen würde. Es ist nicht wahr, daß Eduard Bernstein nicht mitgemacht hätte. (Man hat Bernstein genau so schlecht gelesen wie Marx, Engels und Rosa Luxemburg.)

Die Kapitalherrschaft überwinden - ja. Leider haben die Linken - von Ausnahmen abgesehen - den Schwerpunkt noch nicht gefunden: Den Wachstums-Rausch, den Konsumrausch. Produktion um der Produktion willen. Von Marx verurteilt. (MEW 23.618) Konsum als Sinn des Menschseins. Auch das hat schon Karl Marx verworfen. (Vgl. *Marx und Moritz - Unbekannter Marx - Quer zum Ismus*) Was ist Kapitalismus? Der Mensch unterm Fahrgestell. Terror der Konsum-Werbung. Konsum-Hetze. Schuftet, damit ihr kaufen könnt. Geht auf Distanz zu euren Familien, ihr müßt flexibel sein. Drei Stunden Anfahrtszeit zum Job akzeptieren. Für den Job müßt ihr eure Heimat verlassen. Kultur? Nur wenn sichs rechnet. Dem Wahnsinn wird geopfert: Die Jugend, die Bildung, die Menschlichkeit, die Erde. Öl ward statt Wasser ins Feuer gegossen auf dem Balkan; aus großer Höhe wurden mehr Menschen umgebracht als mit Handwaffen am Boden.

Der Quale-Wandel kann nicht anders als allmählich sein. Die Linken müßten bei sich selbst beginnen, damit man ihnen mehr Vertrauen schenkt. Dann würde sich zeigen, daß es viele Menschen gibt - potentiell Linke - die über die Kapital-Herrschaft hinaus wollen. Die Spielräume der Linken könnten expandieren. Der Quale-Wandel würde sichtbar. Das würde dann, doch nur dann, von den Menschen verstanden, die sich nach Gerechtigkeit und Solidarität sehnen.

120

7. Die Buchstaben „Q U A L I T Ä T" - Hegel als Begründer der Kultur ihres Gebrauchs

7.1 Babylonische Sprachverwirrung.

Wie in Kapitel 2 dokumentiert, wird das Umschlagen quantitativer Veränderungen in qualitative und der meist *allmähliche* Gang der Umwälzungen in Sprichworten angezeigt. In solchen Sprüchen ist Weisheit des Volkes poetisch bewahrt. Um ihre Substanz durch Stichwörter zu signieren, griffen wir zu den Wörtern *Maß, Qualität, Quale, Quantum*. Wir müssen jetzt innehalten, um den Sinn der Wörter Quantum, Quale, Quantität und Qualität genauerer zu unterscheiden. Daran fehlt es allenthalben.

Wörter wie „Quantität" und „Qualität" werden vom Volke nicht verwendet. Meist werden solche Wörter gebraucht, um Reden auszuschmücken. Je mehr solcher Wörter, desto höher das Ansehen, das der Redner - wie er meint - sich verschafft. Nur *verwechselt* er meist „Qualität" mit „Quale", mit „intensivem Quantum" und „Güte". „Quantität" verwechselt er mit „Quantum". Hinter diesen Wörtern lauern ganz verschiedne Begriffe.

Verwechsler sagen zum Beispiel: „Dieser Autoreifen für 99 DM hat eine gute Qualität." Sie meinen aber, dieser Reifen habe eine mittlere *Güte*, etwa den *Gütegrad* 3 auf einer Skala von 1 bis 6. Verwechsler bestreiten nicht, daß die anderen Reifen, die ihnen angeboten werden, *auch* Autoreifen sind. Nur von anderer *Güte*, mit einem niedrigeren oder einem höheren *Gütegrad*. Bei aller Verschiedenheit der Güte: Reifen ist Reifen.

Der Gütegrad des Reifens bringt die *Intensität* zum Ausdruck, ein Autoreifen zu sein und nicht etwa ein Rettungsring, ein Grabschmuck, eine Halskrause, oder ein Siegerkranz. Der Gütegrad ist das *intensive Quantum*, mit dem ein Etwas seinem Bestimmungsgrund entspricht. Aber vor allem ist der Fahrzeug-Reifen ein Fahrzeugreifen und weder Rettungsring noch Siegerkranz, denn diese Ringe unterscheiden sich vom Autoreifen und auch untereinander, weil jedes dieser vier Dinge ein *Quale* sui generis ist, ein Quale *eigener* Art. Und *qualitativ* von jedem der vier anderen Dinge verschieden. Halsring ist Halsring und Pneu ist Pneu. Die geometrischen Abmessungen des Reifens sind dessen *extensives Quantum*.

Quale ist das *Gegenstück* zu Quantum, wie Qualität das Gegenstück zu Quantität ist. Leider wird „Quale" in Lexiken und Wörterbüchern nicht ausgewiesen, in Editionen antiker Schriftsteller nur manchmal. Statt „Quale" schrillt und prunkt das bombastische Wort „Qualität". Ein Unglück! Obendrein wird „Qualität" mit „Beschaffenheit, Eigenschaft" identisch gesetzt -

ein zweites Unglück.

Jedes Quale *ist* quale sui generis, *ist* eine eigene Art. Die Zusätze „sui generis" und „eigene Art" (beides ist dasselbe) können wegbleiben. Wie das Wort „weiß", falls jemand von „weißem Schimmel" sprechen sollte.

Zugleich kommt jedem anfaßbarem Ding, das sein Quale hat, auch Ausdehnung zu, in Raum und Zeit, zum Beispiel seine Oberfläche, seine Durchmesser. Seine Ausdehnung ist sein *extensives Quantum.*

Auch was nicht anfaßbar ist, hat dennoch sein Quale. Und wenn wir alles recht verstehn, so *hat* ein Ding nicht nur sein Quale, *hat* es nicht nur *an* sich, *an* sich wie einen *Umhang,* sondern *ist* ein Quale.

Hingegen hatten wir die Güte des Dinges als „Intensität" bezeichnet, Fahrzeug=Reifen bzw. Rettungsring, Siegerkranz oder Grabschmuck zu sein. Die Güte ist das *intensive Quantum* des Dinges, gemessen in Grad, also in Stufen auf einer Skala, die in einem Gütestandard festgelegt sein kann. Die Güte kann nach verschiedenen Gesichtspunkten aufgeschlüsselt sein: Griffigkeit eines Reifens, Rutschfestigkeit, Walkbarkeit, Rollwiderstand, Rißfestigkeit, Abriebsfestigkeit usw. Das alles sind ihrerseits verschiedene *intensive* Quanta, in diesem Falle in verschiednen physikalischen Einheiten meßbar. Verbunden mit einer Bewertung ihres Gewichts werden sie auf eine integrierte Rangskala projiziert. So ist das intensive Quantum eines Dingels in der Regel ein System von intensiven Quanta.

Daß die Marken auf der Rangskala durch Ziffern - etwa von 1 bis 6 wie die Schulnoten - *doch auch durch Wörter* bezeichnet sein können wie „sehr gut", „gut", „befriedigend", ändert nichts daran, daß die Skala eine Aufreihung der Grade eines intensiven *Quantums* ist und *nicht* ein Quale, *nicht* eine Art, *nicht* eine Spezies. Intensives Quantum ist intensives Quantum im Unterschied zum *extensiven,* zum Beipiel der Länge eines Durchmessers.

Schließlich gibt es noch *die Menge,* in der zum Beispiel Reifen in Ottos Fachgeschäft gestapelt sind. Sind dort tausend Reifen gelagert, so handelt es sich um das *extensive* Quantum der *Menge* der Reifen in diesem Magazin, doch nicht um das extensive Quantum des Reifens.

Eine *Menge* kann ihrerseits ein intensives Quantum haben, sofern die Elemente ihr nicht total, sondern nur prozentig graduell angehören. Zum Beispiel kann jedes Element der Reifen-Menge - genauer besehen - partiell Herrn Otto und partiell der kreditgewährenden Bank gehören. Dann könnte eine Zahl angeben, zu wieviel Prozent jeder Reifen, der *physisch* zu hundert Prozent in Ottos Lager verweilt, auch kaufmännisch zu Ottos Menge gehört.

Per saldo ergäbe sich dann die Intensität derjenigen Reifen*menge*, die aus Kundensicht sinnvoll und eindeutig, doch aus der Sicht des Kaufmanns *unscharf* definiert ist. „Ottos Menge" kann mindestens dreierlei bedeuten: Die Bank kann nicht oder prozentweise oder ganz die Hand drauf legen, gemäß dem Grad der Zugehörigkeit jedes einzelnen Reifens oder gemäß dem Durchschnitts-Grad der Zugehörigkeit von Reifen zu der Menge, über die Otto verfügt. In der Theorie der unscharfen (fuzzy) Mengen wird unterstellt, daß Objekten unsrer Anschauung oder unsres Denkens eine Zahl zwischen null und eins zukommt, welche angibt, *in welchem Grade* das Objekt zu einer gewissen Menge gehört.

Endlich gibt es unzählbar viele Qualia, die irgendwo in ein oder zwei oder tausend Exemplaren vorhanden sein können. Der Eintausend oder der *Zahl X* ist es *gleichgültig*, ob sie zur Kennzeichnung einer Menge von Autoreifen, Taschenmessern, Banknoten oder Spitzbuben verwandt wird. Der Zahl ist es *äußerlich*, worauf sie angewandt wird.

Daß die Zahlen ihr *eignes* Quale haben, korporativ und individuell, steht auf einem ganz anderen Blatt. Das interessiert Zahlentheoretiker und Algebraiker, also Spezialisten innerhalb der Mathematik.

Ziffern sind nur die Grund-Zeichen von null bis neun, die wir wie Buchstaben zum bezeichnen von Zahlen verwenden. Gewisse zahlentheoretische Beziehungen in Ziffern-Kombinationen können sehr gut als Eselsbrücken beim Einprägen von Telefonnummern fungieren.

Davon abgesehen handelt die Mathematik nicht von Zahlen, sondern von *Relationen,* die *zwischen Größen* bestehen, welche das extensive bzw. das intensive Quantum von beliebigen Phänomenen betreffen. Diese wiederum können das Quale beliebiger Phänomene bestimmen.

Die Worte „Quantum" (extensives und intensives), „Quale", „Menge", „Zahl", Grad", „Größe" haben alle einen spezifischen Sinn. Sie haben selbst je ein (spezifisches) Quale. Das Wort „spezifisch" können wir aber gleich wieder weglassen wie das „weiß" beim Schimmel.

Gibt es Anlässe, auch die bombastischen Worte „Qualität" und „Quantität" zu benutzen? Ja:

- *QUALITÄT* ist *die Bestimmtheit* der (anfaßbaren und nicht anfaßbaren) Dinge nach ihrem Quale, nach ihrer Art, nach ihrer Spezies. Die Betonung liegt auf „....*heit*". Qualität ist zunächst *die Tatsache, daß* jedem Phänomen eine Bestimmung eigen ist. *Qualität* nennt man ferner auch die Menge der Eigenschaften, die einem Phänomen zukommt.

- *QUANTITÄT* ist die *Bestimmtheit* der Dinge nach ihrem Quantum, *die Tatsache, daß* (anfaßbare und nicht anfaßbare) Dinge ein Quantum haben, genauer - ein *System* von extensiven und intensiven Quanta.

Es gibt diese zwei *Arten* der Bestimmt*heit* von Dingen. Die Namen beider Arten sind in Großbuchstaben gesetzt, um anzuzeigen: Gebraucht sie mit Vorsicht! Was sie mit gleichlautenden Alltagswörtern verbindet, ist nicht ganz null, doch weit unter eins. QUALITÄT mit „intensivem Quantum" gleichzusetzen schlage man sich aus dem Kopf.

7.2 Hegel findet den Schlüssel zur Entwirrung

Vorstehende Unterscheidungen gehen über Aristoteles hinaus. Sie gehen auf Kant (1787) und vor allem auf Hegel zurück. Den Namen war zuvor Bedeutungsbrei aufgelegt. Dank Hegel beginnen Konturen sich abzuklären. So entstehen Begriffe. Doch vorläufig sind die beiden Begriffe mit ihrem „...TÄT" im Namen noch sehr abstrakt:

- Was heißt QUALITÄT? Ein Schelm würde sagen: Das Gegenteil von QUANTITÄT. Und was heißt QUANTITÄT? Das Gegenteil von QUALITÄT. Der Schelm hätte recht. Doch ist es nur die halbe Wahrheit.

- Was heißt „Bestimmt*heit*"? Das ist die *Tatsache, daß* die Dinge bestimmt sind, zum Beispiel Eigenschaften, Ausdehnung und Intensität sowie ihre innere Struktur haben, sich selbst von anderen Dingen abgrenzen, sich gegenüber andren Dingen erhalten, an anderen Dingen ihre Grenze haben. „Bestimmtheit" heißt Die TATSACHE, DASS die Dinge *überhaupt* bestimmt sind oder - zum Beispiel - nach Quantum beziehungsweise Quale bestimmt sind.

Dennoch sind QUALITÄT, QUANTITÄT und BESTIMMTHEIT bis jetzt blaß wie weiße Tücher. Sie sind uns immer noch *abstrakt*. Auch bleibt noch offen, ob sich BESTIMMTHEIT nur auf Quale beziehungsweise Quantum *erstreckt* oder ob BESTIMMTHEIT je nach ihrem Erstreckungsgebiet selbst anders ist, so, als wenn der Pferdehändler auch als *Charakter* ein andrer wäre als ein Tischler oder ein Koch.

Immerhin konnten wir - durch HEGEL angeregt - erste Differenzierungen zum Sprachgebrauch empfehlen. Differenzierungen sind die Spalten im Fels, der dem immerzufriednen Steine-Beschauer als Monolith erscheint. Spalten finden sich überall; wer sie erkennt, muß nicht Meisel und Hebel ansetzen, aber kann sie *an*erkennen. Damit beginnt Kultur. Der Worte „Quantität" und „Qualität" Kultur beginnt mit Hegel. Von ihm ermutigt haben wir erkannt, daß „Qualität" als Wort im Sprachgebrauch oft durch das Wort „Quale" und meist durch das Wort „intensives Quantum" zu ersetzen ist.

Etymologische Randbemerkung: Vom Wortstamm „Quale" ist das Verb

„qualieren" abgeleitet worden: Etwas arbeitet sein Quale heraus. Wie sinn-voll diese Ableitung ist, hat der Renaissance-Philosoph Jacob Böhme er-kannt. Hegel erinnert an das Wortspiel, das Böhme trieb, indem er die Assoziation zu jenen Inhalten aktivierte, die in der deutschen Sprache „Mühe" und „Qual" heißen. Ein Muster aus Rohmaterial herauszuarbeiten ist mühevoll. Mühe kann sich zur Qual steigern, die das Leben im Sinne Luthers auch köstlich macht. „Herausarbeiten" wird so im doppelten Sinne zu „qualieren".

In neuerer Zeit ist der Gebrauch der Wörter „Quantität" und „Qualität" - im Volksmund und in wissenschaftlicher Literatur - erneut untersucht worden: Der Gebrauch des Wortes „Quantität" wird in zehn und das Wort „Qualität" gar in sechzehn verschiedenen Bedeutungen ausgewiesen. (Rainer Thiel: Mathematik - Sprache - Dialektik, Kapitel 1. Akademie-Verlag Berlin 1975) Das Thema war schon Jahre zuvor angeschnitten worden. (Rainer Thiel: Quantität oder Begriff? Der heuristische Gebrauch mathematischer Be-griffe in Analyse und Prognose gesellschaftlicher Prozesse, Deutscher Verlag der Wissenschaften. Berlin 1967) Damals ward es in die Wüste gerufen. Man wollte Brei und nicht Begriffe.

Die Analyse war gerade deshalb nötig. Und deshalb, weil terminologische Wirrnis und ideologische Öde die Nutzung mathematischer Begriffe in den verschiedensten Wissenschaften schmerzhaft hemmte. Nachdem die sech-zehn Bedeutungen des Wortes „Qualität" unterschieden worden waren, konnte gezeigt werden, daß bezüglich aller Bedeutungen des Wortes „Qua-lität" mathematische Sprachmittel brauchbar für Weltverständnis und Wis-senschaft sind. Es konnte gezeigt werden, daß Mathematik, gewöhnlich nur als Hilfsmittel der Statistik und als höhere Bruchrechnung gesehen, allenthalben als *Fundus problem-spezifischer Sprachmittel* zum Re-den und zum Denken ausnutzbar ist: als unverzichtbares Komplement zur Allgemeinsprache.

Dort wie hier ist Vorbild im Differenzieren philosophischer Begriffe Hegel gewesen, der den Menschen beim Sprechen aufs Maul schaute und beim Vergleichen erhebliche Unterschiede im Wortgebrauch erspürte, die den miteinander Sprechenden selbst verborgen bleiben, was sich auch heute noch rächt: Menschen reden vermeidbar aneinander vorbei.

Hegel (1770 - 1831) unterschied natürlich nicht anhand des Beispiels „Au-toreifen". Doch wo er unterscheidet, tut er es *deutlich*, drastisch, Unter-schiede bis zum Gegensatz zuspitzend. Deshalb verwundert es, wie He-gel wagen konnte, anstatt des Wortes „Quale" doch wieder „Qualität" zu sagen. Zu Fehlgriffen großer Meister bemerken Studienräte: „Quod licet Jovis, non licet bovis - Was dem Jupiter erlaubt ist, ist dem Ochsen nicht erlaubt." Dem *Ochsen* nicht erlaubt; man dachte nur an Männer.

Was den Olympier *Hegel* bewog, die Freiheit fehlzutreten sich zu nehmen, werden wir im nächsten Kapitel sehen: Erhöhte Spannung im Entwick-
lungsroman! Unter *einem* Namen die Schicksale *zweier* Gestalten erzählen!
Manchmal stecken ja in einer empirisch gegebnen Gestalt tatsächlich *zwei*
Typen.

Hegel erzählt unter dem Namen „Qualität" die Vita zweier nichtidentischer
Gestalten - Quale und Qualität -, ähnlich wie andre Schriftsteller von Saulus/
Paulus erzählen, dessen Name - bis auf den ersten Buchstaben - derselbe
blieb, während die Gestalt eine andre wurde. Bei aller Kontinuität der ins
Register eingetragnen Personen sind ja nach Jahren auch die meisten
Körperzellen nicht mehr dieselben. Oder - um ein weiteres Gleichnis zu
nennen - umgekehrt, wie in Leipzig ein Professor im Scherz über drei
Gestalten und ihre Namen gesagt haben soll: „Es gibt in der Stadt den
Sauf-Meier, den Weiber-Meier und den Rektor Meier. Glauben Sie mir:
Das alles bin ICH."

Dem Wandel der Gestalten, die sich unter den Namen „Qualität" und „Quantität" verbergen, werden wir nun nähertreten. Besonders spannend wird es
sein zu sehen, wie sich Quantum und Quale, Quantität und Qualität voneinander unterscheiden und wie sie sich ineinander verwandeln, wie sie
ineinander umschlagen. Sie schlagen ineinander um schon als *Begriffe.*
Sie schlagen ineinander um vor allem als Charaktere, die die Welt konstituieren.

8. Die Dialektik von Qualität und Quantität nach Hegel

8.0 Einleitung: Wie Hegel die Begriffe entwickelt

8.0.1 Hegel schuf einen Entwicklungsroman der gegensätzlichen Begriffe

„Quantität" durch „Qualität" und „Qualität" durch „Quantität" erklären zu wollen - diesem Teufelskreis begannen wir zu hinterfragen, als wir in Kapitel 7 mit Hegels Hilfe und dem Beispiel „Autoreifen" diese Wortgestalten - oder sind's zunächst nur unbeschriebne Blätter? - den Figuren „extensives Quantum", „intensives Quantum", „Quale", „Menge" und „Bestimmtheit" gegenüberstellten. Wie weiter mit den flimmernden Gegensätzen?

Georg Wilhelm Friedrich HEGEL ist mit ersten Vorstellungen über Kontraste umgegangen wie ein Schriftsteller, der mit ersten Vorstellungen über seine Figuren einen Roman zu schreiben beginnt. Aller Anfang ist vage. Aller Anfang erscheint wie abstrakt, nur daß nichts abgezogen ist: Am Anfang gibt es nichts zum Abstrahieren, nur ungeformten Stoff.

Hegel hat eine Roman-Trilogie über Figuren des Erkenntnisprozesses geschrieben. Wir sprechen hier über Teil Eins des Romans, dessen Haupt-Figuren soeben benannt worden sind.

Stoff hatte Hegel noch und noch; sprechende Menschen in Alltag und Wissenschaft hat er scharf beobachtet. Naturwissenschaften und Mathematik waren ihm bekannt. Kenner der Philosophiegeschichte, der Kunstgeschichte, der Rechtsgeschichte und der Religionsgeschichte war er erst recht. Die Menschen-Probleme des Erkennens sind ihm besonders vertraut gewesen.

Ob Thomas Mann, Erwin Strittmatter oder Hegel - sie alle hatten Stoff und Mut, ein Manuskript *anzufangen*. Ein hingeschriebner Satz erzeugt Anregungen sowie den einengenden Rahmen fürs Drüberhinausgehen. Stets werden die Figuren etwas erleben. Wie biegt sichs Bäumchen? Wie wird eine Figur *anders*? Wie hält sie durch? Behauptet sie sich im Wandel? Nimmt sie *andre* Gestalt an?

Seitenangaben zu Hegel beziehen sich, falls anderes nicht angegeben, auf „Wissenschaft der Logik", Erster Teil, herausgegeben von Georg Lasson, 1923, 1932 und unveränderter Nachdruck Leipzig 1948.

Metamorphosen, doch nicht *von außen* gemacht wie beim Prinzen, den eine Hexe zum Frosch verzaubert. Metamorphosen vielmehr wie Wandlungen der Larven, die sich selber zum blütenbestäubenden, zeugungsfähigen Schmetterling umschmelzen. Oder Metamorphose so, wie nach Goethe unter ein und demselben Namen Heinrich Faust verschiedne Gestalten annahm:

- Heinrich der Magister: „Habe nun, ach...", darin eingeschlossen Heinrich als Philosoph, Jurist, Mediziner und Theologe.

- Heinrich der Weltreisende: erst die kleine, dann die große Welt. Von Leipzig und dem deutschen Harzgebirge zum antiken Götterhimmel und dann zum Sumpf, der am Gebirge hinzog.

- Heinrich der Gretchenverführer.

- Heinrich der Totschläger des Gretchen-Bruders.

- Heinrich der Kapitalist: Das Ehepaar Philemon und Baucis vertreibend, das seinem Drang im Wege steht.

- Heinrich der Revolutionär, eröffnend Räume vielen Millionen.

- Heinrich der Pionier: den Sumpf trockenlegend, der am Gebirge hinzieht.

- Sozialist oder Liberaler: „Mit freiem Volk auf freiem Grunde stehn."

So mancher Mann, so manche Frau lebt *auch* ein tiefbewegtes Leben. Doch selten ist die vita derart spannend.

8.0.2   Hegels Charaktere treibens bis zum Äußersten - vergleichbar Faust und Don Giovanni

Heinrich treibt es immer zum Extrem. Je eine Gestalt hat Heinrich bis zum äußersten gelebt, zum süßesten Genuß und diesen bis zum bittersten Rand, selbst diesen noch genießend:

„Vom Himmel fordert er die schönsten Sterne

Und von der Erde jede höchste Lust,

Und alle Näh und alle Ferne

Befriedigt nicht die tiefbewegte Brust."

Bekanntlich ließ das Goethe den lieben Gott über Faust sagen; der Dichter hat es wahr gemacht. Nicht, daß der *Teufel* hülfe, die Zuspitzungen zu suchen. Doch ihnen nachzujagen macht er Mut. Mephisto - der Geist, der stets verneint - ist nur Förderer des Wandels zur jeweils folgenden Gestalt. Mittels dieser *Extra*-Person kann der Dichter Faustens Wünsche *und deren Zweischneidigkeit* sinnlichst zeigen. Die vielen Gestaltwandlungen werden an zwei Abenden präzis auf die Bühne gebracht, sodaß im Vorspiel auf dem Theater der Direktor den Schauspielern befehlen kann:

„So schreitet in dem engen Bretterhaus

Den ganzen Kreis der Schöpfung aus,

Und wandelt mit bedächt'ger Schnelle

Vom Himmel durch die Welt zur Hölle."

Bei Hegel geht es nicht so rasch. Doch läßt auch Hegel seine Gestalten zum Äußersten kommen. Das Äußerste *aus sich heraus* zu tun ist ihre Rolle. *Aus sich heraus*, aus eigner Kraft, und auch aus eigner Schwäche. Aus eignem, innern Widerspruch. Bald wird sogar zu sehen sein, wie Hegel zwei Figuren sich „ineinander verschwinden" läßt. Das ist weit mehr als ein Orgasmus

Mephisto fördert als Dienstleister *von außer Haus* die Negationen, die in Fausts zweischneidigen Wünschen keimen. Selbst das noch wird negiert. Negierend ist Mephisto „Teil von jener Kraft, die stets das Böse will und doch das Gute schafft".

Da Hegel seinen Lesern viel mehr Anstrengung zumutet als Goethe den seinen, braucht er keine *Extra*-Person. Bei Hegel negieren sich die Gestalten ausschließlich selber. Der Geist, der stets verneint, ist *in* Hegels Gestalten, als wäre Mephisto *im* Heinrich. Hegels Figuren spiegeln und spielen die Geschichte von der individuellen und kollektiven Erkenntnis der Menschen. In Hegels Trilogie, allein im Ersten Teil, der vor allem von der universellen „Qualität" handelt, ist die Anzahl der Gestaltwandlungen größer als in Goethes zweiteiliger Tragödie. Anstelle der Gestalten, die den Namen „Heinrich" tragen, führt Hegel mehrere Gestalten vor, die zuweilen QUALITÄT und häufig anders heißen, mehrmals zum Gegenteil von QUALITÄT sich wandeln, dennoch „Qualität" sind, wie der Schmetterling vom Stoffe der Larve ist, nur jedes Mal ganz anders, gegensätzlich.

8.1 VON QUALITÄT ZU QUANTITÄT

8.1.1 Hegel beginnt den Roman mit einer Persiflage der Philosophie. Vom SEIN = NICHTS zum WERDEN.

Ehe wir den Gestalten nähertreten, die den Namen „Qualität" tragen oder anders heißen und doch vom selben Stamme sind, erinnern wir uns unsrer eignen Erfahrung, daß aller Anfang *vage* ist. Wie **abstrakt**. Stoff im Hinterkopf befreit weder den Dichter noch den Systematiker der Wissenschaft davon, mit einem unbeschriebnen, *leeren* Blatte zu beginnen. Dieser Tatsache hat Hegel ein Denkmal gesetzt. Mit Witz und Eulenspiegelei.

Das Denkmal ist, daß Hegel die Entstehung seines Romanes ihroselbst oder die Entstehung von Wissenschaft selber zum Gegenstand seines Entwicklungsromans macht. Daß er Stoff genug hat, ist nur psychologisch zu verstehen. Der Stoff ist nicht das Werk. Am Anfang ist *Bestimmungsloses*, Vages. Wie Abstraktes. Und daraus **wird** etwas.

Hegel eulenspiegelte, indem er seine Trilogie mit der *Gestalt* des LEEREN beginnt. Dieses unter den Namen „Sein" und „Nichts", die in der Philosophie Wind erzeugt hatten, wegen der zugespitzten Entgegensetzung von Sein und Nichts, von der man nichts zu sagen wußte. Darauf macht Hegel seinen Witz:

„S e i n , r e i n e s   S e i n, - ohne alle weitere Bestimmung. In seiner unbestimmten Unmittelbarkeit ist es nur sich selbst gleich und auch nicht ungleich gegen Anderes, hat keine Verschiedenheit innerhalb seiner, noch nach außen. Durch irgendeine Bestimmung oder Inhalt, der in ihm unterschieden, oder wodurch es als unterschieden von einem Andern gesetzt würde, würde es nicht in seiner Reinheit festgehalten. Es ist die reine Unbestimmtheit und Leere. - Es ist n i c h t s in ihm anzuschauen, wenn von Anschauen hier gesprochen werden kann; oder es ist nur dies reine, leere Anschauen selbst. Es ist ebensowenig etwas in ihm zu denken, oder es ist ebenso nur dies leere Denken. Das Sein, das unbestimmte Unmittelbare, ist in der Tat N i c h t s, und nicht mehr noch weniger als Nichts."

Und umgekehrt:

„N i c h t s , d a s r e i n e N i c h t s ; es ist einfache Gleichheit mit sich selbst, vollkommene Leerheit, Bestimmungs- und Inhaltslosigkeit; Ununterschiedenheit in ihm selbst. - Insofern Anschauen oder Denken hier erwähnt werden kann, so gilt es als ein Unterschied, ob etwas oder n i c h t s angeschaut oder gedacht wird. Nichts Anschauen oder Denken hat also seine Bedeutung; beide werden unterschieden, so i s t (existiert) Nichts in unserem Anschauen oder Denken; oder vielmehr ist es das leere Anschauen und Denken selbst, und dasselbe leere Anschauen und Denken als das reine Sein. - Nichts ist somit dieselbe Bestimmung oder vielmehr Bestimmungslosigkeit und damit überhaupt dasselbe, was das reine Sein ist."

Reines Sein als dasselbe, was das *reine* Nichts ist. Erinnert das nicht an Mynheer Peeperkorn in Thomas Manns „Zauberberg"? Den Herrn, der das absolut *Leere* vortrug, aber mit bedeutungsschwerster Miene und großer

Geste, als das höchste reine Sein, sodaß ein Chinese, der des Deutschen nicht mächtig war, doch die Mimik gesehen hatte, seine Befriedigung durch den Ausruf „very well" bekundete und heftig applaudierte.

Als Hegel Sein und Nichts verglich, dachte er daran, daß absolut Helles - zum Beispiel Scheinwerfer ins Gesicht - und absolute Finsternis *praktisch* dasselbe bedeuten: man sieht überhaupt nichts. Also schrieb Hegel: „Erst in dem bestimmten Lichte - und das Licht wird durch die Finsternis bestimmt, - also im getrübten Lichte, ebenso erst in der bestimmten Finsternis, - und die Finsternis wird durch das Licht bestimmt, - in der erhellten Finsternis kann etwas unterschieden werden, weil erst das getrübte Licht und die erhellte Finsternis den Unterschied an ihnen selbst haben und damit bestimmtes Sein, D a s e i n sind." (Erstes Kapitel, Anmerkung 2) „Die Sichtbarkeit ist .... Wirksamkeit im Auge, an der jenes negative ebensoviel Anteil hat als das für das Reale, Positive geltende Licht." (ebd. Anmerkung 3)

Wie kann aus totalem Licht und totaler Finsternis Materie werden, die in poetisch sinnlichem Glanze den ganzen Menschen anlacht? Aus Sein und Nichts wird WERDEN:

„Das reine Sein und das reine Nichts ist also dasselbe. Was die Wahrheit ist, ist weder das Sein, noch das Nichts, sondern daß das Sein in Nichts, und das Nichts in Sein .... übergegangen ist. Aber ebensosehr ist die Wahrheit nicht ihre Ununterschiedenheit, sondern daß sie nicht dasselbe, daß sie absolut unterschieden, aber ebenso ungetrennt und untrennbar sind und unmittelbar j e d e s   i n   s e i n e m   G e g e n t e i l   v e r s c h w i n d e t . Ihre Wahrheit ist also diese Bewegung des unmittelbaren Verschwindens des Einen in dem Anderen; das   W e r d e n ...." (67)

Indem wir sahen, wie Hegel Sein und Nichts ineinander sich wandeln ließ, erlebten wir Bemerkenswertes:

- ein Übergehen zwischen zwei Extremen;

- ein völlig allmähliches Übergehen. Es gibt kein Wort in Hegels Text, auch keinen Punkt, von dem man sagen könnte: Hier habe der Umschlag stattgefunden.

- ein Übergehen, das ohne äußere Reflexionen oder sonstige äußere Einwirkungen auskommt und allein durch Explizieren jedes der beiden Extreme erfolgt, durch Entwickeln seines Inhalts.

Die Implikationen der Semanteme - hier „Sein" und „Nichts" - gewissermaßen ihre Inhalte, sind natürlich der *Stoff* in Hegels Hinterkopf, welcher aus Erfahrung des menschlichen Erkenntnisprozesses stammt wie die Erlebnisse eines Romanciers, der mit einem leeren Blatte beginnend seine Fi-

lungsroman! Unter *einem* Namen die Schicksale *zweier* Gestalten erzählen! Manchmal stecken ja in einer empirisch gegebnen Gestalt tatsächlich *zwei* Typen.

Hegel erzählt unter dem Namen „Qualität" die Vita zweier nichtidentischer Gestalten - Quale und Qualität -, ähnlich wie andre Schriftsteller von Saulus/ Paulus erzählen, dessen Name - bis auf den ersten Buchstaben - derselbe blieb, während die Gestalt eine andre wurde. Bei aller Kontinuität der ins Register eingetragnen Personen sind ja nach Jahren auch die meisten Körperzellen nicht mehr dieselben. Oder - um ein weiteres Gleichnis zu nennen - umgekehrt, wie in Leipzig ein Professor im Scherz über drei Gestalten und ihre Namen gesagt haben soll: „Es gibt in der Stadt den Sauf-Meier, den Weiber-Meier und den Rektor Meier. Glauben Sie mir: Das alles bin ICH."

Dem Wandel der Gestalten, die sich unter den Namen „Qualität" und „Quantität" verbergen, werden wir nun nähertreten. Besonders spannend wird es sein zu sehen, wie sich Quantum und Quale, Quantität und Qualität voneinander unterscheiden und wie sie sich ineinander verwandeln, wie sie ineinander umschlagen. Sie schlagen ineinander um schon als *Begriffe.* Sie schlagen ineinander um vor allem als Charaktere, die die Welt konstituieren.

guren sich entwickeln läßt, oder wie die Axiomensysteme der Mathematik, in denen mathematische Erfahrung zusammengefaßt und als Extrakt abgesondert wird. Dessen Explikation ist, viele Erfahrungen im Zusammenhang aufzureihen und neue Erkenntnisse zu gewinnen.

Man verfolge die zitierten Texte und wird das bestätigt finden. Einzelne Wiederholungen oder Bekräftigungen sind dem nicht zuwider. Vergleichbare allmähliche Explikationen ohne *Punkte* des Umschlags bestimmen alles Ineinander-Übergehen der Hegelschen Figuren. Es gibt nur hin und wieder Feststellungen, daß ein Übergehen von einem Extrem bei einem anderen *angekommen* sei, nachträgliche Feststellungen etwa durch das Wort, das *andere* Extrem oder die *Identität* zwischen zwei Extremen sei nunmehr *„gesetzt".*

Vollständig wäre das natürlich nur demonstrierbar durch ungekürzte Wiedergabe von Hegels „Wissenschaft der Logik".

8.1.2 Erster Auftritt der Figur Qualität.

Erkenntnis ist Identifizieren, *Bestimmen.* Zur Vorbereitung und Auswertung des Handelns. *Bestimmen* ist nicht nur Nachvollziehen des Bestimmtseins der objektiven Welt. Es hat auch seine eignen Eigenheiten. Hegel denkt über *Bestimmtheit* nach, beginnt mit der Über-Gestalt BESTIMMT-

HEIT in dem Stadium, in dem sie selber noch völlig unbestimmt ist. Da ist sie - DIE QUALITÄT:

Im Stadium des Anfangens - der Gestalt BESTIMMTHEIT selbst wie auch des Menschen, wenn er Kind ist oder eine Sache *angeht* - in diesem Stadium ist die Qualität noch „ein ganz Einfaches, Unmittelbares" (99f.) Hier treffen die Worte des Malers Paul Klee, der *rück*blickend in einem Vortrag sagt: „Da, wo mit Maßstab und Waage keine Unterschiede mehr festzustellen sind, zum Beispiel von einer rein gelben zu einer rein roten Fläche von gleicher Ausdehnung und gleichem Helligkeitswert, bleibt immer noch die eine wesentliche Verschiedenheit bestehen, die wir mit den Worten Gelb und Rot bezeichnen. So wie man Salz und Zucker vergleichen kann bis auf ihr Salziges und ihr Süßes. Ich möchte daher die Farben Qualitäten nennen." (Paul Klee: Kunst-Lehre, Leipzig 1987, S. 74) Wir glauben zu wissen, was das ist, doch wir pflegen solches allein oder zuerst dadurch zu bestimmen, daß wir mit dem Finger danach zeigen und anmerken: „Dieses", „Jetzt", „Hier".

Also: „Durch seine Qualität ist E t w a s gegen ein A n d e r e s ." Ein Etwas ist Bestimmtes, insofern es mit einem Anderen kontrastiert. Damit tritt der Satz in seine Rolle: Omnis determinatio est negatio - Alles Bestimmen ist Verneinen. (100)

Qualität ist sodann EIGENSCHAFT, indem sie sich in einer *äußerlichen* Beziehung „als immanente Bestimmung" zeigt. Eigenschaften werden einem Etwas von außen her zugeschrieben. Daß sie dem Etwas auch *innerlich* sein können, ist unsre Erfahrung: „Unter Eigenschaften z.B. von Kräutern versteht man Bestimmungen, die einem Etwas nicht nur überhaupt e i g e n sind, sondern insofern es sich dadurch in der Beziehung auf andere auf eine eigentümliche Weise e r h ä l t , die fremden in ihm gesetzten Einwirkungen nicht in sich gewähren läßt, sondern seine eigene Bestimmung in dem Andern, - ob es dies zwar nicht von sich abhält, - geltend macht." (101) Qualität erscheint so als das, was ein Etwas sich als *Stabiles* zeigen und Abwehr leisten läßt.

„E t w a s gilt der Vorstellung mit Recht als ein R e e l l e s . Jedoch ist das Etwas noch eine sehr oberflächliche Bestimmung." (102) Immer noch. Immerhin ein solches, das sich „gegen seine Verwicklung mit Anderem, wovon es bestimmt würde, gemäß bleibt, sich in seiner Gleichheit mit sich erhält, sie in seinem Sein-für-Anderes geltend macht." (110)

Davon hebt sich nun die BESCHAFFENHEIT ab: „So oder anders beschaffen, ist Etwas" als unter *äußerem* Einfluß. „Diese äußerliche Beziehung, von der die Beschaffenheit abhängt, und das Bestimmtwerden durch ein Anderes erscheint als etwas Zufälliges. Aber es ist Qualität des Etwas, dieser Äußerlichkeit preisgegeben zu sein und eine B e s c h a f f e n h e i t   zu haben." (111) Die Verwendung der Worte folgt genau dem Gebrauch der deutschen Sprache, sofern sie feinfühlig gebraucht wird.

„Bestimmung und Beschaffenheit sind so voneinander unterschieden; Etwas ist seiner Bestimmung nach gleichgültig gegen seine Beschaffenheit." Hegel spitzt den Unterschied, den schon die deutsche Sprache macht, zum Gegensatze zu und verfolgt diesen bis in sein Äußerstes: Die Beschaffenheit, die in einem Anderen des Etwas gegründet ist, hängt *auch* von der Bestimmung des Etwas ab, „und das fremde Bestimmen ist durch die eigene, immanente des Etwas zugleich bestimmt.... Mit seiner Beschaffenheit ändert sich Etwas." (112) Die Veränderung wird numehr „auch die am Etwas gesetzte". (112)

Es wird nun immer frevelhafter, bei Hegel zu findende Szenen zu überspringen, denn so kann es scheinen, man könne *plötzlich* von einer Gestalt zu einer andren gelangen. Wir wären in der Lage eines eiligen Amerikaners, der in zwanzig Minuten von Köln nach Berlin düst und glaubt, er hätte Deutschland erlebt. Hegel ist der Rhein und die Spree *und alles, was dazwischenliegt.*

In solcher peinlichen Lage greifen wir nun aus Hegels Trilogie heraus, daß die Etwas einander *negieren* und so einander auch *Grenze* sind. (113) Ein Beispiel zeigt, was GRENZE ist: Der Punkt ist nicht nur so Grenze der Linie, daß diese in ihm nur aufhört. „Sondern im Punkte fängt die Linie auch an; er ist ihr absoluter Anfang. Auch insofern sie als nach beiden Seiten unbegrenzt, oder wie man es ausdrückt, als ins Unendliche verlängert vorgestellt wird, macht der Punkt ihr Element aus, wie die Linie das Element der Fläche, die Fläche das des Körpers. Diese Grenzen sind das Prinzip dessen, das sie begrenzen...." (115)

In diesem Bilde bleibend folgt nun der unerhörte Satz: „Die andre Bestimmung ist die Unruhe des Etwas, in seiner Grenze, in der es immanent ist, der W i d e r s p r u c h zu sein, der es über sich selbst hinausschickt. So ist der Punkt diese Dialektik seiner selbst, zur Linie zu werden, die Linie die Dialektik, zur Fläche, die Fläche die, zum totalen Raume zu werden. Von Linie, Fläche und ganzem Raum wird eine zweite Definition so gegeben, daß durch die B e w e g u n g   des Punktes die Linie, durch die Bewegung der Linie die Fläche entsteht usf." (115f.) „Sich über sich selbst hinausschickt." Das ist dem Dichter auch bekannt, der von sich sagt: „Er hat sich weit, weit von sich fortbegeben." (J.R. Becher: „Als namenloses Lied")

Die Bestimmungen, aus denen Punkt, Linie usf. entstehen sollen, sind deren Elemente und Prinzipien, „und diese sind nichts anderes als zugleich ihre Grenzen". (116) Daß Punkt, Linie, Fläche - sich widersprechend - „Anfänge sind, welche selbst sich von sich abstoßen.... liegt in dem Begriffe der dem Etwas immanenten Grenze". (116) „Immanente Grenze" ist keine geographische Demarkationslinie, sondern - wie Hegel vom Etwas sagt - „seine *Qualität* ist seine Grenze".

Man ahnt, daß hiernach von Endlichkeit und Unendlichkeit, von Schranke und Sollen gesprochen werden muß. Das geschieht bei Hegel. Wir werdens uns nicht gönnen. Doch erlauben wir uns eine Anmerkung:

Hegel hat den Menschen aufs Maul geschaut. Und hat die *Vieldeutigkeit* der Worte gespürt, die von realen Menschen im Gespräch gebraucht werden. Vieldeutigkeit hat er gespürt, die von den realen Menschen meist gar nicht bemerkt wird. Weshalb reale Menschen oft aneinander vorbeireden.

„Wartet, ihr Burschen und Mädchen", könnte Hegel gesagt haben, „ich nehm euch beim Wort und lege die unterschiedlichen Wortbedeutungen, die ihr gedankenlos in euren Reden praktiziert, in ihrer Unterschiedlichkeit euch vor die Füße. Außerdem verfolge ich die semantischen Belegungen eurer Worte, die euch meist gar nicht bewußt sind, bis in ihre Grenz*bereiche*, wo sie in *andres* übergehen, bis hin zum Gegenteil des Semantems, das ihr als eure Meinung zu verstehen glaubt." So könnte Hegel gesprochen haben.

8.1.3 Vom Fürsichsein zur Abstoßung und zur Quantität

Wir eilen nun zu einer Gestalt in Hegels Begriffsroman, die „Für-sich-sein" heißt und an den Namen „Eigenbedarf" erinnert, mit dem in Wirtschaft, Wissenschaft und Politik umstrittnes Für-sich-sein umschrieben wird, das manchmal Sein für Andres möglich macht und manchmal ausschließt.

Auch jedes Kraftwerk hat einen Eigenbedarf an dem Strom, den es für Andere erzeugt. Leicht kann der Eigenbedarf wachsen - auch wegen Ruß-filtern und Rauchgasentschwefelung. Nur darf daraus kein Für-sich-sein und schon gar keine Repulsion anderer entstehn. Etwa gar eine Repulsion der Windkraft.

Würde der Job darin gesehen, die Minderung des Energieverbrauchs nur als Vorwand zu sehen, um dem Kunden Geld zu entreißen, so wäre das „überhaupt ein Für-sich-Sein als solches".

Auch Parlamente haben Eigenbedarf. Man muß die Abgeordneten frei-stellen von finanzieller Erpressbarkeit, und man muß ihnen ein oder zwei Mitarbeiter zugestehen. Das ist ihr Eigenbedarf.

Für sich zu sein kann extrem werden, zu einem Verhalten sui generis - eigener Art - mutieren, das man FÜR-SICH-SEIN nennen könnte: in der Profilierung, die zu Karrierismus und Populismus ausartet:

135

„Wir sagen, daß etwas für sich ist, insofern es das Anderssein, seine Beziehung und Gemeinschaft mit Anderem aufhebt, sie zurückgestoßen, davon abstrahiert hat. Das Andere ist ihm nur als ein Aufgehobenes, als sein M o m e n t ; das Fürsichsein besteht darin, über die Schranke, über sein Anderssein so hinausgegangen zu sein, daß es als diese Negation die unendliche Rückkehr in sich ist." (147 f.)

Fürsichseiendes grenzt Anderes aus. Auch *hört* es nicht auf Andere, es sei denn nur zum Schein, um desto wirksamer sie abzuwiegeln. Ferner gibt es *Varianten* des Fürsichseins: hier Wahlkampfgetöse, dort hohe Tribünen.

Fürsichseiendes gleicht einer Festung oder einem Stachelring: Es stößt Anderes von sich ab und reduziert sich in sich selbst auf *Disziplin*. So ist es *Eins*. Selbstzufrieden enthebt es sich jeder Entwicklung. Da passen Schärpen mit der Aufschrift „Weiter so!"

Und so provoziert es auch andere Fürsichseiende, extrem zu werden und sich in *viele* Einse zu verwandeln, die sich voneinander abstoßen: *Repulsion*! Sodaß wir mit Schiller sagen:

„In steter Notwehr gegen arge List

Bleibt auch das redliche Gemüt nicht wahr -

Das eben ist der Fluch der bösen Tat

Daß sie fortzeugend immer Böses muß gebären."

Bestenfalls bleibt für die Apartheit des Eins und der Vielen „alle Bestimmung, Mannigfaltigkeit, Verknüpfung schlechthin äußerliche Beziehung." (157)

Hegel erinnert an die seinerzeitige Auffassung von den Atomen: „Die Beziehungslosigkeit ist ihre....Bestimmung." (166) Die „Äußerlichkeit der Kontinuität für die Eins ist es überhaupt, an der die Atomistik hängen bleibt." (181) Doch „das gegenseitige Abhalten und Fliehen ist nicht die Befreiung von dem, was abgehalten und geflohen, das Ausschließende steht mit dem noch in Verbindung, was von ihm ausgeschlossen wird. Dies Moment der Beziehung aber ist die Attraktion...." (166)

Aus seiner Kritik seinerzeitiger Naturlehre entwickelt Hegel Ideen über *Attraktion*, die in der Naturwissenschaft aktuell werden mußten und dies auch geworden sind in physikalischen Theorien der Relativität und der Evolution.

Die Repulsion bedenkend erinnert Hegel zugleich an die Gesellchaft, „die von dem einzelnen Willen der Individuen ausgeht". (Abschnitt „B. Eins und Vieles." A.a.O. 157) Hegel erkennt den Widerspruch im Liberalismus:

„Die Selbständigkeit auf die Spitze des fürsichseienden Eins getrieben, ist die abstrakte, formelle Selbständigkeit, die sich selbst zerstört, der höchste, hartnäckige Irrtum, der sich für die höchste Wahrheit nimmt, - in konkreteren Formen als abstrakte Freiheit, als reines Ich .... Es ist die Freiheit, die sich so vergreift, ihr Wesen in diese Abstraktion zu setzen, und in diesem Bei-sich-sein sich schmeichelt, sich rein zu gewinnen. Diese Selbständigkeit ist .... das negative Verhalten gegen sich selbst, welches, indem es sein eigenes Sein gewinnen will, dasselbe zerstört...." (Repulsion und Attraktion. A.a.O. 163)

Da Fürsichsein und Repulsion als *allgemeine* Gestalten auf die Bühne gekommen sind, erinnern sie auch an Sekten. Viele Beispiele sind möglich für das vollendete *Fürsichsein*, das Hegel *universell* als Gestalt modelliert: „Das Repellieren ist das, wodurch die Eins sich als Eins manifestieren und erhalten, wodurch sie als solche sind. Ihr Sein ist die Repulsion selbst; sie ist so nicht ein relatives gegen ein anderes Dasein, sondern verhält sich durchaus nur zu sich selbst." (167)

Weil das extrem Fürsichseiende sich nur noch als Eins - im Repellieren (Repulsion! Zurückstoßen!) - manifestiert und bewahrt (167), das Repellieren also sein *Geschäft* ist, *so* ist die Bestimmtheit überhaupt außer sich, ein sich schlechthin Äußerliches. Seine ehemals qualitative Grenze verkommt zu einer Grenze der Unnahbarkeit, der Beziehungslosigkeit. Sie pervertiert zu einer Grenze, welche *die Gleichgültigkeit selber* ist. (177) Die Gestalt QUALITÄT ist in die Gestalt QUANTITÄT übergegangen. QUALITÄT war die erste, unmittelbare Bestimmtheit. In ihrer Unmittelbarkeit - wir erinnern uns - war sie am Anfang noch selber unbestimmt, und - sich entwickelnd, sich ins Fürsichsein wandelnd, schlägt sie in die Gestalt einer Bestimmtheit um, deren Kennzeichen die Gleichgültigkeit ist: „Die GRÖSSE (QUANTITÄT)". So heißt Hegels Abschnitt, dem wir uns hiermit genähert haben.

8.2 Zwischenbemerkung zu unserem Procedere

Mindestens das Erste Buch der Trilogie von Hegel handelt von der BESTIMMTHEIT. So ist es paradox, daß wir Gestalten der BESTIMMTHEIT aus Hegels Dialektik *herausgreifen*. Ist es *möglich?*

Nicht ohne Verluste fürs Verständnis ihrer Dialektik. Aber was sollen wir tun? Leider müssen wir auch künftig zum Notbehelf greifen und - wo Wandlung ist - Schnappschüsse nehmen, die der Betrachter dem Prozeß *unter*legen, doch nie substituieren darf. Substitutionen würden die Illusion stärken, die Ergebnisse träten *plötzlich* ein. Gerade das geschieht nicht. Daraus resultiert unser didaktisches Problem: Obwohl die begrifflichen Wandlungen von QUANTITÄT in QUALITÄT (und umgekehrt) *nicht* plötzlich sind, haben wir, da wir den Text Hegels nicht vollständig zitieren können, nur Standbilder statt Kino.

So müssen wir auch das Übergehen der reinen Quantität zu sich als *bestimmter* Quantität, das sich auf dem Weg über die Gestalten KONTINUITÄT und DISKRETION vollzieht, hier überspringen.

Doch werden wir *Standbilder* sehen. Nachdem wir von *Qualität* ausgehend bei *Quantität* angekommen sind, werden wir eine ganz andre, neue Annäherung an *Qualität* demonstrieren. In der Schönen Literatur werden manchmal *zwei* Werke gebraucht, um eine erneute Näherung zweier Gestalten zuwege zu bringen:

Einst hatte der junge Goethe ein Verhältnis zu der schönen Charlotte im Försterhaus bei Wetzlar. Das Erlebnis war ihm Stoff zu seinem Jugend-Roman „Die Leiden des jungen Werther". Jahrzehnte später trifft Lotte den Dichter in Weimar. Thomas Mann erzählt in *seinem* Roman, wie Lotte den Wolfgang von einst erlebt:

„Goethe kam .... in zweireihig geknöpftem Frack und seidenen Strümpfen, einen schön gearbeiteten silbernen Stern, der blitzte, ziemlich hoch auf der Brust.... Charlotte erkannte ihn und erkannte ihn nicht - von beidem war sie erschüttert.... Du lieber Gott, wie sie über das ganze Leben hinweg die Augen des Jungen wiedererkannte!.... Er war es und er war es nicht. Eine solche Felsenstirn hatte er sonst keineswegs gehabt.... denn die Zeit, das war das Leben, das Werk, welche an diesem Stirnestein durch die Jahrzehnte gemetzt, diese einst glatten Züge so ernstlich durchmodelliert und ergreifend eingefurcht hatte, - Zeit, Alter, hier waren sie mehr als.... Bloßlegung, natürliche Mitgenommenheit, die hätte rühren und melancholisch stimmen können; sie waren voller Sinn, waren Geist, Leistung, Geschichte, und ihre Ausprägungen, sehr fern davon, bedauerlich zu wirken, ließen das denkende Herz in freudigem Schrecken klopfen."

Bei Hegel aber sind nicht nur zwei Begegnungen - in Wetzlar und Weimar -, sondern ganze *Lebensläufe* in *einem* Buch.

8.3 Ankunft bei Quantität und Übergehen von QUANTITÄT in QUALITÄT

8.3.1 Angekommen in der Gleichgültigkeit, dem Anfang der Quantität

Gewöhnlich wird „Größe" gesehen als etwas, das sich vermehren oder vermindern läßt. „Vermehren aber heißt, etwas mehr groß, vermindern weniger groß machen.... Die Größe wäre also das, dessen Größe sich verändern läßt. Die Definition zeigt sich insofern als ungeschickt, als in ihr diejenige Bestimmung selbst gebraucht wird, welche definiert werden sollte." Immerhin „ist in jenem unvollkommenen Ausdruck das Hauptmoment nicht zu verkennen, worauf es ankommt; nämlich die Gleichgültigkeit der Veränderung, sodaß in ihrem (der Größe) Begriff selbst ihr eigenes Mehr und Minder liegt, ihre Gleichgültigkeit gegen sich selbst." (179)

8.3.2 Der naive Zahlbegriff

Bestimmte Quantität ist das QUANTUM. „Das Quantum, - zunächst Quantität mit einer Bestimmtheit oder Grenze überhaupt, - ist in seiner vollkommenen Bestimmtheit die Zahl." (196) Hegel nimmt ZAHL zunächst, wie sie vom Kind, vom Laien, bei Alltagsrechnereien, wahrgenommen wird:

a) Zahlen sind *unmittelbar* bestimmt als sechs, sieben, acht, ...: Sechs ist sechs, sieben ist sieben, Banalitäten, es ist so, man sagt zunächst nichts weiter. Darin herrscht Analogie zu „Qualität", die sich auf analoger Unter-Stufe ihrer Begriffsgenese als unmittelbare Bestimmtheit zeigt: zum Beispiel als rot, gelb, süß, sauer usf. Zahlen **sind (zunächst) nicht gegeneinander austauschbar.** Carl Friedrich Gauß soll gesagt haben: „Die natürlichen Zahlen hat uns der liebe Gott geschenkt. Das übrige ist Menschenwerk."

b) Jede Zahl ist einer anderen Zahl gleichgültig, wie rot dem gelb, süß dem sauer usf. Was hat sechs mit sieben zu tun?

c) Zahlen werden durch Handlungen, die der Zahl *äußerlich* sind, miteinander verknüpft, zum Beispiel durch Addieren jener Zahlen, die dem Glas Bier, dem Schnäpschen und dem Steak durch den Gastwirt als Preis zugeordnet sind. Der Gast soll nicht drei Mal in die Tasche fassen müssen, obwohl das technisch möglich wäre. Den Zahlen ist das egal.

a), b), c) resümierend ergibt sich: Die Zahlen haben ihre Äußerlichkeit *in sich selbst*, sofern sie die platte Vielheit der einander gleichgültigen Eins in sich haben. Zahlen, zusammengesetzt aus Summanden oder aus Multiplikand und Multiplikator, bestehen aus einander gleichgültigen Bausteinen. Wie Häuser aus Ziegeln. Diese können nur mit Mörtel zur größeren Einheit gefügt werden; die Ziegel kann man leicht zurückgewinnen.

Im „Inneren" einer Zahl herrschen dieselben Verhältnisse der Gleichgültigkeit und der Äußerlichkeit wie bei sprödem Mauerwerk. Wobei nicht zu übersehen ist, daß zwischen *Einheit* und *Anzahl* der Einse ein qualitativer Unterschied ist, obwohl Einheiten und Anzahlen mit gleichem Namen gerufen werden: „sechs", „acht", „zehn" usf. (200, 285, 331) Dem entspricht der Unterschied zwischen den Begriffen „Zahl" und „Menge".

Die vielen Eins innerhalb der Einheit, zum Beispiel der sechs, der acht, der zehn, die ihre Anzahl hat, zum Beispiel sechs, acht, zehn, haben nichts miteinander zu tun. Ihre Anzahl erschöpft sich darin, Vielheit bloß mörtelgebunden zu präsentieren. Hierzu sagt Hegel nicht nur, die Zahl habe ihre Äußerlichkeit in sich selber (198 f.), sondern dies sei überhaupt die *Qualität* des Quantums. Die Äußerlichkeit der Zahl *in ihrem Inneren selbst* - diese *Äußerlichkeit als Innerlichkeit* - ein Widerspruch. Dieser wird weitergedacht:

In einem gemeinen Bruch wie 2 *durch* 7 sind die sonst gleichgültigen Quanta „Momente" eines Dritten, nämlich desjenigen Quantums, das von uns „Quotient" (von Hegel „Exponent") genannt wird. Innerhalb der Paarung im Bruch gelten 2 und 7 nicht mehr nur als die einander Gleichgültigen, als die wir sie anfangs gesehen hatten, sondern hier - im Paarungsverhältnis des Bruches - gelten sie als *gegeneinander bestimmt*. Der Quotient liegt nicht mehr im Bereich der ganzen Zahlen. Der Zahlbegriff selbst war durch Mathematik *zum Begriff* der „rationalen Zahlen" *qualitativ* zu erweitern. (Hegel gebraucht das Wort „Exponent" so, wie wir heute sagen: Willy Brand war *Exponent* einer Bundespartei.)

Daß es hier auf das *Gegeneinander* der Zahlen ankommt und daß die Zahlen fähig sind, im Rahmen ihres Quotienten *gegeneinander* zu sein, heißt: In bezug auf den nämlichen Quotienten stehen statt 2 und 7 die Paare 4 und 14, 6 und 21, und ohne Ende fort.

„Hiermit", so Hegel über die Zahlen, „fangen sie also an, einen qualitativen Charakter zu haben. Gälten sie als bloße Quanta, so ist 2 und 7, schlechthin das eine nur 2, das andere nur 7." Aber „4, 14, 6, 21 usf. sind schlechthin etwas anderes als jene Zahlen und können, insofern sie nur unmittelbare Quanta wären, die einen nicht an die Stelle der andern gesetzt werden. Insofern aber 2 und 7 nicht nach der Bestimmtheit, solche Quanta zu sein, gelten, so ist ihre gleichgültige Grenze aufgehoben."

Die Zahlen haben insofern „das Moment der Unendlichkeit an ihnen." Sie sind nicht bloß nicht mehr sie. Zwar bleibt ihre quantitative Bestimmtheit. Aber sie bleibt als eine „an sich seiende qualitative", - nämlich nach dem, was die Zahlen *im Verhältnisse* gelten: An ihre Stelle können unendlich viele andere Zahlen gesetzt werden, so daß der Wert des Bruches durch die Bestimmtheit, welche das *Verhältnis* hat, sich nicht ändert.

8.3. 3 Unendliches in den Einsen, Unendliches in jeder Zahl

Daß das Paar 2/7 in diesem Verhältnis durch unendlich viele andere Paare ersetzt werden kann, ist weiterzudenken:

„Die Darstellung, welche die Unendlichkeit an einem Zahlenbruche hat, ist aber darum noch unvollkommen, weil die beiden Seiten des Bruchs, 2 und 7, aus dem Verhältnisse genommen werden können und gewöhnliche gleichgültige Quanta sind; die Beziehung derselben, im Verhältnisse und Momente zu sein, ist ihnen etwas Äußerliches und Gleichgültiges. Ebenso ist ihre Beziehung selbst ein gewöhnliches Quantum....", der Wert des Quotienten. (245 f.)

Hegel durchdenkt, was Schüler im Unterricht nur wahrnehmen:

- das Übergehen vom gemeinen Bruch zum Dezimalbruch, besonders zum sog. unendlichen Dezimalbruch,

- das Potenzenbilden,

- den funktionellen Zusammenhang *veränderlicher* Größen   („Funktion"),

- die Konfrontation von geraden und „krummen" Linien,

- den Grenzübergang in der Infinitesimalrechnung.

Hegel bemerkt zum Verhältnis „2 durch 7 als gemeiner Bruch" und „unendlichem" Dezimalbruch *0,285714....* : Würden wir als weiteres Beispiel den „gemeinen" Bruch *1/(1-a)* vor uns haben, wäre das „fortlaufend dividierte", aber nicht „*aus*dividierte", nicht zuende dividierte Gegenstück die unendliche Reihe *1 + a + 2a + 3a + ...*

Weiter Hegel: Jenes Unendliche einer Reihe (wie es im Dezimalbruch vorkommt) nennt Spinoza das „Unendliche der I m a g i n a t i o n „. Hingegen das Unendliche *als Beziehung auf sich selbst* (wie es im „gemeinen" Bruch vorkommen kann) nennt er „das Unendliche des Denkens" oder „infinitum actu", das heißt Unendliches „in der Tat" oder „aktuell Unendliches". Wir werden sehen, daß es *wirklich* unendlich, weil es *in sich vollendet* und das Unendliche *gegenwärtig* ist.

Dagegen ist *0,285714....* oder die Reihe *1 + a + 2a + 3a....* das Unendliche bloß der Einbildung oder des Meinens. Es ist nur ein langweiliges Fortschreiten ohne Ende, *deshalb ohne Vollkommenheit.* Es fehlt ihm schlechthin etwas. Hingegen ist *2/7* oder *1/(1-a)* vollkommen, weil es *ist*, was es soll. Es hat Unendlichkeit *in* sich. So ist es *wirklich* unendlich, *aktuell unendlich.* Da ist nicht nur, was die Reihe in ihren ausgewiesenen Gliedern hat, sondern auch noch das dazu, was ihr mangelt, was sie nur sein soll, aber nicht ist. Was jene Reihe nur *soll*, sind jene Verhältnisse *wirklich*.

In der Urschrift seiner „Wissenschaft der Logik" nennt Hegel die gebrochene Zahl selbst - zum Beispiel 2/7 - „nichtendlich", weil sie in sich selbst hat, was in der dezimalen Schreibweise eigentlich nie zu Ende kommt und langweilig ist. Ihr formeller Ausdruck, der nur aus zwei Zahlen und einem

Bruchstrich besteht, ist nur eine endliche *Erscheinungs*weise, weil er ohne Fortsetzungspunkte auskommt. Inhaltlich aber gilt: Zum Beispiel 2/7 „enthält also keine Endlichkeit, nicht ein solches, über das hinausgesehen werden muß.... In dem endlichen Ausdrucke ...., der ein Verhältnis ist, ist das Negative immanent, als das Bestimmtseyn der Seiten des Verhältnisses durcheinander." (A.a.O. S. 160 in Gesammelte Werke, Hrg. Hogemann Jaeschke. In der von mir benutzten Ausgabe vgl. 248)

Das 2/7 oder *1/(1-a)* ist - nur als Größe genommen - gewiß eine endliche Größe wie ein Kreis oder ein Raum-Teil und kann größer oder kleiner gemacht werden. Die naive Einbildung bleibt beim Quantum als solchem stehen; aber „dies Quantum des Ganzen geht das Verhältnis seiner Momente, die Natur der Sache" nichts an. Der Naive sieht nicht die *Beziehung*. Worauf es ankommt, ist gerade die *Beziehung*, und das ist hier die tatsächliche, an den endlichen 2 und 7 bestehende *Unvergleichbarkeit*, die den ins Verhältnis gesetzten Größen gegeneinander eigen ist und welche die Beziehung zu einer *qualitativen* Beziehung macht, während umgekehrt die qualitative Beziehung der aufeinander bezogenen Größen sich in deren (zuvor verborgener) Unvergleichbarkeit ausdrückt. (vgl. 251)

Unvergleichbarkeit war zuerst nur das Siegel der unmittelbaren Qualität, des Rot zum Grün, des Sauer zum Süß. Man kann nicht Rot mit Grün vergleichen. Vergleichbarkeit dagegen war das Kennzeichen des Quantums, der Größe, der Zahl: Eins ist kleiner als zwei, vier ist größer als drei.... Doch jetzt ist Unvergleichbarkeit *auch der Zahl* - der reinsten Form des Quantums - zu eigen. (*Dennoch*-Vergleichbarkeit wird erst später hergestellt.)

Daß „Unvergleichbarkeit" in der Evolution des Zahlbegriffs eintritt, bedeutet, daß aus Quanta, die das naive Alltagsbewußtsein erkannt zu haben wähnt, etwas *Qualitatives* entsteht. Derart Ungeheures geschieht auch durch Anlässe, zum Zwecke unbegrenzter Auflösbarkeit von Gleichungen die tradierten Zahlbereiche erweitern zu müssen, zum Beipiel durch Irrationalzahlen. Mathematik ermöglicht, mit Unvergleichbarkeiten umzugehen und die unter der Fassade des Quantitativen verborgene Unvergleichbarkeiten zu überwinden (was Hegel hoch geachtet hat. Vgl. 254).

Mathematik handelt nicht vom Alltagsrechnen, sondern, wenn auch nicht allein, vom Umgang mit Unvergleichbarkeiten, die beim naiven „Rechnen" das Zuende-Rechnen vereiteln, wie einst in jenen Fällen, in denen negative, rationale, algebraische, transzendente, imaginäre, komplexe Zahlen, Tangenten und Integrale „krummliniger" Figuren, stabile Berechnungsverfahren und Fraktale durch Mathematiker erfunden oder entdeckt wurden, die je in ihrer Weise auf echten, hernach allerdings relativierten

Inkommensurabilitäten beruhen.

Deshalb stimmen Mathematiker solchen Konsequenzen zu, wie sie Hegel hier gezogen hat. Ein weiteres Beispiel:

8.3.4 Krumme Linien

Wie Hegel bemerkt, fallen unter den Gesichtspunkt *Unvergleichbarkeit* vor allem „die Funktionen krummer Linien". Und diese führen noch „näher auf das Unendliche, das die Mathematik bei solchen Funktionen, überhaupt bei den F u n k t i o n e n   v e r ä n d e r l i c h e r Größen eingeführt hat, und welches das wahrhafte mathematische, qualitative Unendliche ist". (251) Die „Funktionen krummer Linien" führen - wie Hegel sagt - zumindest auf

- das qualitativ Unendliche

- das Potenzenverhältnis (die Nichtlinearität)

- die „Erzeugungsprinzipe" solcher „Linien".

Die „Funktionen krummer Linien" beruhen auf der Vorstellung variabler Größen und auf Vorstellungen über Zusammenhänge, wie sie zum Beipiel im „Potenzenverhältnis" gegeben sind. Durch „Potenzenverhältnisse" (und andere Relationen) werden *Unvergleichbarkeiten* erzeugt, etwa das Paar „Quadrat und Kreis". Man denke an die Redensart „Unmöglich wie die Quadratur des Kreises". Durch näherungsweise Berechnung des Kreises entkommt man dieser genauso wenig wie das Verhältnis *2/7* durch den „schlecht unendlichen" Dezimalbruch.

8.3.5 Potenzenverhältnisse - Unvergleichbarkeiten - Nichtlinearität

„Potenzenverhältnisse" werden von Hegel vorm Hintergrund mathematischer Begriffe untersucht als Gestalten, welche die QUANTITÄT beim Ausreizen ihrer Entwicklungs-Möglichkeiten zwangsläufig annehmen muß. Doch Hegel betreibt nicht nur Nachvollzug mathematischer Überlegungen, sondern Auseinandersetzung mit ihnen. Hegel interessieren Begriffe der Mathematik, welche die Natur der QUANTITÄT zum Vorschein bringen.

„Potenzenverhältnisse" bedeuten „Nichtlinearität", von der man heute spricht. Beider Implikationen sind unser Gegenstand.

„Potenzenverhältnisse" sind es auch, welche in die Welt des Infinitesimalen führen. Längen von Strecken, Flächen- und Rauminhalte von geradlinig begrenzten Figuren bestimmen kann jeder. Doch solche Inhalte von krummlinig begrenzten Figuren, ja allein schon deren Tangenten zu bestimmen und dafür begrifflich gesicherte Verfahren zu besitzen, setzt voraus, die Verhältnisse zu erkennen, die zwischen den Verändernderlichen walten.

Hegel verwendet die Symbole y und x , im Vergleich zum Schulgebrauch in vertauschten Rollen. Zum Beispiel $y^k = px$, oder als Verhältnis $y^k/x = p$ geschrieben. Das kann ein Verhältnis fester Größen sein. Aber wenn man x und y *variiert*, dann bleiben - wegen der Potenz - x und y nicht in ein und derselben Proportion zueinander. Zum Beispiel bei $k = 3$ so, daß sich x vertausendfacht, wenn sich y verzehnfacht. Was die Quanta im Potenzenverhältnis sind, das sind sie *gegeneinander, als Momente* in diesem Verhältnis. Dann ist der *Quotient* dieser Größen kein festes Quantum. Der Quotient ist dann dem Potenzenverhältnis *nicht* gleichgültig.

Des Quotienten *Gleichgültigkeit* als Quantum ist dadurch doppelt aufgehoben: Indem der Quotient selbst zur Veränderung gezwungen ist, oder indem er - sofern er vorgegeben ist - die Momente x und y in ihrem Verhältnis steuert. So ist das Verhältnis einer Größe zur Potenz nicht ein Quantum, sondern wesentlich **qualitatives Verhältnis**. (252 f.)

Umgang mit dem qualitativen Verhältnis erzwingt das Übergehen zum Infinitesimalen, wie es in der Mathematik geschieht. So wird die Gestalt, die „qualitatives Verhältnis" heißt, **entwickelt**.

„In einer Gleichung, worin x und y zunächst als durch ein Potenzenverhältnis gesetzt bestimmt sind, sollen x und y als solche noch Quanta bedeuten." Aber diese Bedeutung „geht in den sogenannten unendlich kleinen Differenzen gänzlich verloren." Überhaupt sind dx, dy „keine Quanta mehr, noch sollen sie solche bedeuten", sondern sie haben „allein in ihrer Beziehung eine Bedeutung, einen Sinn bloß als Momente. Sie sind nicht mehr e t w a s , das Etwas als Quantum genommen, nicht endliche Differenzen". Sie sind zwar „n i c h t   n i c h t s , nicht die bestimmungslose Null." (254) Doch außerhalb ihres Verhältnisses sind sie wie Nichtse zu behandeln.

Als *Momente* erzeugen sie den Differential-Koeffizienten dx/dy. Was aber „n u r im Verhältnis ist", ist „kein Quantum." Das Quantum ist eine Bestimmung, „die außer ihrem Verhältnis ein vollkommen gleichgültiges Dasein" hat. Das Quantum ist eine Bestimmung, „der ihr Unterschied von einem Andern gleichgültig sein soll," wohingegen „das Qualitative nur das ist, was es in seinem Unterschiede von einem Andern ist." (255)

Bekanntlich ist das Verhältnis „*dx nach dy*" der Grenzwert des Differenzenquotienten „Dx durch Dy", mit der Maßgabe, daß die Zuwachsgröße Dx

„gegen null geht". Hegel hat polemisch die seinerzeit herrschende Auffassung angezielt, wonach *dx* und *dy* „Verschwindungsgrößen" seien, „unendlich klein".

Daß aber gerade im Differentialquotienten die „unendlich kleinen Größen" virulent sind, bringt den qualitativen Charakter des differentiellen Verhältnisses zum Ausdruck. „In diesem Begriff des Unendlichen ist das Quantum wahrhaft zu einem qualitativen Dasein vollendet; es ist als wirklich unendlich gesetzt; es ist nicht nur als dieses oder jenes Quantum aufgehoben, sondern als Quantum überhaupt." (254)

In Potenzenverhältnissen sind die veränderlichen Größen „F u n k t i o n e n voneinander". „Dadurch ist die Veränderung der veränderlichen Größen q u a l i t a t i v determiniert,...." (283) Dies in doppeltem Sinne:

Innerhalb einer nichtlinearen Funktion ist jedes variable Glied abhängig von der unabhängigen Veränderlichen *y* : Zunächst die Potenzen von *y*, dann - in erhöhtem Sinne - die sog. abhängige Veränderliche *x* , die „Funktion von *y* „. So zeigt sich, „daß die Potenz i n n e r h a l b i h r e r s e l b s t als ein Verhältnis, als ein S y s t e m v o n V e r h ä l t n i s b e s t i m m u n g e n gefaßt wird." (S. 284) Das heißt auch, die Größe wird „als eine Qualität ausgesprochen", als „Funktion der Größe einer andern Qualität".

Im Differentialkalkül operierend pflegt man zunächst nur die quantitative Bestimmtheit zu sehen, „und man kann kein Arges daran haben, die Größe einer Linie mit der Größe einer andern Linie zu multiplizieren; aber die Multiplikation dieser selben Größen gibt zugleich die qualitative Veränderung des Übergangs von Linie in Fläche...." (322)

Mehr noch. Gerade wenn die Potenz wie gewöhnlich nur als Zahl aufgefaßt wird: In der nichtlinearen Funktion ist die Zahl „dazu gekommen", daß sie „ihre Veränderung d u r c h s i e s e l b s t b e s t i m m t ...." (284) „Das Quantum ist so in der Potenz als in sich selbst zurückgekehrt gesetzt; es ist unmittelbar es selbst und auch sein Anderssein." (331) *Es hat sich weit, weit von sich fortbegeben.*

8.3.6 Die Kategorien Quantität und Qualität als identisch

„Vergleichen wir den Fortgang dieser Realisierung in den bisherigen Verhältnissen, so ist die Qualität des Quantums, als Unterschied seiner von sich selbst gesetzt zu sein, überhaupt dies, Verhältnis zu sein.... Die Ä u ß e r l i c h k e i t der Bestimmtheit ist die Qualität des Quantums, diese Äußerlichkeit ist so nun seinem Begriffe gemäß als sein eigenes Bestimmen, als seine Beziehung auf sich selbst, seine Qualität gesetzt.... Damit aber daß das Quantum g e s e t z t ist, wie es seinem Begriffe gemäß ist, ... ist es in eine andere Bestimmung übergegangen.... es ist zu seinem Andern, der Qualität, geworden, insofern jene Äußerlichkeit nun als vermittelt durch es selbst, so als ein Moment gesetzt ist, daß es eben i n i h r sich auf sich selbst bezieht, Sein als Qualität ist." (332)

Anfangs war *Qualität*. In Exposition des anfänglichen Begriffs, von der wir *Stand*bilder zeigten, geht die Kategorie QUALITÄT - wir wollten ja wissen, was das ist - *durch Entwickelung ihrer immanenten Bestimmungen* in *Quantität* über. Man erfährt dabei etwas von Mathematik und von den Relationen der realen Welt. Im Fortgehen zu *Quantität* findet die *Qualität* zu sich zurück:

Das Quantum ist „in seinem Anderssein mit sich selbst identisch.... Darin liegt zugleich die Seite seiner q u a n t i t a t i v e n Natur, daß die Grenze oder Negation nicht als unmittelbar Seiendes, sondern das Dasein als in sein Anderssein kontinuiert gesetzt ist; denn die Wahrheit der Qualität ist eben dies, Quantität, die unmittelbare Bestimmtheit als aufgehobene, zu sein." (331) Als Aufgehobene!

Anfangs erschien die Quantität der Qualität „gegenüber". Aber „die Quantität ist selbst e i n e Qualität, sich auf sich beziehende Bestimmtheit überhaupt, unterschieden von der ihr andern Bestimmtheit, von der Qualität als solcher. Allein sie ist nicht nur e i n e Qualität, sondern die Wahrheit der Qualität selbst ist die Quantität; jene hat sich als in diese übergehend gezeigt. Die Quantität ist dagegen in ihrer Wahrheit die in sich selbst zurückgekehrte, nicht gleichgültige Äußerlichkeit. So ist sie die Qualität selbst, so daß außer dieser Bestimmung nicht die Qualität als solche noch etwas wäre." (332 f.)

Chargierte Mathematiker unsrer Tage meinten, daß Mathematik mit Qualitäten zu tun habe, sei ihnen nicht neu. Da wurde ihnen erwidert: Ja, Ihnen als Mathematiker.

8.4 Übergehen von Quantum in Quale. Das Umschlagen quantitativer Veränderungen in qualitative

8.4.1 Der Gegensatz von Qualität und Quantität, von Quale und Quantum, bleibt in der Identität aufbewahrt.

Bei aller Überraschung haben wir aber erst die Hälfte der Wahrheit erkannt. Viel Stoff ist noch zu sichten. *Quantität* - jetzt in Gestalt des *Quantum* - wird sich nun ihrerseits zu *Qualität bestimmen*. Die „Notwendigkeit des d o p p e l t e n Übergangs ist von großer Wichtigkeit für das Ganze der wissenschaftlichen Methode." (333) Denn daß nun die Totalität „ g e s e t z t   sei, dazu gehört der doppelte Übergang, nicht nur der der einen Bestimmtheit in ihre andere, sondern ebenso der Übergang dieser andern, ihr Rückgang, in die erste. Durch den ersten ist nur   a n   s i c h   die Identität beider vorhanden; - die Qualität ist in der Quantität enthalten, die aber damit noch eine einseitige Bestimmtheit ist. Daß diese umgekehrt ebenso in der ersten enthalten, sie ebenso nur als aufgehobene ist, ergibt sich im zweiten Übergang, - der Rückkehr in das erste...." (333)

Nachdem wir aus Richtung „Qualität" zu „Quantität" fortschritten und deren Identität erkannten, werden wir nun von „Quantität" in Gestalt des Quantum Richtung „Qualität" wandeln. *Gegensätzlichkeit* des Quantitativen und des Qualitativen wird nun als Relation von QUALE und QUANTUM vollzogen. Jetzt beginnen wir auch, das „Umschlagen quant*itativer* Veränderungen in qual*itative*", von Quantum in Quale, zu behandeln. Am besten würde es heißen: „Wenn sich das Quantum eines Quale wandelt, entsteht ein andres Quale." Wir werden sehen warum.

8.4.2   QUANTUM wandelt QUALE. Das MASS

So bewegen wir uns in dem Bereich, den Hegel im Dritten Abschnitt seiner „Lehre vom Sein" durchdacht hat, im Abschnitt „Das Maß", erinnernd an Anlässe, von denen es heißt „Das Maß ist voll." Nur werden wir bei Hegel finden, daß MASS nicht erst ab einem Punkt „erreicht" wird, sondern in *jeder* Veränderung gegenwärtig ist. Wie wir es schon in den Abschnitten über die Escher-Bilder, über Einfachste Modelle und über biontische Evolution bemerken konnten.

Dabei war Hegels aktuelles Motiv unsrem heutigen partiell vergleichbar: Zeitgenossen Hegels wollten permanentes Quale-Umschlagen bei graduellem Wandel nicht sehen. Das kommt auch heute vor. Zum Beispiel, wenn sich Linke a priori weigern, trotz aller Scheußlichkeiten des Kapitalismus zu bedenken, ob Keime und Potenzen, die über die Kapitalherrschaft hinausweisen, *als quale-wandelnd sich erweisen können*. Andrerseits kann *Allmählichkeit* zu ignorieren bedeuten, Ungeliebtes überwunden sehen zu wollen durch einen plötzlichen Sprung, um bis dahin in Groll und Grimm zu verharren. Beiden Unarten begegnet Hegel:

Weil nämlich das Quale-Umschlagen gar nicht das Problem der Zeitlichkeit *ist*, und weil es *trotzdem* in der Zeit allmählich verläuft - eben *nicht* als Hoppser - wird das Übergehen von einem Quale zu einem andren meist nicht wahrgenommen.

Das muß einen Philosophen nicht hindern, von „SPRUNG", von „Quale-SPRUNG", zu sprechen. Philosophen verwenden so manches Wort ganz anders als Menschen im Alltag. (Da ließe sich eine lange Liste aufstellen.) Hier hätte ein Fremdwort gut getan: SALTUS (lateinisch Sprung, Etappe, Gebirge, Paß). „PASS" ist besonders gut, führt doch ein Paß allmählich über ein Gebirge, über die Alpen zum Beispiel, allmählich von Mittel- nach Südeuropa, von einer Region in eine Region anderer Qualität. Auch „Transitus" (lat. transire - übergehen) wäre ein gutes Wort. Anstatt „Qualitätssprung" sollte man „saltus qualis" sagen.

Stalins Sprungmuster (Kapitel 6) ist das eine. Doch gibt es auch Schlaumeier, welche rufen: „Wir sehen überhaupt nicht, wie Qualität (Quale) springt." Und fügen hinzu: „Also gibts weder Quale noch einen SPRUNG, wir sehen nur allmählich einen ZUSTAND mit y_1 Grad einer Skala zu einem ZUSTAND mit y_2 Grad übergehen." Hinweise auf Allmählichkeit sind mißbrauchbar, um UMWÄLZUNG von QUALE nicht denken zu müssen. Schlaumeier sagen „ALLMÄHLICH" - schon scheint ihnen Pflicht zum Denken neuer Qualia erspart zu sein.

Das Quale-Umschlagen ist ein Thema. Allmählichkeit und Plötzlichkeit aber betreffen das ZEITVERHALTEN. Ein völlig anderes Thema! Die Verwechslung hat Hegel erzürnt: Die Allmählichkeit „betrifft bloß das Äußerliche der Veränderung, nicht das Qualitative derselben". (381)

Hegel bestreitet gar nicht, daß Saltus qualis ein allmählicher Prozeß sein kann. Nur wird durch Allmählichkeit nichts erklärt und nichts motiviert. (Vgl. auch Hegel „Encyclopädie der philosophischen Wissenschaften", § 270) Im Gegenteil. Denn - so Hegel - „die Veränderung ist zugleich wesentlich der Übergang einer Qualität in eine andere, oder der abstraktere von einem Dasein in ein Nichtdasein; darin liegt eine andere Bestimmung als in der Allmählichkeit, welche nur eine Verminderung oder Vermehrung und das einseitige Festhalten an der Größe ist." (344 f. Hervorhebungen: R.T.) In Plötzlichkeit kommt insofern nur die Überraschung zum Ausdruck, am Ende Quale-Wandel nicht mehr ignorieren zu können, nachdem man gewaltsam oder geschlossenen Auges alle Entwicklung auf reinen Größenwandel reduziert hat.

Umwälzung eines Quale also auch als Übergehen „von einem Dasein in ein Nichtdasein", wie wir eben vernahmen. Ein Dasein und sein Nichtdasein sind Gegensätze, die sich gegenseitig ausschließen: Schwimmer/Nichtschwimmer, Lebend/Nichtlebend, Eigentümer/Nichteigentümer. Auch jeder Quale-Unterschied birgt Gegensätze zwischen mindestens einem Dasein und seinem Nichtdasein, auch zwischen Dasein und dem Nichtsein eines Attributs je eines Quale, falls die Qualia mehrere Merkmale haben. Geht nun ein Quale in ein andres über, so wird in den Gegensatz übergegangen: „revolutio qualis" (lat. revolutio: Umdrehung, Umwälzung).

148

8.4.3 Zwei Beispiele Hegels zur Allmählichkeit als Täuschungsgrund des Denkens.

Im ersten Beispiel stellt Hegel eine Fangfrage. Heutige Leser mögen sich hüten, daß darin vorkommende Wort „umschlagen" nach ihrer heutigen Fasson als Ausdruck von Plötzlichkeit zu werten. Beim Hegel-Worte *Umschlagen* ist zu beachten, daß in keinem Hafen der Welt die *umzuschlagenden* Güter durch einen einzigen Kraftakt aufs Schiff gelangen. *Umschlagen* ist auch, was in energie-wandelnden Maschinen geschieht: Permanent schlägt mechanische Energie in elektrische um oder umgekehrt, Wärmeenergie in mechanische, dem Autofahrer zum Spaß. Permanent wird im Körper Sauerstoff ins Blut und von dort zu den Zellen umgeschlagen.

„Daß aber eine als bloß quantitativ erscheinende Veränderung auch in eine qualitative umschlägt, auf diesen Zusammenhang sind schon die Alten aufmerksam gewesen und haben die der Unkenntnis desselben geschuldeten <bei Hegel: „entstehenden"> Kollisionen in populären Beispielen vorgestellt; unter den Namen des Kahlen, des Haufens sind hieher gehörige E l e n c h e n bekannt, d.i. nach des Aristoteles Erklärung Weisen, wodurch man genötigt wird, das Gegenteil von dem zu sagen, was man vorher behauptet hatte."

Hegels Beispiel. Man fragte: macht (etwa) das Ausraufen Eines Haares vom Kopfe oder einem Pferdeschweife kahl, oder hört ein Haufe auf, ein Haufe zu sein, wenn ein Korn weggenommen wird? Dies kann man unbedenklich zugeben, indem solche Wegnahme nur einen und zwar selbst ganz unbedeutenden quantitativen Unterschied ausmacht; so wird ein Haar, ein Korn weggenommen und dies so wiederholt, daß jedesmal nach dem, was zugegeben worden, nur Eines weggenommen wird; zuletzt zeigt sich die qualitative Veränderung, daß der Kopf, der Schweif kahl, der Haufe verschwunden ist. Man vergaß bei jenem Zugeben nicht nur die Wiederholung, sondern daß sich die für sich unbedeutenden Quantitäten (wie die für sich unbedeutenden Ausgaben von einem Vermögen) s u m m i e r e n und *die Summe das qualitativ Ganze ausmacht, so daß am Ende* dieses verschwunden, der Kopf kahl, der Beutel leer ist." (345. Fettdruck R.T.)

Das Ganze *ist* qualitativ und mehr als die Summe der Teile. Hegel hätte hinzufügen sollen: Am Ende ist der Beutel leer, doch *mit jedem Griff in den Beutel* wandelte es sich als Quale. Deutlich genug hat Hegel gesagt:

„Das Falsche ist, was.... unser gewöhnliches Bewußtsein begeht, eine Quantität nur für eine gleichgültige Grenze, d.h. sie eben im bestimmten Sinne einer Quantität zu nehmen. Diese Annahme wird durch die Wahrheit, zu der sie geführt wird, Moment des Maßes zu sein und mit der Qualität zusammenzuhängen, konfondiert; was widerlegt wird, ist das einseitige

Festhalten an der abstrakten Quantumsbestimmtheit."

Mit dem folgenden Beispiel erinnert Hegel an die „Unmerklichkeit", mit welcher Quale-Wandel an der Aufmerksamkeit von Beobachtern vorbeischleicht. Was von Zeitgenossen listig ausgenutzt werden kann:

„Das Quantum, indem es als eine gleichgültige Grenze genommen wird, ist die Seite, an der ein Dasein unverdächtig angegriffen und zugrundegerichtet wird. Es ist die *List* des Begriffes, ein *Dasein an dieser Seite zu fassen, von der seine Qualität nicht ins Spiel zu kommen scheint,* - und zwar so sehr, daß die Vergrößerung eines Staats, eines Vermögens usf., welche das Unglück des Staats, des Besitzers herbeiführt, sogar als dessen Glück zunächst erscheint." (346. Hervorhebung R.T.) „List des Begriffes" ist natürlich metaphorisch gesagt. Es ist der Ablauf selbst, der vigilante Gegner zur List provoziert.

Dumm oder arglistig ist die Frage nach dem PUNKT, an welchem Glück in Unglück, Haufen in Nichthaufen, Glatze in Nichtglatze, Börse in Loch umschlägt. Der Frager *unterstellt*, es wäre genau Ein Haar, genau Ein Korn, genau Eine Münze, was den Prozeß des Wegnehmens oder Hinzufügens von Einsen zum Umschlagen in die andre Quale bringen würde. Der Frager fixiert *die* Eins. Es sind aber *viele* Einsen. Der Frager ignoriert den *Prozeß* (des *wiederholten, permanenten* Wegnehmens oder Hinzufügens), den Prozeß mit VIELEN Einsen, Haaren, Körnern, Münzen, Zuwächsen an Besitz und Macht.

8.4.4 Das Maß und Hegels Entdeckung der Nichtlinearität als Weltgesetz

Im zweiten Übergang - das Übergehen von Quantum in Quale - präsentiert sich die Figur, die Hegel das „Maß" nennt. Aus ihrer Entwicklung seien einige Standbilder gezeigt.

Anfangs ist das Maß als *unmittelbares* Maß „ein unmittelbares, daher als irgendein bestimmtes Quantum; ebenso unmittelbar ist die ihm zugehörige Qualität, sie ist irgendeine bestimmte Qualität." (Quale) „A l l e s, w a s d a i s t, h a t e i n M a ß. Alles Dasein hat eine Größe, und diese Größe gehört zur Natur von Etwas selbst; sie macht seine bestimmte Natur .... aus." (343)

„Dies unmittelbare Maß ist eine einfache Größenbestimmung, wie z.B. die Größe der organischen Wesen, ihrer Gliedmaßen usf. Aber jedes Existierende hat eine Größe, um das zu sein, was es ist, und überhaupt, um Dasein zu haben." Damit hört das Maß auf, „Grenze zu sein, die keine ist; es ist nunmehr Bestimmung der Sache, sodaß diese, über dies Quantum vermehrt oder vermindert, zugrunde ginge." (343)

150

Ursprünglich war das Maß nur „spezifisches Bestimmen der ä u ß e r l i c h e n Größe, d.i. der gleichgültigen", die als ein äußrer Maßstab - als ein andres Etwas - zum Vergleich an dem Etwas angelegt ist, dem gerade das Interesse gilt. Nun aber wird es SPEZIFIZIERENDES MASS. Es wandelt sich „das bloß gleichgültige, äußerliche Quantum," welches an jenem Etwas ist. „Jenes immanente Messende ist eine Qualität des Etwas." (347) Wie die Länge eines Pendels oder der Tagesrhythmus eines Menschen vom 13. Längengrad, der nach Japan reist, oder wie die Achsrichtung eines Kreisels MASSE sind, welche das Etwas nicht nur *in sich* hat, sondern *Instanzen*, die das Etwas gegen Einflüsse von außen aktivieren. Also:

„An Etwas, insofern es ein Maß in sich ist, kommt äußerlich eine Veränderung der Größe seiner Qualität". Es nimmt davon nicht irgend ein Quantum an, sondern sein Maß „reagiert dagegen, verhält sich als ein Intensives gegen die Menge <der quantitativen Einflüsse. R.T.> und nimmt sie auf eine eigentümliche Weise auf; es verändert die äußerlich gesetzte Veränderung, macht aus diesem Quantum ein anderes und zeigt sich durch diese Spezifikation als Fürsichsein ...." (347)

Das von außen herantretende Quantum wird nicht nur empfangen, sondern in einer dem Etwas spezifischen Weise *angeeignet*. Sofern das äußere Quantum im Maß (im aneignenden Etwas) „auf eine konstante Weise spezifiziert" wird, hat das Maß „sein Dasein als ein V e r h ä l t n i s , und das Spezifische desselben ist überhaupt der Exponent dieses Verhältnisses." (347)

„.... auf KONSTANTE WEISE spezifiziert....": Modelle dieses Begriffes sind die Gleichungen von Geräten mit Funktionen y(t) und deren Differentialquotienten y', y" usw., die von äußeren, evtl. veränderlichen Größen x(t) beeinflußt sind. Beispiele:

$$ay^2 + by + c = x(t),$$
$$ay" + by' + cy + d = x(t)$$
$$(ap^2 + bp + c)\,y(t) = x(t)$$

wobei das Zeichen „ p " für einen Differentialoperator steht.

Die Struktur der linken Seite solcher Gleichungen - ihr Skelett aus konstanten Koeffizienten - ist interpretierbar als KONSTANTE WEISE, auf welche das äußere Quantum - die rechte Seite *x(t)* - intern von der linken Seite spezifiziert wird, spezifiziert nämlich als konkrete Funktion *y* , die sich aus der Struktur der Gleichung (linke Seite) ergibt. Die Gleichung *als Ganze* kann als ein VERHÄLTNIS (von linker und rechter Seite) aufgefaßt werden, von welchem Hegel sagte, es habe das MASS „sein Dasein als ein V e r h ä l t n i s".

Hegel gebrauchte das Wort „Exponent", weil Spezifisches in aller Welt durch „Exponenten" repräsentiert wird. Hegel benutzt das Wort „Exponent" (wie zum Beispiel auch das Wort „Sprung") in philosophischem Sinne, *metaphorisch*:

„Der Exponent, der das Spezifische ausmacht, kann zunächst ein fixes Quantum zu sein scheinen, als Quotient des Verhältnisses zwischen dem äußerlichen und dem qualitativ bestimmten. Aber so wäre er nichts als ein äußerliches Quantum...." (348) Nein, so bleibt es nicht: „Das eigentlich immanente Qualitative des Quantums ist, wie sich früher ergeben hat, ... die P o t e n z - B e s t i m m u n g." (348) Also: Das eigentlich immanente Qualitative des Quantums ist - die NICHTLINEARITÄT. „....wie sich früher ergeben hat", nämlich an den Gestalten „Zahl" und „Qualität", worüber hier in Abschnitt 8.3.5 berichtet wurde.

Hegel verwendet synonym zu „nichtlinear" - das sei durch folgende Beispiele belegt, - die Ausdrücke „andere Reihe", „Potenzenbestimmung" und „nicht gleichförmig":

„Wenn so das äußerliche Quantum .... sich verändert, so bringt die spezifizierende Reaktion der qualitativen Natur des Maßes eine andere Reihe hervor, welche sich auf die erste bezieht, mit ihr zu- und abnimmt, aber nicht in einem durch einen Zahlenexponenten bestimmten, sondern <nach einem. R.T.> einer Zahl inkommensurabeln Verhältnisse, nach einer Potenzenbestimmung." (348) Also nach einer nichtlinearen Funktion.

Paare solcher *Reihen* sind Reihen aufeinanderfolgender Paare von Meßwerten, die oft auch durch stetige nichtlineare Funktionen interpolierbar sind und so auch in Physik, Chemie und Biologie, in Technik und Ökonomie die Wirklichkeit ausdrücken.

Ein weiteres Beispiel betrifft den Einfluß von äußerem Temperaturwechsel auf Körper von unterschiedlicher Gestalt und verschiedener Wärmeaufnahmefähigkeit. Die unterschiedlichen Körper nehmen das Wärmedargebot in einem Tempo auf, das von ihrer spezifischen Wärmekapazität, ihrer spezifischen Wärmeleitfähigkeit und von ihrer spezifischen Gestalt abhängt. Das wird von ihren spezifischen Koeffizienten ausgedrückt.

„Verschiedene Körper in einer und derselben Temperatur verglichen, geben Verhältniszahlen ihrer spezifischen Wärmen, ihrer Wärme-Kapazitäten. Aber diese Kapazitäten der Körper ändern sich in verschiedenen Temperaturen, womit das Eintreten einer Veränderung der spezifischen Gestalt sich verbindet. In der Vermehrung oder Verminderung der Temperatur zeigt sich somit eine besondere Spezifikation. Das Verhältnis der Temperatur, die als äußerliche vorgestellt wird, zur Temperatur eines bestimmten Körpers, die zugleich von jener abhängig ist, hat nicht einen festen Verhältnisexponenten; die Vermehrung oder Verminderung dieser Wärme

geht nicht gleichförmig mit der Zu- und Abnahme der äußerlichen fort."
(349) *Nicht gleichförmig!*

Was im Physik-Unterricht meist weggelassen wird, ist gerade, daß spezifische Koeffizienten nur für Standardbedingungen, zum Beispiel Zimmertemperatur, gelten. Ändern sich diese, so nehmen die Koeffizienten *selbst* andere Werte an, spezifisch je nach dem betroffenen Quale und umso stärker nichtlinear, je größer die Änderung der äußeren Einflußgröße ist.

So hängt auch der elektrische Widerstand von der Temperatur des Leiters ab: Mit steigender Temperatur steigt der Widerstand, mit sinkender Temperatur sinkt er, und bei sehr tiefer Temperatur tritt gar die sog. Supraleitfähigkeit ein, mit Unterschieden von Quale zu Quale und mit Unterschieden der Kurvensteilheit von Temperatur zu Temperatur. Man stelle sich die Änderung der Werte des elektrischen (ohmschen) Widerstands eines Quale in Abhängigkeit von der Temperatur graphisch vor: eine nichtlineare Kurve, Ausdruck einer nichtlinearen Funktion.

Erheblich temperaturabhängig sind Halbleiterwiderstände (Thermistoren). Ihr Widerstand nimmt stark mit wachsender Temperatur ab. (Vgl. zum Beispiel E. Philippow: Nichtlineare Elektrotechnik, S. 10)

So kann heute - von Hegel früh erwartet - jedem Material bezüglich je einer wichtigen Einflußgröße eine nichtlineare Funktion zugeordnet werden. Messungen folgend zeigt sie, wie die Werte der Koeffizienten für die Wärmeleitfähigkeit, die elektrische Leitfähigkeit, die Wärmekapazität und vieles andere mehr von der im Material herrschenden Temperatur abhängen.

Nichtlinearität wird provoziert, indem die von außen angelegte Einflußgröße im Inneren des Materials eine *nichtlineare* Veränderung induziert. Die Induktion kann erfolgen, indem die von außen angelegte Einflußgröße kurzzeitig von einer Normallage abweicht (Impulsfunktion) oder einen bleibenden neuen Wert annimmt (Sprungfunktion) oder einer beliebigen Kurve folgt.

Den Begriff der nichtlinearen Funktion benutzt Hegel auch weiterhin, um das Verhältnis von Quale und Quantum zu verstehen. Dazu bedenkt er den Begriff der nichtlinearen Funktion vor dem Hintergrund des Begriffes der veränderlichen Größe überhaupt:

„Im Maß tritt die wesentliche Bestimmung der v e r ä n d e r l i c h e n G r ö ß e ein, denn es ist das Quantum als aufgehoben, also - nicht mehr als das, was es sein soll, um Quantum zu sein, sondern - als Quantum und zugleich als etwas anderes; dies Andere ist das Qualitative und.... nichts anderes als das Potenzenverhältnis desselben. Im unmittelbaren Maße ist diese Veränderung noch nicht gesetzt; es ist nur irgend und zwar ein einzelnes Quantum überhaupt, an das eine Qualität geknüpft ist." Aber im „Spezifizieren des Maßes.... als einer Veränderung des bloß äußerlichen Quantums durch das Qualitative ist Unterschiedenheit beider Größebestimmtheiten.... gesetzt;...." (350)

Hegel unterscheidet also:

- Das „unmittelbare Maß" als ein einzelnes Quantum eines Quale, zum Beispiel als ein Koeffizient der spezifischen Wärme, der Leitfähigkeit, des spezifischen Gewichts. Das Attribut „unmittelbar" setzt Hegel, um an ein Etwas zu erinnern, das nur auf den ersten Blick wahrgenommen wird.

- „Spezifizieren des Maßes", beschreibbar durch nichtlineare Funktionen: Das Maß als die von außen gesetzten Quanta aktiv verarbeitend. So spricht Hegel auch vom <sich und das Etwas> SPEZIFIZIERENDEN MASS.

Veränderlichkeit der Größe - Veränderlichkeit überhaupt! - und Nichtlinearität stehen füreinander.

„Die Größe ist als eine Größe überhaupt veränderlich, denn ihre Bestimmtheit ist als eine Grenze, die zugleich keine ist; die Veränderung betrifft insofern nur ein besonderes Quantum, an dessen Stelle ein anderes gesetzt wird; die wahrhafte Veränderung aber ist die des Quantums als solchen; dies gibt die.... interessante Bestimmung der veränderlichen Größe in der höhern Mathematik; wobei nicht bei dem Formellen der V e r ä n d e r l i c h k e i t überhaupt stehen zu bleiben, noch andere als die einfache Bestimmung des Begriffs herbeizunehmen ist, nach welcher das A n d e r e d e s   Q u a n t u m s   n u r   d a s   Q u a l i t a t i v e ist. Die wahrhafte Bestimmung also der reellen veränderlichen Größe ist, daß sie die qualitativ, hiemit, wie zur Genüge gezeigt worden, **die durch ein Potenzenverhältnis bestimmte ist**; in dieser veränderlichen Größe ist es g e s e t z t , **daß das Quantum nicht als solches gilt, sondern nach seiner ihm andern Bestimmung, der qualitativen.**" (351. Fett: R.T.)

So hat Hegel die Nichtlinearität für die Philosophie entdeckt, als ein Weltgesetz, als Quale-Umschlagen. Hegel glaubt sogar: einige mathematische Bestimmungen wie „Potenzen usf. haben ihre wahrhaften Begriffe in der Philosophie selbst" (Encyclopädie der philosophischen Wissenschaften § 258). *Implikationen* der Nichtlinearität sind während der letzten hundert Jahre in Naturwissenschaft und Technik erkannt und während der letzten Jahrzehnte - nobelpreisgewürdigt - zum Kern der physikalischen Evolutionstheorie und der sog. Chaostheorie geworden.

8.4.5 Das Maß als Verhältnis zweier Maße und ein Exkurs vom Labor ins Erfindermilieu

In seinem Werkteil „Das Maß" hat Hegel in dreierlei Hinsicht das Maß als VERHÄLTNIS weiter durchdacht:

A) Nicht nur der primär interessierende, zum Beispiel einer Temperaturänderung ausgesetzte Körper, sondern auch das beeinflussende Medium - zum Beispiel Luft - wirkt als in sich spezifiziertes Quale.

B) Jedes Quale steht nicht nur mit EINEM anderen Quale in Beziehung, sondern mit VIELEN. (Zu Hegels Antwort siehe Abschnitt 8.4.7, unter dem Stichwort „Das Maß als Serie und als Knotenlinie von Maßverhältnissen".)

C) VERÄNDERUNG kann ein Vorgang von *nullnaher* und andrerseits von *beträchtlicher* Spannweite sein. (Hegels mißverständliches Fazit, dazu unser Abschnitt 8.5.)

Bestrebt, diese drei Aspekte auseinander abzuleiten, zieht Hegel den Schluß, daß das Maß eines Quale, zum Beispiel eines Körpers, als MOMENT (Komponente) des Maßes eines größeren Ganzen zu sehen ist. „Das Maß ist so das i m m a n e n t e quantitative Verhalten z w e i e r Qualitäten zueinander." (350) Es „ist das Quantitative beider Seiten qualitativ bestimmt (beide im Potenzenverhältnis); sie sind so Momente Einer Maßbestimmtheit von qualitativer Natur." (354)

Hegel wollte die Aspekte A), B) und C) auseinander *ableiten*. Gewiß zeigt sich im Drang zum Ableiten der große Dialektiker. Doch hier liegt die Zweigung nach A), B) und C) auf der Hand. So hat sich Hegel Darstellungsprobleme aufgeladen, die allein mit Schriftsprache nicht zu bewältigen sind, wie G.E. Lessing in „Laokoon oder Über die Grenzen der Malerei und Poesie" (der Bildsprache und der Schriftsprache) gemahnt hatte und was auch Hegeln als Problem bekannt war. (Vgl. Ästhetik, Kap. Die Poesie. Dazu R. Thiel: Mathematik - Sprache - Dialektik, Berlin 1975)

Zu A). Bisher war eine Lage unterstellt, die für Laborversuche typisch ist: Ein Körper, dessen Maß erkannt werden soll, wird einer normierten Einwirkung ausgesetzt, einem kurzzeitigen Impuls (zum Beispiel von Spannung, Strom, Wärme, Druck) oder einer dauernden gleichbleibenden Einwirkung.

Aber: Außerhalb des Laboratoriums treten an die Stelle des Eichmaßes reale Wirk-Partner. Zusammenwirkend wird sich das Maß *beider* Körper als *Verhältnis* zeigen. Die beiden folgenden Beispiele - nicht von Hegel - bezeugen, wie recht Hegel hatte, mit dem Begriff vom Maß noch nicht zufrieden gewesen zu sein.

a) Das interessierende Quale werde zur Ermittlung seines Wärmeverhaltens nicht der Luft ausgesetzt, sondern einem Bad sehr heißen

Wassers oder flüssigen (also sehr kalten) Heliums. Ein solches Bad drückt Wärme bzw. Kälte quasi mit Wucht in das Quale und unterscheidet sich so von einem sanften Bad. Auch könnte angenommen werden, daß das erhitzende bzw. kühlende Medium ständig (z.B. mittels Pumpe) umgewälzt werde und Nachschub an Wärme bzw. Kälte erfahre. Das Wärmeverhalten des Probekörpers kann nun nicht mehr auf die (immerhin schon nicht-lineare!) Charakteristik seiner stoffspezifischen Wärmekapazität reduziert gedacht werden. Vielmehr zeigt sich jetzt auch das Wärme*leit*vermögen des interessierenden Quale *als Komponente* seines Wärmeverhaltens und damit des betreffenden Quale selbst. Die Wärmeleitung kann ferner durch Risse beeinflußt werden, die sich bei schroffen Temperaturänderungen in dem Quale bilden.

b) Das interessierende Quale - das interessierende Maß - sei ein Dragee mit Weichzuckerdecke aus wässriger Stärkesirup-Saccharose-Lösung, im Herstellungsprozeß ein zu trocknendes Objekt, von dem hunderte Tonnen jährlich auszuliefern waren. Zum Trocknen wurden die Dragees dem Medium „erwärmte Luft" (30 bis 50 Grad C) ausgesetzt, welche traditionsgemäß in simpelster Weise zugeführt wurde, als *abstraktes* Quale, dessen *konkretes Quale* - dessen *eigenes* Maß in bezug auf die Dragees - nicht interessant zu sein schien. Die Situation entsprach dem Entwicklungsstand der Kategorie „Maß", mit dem Hegel zu Recht noch unzufrieden war. Die Hersteller waren auf *ihre* Weise unzufrieden: Die Trocknung in riesigen Wärmekammern dauerte 10 bis 14 Tage. Schrecklich. Doch im internationalen Patentfonds und in Fachliteratur wurden keine hinreichenden Problem-Lösungen gefunden.

Ein Erfinderkollektiv untersuchte das Dragee während der Behandlung mit Warmluft nunmehr *schalenweise*, vom Äußern zum Innern. Siehe da: „Es war eine Flucht der Feuchte ins Gutinnere eingetreten.... Die bisher nur bei Gasen und Flüssigkeiten entdeckte Thermodiffusion (z.B. zur Isotopentrennung genutzt) wirkt auch in Festkörpern! Der Gegenversuch ergab die Richtigkeit des Analogieschlusses: mit einer inneren Widerstandsheizung versehene 'Riesendragees' trockneten tatsächlich in kurzer Zeit, da die Feuchte mit dem Wärmestrom an die Oberfläche drängte und dort an die trockene Außenluft überging. Ein wesentlicher.... Widerspruch war gefunden: Wärmezufuhr von außen muß sein, damit das Wasser verdunstet; Wärmezufuhr von außen darf aber nicht sein, da sonst die Thermodiffusion die Feuchte ins Gutinnere treibt." (Michael Herrlich: Thermodiffusions-Intervalltrocknungsverfahren. Erfindungsgenese. Ormig-Abzug für das Traineraktiv der Erfinderschulen in der DDR)

Das Lösungsprinzip wurde nun rasch gefunden: „Die Drageeschüttung ist in einem Trockner kurzzeitig mit warmer Trockenluft (etwa 60 Grad C, 30% rel. Luftfeuchte, 15 Minuten) zu durchströmen, damit die Dragees gleichmäßig durchgewärmt sind. Danach erfolgt die eigentliche Trocknung durch Behandlung mit kalter Trockenluft...., so daß die entdeckte Thermodiffusion, wie gewünscht, die Feuchte vom Drageeinneren an die Oberfläche 'pumpen' kann." Wo ein beträchtlicher Teil bei der anschließenden kurzzeitigen Umströmung mit Warmluft rasch verdunstet. Die Trocknungszeit wurde von durchschnittlich 14 Tagen auf knapp drei Stunden reduziert. (DDR-Wirtschaftpatent WP 133 019, Internationale Patentklassifikation A23 G3/00) Auf solchem Wege würden statt pappiger Brötchen auch *knusprige* entstehen.

Man ist erinnert, Analoges schon selber bemerkt zu haben: Durchnäßter Gegenstand unter freiem Himmel (z.B. ungeschützte Ruine, totes Holz). Außen aber lufttrocken! Nun tritt Frost ein. Feuchte vom Innern wandert an die Oberfläche und gefriert zu weißer Eishaut -"Ausfrieren" von Feuchte.

Also: Das Quale „Dragee" und sein Maß, viel mehr noch die umströmende Luft, waren in der Praxis, die der Erfinder vorgefunden hatte, nur „unmittelbar" und „an sich" gesehen worden, simplifiziert. „Blindheit der Fachwelt", sagt das Patentrecht.

Vor der Erfindung hatte man gewalttätig und langandauernd riesige Mengen Warmluft verschwendet und das Maß nur als *Unmittelbares* (siehe a)gesehen). Die vorgefundne Barbarei aufzuheben beann damit, das spezifizierende Maß zu erkennen. Typische Erfinder-Leistung. Natürlich hat der Erfinder auch noch den zweck-optimalen Rhythmus der temperaturwechselnden Medien (Phasen, Amplituden) ermittelt.

Die Erfinder-Lösung beruht auf dem „VERHÄLTNISSE ZWEIER QUALITÄTEN, WELCHE AN IHNEN SELBST MASSE SIND." (Ausdruck von Hegel, 349). „Das Maß ist so das i m m a n e n t e quantitative Verhalten z w e i e r Qualitäten zueinander." (350). Beide Seiten sind so begriffen als „qualitativ bestimmt (beide im Potenzenverhältnis); sie sind so Momente Einer Maßbestimmtheit von qualitativer Natur." (354)

8.4.6 Das Maß als Serie und als Knotenlinie von Maßverhältnissen

Zu B). Doch auch das MASS als bilaterales Verhältnis der Maße zweier selbständiger Qualia zu sehen ist noch zu simpel. Der Begriff MASS muß so gefaßt werden, daß er das Maß je eines Quale in seiner Beziehung auf die Maße einer VIELHEIT anderer Qualia präsentiert: Das Maß als *multilaterales* Verhältnis von Maßen *vieler* Qualia:

„Das Maß ist bestimmt zu einer Beziehung von Maßen, welche die Qualität unterschiedener selbständiger Etwas. - geläufiger: D i n g e - ausmachen." (358) Hegel nennt das „Das Maß als Reihe von Maßverhältnissen."

157

(362) „Diese Verbindung mit Mehrern, die gleichfalls Maße an ihnen sind, gibt verschiedene Verhältnisse," also auch verschiedene Potenzenverhältnisse.

Hegel signiert die komplexe Vorstellung vom Potenzenverhältnis durch ein Grundsymbol, das Wort „Exponent", wo ein Potenzenverhältnis herrscht:

„Das Selbständige hat den Exponenten seines Ansichbestimmtseins nur in der Vergleichung mit andern;.... Die Exponenten dieser Verhältnisse aber sind verschieden, und es <das Selbständige. R.T.> stellt hiemit seinen qualitativen Exponenten als die Reihe dieser verschiedenen Anzahlen dar, zu denen es die Einheit ist, - als eine Reihe von s p e z i f i s c h e m V e r h a l t e n z u a n d e r n ." (363)

„Der qualitative Exponent als e i n unmittelbares Quantum drückt eine einzelne Relation aus." (Ebd.) Jedes Selbständige S_i oder S_j - die Nummern i bzw. j laufen wie Hausnummern von 1 bis ultimo - findet sich seinerseits als Partner in der spezifischen Reihe jedes anderen Selbständigen S_j bzw. S_i. Verkürzen wir das Symbol „Exponent", das an Hegels Begriff „Potenzenverhältnis" erinnert, seinerseits, und schreiben „ p " . So ergibt sich für die Selbständigen und ihre p_{ij} eine MATRIX: Jedes interessierende Selbständige ist in solcher Tabelle zwei Mal aufgeführt, einmal als ein Zeileneingang und einmal als ein Spalteneingang, sodaß sich in einem *Tabellenfeld* jeweils die „Reihen" kreuzen, die von einem Selbständigen S_i und einem Selbständigen S_j ausgehen.

Einfachste Beispiele sind Entfernungstabellen (S_i, S_j Städte, p_{ij} die Entfernung zwischen ihnen als Exponent des Verhältnisses ihrer Koordinaten. S_i ist von S_j ebenso weit entfernt wie S_j von S_i. Anders der Fall, wo die S_i Lieferanten und die S_j Empfänger von Lieferungen und die p_{ij} die Werte der Lieferungen sind.

$$
\begin{array}{lllll}
 & S_1 \quad S_2 \quad \ldots\ldots \quad S_j \ldots\ldots \quad S_n \\
S_1 & p_{11} \; p_{12} & \quad p_{1j} & \quad p_{1n} \\
S_2 & p_{21} \; p_{22} & \quad p_{2j} & \quad p_{2n} \\
 & \quad\quad u.s.w. \; . \\
S_i & p_{ij} \\
 & \quad\quad u.s.w. \\
S_n & p_{nj} & & \quad p_{nn}
\end{array}
$$

In der Matrix ist jedes S_i jedem S_j konfrontiert. Zunächst erscheint je ein p_{ij} allein als Exponent des Paares S_i/S_j. So ist das bei Entfernungstabellen: Die Distanz zwischen Berlin und Bonn hängt nicht von München ab. Die unterstellte Multilateralität der Tabelle ist damit Mannigfaltigkeit von Bilateralität, je eine aparte Relation zwischen S_i und S_j. Die Distanzen zu anderen Städten sind *nicht* betroffen.

Das würde sich ändern, wenn Bonn ins Emsland verlegt würde: Das würde nicht nur die Distanz zwischen Bonn und Berlin verändern. Auch Distanzen zwischen Bonn und anderen Städten wären jetzt betroffen. So würde die Tabelle als *Ganzes* zum „Exponenten" einer *jeden* Stadt bezüglich der geografischen Lage.

Die ganze MATRIX mitzudenken, wenn vom „Exponenten" als Maß die Rede ist, war Hegels Intention. Man kann Hegel (1770 - 1831) nicht vorwerfen, diese MATRIX gesucht und nur eine schwerfällige Darstellung gefunden zu haben:

„Wahrhaft unterscheidet sich das Selbständige durch die e i g e n t ü m l i c h e   R e i h e   der Exponenten, die es .... mit andern solchen Selbständigkeiten bildet, indem ein Anderes derselben ebenso mit ebendenselben in Beziehung gebracht <ist> und.... eine andere Reihe formiert. - Das Verhältnis solcher Reihe innerhalb ihrer macht nun das Qualitative des Selbständigen aus." (363) Der letzte Satz würde besser lauten: *Das Verhältnis solcher Reihen (Plural!) innerhalb eines Systems solcher Reihen - einer Matrix - macht das Qualitative des Selbständigen aus.*

Also: Das Maß eines gewissen S_k ist in erster Instanz eine Serie (Matrix-Zeile) von Verhältnissen, je mit „Exponent" p_{kj} (mit j = 1, 2, ...k,.... bis zur letzten Hausnummer). Jedes S_j hat seinerseits eine Serie (Zeile) in der Matrix, in welche mehrere (evtl. alle) S_i als Verhältnispartner eingebunden sind.

Tritt nun an irgendeiner Stelle eine Änderung ein, beeinflußt das in 2., 3., 4. etc. Instanz viele oder alle anderen Exponenten. Das ganze System von Exponenten wird betroffen. In der Wirtschaft geht hiervon die Verflechtungsbilanzierung (Input-output-Analyse) aus, die sich des algebraischen Matrizenkalküls bedient. Hegel sprach ganz richtig von MASS als von MASSVERHÄLTNISSEN IM PLURAL: „....das Ganze derselben ist es, worin das Fürsichbestimmtsein des Maßes liegt." (364) Das GANZE!

Das Fürsichsein des Maßes interpretiert Hegel mit Resultaten der Chemie, wobei er sich vorstellte, daß ein p_{ij}, das ein Potenzenverhältnis vertritt, im Grenzfall ein simples Quantum ist, ein Mischungsverhältnis zweier Stoffe oder sonst eine Relation als „Exponent" kennzeichnend.

In *An*merkungen begibt sich Hegel in Kontroversen der Chemiker seiner

Zeit, polemisiert auch gegen Chemiker-Spekulationen, die „außer dem Weg der Erfahrung liegen" (376), und ermuntert zugleich die Empiriker, Gesetze zu suchen, aus denen sich empirisch gefundene Maßverhältnisse *ableiten* lassen.

Die sprachliche Form „Das Maß als Knotenlinie von Maßverhältnissen" wird *vorläufig* brauchbar, wenn man sich die Matrix denkt mit ihren p_{ij}, zunächst noch ohne Rücksicht, daß ein p_{ij} von vielen anderen abhängt, zunächst auch ohne Rücksicht, daß die p_{ij} Potenzenverhältnisse - sprich nichtlineare *Funktionen*, also Relationen zwischen *veränderlichen* Größen verschiedner Potenz - sind. (Vgl. zum Beispiel a.a.O. S. 370, 375, 377).

Auf den ersten Blick können einzelne der Matrixelemente p_{ij} besonders auffällig sein und aus der Gesamtheit hervorragen wie Bergkegel aus einer Ebene. Das kann zum Beispiel bedeuten, daß für ein gewisses $i = k$ und ein gewisses $j = l$ die Partner S_k, S_l (innerhalb eines Spielraums von Temperatur und Druck) nicht wie Sandkörner, sondern *chemisch* miteinander reagieren wie eine Säure mit einer Base oder wie Wasserstoff mit Sauerstoff, *obendrein* in konstanten Gewichts-Proportionen.

8.4.7 Die Knoten als Doppelgipfel? Irreführende Verknüpfung

In diesem Beispiel der Stoffe ist so das HERVORRAGEN des chemischen Relations-Typs im Vergleich zur bloßen Mischung, die in den verschiedensten Kohäsionsgraden und Mengenproportionen der Atome/Moleküle möglich ist, ein *doppeltes*: chemische Bindung (durch Vorgänge in der Elektronenhülle) *und zugleich* stöchiometrisch spezifische Proportion der *reagierenden* Stoffmengen. Dann hätte der Berg sogar einen *Doppel*gipfel.

Wir kommen auf das DOPPEL bald zurück. Sprechen wir einfach von Berg, verwenden aber fürs Wort „Berg", der für HERVORRAGEN steht, das Wort „Knoten". Da jedem Quale S_k eine Zeile p_{kj} bzw. eine Spalte p_{kj} zugeordnet ist, haben wir jeweils eine „Reihe von Maßverhältnissen", auf welcher *mehrere* Berge („Knoten") liegen können. Schon hätten wir eine „Knotenlinie".

Man erinnere sich aber, daß S_k nicht nur in direktem Zusammenhang mit vielen S_i ($i = 1, ...$) steht, sondern auch in mittelbarem, denn jedes S_i hat auch selbst SEINE Zeile und ist auf SEINE Weise mit einigen oder allen S_j verknüpft. Die Matrix *als Ganzes* ist das Maß, dessen Momente die p_{ik} sind. Dann aber hat man *die Gesamtheit* aller Zeilen, welche die Matrix bilden, als *eine* Linie zu sehen, die durch die Matrix hindurchläuft *wie die Spur des Elektronenstrahls über den Bildschirm*: längs der Linie, die sich durch die Ebene windet, an jedem Punkt ein bilaterales Maßverhältnis zwischen einem S_i und einem S_j und zuweilen auch ein Knoten alias Berg.

Wobei jedes bilaterale Maßverhältnis ein *Moment* der Matrix als Ganzem ist.

Solchen Paaren chemischer Stoffe, die durch Neigung zu gegenseitiger Reaktion hervorragen und deren Exponenten also Berge oder Knoten bilden, sind nach Hegel solche Paare von Tönen analog, die als auffällig (zum Beispiel harmonisch) empfunden werden:

„....auch der einzelne Ton hat erst seinen Sinn in dem Verhalten und der Verbindung mit einem andern und mit der Reihe von andern; die Harmonie oder Disharmonie in solchem Kreise <Matrix! R. T.> von Verbindungen macht seine qualitative Natur aus, welche zugleich auf quantitativen Verhältnissen beruht, die eine Reihe von Exponenten bilden und die Verhältnisse von den beiden spezifischen Verhältnissen sind, die jeder der verbundenen Töne an ihm selbst ist. Der einzelne Ton ist der Grundton eines Systems, aber ebenso wieder einzelnes Glied im Systeme jeden andern Grundtons." (365)

Den chemischen Verbindungen und ihren Maßverhältnissen analog könnte man auch das Hervorragen eines Verhältnisses zwischen gewissen zwei Tönen - im Vergleich zu anderen Tonpaaren - als Doppeltes sehen:

- als psychischer Wert (zum Beispiel Quarte als Feuerwehrsignal, Wert auf einer Skala psychischer Erregung),

- als ein Verhältnis von Schallfrequenzen.

Dem doppelten Aufragen chemischer *Verbindungen* aus der größeren Vielfalt der *Mischungen* widmet Hegel eine Erklärung. Dort belegt er den *Verbund* der Stoffe mit den Worten „neutralisierend" (lies 'sich gegenseitig bindend') und „Sättigung" (lies „stöchiometrisch exakte Proportion"):

„Die c h e m i s c h e n S t o f f e sind die eigentümlichsten Beispiele solcher Maße, welche Maßmomente sind, die dasjenige, was ihre Bestimmung ausmacht, allein im Verhalten zu andern haben." Säuren und Basen erscheinen zwar als unmittelbar an sich bestimmte Dinge. Sie sind aber unvollkommene Körperelemente (Bestandteile), „die eigentlich nicht für sich existieren, sondern nur diese Existenz haben, ihr isoliertes Dasein aufzuheben und sich mit einem andern zu verbinden."(368) Damit trifft Hegel die chemische Bindung und definiert einen Berg.

Dann blickt Hegel zum Gesetz der konstanten und multiplen Proportionen und setzt fort: Das Verhalten der Stoffe ist aber „nicht auf den chemischen Gegensatz von Säure und .... Basis überhaupt eingeschränkt, sondern ist zu einem M a ß e d e r S ä t t i g u n g spezifiziert und besteht in der spezifischen Bestimmtheit der Quantität der sich neutralisierenden <d.h. miteinander in chemische Bindung gehenden; R.T.> Stoffe. Diese

Quantitäts-Bestimmung in Rücksicht auf die Sättigung <d.h. in Rücksicht auf die Proportionen, in denen sich Stoffe chemisch verbinden, z.B. Wasserstoff und Sauerstoff in konstanter Proportion zu H_2O oder in einer dazu multiplen Proportion zu H_2O_2; R.Th.> macht die qualitative Natur eines Stoffes aus; sie macht ihn zu dem, was er für sich ist, und die Zahl, die dies ausdrückt, ist wesentlich einer von mehrern Exponenten für eine gegenüberstehende Einheit." (368) So definiert Hegel den zweiten Gipfel des Bergs.

In einer Anmerkung verschmilzt Hegel den *Doppel*gipfel im Chemie-Beispiel zu einem *Ein*gipfel. Zuvor waren „chemische Bindung" und „Proportion" durch unterschiedliche Stichworte immerhin noch *unterscheidbar*. Nun entzieht Hegel den korreliert auftretenden, doch inhaltlich zu unterscheidenden Phänomenen die Unterscheidung. Das wird sich als fatal erweisen.

„In chemischen Verbindungen kommen bei der progressiven Änderung der Mischungsverhältnisse solche qualitativen Knoten <u>und Sprünge</u> vor, daß zwei Stoffe auf besondern Punkten der Mischungsskale Produkte bilden, welche besondere Qualitäten zeigen. Diese Produkte unterscheiden sich nicht bloß durch ein Mehr oder Weniger voneinander, <u>noch sind sie mit den Verhältnissen, die jenen Knotenverhältnissen nahe liegen, schon vorhanden, etwa nur in einem schwächern Grade</u>, sondern sind an solche Punkte selbst gebunden. Z.B. die Verbindungen von Sauerstoff und Stickstoff geben die verschiedenen Stickstoffoxyde und Salpetersäuren, die <u>*nur an bestimmten Quantitätsverhältnissen der Mischung hervortreten*</u> und wesentlich verschiedene Qualitäten haben, <u>so daß in dazwischen liegenden Mischungsverhältnissen keine Verbindungen von spezifischen Existenzen erfolgen.</u> Die Metalloxyde, z.B. die Bleioxyde <u>bilden sich auf gewissen quantitativen Punkten der Oxydation und</u> unterscheiden sich durch Farben und andere Qualitäten. Sie gehen nicht allmählich ineinander über; <u>die zwischen jenen Knoten liegenden Verhältnisse geben kein .... spezifisches Dasein."</u> (382)

Die Unterstreichungen habe ich vorgenommen, um auf Formulierungen Hegels zu verweisen, die keinen Sinn geben, es sei denn einen falschen. Hegel versäumt, zwischen den stöchiometrischen Formeln, nach denen sich Stoffe chemisch verbinden, und praktisch gegebenen Mischungen/ Bedingungen, in denen zum Beispiel in einem Reaktionsgefäß oder überhaupt in einer empirisch gegebenen Kollektion von Atomen/Molekülen *chemische* Verbindungen nach stöchiometrischen Formeln entstehen können, zu unterscheiden. Unexakte Wortwahl führt zu Undeutlichkeit und verleitet, das Problem der Allmählichkeit falsch zu erörtern.

Erstens ist zum Begriff der chemischen Bindung zu bemerken, daß es verschiedne Grade der Fähigkeit der Stoffe gibt, die mögliche chemische Bindung miteinander auch wirklich einzugehen und zu bewahren. Die Stoffe reagieren aggressiv oder träge miteinander, ihre Verbindung ist in unterschiedlichem Grade stabil oder instabil. Der Grad hängt von den graduell variierbaren Reaktionsbedingungen - z.B. Temperatur und Druck - ab. Die Grade können kontinuierlich - allmählich - variieren.

Zweitens - und das ist eine ganz andere Bewandtnis: Wenn zwei Stoffe synthetisch einen neuen Stoff bilden, weil das System der hierfür erforderlichen Bedingungen (z.B. Entzündungstemperatur, Druck, Konzentration der Reaktionspartner in einem Mehr-Komponenten-Gemisch,usw.) existiert, so tun sie das in bestimmten Proportionen zueinander Diese kann man in der unendlichen Vielfalt denkbarer Mischungsverhältnisse als Berg auszeichnen.

Hegels Ausdruck „nach besonderen Punkten der Mischungsskala" ist ungeschickt. Besser ist, an die stöchiometrischen Formeln zu denken. Der Zustand des *chemischen* Verbundenseins zweier Atome/Moleküle läßt sich dann durchaus als Berg auszeichnen im Kontrast zu stöchiometrisch unrealen Formeln, etwa solchen mit gebrochenen oder anderweitig unrealen Indices. Etwas ganz anderes ist aber, daß es *reale Kollektionen* von Atomen/Molekülen bei kontinuierlich variierbarem Spektrum der Mengenproportionen bt, in denen eine Verbindung *einzelner* Atome bzw. Moleküle - also eine Verbindung von *Teilen* der Kollektion - sehr wohl eintritt. Insofern geht, was zwischen den Berggipfeln liegt, kontinuierlich - also allmählich - aus der Ebene zum Gipfel über. Das Spektrum der denkbaren Mischungsverhältnisse geht kontinuierlich - also allmählich - in die ausgezeichnete Proportion über.

Zur Verbindung zweier Stoffe kann es auch ausgehend von einem Mischungsverhältnis kommen, bei welchem in der Reaktion ein Rest von Atomen/Molekülen übrig bleibt, der keine Reaktionspartner findet. Zur Zündung eines Gemisches kommt es im Motor auch bei Abweichungen vom optimalen Verhältnis von Kraftstoff und Luft. Eisen oxidiert, auch wenn erheblich mehr Sauerstoff als zur „Sättigung" aller umflutbaren Eisenatome nötig das Eisen umflutet. Entzündetes Holz verbrennt auch bei Sauerstoff-Überfluß. Erhöhung der Sauerstoffzufuhr und raschere Abführung der Verbrennungsgase, beides ohne wesentlichen Wärmeentzug, steigert die Flamme zum Feuersturm. Es ist also falsch zu glauben, diese unendliche Vielfalt von denkbaren Mischungsverhältnissen gehe nicht allmählich in die „richtige" Proportion über: Was nämlich an einem Stoff überschüssig ist, kann man gradweise - allmählich - bis auf Null reduzieren.

Hegel hätte sich also im Chemie-Beispiel entscheiden müssen: Entweder die beiden chemischen Relationen zweier Stoffe (Bindung und stöchiometrische Proportion der Bindung) in *einer* Matrix (*einer* Knotenlinie) und mit Doppelgipfeln: Dann sind die Übergänge zwischen Berg und Ebene allmählich. Oder zwei verschiedne Matrizen (Knotenlinien): Die auf Eintreten der chemischen Bindung angelegte, bei welcher die Reaktionsbedingungen graduell (allmählich) bis zur Reaktionsbedingung variierbar sind und der Übergang zum Gipfel allmählich ist, und die stöchiometrische, bei welcher ausschließlich in Ganzzahl-Schritten gedacht wird, weshalb sie zum Erörtern von Allmählichkeit irrelevant ist.

Ein andres Beispiel, von Hegel zur Erläuterung benutzt, ist in seinem ersten Teile (a) richtig, im zweiten Teil (b) irreführend bis falsch, im 20. Jahrhundert von Stalin mißbraucht:

(a)   „....das Wasser, indem es seine Temperatur ändert, wird damit nicht bloß weniger warm, sondern geht durch die Zustände der Härte, der tropfbaren Flüssigkeit und der elastischen Flüssigkeit hindurch;...." (382f.) Richtig.

(b)   Doch Hegel hatte seinen Text fortgesetzt:

„....hindurch; diese verschiedenen Zustände treten nicht allmählich ein, sondern das bloß allmähliche Fortgehen der Temperaturänderung wird durch diese Punkte mit einem Male unterbrochen und gehemmt, und der Eintritt eines andern Zustands ist ein Sprung." (383) Wir hatten das in Kapitel 5 erörtert.

Richtig ist, daß Zustände - sog. Aggregat= oder Phasenzustände, zum Beispiel des Wassers - eintreten, die qualitativ zueinander grenzbar sind. Mißverständlich ist, daß das Eintreten eines andern Zustandes ein „Sprung" sei. (Vgl. Kapitel 5) Ungebrochen brauchbar ist das Wort „Sprung" in dem Sinne, daß begrifflich-theoretisch von einer Kategorie zu einer andern zu springen ist: Praktisch präsentierbar wären die Kategorien mit Beispielen wie Gefrierschrank (seit Tagen andauernd -18 Grad mit Eis). In einer Küche bei +20 Grad tropft Wasser. Durch den Hochtemperaturteil einer Dampfturbine strömt Dampf, eventuell gasförmiges H_2O .

Falsch ist, daß *im Praktischen* das Wasser plötzlich in einen anderen Zustand übergehen würde. Kein Durchschnittsmensch hat erlebt, daß sich eine Wassermenge (zum Beispiel das Wasser als Kollektiv von Molekülen in einem Topf) plötzlich in Dampf oder Eis verwandelt. Gas, Dampf, Flüssigkeit, kristalline Körper (z.B. Eis), amorphe Stoffe (z.B. Glas, Pech) sind *Kollektionen* von Molekülen. Die Kollektion der H_2O=Moleküle in einem Gefäß geht *allmählich* in „Dampf" über. Hochschul-Lehrbuch der Physik: „Flüssige Stoffe gehen im allgemeinen allmählich in den gasförmige Zustand über, sie *verdampfen*, und zwar umso schneller, je höher die Temperatur ist." Je höher die Temperatur, desto mehr Moleküle durchqueren die

Wasseroberfläche. „Je wärmer...., desto mehr Moleküle...." - das ist das Gegenteil von plötzlich.

Physiker verzichten keineswegs, im Verhalten von Medien „Punkte" auszumachen, an denen eine Phase in eine andere übergeht. Doch sehen sie die Übergänge konkreter als Laien, nämlich als komplexe Vorgänge. Die temperierbaren Moleküle prozessieren gegeneinander um Gleichgewichte der Temperatur herum. So sind Behauptungen über Punktualität von Umschlägen zu relativieren.

Relativierung ist nötig auch deshalb, weil in die Menge der Verhältnisse von Dingen oder Stoffen auch Adhäsion, Kohäsion, kraftschlüssige und formschlüssige Kopplung, elektrische und magnetische Relationen einzubeziehen sind, die heute von den Werkstoffwissenschaften und im Maschinenbau untersucht werden. Das führt zu enormer Ausweitung und Mehrdimensionalität der Matrizen mit ihren zahllosen Exponenten p_{ij}, die sich als Maxima zum Beispiel der vom Menschen gewünschten Beziehungen darstellen. Jedes Maximum läßt sich als Bergesgipfel deuten, doch als ein solcher, der durch Parametervariation *allmählich* erreicht und *allmählich* überschritten werden kann.

Im übrigen bietet die quasi-hegelsche Matrix Gelegenheit zum Weiterdenken. Zum Beispiel in der fraktalen Mathematik kommen Matrizen aus gewissen Operatoren vor (vgl. Peitgen u.a.: Bausteine des Chaos - Fraktale, Abschnitt 5.9). Diese Operatoren mit den Potenzenverhältnissen zu vergleichen könnte weitere Entwicklung hegelscher Gedanken ermöglichen.

8.5 Plötzlichkeit des Umschlagens - gerupfte Dialektik

8.5.1 Hegels Handhabung einer Abstraktion

Hegel hatte erkannt, daß Quale/Quantum-DIALEKTIK und Zeitprofil verschiedne Dinge sind wie Auto und sein Outfit. Die Form oder die Steilheit einer Entwicklung ist nicht die Entwicklung des Quale selbst. Allmählichkeit ist ATTRIBUT und kann nur *erklären*, warum es schwerfällt, Quale-Umschlagen *wahrzunehmen*. Hegel hatte Allmählichkeit, mit der sich Quale-Umschlagen vollzieht, als „List des Begriffs" und instrumentierbar durch listige *Personen* ausgewiesen (346).

Auch am Ende des Ersten Buches seiner Logik denunziert Hegel die Kriechform als tückischen Vorhang, welcher das Quale-Umschlagen verbirgt: „Es ist ein Mehr und Weniger, wodurch das Maß des Leichtsinns überschritten wird und etwas ganz anderes, Verbrechen, hervortritt, wodurch Recht in Unrecht, Tugend in Laster übergeht.... Etwas oder eine Qualität....wird über sich hinaus in das M a ß l o s e getrieben und geht durch die bloße Änderung seiner Größe zugrunde. Die Größe ist die Beschaffenheit, an der ein Dasein mit dem Scheine von Unverfänglichkeit ergriffen und wodurch es zerstört werden kann." (384, 346) Beim Worte „zerstören" ist überhaupt nicht an ein von außen Gemachtes gedacht, schon gar nicht an Bomben. Vielmehr ist gemeint: *wodurch es - das Dasein - sich selber zerstört*.

Hegel mühte sich, Allmählichkeit nicht als Wechselbalg für QQ-Dialektik durchgehen zu lassen. Da Hegel aber stets versäumte, das Wort „Sprung" als **metaphorisch** gemeint auch zu signieren, ist kurz vor Ende seines Werkteils vom Maß zwei Augenblicke lang (380 f. und 383), im Abschnitt „Knotenlinie von Maßverhältnissen", das Wort „Sprung" seiner Kontrolle entglitten.

Andersdenkenden hatte Hegel einschränkungslos unterstellt, sie würden von Allmählichkeit reden, um der falschen Vorstellung zu huldigen, „daß das E n t s t e h e n d e schon sinnlich oder überhaupt w i r k l i c h v o r h a n d e n „ (eben nur wegen seiner Kleinheit noch nicht wahrnehmbar,) und daß ebenso bei der Allmählichkeit des Verschwindens „das N i c h t s e i n oder das A n d e r e , an seine Stelle Tretende gleichfalls v o r h a n d e n „ (eben nur noch nicht bemerkbar), sei. (383) So werde per Anerkennung von Allmählichkeit „das Entstehen und Vergehen überhaupt aufgehoben". (383)

Hegel schießt hier über sein Ziel hinaus, denn auf Allmählichkeit zu bestehen muß nicht einschließen, das andere Quale sei schon von Anfang an vorhanden. Hegel versäumt, zwei Ansichten über Allmählichkeit auseinanderzuhalten:

- Jene nämlich, die er mit Recht verwirft, wonach das qualitativ Andere schon von Anfang an „als D a s e i n , nur unbemerkbar, v o r h a n d e n sei", als eine „K l e i n h e i t „, was den wesentlichen Unterschied des Anderen „in einen äußerlichen, bloßen Größenunterschied" erniedrigen würde. (383)

- Und jene, wonach das qualitativ Andere in dem Vorhandnen als Anlage zu einer Entwicklung, als Keim, oder, wie Hegel sagt, als „a n s i c h „ enthalten sei. (383) Hegel weiß es, spricht es aus (383), aber versäumt hinzuzufügen, daß das entstehende Quale am Beginn seiner Entwicklung **noch** kein Dasein hat. Und also auch kein Etwas ist. Noch nicht. Das ist aber nicht eine Frage der geometrischen „Kleinheit", sondern der Kleinheit des Grades, die sich am „alten" Quale als dessen Modifikation zeigt, die am „alten" Quale zu nagen beginnt, eine Modifikation in aller Widersprüchlichkeit, in der das „alte" Quale sich festhält und doch durch Übertreibung oder Starrheit seinen Untergang betreibt, eine Modifikation, in der man das „neue" Quale nicht erkennen mag.

Hegel hatte ausgeführt, ein *Fürsichsein* habe gegenüber quantitativen Änderungen „eine Weite, innerhalb deren <*derer*; R.T.> es gegen diese gleichgültig bleibt und seine Qualität nicht ändert". (380) Das trifft für Fürsichseiendes tatsächlich zu. Aber eben deswegen bleibt ja Hegel bei der Gestalt „Fürsichsein" nicht stehen. Fürsichsein ist die Gestalt des Fürsichseienden, und dieses wirkt permanent am eignen Untergang. Nur wenn es - eitel, wie es ist - die Permanenz nicht *wahrnimmt*, kann Fürsichseiendes auch plötzlich implodieren. *Scheinbar* plötzlich, denn seinen Untergang führt es allmählich selber herbei unter dem Schlachte-Ruf „Meine Politik hat sich bewährt". Sie will oder kann sich nicht entwickeln. Insofern ist des Fürsichseienden Untergang allmählich. Das Plötzliche daran ist nur die letzte Blase, die zerplatzt.

Deshalb hätte Hegel sein eignes Diktum (380) *überschreiten* müssen, etwa so: **Ein Quale hat gegenüber quantitativen Änderungen eine Weite, innerhalb derer es gegenüber diesen Änderungen gleichgültig zu bleiben *scheint, obwohl* es sich *qualitativ* ändert. Über diese Weite hinausgehend beginnt die Änderung *wesentlich* zu werden.** Oft kann man statt „Weite" auch „Toleranz" sagen, die durch Normen festgelegt und äußerlich an einen Punkt geheftet sein kann.

Hegel hatte über Zustandsänderungen, die Quale-Um-Wandel mit sich führen, geurteilt: „....das vorhergehende quantitative Verhältnis, das dem folgenden unendlich nahe ist, ist noch ein anderes Dasein." (S. 381) Obendrein hatte Hegel hier - wie auch an benachbarten Stellen - von einem „qualifizierenden Punkte" gesprochen, ohne das Wort „Punkt" zu relativieren. Daraus ergibt sich aber ein *Nacheinander* von quantitativem und qualitativem Wandel, ein *Andauern* des Auseinanderfallens, dem Hegel in seinem Werke inständig widerspricht, indem er - ganz im Gegenteil - den *Wandel* seiner Gestalten andauern läßt, bei allen Aufschüben, die es im Leben wie nach Hegel gibt, bei aller der Entwicklung, weshalb der Weltenlauf *dramatisch* ist. Auch angesichts des spezielleren Verhältnisses von *Attraktion* und *Repulsion* kritisiert Hegel das Nacheinander, in das die Physiker die beiden Gegensätze gerückt haben; sie bleiben „die Erklärung dieser Abwechslung .... schuldig". So sei da nur einen „Schein von Einheit", ein „bloß *äußerliches* Erfolgen". (395) Solches tut sich Hegel mit seinem unrelativierten *Nacheinander* von gleichgültig-quantitativen und qualitativen Wandlungen selbst an.

Hegel tat recht, seine Figuren - so auch das Fürsichsein - zum Äußersten zu entwickeln. Doch muß das nicht einschließen, sie plötzlich zur Einheit kommen zu lassen. Und wo sich Fürsichseiendes zum Äußersten entwickelt, dort geht es längst schon ganz allmählich unter. Nur kann man in der Wissenschaft - soweit sie sich schriftsprachlich einschränkt wie die Philosophie - leider nicht alles gleichzeitig sagen; die *Kunst* kann da potenter sein.

Aber nicht zu vergessen ist, daß selbst neben Hegels anfechtbaren Verabsolutierungen des *Nacheinander* in seiner *Anmerkung* zum Abschnitt *Knotenlinie von Maßverhältnissen* Einsprengsel (380, 382, 383) darauf hindeuten, daß Hegel mit jenen Verabsolutierungen noch nicht das Ende seines dialektischen Vorhabens erreicht hatte. Hegel starb im Alter von 61 Jahren.

Mit Anerkennung von „Allmählichkeit" ist nichts über Dialektik von Quantum und Quale gesagt. Doch Dialektik auch nicht verleugnet. Meist nur totgeschwiegen. Wer *nur* von Allmählichkeit spricht, will von Quale-Wandel nichts wissen. Hegel hält zurecht dagegen. Er hätte auch entgegenhalten müssen: Wenn das Zeitprofil nur ein Adverb zum Verb und mit *Entwicklungen* nicht zu verwechseln ist, dann darf die vorgefundne Allmählichkeit nicht unrelativiert für den Vorwurf herhalten, hier sei die Entstehung neuer Qualia geleugnet worden.

Relativierung läßt sich leicht erzielen, wenn Hegel sagt, „*indem* die neu eintretende Qualität nach ihrer bloß quantitativen Beziehung eine gegen die verschwindende unbestimmt andre, eine gleichgültige ist, ist der Übergang ein S p r u n g ; beide sind <*bei dieser Annahme!* R.T.> als völlig äußerliche gegeneinander gesetzt.... vielmehr ist <*bei den Leugnern des Quale-Wandels.* R.T.> die Allmählichkeit gerade die *bloß gleichgültige* Änderung, das Gegenteil der qualitativen. In der Allmählichkeit ist *vielmehr* der Zusammenhang der beiden Realitäten *aufgehoben.*" (S. 381. Fett und kursiv: R.T.)

„Aufgehoben"? Meint Hegel hier „liquidiert schlechthin"? Ohne Ironie und ohne Doppelsinn wie sonst? Dafür spricht manches im Kontext. (381, 383) So hätte der Tiefgründige, Scharfsinnige und Ausdauernde, der Olympier, der alte kollossale Kerl und Dialektiker, einen Moment lang nicht vermocht, die Dialektik durchzuhalten.

„Aufgehoben" bedeutet sonst bei Hegel auch *„aufbewahrt"*. So wäre es plausibel, Hegels Verdikt der Quale-Wandels-Leugnung folgendermaßen auszulegen: Dem Leugner *erscheint* allmählicher Wandel als Wandlung, die dem Quale gleichgültig ist. Für den Dialektiker zugleich *lebendig.* Hegel ist nahe bei diesem Gedanken: Man wird vom Quale-Wandel auch „überrascht". (380, 382)

Da aber der Leugner *doch nicht auf Dauer ignorieren* kann, daß Quale-Wandel eintritt, wird er Populist, wird listig und sagt: Es sei ein plötzlicher „Sprung" eingetreten. Der Leugner hatte bis dahin vom Quale-Wandel und der Quantum-Quale-Dialektik abstrahiert. Hegel hat gerade diese Abstraktion mehrmals verworfen. Also bedeutet für Hegel - im Gegensatz zum Leugner - aufgehoben auch *aufbewahrt.*

8.5.2 Wo ist jeder Größenwandel Quale-Wandel? Ein Beispiel

Schon in den Kapiteln 3 und 4 war demonstriert worden: Innerhalb eines Systems - *als eines Ganzen* - ist Größenwandel zugleich auch qualewandelnd. Mit folgendem Beispiel von Hegel wird die Demonstration fortgesetzt.

„Das natürliche Zahlensystem .... ist einesteils ein bloß quantitatives Vor= und Zurückgehen.... **A B E R** die hierdurch entstehenden Zahlen haben auch zu andern **vorhergehenden oder folgenden** ein s p e z i f i s c h e s Verhältnis, entweder ein solches Vielfaches von einer derselben, als eine ganze Zahl ausdrückt, oder Potenz und Wurzel zu sein." (S. 381. Fett: R.T.)

Hegel hatte diese Beobachtung für so wichtig gehalten, daß er eine analoge Betrachtung über das Verhältnis von Tönen anfügt.

Mit der Kopula „**Aber**" beginnend greift Hegel auf, daß *jede* ganze Zahl zu *jeder* anderen ganzen Zahl in einer Relation steht, die „qualitativ" ist. Stichworte wie „Potenz oder Wurzel zu sein" erinnern daran:

1. Mit Ausnahme der Primzahlen stellt sich jede ganze Zahl als Produkt ganzer Zahlen dar, zum Beispiel die Zahl 24 als das Produkt 2 2 2 3 . Drei Mal die zwei und ein Mal die drei. Das ist eine einmalige Komplexion, individuell, nicht nur der Größe nach, sondern *qualitativ* unterschieden von der Komplexion jeder anderen teilbaren Zahl.

2. Die Primzahlen haben *indirekt* Anteil an diesem Tatbestand: Jede Primzahl ist ein *Teiler* von Zahlen, deren jede eine einmalige Komplexion aus anderen Zahlen ist. Die Primzahl „ 3 „ ist - zum Beispiel - Teiler der je einmaligen Zahlen *24, 45, 99* . Die Primzahlen haben keine *passive*, wohl aber *aktive* Teilbarkeitseigenschaft. So unterscheidet sich jede Primzahl von jeder anderen nicht nur durch ihre Größe, sondern durch ihren individuellen Anteil am Quale jeder teilbaren Zahl. Hegel hätte nicht nur von „Wurzel" sprechen müssen, sondern auch von „Teiler".

3. Jede Primzahl ist außer ihrer individuellen Rolle als Teiler auch in ihrer Eigenschaft als möglicher *Nicht*teiler anderen Zahlen zugeordnet. Auch dadurch unterscheidet sich jede Primzahl - außer ihrer Größe - individuell und vor allem qualitativ - von anderen Primzahlen. So sind der Primzahl *5* die Zahlen *7, 12, 17, 22, 27, 32* usw. zugeordnet, weil sie beim Teilen durch *5* den Rest 2 lassen. Diese gehören gemeinsam einer *Restklasse* an und heißen *relativ zum Teiler 5 einander kongruent*.

4. Es gibt auch eine Summandeneigenschaft der Primzahlen. Beispiel: *12* = *7 + 5* . Darüberhinaus gilt ein Satz von Lagrange: „Jede natürliche Zahl *n* , also auch jede Primzahl, läßt sich als Summe von höchstens vier

ganzzahligen Quadraten darstellen." Primzahl-Beispiele:

$$11 = 3^2 + 1^2 + 1^2$$

$$23 = 4^2 + 5^1 + 2^1$$

$$47 = 6^2 + 3^2 + 1^2 + 1^2.$$

Auch insofern hat jede natürliche und damit jede Primzahl eine individuelle qualitative Charakteristik.

5. Jede Primzahl, die beim Teilen durch 4 den Rest 1 läßt, das heißt jede Primzahl, die unmittelbar auf eine durch 4 teilbare Zahl folgt, ist Summe von zwei Quadraten natürlicher Zahlen. Beispiele: $13 = 3^2 + 2^2$; $17 = 4^2 + 1^2$; $233 = 8^2 + 13^2$. Die Darstellung ist sogar eindeutig. Den betreffenden Primzahlen ist qualebestimmend und individuell ausgewählt ein Duo von anderen Zahlen zugeordnet.

6. Eine weitere Kategorie von Zahlen-Ensembles, in denen sich ganze Zahlen - Primzahlen *nicht ausgenommen* - gegenseitig bestimmen, bilden die sog. Diophantischen Gleichungen. Das sind Gleichungen mit ausschließlich ganzzahligen Koeffizienten, zum Beispiel

$$3x - 2y - 5 = 0$$

Gefragt sind alle ganzzahligen Lösungen. In solchen Gleichungen bestimmen sich x und y vorm Hintergrund der Koeffizienten *gegenseitig* als ganze Zahlen. Sie haben schon darin individuelle qualitative Bestimmung.

Die vorstehenden sechs Sätze sind *nur Beispiele* zahlentheoretischer Ergebnisse, zeigen aber, daß jede ganze Zahl ein individuelles Ensemble aus anderen ganzen Zahlen ist. Darin ähneln sie den Lebewesen, selbst dem Menschen, der stets ein Ensemble von (menschlichen) Verhältnissen ist, ein Glied von Familien, Kollektiven, Verbänden, einer Nation, der Menschengattung.

So hat jede ganze Zahl ihre spezifische *innere* Struktur und ist damit je ein Quale. Selbst manche Telefonnummern lachen uns an als Ensembles von Individuen, die im *Verhältnis* zueinander sind. Und so auch das Gedächtnis beleben. Zum Beispiel die *3 42 42 14* behalte ich mühelos im Sinn: Die *42* als Doppelgipfel in der Mitte, die Ränder *3* und *14* als Produkt genommen ergeben den Doppelgipfel in der Mitte.

Daß *jede* ganze Zahl sich in ihrem Verhalten zu anderen ganzen Zahlen als ein Quale zeigt, ist neben ihrer Teilbarkeit auch ihrer relativen Unteilbarkeit durch gewisse andere Zahlen geschuldet. Beispiele erinnerten daran.

Größenwandel und Quale-Wandel zeigen sich in Union: Mit jeder Größenänderung geht Quale-Wandel einher, indem die Größenänderung zu einer Größe führt, die zugleich ein neues, anderes Ensemble aus qualitativen Verhältnissen ist.

Ensemble-sein gibt es in verschiedenen Grundformen. Zum Beispiel nehme man das Produkt aller Zahlen, die man zählend gebildet hat. Man vergrößere die resultierende Zahl durch +1, und man hat nicht nur äußerliches Größerwerden erzielt, sondern eine neue Primzahl gebildet, ein markantes Quale, das seine Individualität *aus* dem Ensemble und durch ihr Wirken *im* Ensemble bezieht. Dabei tritt Quale-Wandel - was Hegel für wichtig hält (380, 382) - nicht spontan hervor, sondern - per Weiterzählen - *aus dem Vorhergehenden*. Insofern ist das neue Etwas *nicht* gleichgültig gegen das Vorhergehende.

Daß jede ganze Zahl außer ihrer urtümlichen Eigenschaft, sich selbst gleichgültige Größe in der größegeordneten Zahlenfolge zu sein, ein *anderes Quale* ist, kann so notiert werden:

- Man notiert zu jeder ganzen Zahl X alle sie teilenden Zahlen als die erste Staffel der Zahlen, die an der Quale-Bestimmung on X teilhaben. Dann kann man die nach Größe geordnete Folge der ganzen Zahlen entlanggehen und hat bei *jedem* Schritt einen Wandel des Quale: Man hätte eine „Reihe von Maßverhältnissen".

- Konsequenter wäre, eine Matrix zu notieren. Wie wir gesehen hatten, erlaubt es die Matrix, nicht nur die erste Staffel der X-bestimmenden Zahlen sich vor Augen zu führen, sondern auch diejenigen Zahlen, welche die Qualia der Zahlen der ersten Staffel ihrerseits und damit indirekt auch die Zahl X bestimmen.

Nun stelle man sich vor, die Matrix werde mit einem Strahl zeilenweise wie ein Fernsehobjekt abgetastet, eine Zeile nach der andern. Der Strahl markiert dann auf dem Bildschirm eine Folge von Knoten, deren jeder anders und auf seine Art auffällig ist. Der Strahl zieht eine Spur - eine „Knotenlinie" von Maßverhältnissen, *ABER* eine solche, die überhaupt *nur* aus „Knoten" besteht und keine „Nichtknoten" enthält.

8.5.3 Holt Hegel Kants Ding an sich wieder herbei, das er zurecht verworfen hat?

Solange die natürlichen Zahlen *1, 2, 3, ...* von *n* zu *n+1* übergehend und nur so betrachtet werden, ist von allem Quale (außer dem einen, *Quantum* zu sein) abstrahiert. Es ist dann reine Tautologie zu sagen, man könne an der Folge größerwerdender Zahlen entlanggehen, ohne Um-Wandel ihrer Qualia zu finden. Wenn das Licht ausgeschaltet ist, scheinen alle Katzen grau.

Hebt man aber diese Abstraktion auf und sieht die natürlichen Zahlen nicht nur mit Kinderaugen, sondern begreift Zahlen dieser Art als einen Corpus, in dem addiert, subtrahiert, multipliziert und begrenzt (d.h. „mit Rest") sogar dividiert werden kann, dann ist jede Zahl ein individuelles Quale.

Wenn *n* eine natürliche Zahl ist, so ist auch *n+1* eine natürliche Zahl. Die natürlichen Zahlen werden durch diese Nachfolgeoperation größer, ohne daß diese Art Allmählichkeit abbricht. **ABER** im Corpus der *ganzen* Zahlen hat *jeder* Schritt im Größerwerden seinen Quale-Wandel.

Mehr noch. Ist erst einmal die Abstraktion suspendiert, wonach die Zahlen nur abzählbar sind, und ist das Zählen, das wiederholte Hinzufügen des *+1*, ÜBERGEGANGEN in das allgemeinere *Operieren*, also in das Herstellen und Handhaben von Summen, Differenzen, Produkten, Quotienten etc., was das Leben der Zahlen ausmacht - *übergegangen* durch **Entwicklung der Möglichkeiten, die im Zählen** *angelegt* **sind** -, dann wird **mit jedem Größerwerden eine** *qualitative* Veränderung *erzeugt*, *sodaß* aus dem Quale mit der Größe *n+1* ein *anderes* Quale entsteht. Wo jeder Schritt zum Quale-Wandel führt, ist die Allmählichkeit des Quale-Wandels nahe. Man könnte sagen: Mehr an Allmählichkeit läßt sich da nicht einmal denken.

Größenänderung ist also *mehr* **als nur Größenänderung,** wenn man das Reich der Zahlen nicht seiner qualitativen Eigenschaften durch Abstraktion beraubt. Das Zählen als bloßes Hinzufügen von *+1* **treibt über sich** *hinaus***, indem es permanent - wie in der Algebra kultiviert -, zur Erzeugung und Handhabung von Summen, Differenzen, Produkten, Quotienten, Potenzen etc. umschlägt,** welche die Zahlen **als Qualia** erzeugen. Das ist es, was der RÜCKNAHME der uns liebwerten kindlichen und/oder stalinistischen Abstraktion innewohnt, welche uns allzu lange auf das Gerippe fixiert, die Zahlen seien nur abzählbar und nur in ihrer Größe vergleichbar. Ists nicht auch westliche Gewalt-Philosophie, was wir der Welt antun? Erst werden Subjekte durch Politik frustriert, kastriert, sterilisiert, dann jammern die oberdemokratischen Wahlkampfkämpfer: Warum seid ihr bloß Gleichgültige?

Wir verwerfen nicht das Abstrahieren. Es dient unsrer Erkenntnis. Andernfalls vermöchten wir nur zu lallen. Aber wir verwerfen, Abstraktionen zu verabsolutieren, indem wir sie in Figuren verzaubern, die *steinern* sind.

Indem Hegel das Beispiel der Zahlen unter Berufung auf ihre Multiplizierbarkeit, Dividierbarkeit etc. vorweist, präsentiert er selber den Grund, auch das individuelle Quale jeder Zahl zur Kenntnis nehmen zu müssen. Mit dem Beispiel hat Hegel die von ihm selbst (381, 383) unterbrochene Konkordanz zu seiner Dialektik wiederhergestellt.

Hegel regt mit dem Beispiel an zu verstehen, daß jede quantitative Änderung mit einer qualitativen einhergeht, nachweisbar, notfalls mit Spuren-
analyse. Verwerflich ist, durch Abstrahieren *gerade das zu Findende aus
dem Wege zu räumen,* so, wie Bösewichte das corpus delicti. Oder wie ein
Zyniker, der Oma die Treppe hinabwirft und ruft: „Alte, warum rennst du
denn so?"

Hegel selbst hat eine Sünde dieser Art - die Art heißt „petitio principii" -
seinem Vorgänger Kant vorgeworfen. Kant hatte behauptet, man könne
DAS DING AN SICH nicht erkennen. Darauf hat Hegel erwidert: „Die Dinge heißen an sich, insofern von allem Sein-für-Anderes abstrahiert wird."
Womit ihre *Un-*Untersuchbarkeit überhaupt erst *erzeugt* wird. (108) Insofern wäre ein allmählicher Prozess, von dem man alle Qualitas abstrahiert, tautologischerweise ein nur quantitativer Prozess.

Wenn aber jede quantitative Veränderung vom life-Typ - also ungeschält
durch Abstrahieren - mit Quale-Wandel *einhergeht* oder diesen sogar *hervorbringt,* wie Hegel mit dem Beispiel „Zahl" zu bedenken gab, dann ist zu
erwarten, **daß sich ein Quale als *Quale* und nicht nur als Quantum
verändert,** sondern *permanent* in ein andres *Quale* übergeht.

8.5.4 Gehen auch kleinste quantitative Änderungen mit quali-
tativen einher?

Folgt nun aus dem Referat über die ganzen Zahlen, daß *jede* quantitative
Veränderung im Reich der Zahlen *überhaupt* - nicht nur der ganzen - mit
einer qualitativen einhergeht? Dazu sei Hegels Beispiel weitergedacht.

Bild der Zahlen ist die Zahlengerade. Zwischen den ganzen Zahlen liegen
gebrochene Zahlen, Wurzeln ganzer und gebrochener Zahlen, transzendente Zahlen. Die ganzen Zahlen und die zwischen ihnen liegenden
Zahlen bilden die Gesamtheit der reellen Zahlen. So wäre jede Bewegung
von einer ganzen Zahl zu der ihr nachfolgenden ein ganz *banaler* Sprung,
einfach nur, weil etwas *über*sprungen wird.

Dezimalbrüche, die bis zu einer gewissen Stellenzahl explizit angegeben
sind, können der Größe nach geordnet werden. Kann man wenigstens von
diesen Dezimalbrüchen sagen, daß beim Abschreiten ihrer größen-
geordneten Folge permanent andre Qualia sichtbar werden? Wie beim
Abschreiten der Front *ganzer* Zahlen? Bei *jedem* Schritt? Ja. Und zwar
abgestuft, indem man mit der letzten Dezimale beginnt, die im Notat mit
einer *bestimmten* Zahl belegt ist. Also nach dem Stellenwert gestaffelt.

Man kann nun Zahlen miteinander in Beziehung setzen, die sich nur in der
letzten notierten Stelle voneinander unterscheiden. Die Nummer dieser
Stelle sei „ *k* „. Dann kann man sagen, der Unterschied dieser Zahlen sei

k-ter Ordnung. Je größer *k*, desto kleiner der *Stellenwert* des Unterschieds.

Ein qualitativer Unterschied zwischen diesen Zahlen ist also in der letzten ihrer notierten Stellen lokalisiert, am rechten Ende der Ziffernfolge, die rechts vom Komma notiert ist. Quantitativ hat der Unterschied - gemäß *k* - nur einen mehr oder weniger niedrigen Stellenwert. Andrerseits kann man den Unterschied - weil die verglichnen Zahlen bis zur Stelle *k-1* übereinstimmen - von der Masse abtrennen, die diesen Zahlen gemeinsam ist. Man kann den UNTERSCHIED an der letzten belegten Stelle gesondert betrachten und hat dann einen Unterschied in ganzen Zahlen.

In diesem Sinne treffen die Feststellungen des vorigen Abschnitts zu: Jede quantitative Änderung erzeugt eine qualitative. Diese Erkenntnis verdient beachtet zu werden, in allen Sphären der Welt.

Aber nicht jede qualitative Änderung ist eine solche, die über das System - hier der ganzen Zahlen - *hinaus*führt und ein Quale-Ändern des *Systems* der ganzen Zahlen wäre. Vorstehende Quale-Änderungen erfolgen innerhalb des Systems der ganzen Zahlen.

Doch auch das ist noch nicht alles.

8.5.5 Entwicklungswidersprüche im Reich des Quale „Zahl"

Neue Perspektiven entstehen aus der Entwicklung selber, die vom gleichgültigen Größerwerden der Zahlen zur Qualia-Produktion im Reich der ganzen Zahlen entstanden ist. Die neuen Perspektiven entstehen auf dem Weg des Aufhebens zweier Widersprüche, die in diesem Qualia-Erzeugen, in diesem Erzeugen *selbst,* als dem Grund dieser Qualia angelegt sind:

A)   Aus dem algebraischen Widerspruch und seinem Aufheben.

B)   Aus dem geometrischen Widerspruch und seinem Aufheben.

Zu A)

Es waren die algebraischen Operationen des Addierens und des Multiplizierens, in denen sich die natürlichen Zahlen als Qualia entpuppten. Addieren und Multiplizieren waren stets und unbeschränkt ausführbar, ein Erbe der Tatsache, daß die Zahl als ein zunächst sich selbst gleichgültiges Quantum und sich als solches auch bewahrend zugleich über sich hinausgehen mußte. Mit dem Addieren und Multiplizieren waren bald auch die *Umkehr*operationen *Subtrahieren* und *Dividieren* hervorgerufen. Aber die Umkehrungen waren nur dann ausführbar, wenn sie auf natürliche bzw.

ganze Zahlen führen konnten. Das war überhaupt nicht generell der Fall. Damit war dem wunderbaren Qualia-Erzeugen im Bereich der natürlichen und später sogar der ganzen Zahlen die Grenze gesetzt. Der liebe Gott, nach Gauß der Schöpfer der natürlichen Zahlen, hatte einen Stein geschaffen, der so schwer war, daß er ihn nicht heben konnte.

Der Wunsch, die Umkehroperationen *Subtrahieren* und *Dividieren* ohne jede Beschränkung ausführbar zu machen, führte zur *Erweiterungen* der traditionell genutzten Zahlbereiche: Von den natürlichen Zahlen zu den ganzen Zahlen, die nun auch die negativen Zahlen einschlossen, und von den ganzen Zahlen zu den gebrochenen. Nun konnte man die beim Dividieren in der Regel entstehenden häßlichen, zur Überwindung ihrer selbst provozierenden „Reste" auch noch dividieren; man konnte nun deren Tabu brechen. Analoge Erweiterungen des Zahlenreiches durch unbegrenzte Ausführbarkeit der Umkehrungen des Potenzierens und des Aufbaus von Gleichungen konnten später gleichfalls entbunden werden.

So bekam man die sog. irrationalen und die algebraischen Zahlen in die Hand. Das bedeutete nicht nur quantitative und qualitative Erweiterung des Zahlenreiches und des Fundus seiner Begriffe als seiner Qualia, sondern auch des praktischen Handling mit Zahlen.

Wir sprachen hier aber nicht nur von einzelnen Zahlen, sondern von Zahlen-*Systemen*.

Alle diese Erweiterungen sind allmählich eingetreten. Sie entsprangen dem Fortschreiten der Zahl durch Einsen, durch Operationen und deren Inversionen, die an sich Relationen sind. In diesen existieren die Zahlen als Qualia. Das ist die Welt als stoffinvariant. Die Zahlen und ihre Arten lagerten nicht in einem Tresor, dem sie plötzlich hätten entspringen können. Ihr Substrat ist das sich entwickelnde Weltall, die Natur. Das sind zuerst die Elementarteilchen, die Atome, die Himmelskörper, die Lebewesen, die vielen Einsen, sodann deren (stoffinvariante) Relationen, durch welche die Zahlen Qualia eigener Art sind, selber stoffinvariant. Die Relationen wurden von Menschen schrittweise und allmählich erkannt. Ohne plötzliches Dekret. Später wird alles zeitraffend im Mathematik-Studium nachvollzogen, extrem zeitraffend.

Zu B)

Markierung von Individuen durch Einsen und sie zu zählen ist nicht der einzige Weg, mit Individualität (Ganzheit inclusive) umzugehen. Man kann den Verkehr mit Individualität *geometrisch* beginnen. Auch ist der Aufbau des *Zahlen*systems nach A) - von den natürlichen zu den rationalen und den algebraischen Zahlen vermittels unbeschränkter Umkehrbarkeit der

Operationen - nur *einer* der Wege, das Reich der Zahlen zu erweitern und die Struktur der Welt benennbar zu machen.

Auch *more geometrica* entstehen Individuen (incl. Ganzheiten) als Qualia: Ein PUNKT als Schnittstelle einer Linie mit einer anderen. Eine GERADE als *die* kürzeste Verbindung zwischen zwei Punkten. Ein KREIS als geometrischer Ort aller und nur solcher Punkte, die von einem Punkt (dem Zentrum) den gleichen Abstand haben. Ein DREIECK, ein VIELECK, und so fort.

Im Reich der *geometrischen* Qualia, deren innere Gliederung so wenig ignorierbar ist wie die innere Struktur ganzer Zahlen, herrschen aufregende Verhältnisse. Eines ist im Satz des Pythagoras wiedergegeben. Eine andere Figur mit internen Relationen wird im Satz des Thales vorgestellt: „Der geometrische Ort der Scheitel aller rechten Winkel, deren Schenkel durch zwei feste Punkt gehen, ist der Kreis um den Mittelpunkt der Verbindungslinie dieser Punkte mit dem Abstand der beiden Punkte als Durchmesser."

Derartige Sätze werden auf geometrischem Weg *bewiesen*. An Zahlenverständnis braucht man dazu nicht mehr als ein Neandertaler: Eins, noch eins, viele.

Handwerklich ist der Kreis einfach zu vollziehen: ein fester Punkt und eine Schnur, die straffgespannt und undehnbar zu führen ist. Was läge näher, als auch das Verhältnis der Längen von Radius und Kreisperiphere - der Schnurlänge und der Spur im Sand - beim Abschätzen von Längen, Flächen und Volumina heranzuziehen? Häuser, Wege, Flurstücke bemessen wir gerne genau und *geradlinig*. Aber das liegt nicht in der Natur der Dinge. („Die gerade Linie ist der Fluch unserer Zivilisation." F. Hundertwasser) Aber mit einer Schnur konstanter Länge einen Kreis um einen festen Punkt zu schlagen wäre kein Problem.

Die urwüchsige, anschauliche Relation der Längen von Radius und Peripherie in *Zahlen* auszudrücken ist dagegen ein Problem höchster Güte. „Quadratur des Kreises" - Symbol der Unlösbarkeit! Die Länge des Kreises mit der Länge von Geradenstücken zu vergleichen, die man ganzzahlig in Einheiten ausgedrückt hat, endet nach den ersten Versuchen mit dem Urteil: Kreislänge und Länge einer Geraden sind nicht gleichzeitig in Zahlen ausdrückbar. Sie sind inkommensurabel. Wieder hatte der liebe Gott einen Stein geschaffen, den er nicht heben konnte. Der griechische Mathematiker Eudoxos, der diese Unvergleichbarkeit aufdeckte, soll nach Meinung von Zeitgenossen durch den Zorn der Götter ums Leben gekommen sein. Wegen der Schrecklichkeit seiner Verkündung.

Das Problem hat Archimedes praktisch hinnehmbar gemacht. Aufgeho-

176

ben wurde es erst im neunzehnten Jahrhundert. Das Problem wird dabei auch *aufbewahrt:* Nachweis der Transzendenz von p als einer der höchsten Stufen von Inkommensurabilität.

Dreiecke auf Sand zu malen ist leichter als eine Gruppe badelustiger Personen die Nasen in den Sand drücken zu lassen, um durch Abzählen der Löcher zu beweisen, daß niemand ertrunken ist. Das war ein genialer Einfall Eulenspiegels, der bemerkt hatte, daß der zählen Wollende versäumte, sich selber mitzuzählen. So war der Verdacht entstanden, eine Person sei abhanden gekommen. Der Psychologe Piaget hat gezeigt, welch weiten Weg die Kinder zurücklegen müssen, um zählen zu können. Sie müssen erst lernen, Mengen aufeinander abzubilden.

Auch rechtwinklige Dreiecke zu malen ist schwierig. Der Satz des Thales gibt eine geometrische Anleitung. Hat man die Längen der Katheten festgelegt, so ist auch die Länge der Hypothenuse fixiert. Geometrisch, ohne Umweg über die Zahlen. Vor dem Hintergrund der Kongruenz- und der Ähnlichkeitssätze lassen sich die Relationen - als Kisten verstofflicht - über die ganze Welt transportieren.

Nun aber ermittle man die Seitenlänge eines rechtwinkligen Dreiecks in *Zahlen!* Daß alles in *ganzen* Zahlen auszudrücken wäre ist der seltene Glücksfall. Das Tripel 3, 4, 5 macht es möglich, denn $3^2 + 4^2 = 5^2$. Aber sonst? Will man dennoch dem Reich der Zahlen verbunden bleiben, muß man ganze Zahlen sachgerecht zerlegen, um mit ihnen gebrochene, algebraische, transzendente Zahlen aufzubauen. Diese sind kompliziert; sie zwingen uns sogar, die Unendlichkeit anzurufen. Unendlicher Dezimalbruch und unendliche Reihe sind Technik, reelle, auch transzendente Zahlen wie e und p als Komplexe aus ganzen Zahlen praktisch zufriedenstellend zu erzeugen. Qualitativ vermag es das unendliche Aufreihen von Gliedern in annähernden Potenzreihen prinzipiell nicht. Deshalb hat Hegel mit der These recht, die eigentliche Unendlichkeit sei in den Zahlen, die Quale sind und wie 2/7 , wie e oder p als endliches Zeichen aufgeschrieben werden können.

Da wäre es natürlich, anstelle der äquidistanten Marken auf dem Zollstock eine Einteilung zu haben, die von den Längenverhältnissen rechtwinkliger Dreiecke oder allgemeiner von den geometrisch empfundenen Lösungen markanter algebraischer Gleichungen abgegriffen wird. Struktur der Natur würde stärker hindurchscheinen als bei der eingebürgerten Variante, mit der auf äquidistante Einteilungsstriche gesetzt worden ist. Struktur der Natur würde wie Ultra-Licht hindurchscheinen, wenn man auf der Skala solche Transzendenten wie p und e hervorhübe, die im historisch gepflegten Zahlensystem ganz fürchterlich erscheinen.

Kurz: Aus *natur*gemäßer Sicht läßt sich Hervorhebung der ganzen Zahlen auf der Zahlengeraden *nicht* favorisieren.

So ist die Hervorhebung der ganzen Zahlen auf der Zahlengeraden der *Pragmatik* geschuldet: Die ganzen Zahlen werden hervorgehoben, *weil* sie hervorgehoben werden. Das ist in der menschlichen *Praxis* begründet. Vermutlich wurden Zahlen und Figuren in der Frühphase menschlicher Erkenntnis rezipiert, indem sie voneinander abgeschieden und erst einmal zu einander Gleichgültigen gemacht wurden. Doch wenn schon ganze Zahlen, dann zwingt auch Geometrie, über sie hinauszugehen.

8.5.6 Vom Punkt des Irrtums zum Prozeß des Umschlagens

Ein Rest bleibt zu klären. Hegel hatte kurz vor Ende *Erstes Buch* seiner *Wissenschaft der Logik* - am Schluß des Abschnitts *Knotenlinie von Maßverhältnissen* - auch geschrieben:

„Aber die Allmählichkeit betrifft bloß das Äußerliche der Veränderung, nicht das Qualitative derselben; das vorhergehende quantitative Verhältnis, das dem folgenden unendlich nahe ist, ist noch ein anderes qualitatives Dasein." (S. 381) Nennen wir den Satz vorm Semikolon U, den Satz danach X.

Mit U ist gemeint: Gewöhnlich wird - wenn jemand von „Allmählichkeit" spricht - die Sprunghaftigkeit des Quale-Umschlagens aus dem Blickfeld herausgenommen und der Blick aufs Äußerliche verengt. Es bleibt, das Wort „Qualitätssprung" metaphorisch zu verstehen. Mit X wird aber durch das Bild „unendlich nahe" (S. 381 und 383 durch das Bild von einem „Punkt" des Umschlagens) der als metaphorisch aufzufassende Sprung sogleich wieder zu einem sinnlich vorzustellenden Ereignis mit seiner Plötzlichkeit deklariert.

Die Vorstellung „nahe" oder gar „unendlich nahe", mit welcher Hegel spielt, hat hier gar nichts zu suchen. Unendlich nahe sind sich hier nicht zwei Verhältnisse, sondern zwei Größen als Größen. Die *Verhältnisse*, auf die Hegel anspielt, stehen aber hier nicht in der Relation, in der sie geometrisch oder arithmetisch nahe oder fern sind. Ihre Relation ist eine ganz andere. Deshalb kann das Problem von *Sprung* oder gar *Plötzlichkeit* in der Form des Satzes X gar nicht erörtert werden.

Hegel war vermutlich irritiert durch den richtigen Gedanken, wonach sog. unendliche Potenzreihen solche Zahlen wie e und p *technisch hinreichend als Größen,* aber nicht in ihrer Qualität als Qualia erreichen, höchstens insofern, als sie Zusammenhänge sind, diese Zahlen auch auf der Zahlengeraden zu verorten. Diese Zusammenhänge gehören zur Qualität dieser Qualia, sind aber nur Elemente derselben. Deshalb sind solche Potenzreihen auch gar nicht der Prozeß, in dem Quantum/Größe überhaupt in Quale umschlagen könnte, sei es mit oder ohne Sprung. Quantum und

Quale sind in X insofern überhaupt nicht einander gegenübergestellt. Die Qualia *e* und *p* ergeben sich *als Qualia* aus der *Gesamtheit vieler* Zusammenhänge, in welcher die Potenzreihen nur je ein Element sind. Zu diesen Qualia gehört, daß sie Unendlichkeit *in sich* haben und deshalb *vollkommen* sind, während die Potenzreihen numerisch und qualitativ unvollkommen sind und *in diesem Sinne* endlich. (Vgl. Abschnitte 8.3.4 und 8.5.5) Durch die fortschreitende Numerik der Potenzreihen, die nicht einmal zu einem Ende kommt, ergeben sie sich nur *als Größen, denen ihr Heiligstes genommen ist.* Da kann weder wörtlich noch metaphorisch von einem Qualitätssprung die Rede sein, auch nicht von Qualitätsumschlag, am allerwenigsten von einem „Punkt", an dem er stattfinden würde. So hätte denn Hegel eine falsche Gegenüberstellung vorgenommen und einen *Gedankensprung* getan, der nichts mit dem Umschlagen von Quantum in Quale zu tun hat, auch nicht mit Umschlagen von Quantität in Qualität als Arten von Bestimmtheit. Letztere erfolgt in Begriffssystematik und Geschichte der Mathematik, aber nicht im Gedankensprung vom Thema „Zahlengerade" zu den Themen der in Rede stehenden Zahlen-Qualia. Die Ansicht U hatten wir schon mehrmals vernommen. Die Ansicht X ist für uns neu, sie kommt auch sonst nicht vor bei Hegel.

Wie soll man sich nach X die Entstehung eines neuen Quale denken? Vor dem „Punkt" lägen nur quantitative Änderungen - „das Mehr und Weniger" (S. 381). Falls - was Hegel mehrmals erörtert, doch mit Hinweis auf praktisches Leben verworfen hatte - der quantitative Wandel dem qualitativen *überhaupt* gleichgültig sein würde, gäbe es *überhaupt* kein Umschlagen quantitativer Änderungen in qualitative. Dann müßte man an Zauber glauben: Das „Mehr oder Weniger" entlädt sich an einem „Punkt" - einem idealisierten Gebilde mit der Dimension null - ohne jede Prozeßhaftigkeit in ein anderes Quale: blitzartiger als der Blitz, denn selbst der Blitz ist noch Prozeß.

Das wollte Hegel gerade widerlegen. Selbst die Extreme *Sein* und *Nichts* hatte er ohne Punkt des Umschlags übergehend ineinander vorgeführt, wie wir in Abschnitt 8.1 gesehen hatten. Daß quantitatives Fortschreiten qualitativen Wandel **hervorbringt**, gerade das wollte er zeigen. Darin hat er Großes geleistet. Einige Jüngere sahen darin Dialektik: Quantitative Veränderungen schlagen in qualitative um. Doch was heißt „hervorbringt"? Was heißt „Umschlagen"?

Es bleibt dabei: **Das plötzliche Aufscheinen des Quale-Umschlags ist nur am Äußerlichen der Veränderung.** Wenn die Allmählichkeit blitziger als durch Blitz - in einem Punkte - unterbrochen *erscheint*, so ist der *Grund* dieser Äußerlichkeit (oder des täuschenden Gedankensprunges) zu suchen. Gewiß liegt dieser Grund in der Gleichgültigkeit von Quantum und Quale, die Hegel sehr richtig als eine erkenntnistheoretische Episode, aber eben als eine *Episode* in der Dialektik von Quantität und Qualität, von Quantum und Quale erkannt hatte, was er auch mit Worten von poetischer Kraft aussprach. *Quantum und Quale als Bestimmtheiten aus der Sicht unsres Erkennens sind nur solange einander gleichgültig, wie wir sie in ihrer anfänglichen Gleichgültigkeit festhalten, in der Einseitigkeit unsres Erkennens, das selber ein Entwicklungsprozeß ist.* Doch mit X hat Hegel die Gleichgültigkeit nicht an der richtigen Stelle angegriffen.

Wenn sich Natur *entwickelt*, kann neues Quale nicht plötzlich eintreten. Sowenig es von Anfang an da ist. „Entwicklung" heißt gerade, es *entsteht*. Wir haben nicht - wie Hegel anmerkte (384) - Allmählichkeit von Quale-Wandlungen begreiflich zu machen, sondern Quale-Wandlung *in* der Allmählichkeit. Täuschung beginnt schon mit dem Worte „Qualitätsumschlag". Das klingt nach „Blitz vom Himmel" und stellt nur das Endergebnis heraus. Das Gerundium „Umschlag*en*" träfe den *Prozeß*! Quale wandelt sich allmählich, doch nicht nur so, daß es sich „änderte", ein andres Quantum annähme: Auf dem Wege gradueller Änderung geht es in ein andres *Quale* über.

Wer beobachtet schon das Innere im Vogelei? Das Defizit entspringt dem Absehen von der Quale-Änderung, welche sich in Wirklichkeit zur **Um**-Wandlung auswächst und auch im Allmählichen ist. Manchmal tritt ein Ereignis *zusätzlich* ein und verhilft dem Quale-Um-Wandeln zur Sichtbarkeit:

- Ein Tropfen, und das Wasser beginnt außen am Faß hinabzulaufen; das End-Ergebnis des Füllens kann ohne besondere Vorkehrungen nun auch von außen gesehen werden; zugleich kann eine per Rechtsakt gesetzte Marke übertreten werden.

- Ein Funken, und das nach Konsistenz und Konzentration zündfähige, obendrein komprimierte Gemisch im Zylinder des Otto-Motors verbrennt. Quale-Wandel, der vorausgeht und allmählich aufgebaut wird, doch auch mit dem Funken nicht vollendet ist.

Es hieße X für U zu nehmen, wenn man das Tröpfchen, das Stäubchen, das Fünkchen aus der vorausgegangnen oder der noch folgenden, weil unvollendeten Quale-Wandel herauslöst. Und unterstellt, das kleine, zusätzliche Quentchen habe *das* neue Quale hervorgebracht. Erst wird dem Größerwerden das Quale-Wandeln gänzlich abgesprochen, und nun soll es *den* Quale-Wandel *auf einmal* bringen? Der Zündfunke im Otto-Motor hat weder das zündfähige Luft-Kraftstoff-Gemisch hervorgebracht, noch setzt er es plötzlich in Brand. Er löst nur eine lokale Reaktion aus, die sich ihrerseits - Kettenreaktion! - allmählich ausbreitet, derart allmählich, daß sie schon vor dem oberen Totpunkt der Kolbenbewegung beginnen muß.

Abrupte Grenzen zwischen Qualia kann es auch in der vereinfachten Wahrnehmung von *Begriffss*ystemen geben. Die transzendenden Zahlen „ e „ und „ p „ können so die Gipfel in der *Masse* der Zahlen sein, die eben deshalb flach erscheint, weil man sich gerade nicht für die ganzen Zahlen interessiert. Auf der *Zahlengeraden* sind e und p genauso grau wie alle andren Zahlen. Die Zahlengerade, an die Hegel hier erinnert, um ein X für U zu nehmen, ist deshalb unbrauchbar gerade für die Absicht, Quantum in Quale umschlagen zu lassen, auf der Zahlengerade *überhaupt* keine Zahlen als Qualia erscheinen. Deshalb kann auf der Zahlengeraden überhaupt kein Umschlagen in andre Qualia stattfinden. Selbst Zehnerpotenzen sind nicht Qualia auf der Zahlengeraden; sie wurden nur - weil mensch zehn Finger hat - manipuliert. Hätten wir *elf* Finger statt zehn, stünden wir jetzt in dem Jahre, das „1806" zu schreiben wäre, dank Vielfalt möglicher Ziffern-systeme ein Anlaß, des Untergangs der preußischen Armee bei Jena und Auerstedt zu gedenken.

Aber jenseits der Zahlengeraden, quasi **oberhalb** von ihr, **in der mathematischen Theorie,** ihrer historischen und systematischen Entwickelung, **auf der Meta-Ebene**, ist nicht nur die Qualität der Zahlen und besonders von e und p präsent. Deren Qualia zeigen sich dann stets in der Kontinuität ihrer Zusammenhänge, in denen sie spezifische Ensembles sind. Auf diesem Prinzip beruhen auch die Axiomensysteme, die Definitionen, die Beweise, die Lehrbücher der Mathematik. Hegel hat hier die Ebenen verwechselt. Wenn man anfängt, von „unendlich nahe" zu sprechen, kann man nur mit einem Gedankensprung aus der falsch gewählten Betrachtungsebene herauskommen.

Tastet man aber Prozesse auf der Meta-Ebene ab, fährt man an ihnen entlang wie an dem Text, mit dem Hegel das Ineinander-Übergehen der Extreme *Sein* und *Nichts* nachvollzogen hat, wird die Kontinuität auch *als Allmählichkeit* erlebbar.

Ein Gleichheitszeichen zu setzen zwischen e und e+h ist undenkbar, aber nicht so sehr wegen des quantitativen Unterschieds, der *technisch* beliebig klein gemacht werden kann, sondern wegen des *Quale e* , das im Netz der Zusammenhänge lebt. Das hatte Hegel faszinierend angegangen, als er (vgl. Abschnitte 8.3.4 und 8.5.5) zeigte, daß die wahre Unendlichkeit nicht in den sog. unendlichen Reihen ist, sondern in Zahlen wie 2/7, die man aus technischen Gründen als Dezimalbruch ohne Ende zu berechnen sucht.

Ihrer objektiv-natürlichen und ihrer mathematischen Bestimmtheit nach ist die Zahl e ein Quale, das sich von jeder anderen Zahl *als Quale* unterscheidet, wobei jede andere Zahl nicht nur ein anderes Quantum, sondern *ein anderes Quale* ist. Dank ihrer Bestimmtheit als Größe *und* Quale läßt sich die Zahl e mit Hilfe anderer Zahlen technisch beliebig annähern. Doch die Möglichkeit des Annäherns auf der Zahlengerade beruht auf den Net-

zen, durch welche die Qualia *e* und *p* als *Qualia* bestimmt sind. Die Annäherung zum Beispiel auf der Zahlengeraden oder in Potenzreihen technisch auszuführen, ist *nicht* der quantitative Wandel, der - wie Hegel glaubt - dem qualitativen gegenübergestellt werden kann.
In Hegels Gegenüberstellung sind beide zurecht als einander Gleichgültige konfrontiert, *aber so*, daß *der* qualitative Wandel, den Hegel demonstrieren möchte, gar nicht ins Blickfeld kommen *kann*. Hegel reklamierte die Gleichgültigkeit just in der Weise, in der sie längst zum Atavismus geworden war, zum Relikt, das Hegel selbst auf seine Art schon längst zurückgelassen hatte.

Es ist vielmehr der allmähliche Wandel ins Auge zu fassen, der sich in der Mathematik beim Abtasten oder Nachvollziehen der Netze vollzieht, in denen die erwähnten besonderen Zahlen da sind. Wegen ihrer Netze sind sie aufregend interessant, nicht wegen ihres Platzes auf der Zahlengeraden.

Selbst die Programme zum Annähern, wie die verschiednen Potenzreihen, in denen nun auch technische Näherung sich vollzieht, gehören zum Quale *e* bzw. zum Quale *p* . Die Näherungsprozesse werden entwickelt aus den spezifischen Ensembles von *Verhältnissen*, die in ihrer Ganzheit die Zahl *e* bzw. die Zahl *p* sind. Die Näherungsprozesse sind Elemente dieser Qualia.

8.5.7 Das tut meiner Hegel-Verehrung keinen Abbruch.

Hegels Lapsus wird hier so ausführlich behandelt, weil der Name des alten, kollossalen Kerls - wie Marx ihn nannte - fünfzig Jahre nach Marx und bis in die Gegenwart stalinistisch mißbraucht wurde, wobei man ausgerechnet einleuchtend fand, was eigentlich ein Lapsus bei Hegel war. In Hegels Text-Werk ein lokal sehr eng begrenzter, im Text-Umfeld von ihm selbst zum Absturz verurteilter, aber hundert Jahre später in seinen Spätfolgen ein verhängnisvoller. Und bis jetzt noch nicht hinterfragt.
Die mathematischen(!) Begriffe der Qualia *e* und *p* beruhen auf Kontinuität - und indirekt auf Allmählichkeit - der begrifflichen Entwickelung jener *Qualia*. „Das Wahre ist das *Ganze*", hatte Hegel gesagt und in seinem Werk mit enormer Konsequenz demonstriert. Ganzheit aber hatte er hier - seiner Philosophie entgegen - zur Gleichgültigkeit herabgesetzt, indem er den Näherungsprozeß zur Ganzheit und die Ganzheit zum Näherungsprozeß als absolut gleichgültig deklarierte und den Zusammenhang verfehlte, in dem ihre Gleichgültigkeit aufbewahrt, doch eben schon aufgehoben war. So glaubte er, das Weiterzählen im Näherungsprozeß, der das besondere Quale wirklich nicht per Weiterzählen erreichen kann, müsse durch „Sprung" eintreten.
Wir hatten schon früher bemerkt, daß Verabsolutierungen von Gleichgültigkeiten zu diesem Fehltritt verleiten. Und so ist der Platz des Quale *e* auf

der Zahlengeraden nur deren *unmittelbares* Quantum, aber nicht dessen spezifizierendes Quantum, das in seinem Quale längst aufgehoben ist, sodaß Hegels X für U schlechthin unangemessen ist.

In der Erkenntnisgeschichte hatten die Vorstellungen von ganzen Zahlen und von den ihnen inkommensurablen Zahlen, zu denen die meisten Zahlwurzeln sowie auch p und das später entdeckte Quale *e* gehören, im Altertum ihre Phase gegenseitiger Gleichgültigkeit. Latent war die Gleichgültigkeit bei Pythagoras (um 580-496 v.u.Z.), den die Verhältnisse ganzer Zahlen interessierten und sein berühmter Lehrsatz, offensichtlich ohne zu bemerken, daß etwa bei rechtwinkligen Dreiecken mit den Längen der Seiten *in ihrer gewünschten Eigenschaft als Zahlen* (zählbar in Längeneinheiten) zunächst nichts anzufangen war, von Ausnahmen abgesehen. Mitten in dieser Phase steht Eudoxos (etwa 408-355 v.u.Z), der sich der Inkommensurabilität bewußt wurde und über ihre Aufhebung nachzudenken begann. Aufgehoben wurde die Inkommensurabilität und damit die Gleichgültigkeit in der Neuzeit.

Es ist dieser Erkenntnisprozeß und der systematische Aufbau der Mathematik als Theorie, an dem das Umschlagen des anfangs bloß quantitativen, zählenden Fortschreitens der Zahl auf dem Weg über die Zusammenraffung von Zählprozessen in Rechen-Operationen zum Quale *Zahl* und zu den zahllosen Qualia geführt hat, von denen jede eine Zahl ist. Diesem Meta-Prozeß ist das Hin- und Hergehen auf der Zahlengeraden - das tragische X in dem unglücklichen Satz von Hegel - in der Tat unangemessen.

Zusammenfassend ergibt sich:

1. Quantitative Änderungen erfolgen allmählich und sind stets nur abstraktiv vom Quale-Wandel abtrennbar.

2. Qualitativer Wandel ist stets an quantitativen gebunden. Doch ist diese Bindung nicht durchweg sichtbar, sodaß der Eindruck entsteht, allmählicher quantitativer Wandel würde dem Quale gleichgültig sein. Dieser Eindruck kann nicht lange erhalten bleiben. Schon gar nicht *unentwegt*. In gewissen Grenzen können praktische Handlungen *trotzdem* so disponiert werden, als wäre Quale-Wandel, der unsrer Wahrnehmung *unterschwellig* ist, nicht gegeben. *Noch* kann das Risiko unwesentlich sein.

3. Es kommt drauf an,

a) Wandel des Quantums in dem System, innerhalb des Ganzen, in dem er sich vollzieht, und auf das System, das Ganze, bezogen zu sehen

b) die *Gesamtheit* der Wandlungen zu suchen, die einen Quale-Um-Wandel herbeiführen können;

c) den Quale-Wandel vollständig *und als Prozeß parallel,* **aus**einander-folgender und sich überschneidender, ineinandergreifender, sich über-lagernder und wechselwirkender Komponenten zu sehen,

d) den Quale-Wandel nach dem vorrückenden Grad seiner Perfektion zu erfassen;

e) beim Versuch von Prozeßbeschreibungen unterschiedliche Prozesse auseinanderzuhalten (von welchem Prozeß wird jeweils gesprochen?);

f) die Paare zusammengehörender Q-Q-Prozesse korrekt zu bilden (nicht X für U) und in das Paar jenes Quentchen einzubeziehen, das den Quale-Wandel *sichtbar* macht.

9. Marx / Engels: Allmählichkeit des Quale-Umschlagens im Blickwinkel „UNIVERSELLE DIALEKTIK"

9.1 Kapitalismus - Prozeß, kein Granit

Als Marx sein Vorwort zu DAS KAPITAL abschließt, zitiert er den Vizepräsidenten der USA (Amtszeit 1867 - 69): Nach Beseitigung der Sklaverei trete die Umwandlung der Kapital- und Grundeigentumsverhältnisse auf die Tagesordnung! Dem US-Vizepräsi fügt nun Marx hinzu: „Es sind dies Zeichen der Zeit.... Sie bedeuten nicht, daß morgen Wunder geschehen werden. Sie zeigen, wie selbst in den herrschenden Klassen die Ahnung aufdämmert, daß die jetzige Gesellschaft kein fester Kristall, sondern ein umwandlungsfähiger und beständig im Prozeß der Umwandlung begriffener Organismus ist." (MEW 23.16) Marx sagte zwei Mal „Umwandlung". Warum nicht „Sturz"? Warum nicht „Höllensturz"? Gerade hier im Vorwort?

Da nun Marx für Überwindung des Kapitalismus stand, so heißt sein Credo hier: Überwindung per Umwandlung. Sehr früh schon hatte Marx, der in der Lage war als Philosoph, eine ganze Epoche A in eins zu fassen und einer andern Epoche B gegenüberzustellen, sodaß dann auch der Übergang von A zu B für einen Augenblick - und mega-philosophisch - als ein Komma scheinen könnte, nicht minder philosophisch hinzugefügt: Nicht nur, daß keine Epoche ein homogener Eisblock ist. Im Gegenteil. Das bürgerliche Eigentum zu definieren heiße, „alle gesellschaftlichen Verhältnisse der bürgerlichen Produktion darstellen. Eine Definition des Eigentums als eines unabhängigen Verhältnisses, einer besonderen Kategorie, einer abstrakten .... Idee geben zu wollen, kann nichts anderes sein als eine Illusion der Metaphysik oder der Jurisprudenz." (MEW 4. 165)

Wir hatten schon gesehen, daß selbst das simple H_2O nur als Idee zu Dampf wird, reale Fässer Wasser aber nicht. Marx wollte offenbar sagen: Wenn das Eigentum ein System gesellschaftlicher Verhältnisse ist, so kann der Übergang von A zu B ein Bums nicht sein. Vielmehr - ein historischer Prozeß, in dem wir uns alle wandeln. Mitten in Das Kapital schreibt Marx: „....abstrakt strenge Grenzlinien scheiden ebensowenig die Epochen der Gesellschafts- wie der Erdgeschichte." (MEW 23. 391)

Als ENGELS seine „Dialektik der Natur" notierte, kannten die Geologen noch die Kataklysmen-Theorie von Cuvier: Die geschichtlichen Formationen der Erdentwicklung seien nicht allmählich entstanden, sondern unveränderlich gewesen und nur durch gewaltige Katastrophen transformiert worden. Engels nannte diese Annahme „revolutionär in der Phrase und reaktionär in der Sache. An die Stelle der Einen göttlichen Schöpfung setzte sie eine ganze Reihe wiederholter Schöpfungsakte, machte das Mirakel zu einem wesentlichen Hebel der Natur." (MEW 20. 317)

Der alltäglichen Marx-Legende bläst Sturm ins Gesicht. Marx/Engels-Worte pfeifen ihr entgegen.

9.2 Die Übergänge sind fließend

Ein Ratschlag von Engels, wie Alltags-Erfahrung zu hinterfragen sei:

„Für den Metaphysiker sind die Dinge und ihre Gedankenabbilder, die Begriffe, vereinzelte, eins nach dem andern und ohne das andre zu betrachtende, feste, starre, ein für allemal gegebne Gegenstände...." Metaphysiker steht hier für „Nichtdialektiker". Von Engels wird uns der Alltags-Metaphysiker vorgestellt:

„Er denkt in lauter unvermittelten Gegensätzen; seine Rede ist ja, ja, nein, nein, was darüber ist, ist vom Übel. Für ihn existiert ein Ding entweder, oder es existiert nicht.... Diese Denkweise erscheint uns auf den ersten Blick deswegen äußerst plausibel, weil sie diejenige des sogenannten gesunden Menschenverstandes ist.

„Allein der gesunde Menschenverstand, ein so respektabler Geselle er auch in dem hausbacknen Gebiet seiner vier Wände ist, erlebt ganz wunderbare Abenteuer, sobald er sich in die weite Welt der Forschung wagt; und die metaphysische Anschauungsweise, auf so weiten.... Gebieten sie auch berechtigt und sogar notwendig ist, stößt doch jedesmal früher oder später auf eine Schranke, jenseits welcher sie einseitig, borniert, abstrakt wird und sich in unlösliche Widersprüche verirrt, weil sie über den einzelnen Dingen deren Zusammenhang, über ihrem Sein ihr Werden und Vergehn, über ihrer Ruhe ihre Bewegung vergißt, weil sie vor lauter Bäumen den Wald nicht sieht.

„Für alltägliche Fälle ....können wir mit Bestimmtheit sagen, ob ein Tier existiert oder nicht; bei genauerer Untersuchung finden wir aber, daß dies eine höchst verwickelte Sache ist, wie das die Juristen sehr gut wissen, die sich umsonst abgeplagt haben, eine rationelle Grenze zu entdecken, von der an die Tötung des Kindes im Mutterleibe Mord ist...." (MEW 20. 21)

Zur lebenden Natur notierte Engels: „Hard and fast lines mit der Entwicklungstheorie unverträglich.... Für eine solche Stufe der Naturanschauung, wo alle Unterschiede in Mittelstufen zusammenfließen, alle Gegensätze durch Zwischenglieder ineinander übergeführt wer*den, reicht die alte metaphysische Denkweise nicht mehr aus. Die Dialektik, die ebenso keine hard and fast lines, kein unbedingtes allgültiges Ent*weder-Oder! kennt, die die fixen metaphysischen Unterschiede ineinander überführt und neben dem Entweder-Oder! ebenfalls das Sowohl dies - wie jenes! an richtiger Stelle kennt und die Gegensätze vermittelt, ist die .... angemessne Denkmethode." (MEW 20. 482)

Daß die „vorgestellte Starrheit .... erst durch unsre Reflexion in die Natur hineingetragen ist - diese Erkenntnis macht den Kernpunkt der dialektischen Auffassung der Natur aus." (MEW 20. 14)

Übergänge von einer Quale A zu einer Quale B pflegen demnach fließend, allmählich zu sein. Zwischen den Extremen bestehen Übergangs- oder Mischformen. Doch keine „hard lines". Kein Strich. Kein Brett wie zwischen Schiebekästen. Keine Mauer.

Gibt es also absolut keine GRENZE zwischen A und B ? Es gibt eine Art Grenze. „Grenze" in übertragenem Sinne des Wortes. Sie ist weder Punkt noch Linie; sie ist qualitativ. Sie ist so real wie A und B. Man kann sie aber nicht sehen. Erkennen kann man sie. Doch nur mit Kopf. Sie wird ausgedrückt, indem man Quale A und Quale B und den Unterschied zwischen A und B beschreibt. Grenze ist hier eine Metapher. Diese (qualitative) Grenze erkennt man, wenn zweierlei geschieht:

* Man nimmt A und B je in ihrer gleichsam idealischen, extremen Ausprägung, zum Beispiel extremer Sommer und extremer Winter, „mausetot" und „quicklebendig", „Mittagssonne" und „Mitternacht", „Kind, das vierjährig ist" und „Erwachsener mit Vierzig". Anstatt „extremer Sommer" sagt man auch „Sommer, wie er im Buche steht", „perfekter Sommer", „Jahrhundertsommer". Mit „moralisch gut" hat die Bezeichnung „idealisch" hier nichts zu tun; sie erinnert nur daran, daß man eine Idee von Sommer hat, wenn man sagt, der Sommer des Jahres x sei perfekt. Man weiß ja, daß es real auch Sommertage mit Herbstwetter gibt und Sommer, die „keine richtigen" sind.

** Man geht von den Extremen A und B aus und hebt diejenigen Eigenschaften von A hervor, die B (in seinem Extrem) nicht hat oder zu denen eine Eigenschaft von B im Gegensatz steht. Dann vertauscht man die Rollen von A und B und wiederholt den Vorgang.

So werden A und B qualitativ voneinander abgegrenzt, als zwei verschiedne Qualia.

Was sich nach * und ** als Resultat des Abgrenzens ausdrückt, ist die qualitative Grenze. Sie kann gar nicht eine Linie oder Marke sein, nicht einmal eine Zone. Sie ist kein geometrisches Gebilde. Sie ist nicht mit den Augen zu sehen, nicht mit den Händen zu greifen. Die qualitative Grenze, orientiert an den Extremen, kann als Kriterium *dienen, nutzbar für Entscheidungen. Wobei eben Kriterien-Nutzung meist sehr unscharf ist* und Streit um Abgrenzung nie ausschließt. Nicht immer wegen unsrer Schnoddrigkeit. Sondern weil zwischen Extremen kein Brett ist.

Allerdings ist oft nötig, das ebenso qualitative wie fließende Übergehen von A in B durch Marke-Setzen zu kennzeichnen. Es ist erst die Marke, die

die unsichtbare qualitative Grenze durch Sichtbares ersetzt. Damit wird eine Grenze dekretiert: „Was links der Marke liegt, sei A, was rechts davon sei B."

Die Marke ist - falls praktisch unvermeidbar - nach bestem Wissen und Gewissen aus der qualitativen Grenze abzuleiten, obwohl es eine Trennung im Sinne einer Linie objektiv gar nicht gibt. Weil es hard and fast lines nicht gibt. Zieht man dennoch eine Linie, oder setzt man dennoch einen Punkt, so ist das fiktiv, nie ohne Willkür.

Eine Quale A geht in eine Quale B über, wie die Nacht graduell in den Tag übergeht und - wenn die Sonne im Zenit steht - schließlich auch übergegangen ist. Von Mitternacht zu Mittag gedacht ist es ein qualitativer „Sprung", doch physisch ein fließend geschehender. Selbst auf dem atmosphärelosen Mond ist der Übergang nicht plötzlich, denn die aufgehende Sonne gleicht einer Scheibe und nicht einem Punkt, der mit einem Male über den Horizont sein könnte. Auch fällt ihr Licht zu Anfang in sehr flachem Winkel ein. Doch auf unsrer Erde, die reicher mit Unterschieden und Streu-Medien gesegnet ist als der Mond, wälzt sich Nacht allmählich in den Tag. Das Übergehen beginnt um Mitternacht. Wenn Folgendes geschieht, ist es schon sehr weit fortgeschritten:

„In Dämmerschein liegt schon die Welt erschlossen,

Der Wald ertönt von tausendstimmigem Leben,

Talaus, talein ist Nebelstreif ergossen,

Doch senkt sich Himmelsklarheit in die Tiefen,

Und Zweig' und Äste, frisch erquickt, entsprossen

Dem duft'gen Abgrund, wo versenkt sie schliefen;

Auch Farb' an Farbe klärt sich los vom Grunde,

Wo Blum' und Zitterperle triefen:

Ein Paradies wird um mich her die Runde.

Hinaufgeschaut! Der Berge Gipfelriesen

Verkünden schon die feierlichste Stunde,

Sie dürfen früh des ewigen Lichts genießen

Das später sich zu uns hernieder wendet.

Jetzt zu der Alpe grüngesenkten Wiesen

Wird neuer Glanz und Deutlichkeit gespendet...."

Faust. Der Tragödie Zweiter Teil. Erster Akt. „Ungeheures Getöse verkündet das Herannahen der Sonne". Schrecklich zu sagen, daß es im Dichterwerk mehrere Phasen und mehrere Ebenen des Geschehens gibt:

188

1. Emporsteigen der Sonne noch unter dem Horizont, ab Mitternacht. 2. Erstes Streulicht. 3. Ankommen der (direkt einfallenden) Strahlen - sehr sehr allmählich - auf Bergspitzen und geneigten Hangflächen. 4. Der Einfluß von (2) und (3) auf Wiesen, Atmosphäre und Lebewesen. 5. Fausts Erleben des Erwachens der Natur, dies wieder nach 2 bis 4 unterteilt. 6. Fausts Erleben des Erwachens seiner selbst:

„Des Lebens Pulse schlagen frisch lebendig, Ätherische Dämmerung milde zu begrüßen; Du, Erde, warst auch diese Nacht beständig und atmest neu erquickt zu meinen Füßen, Beginnest schon mit Lust mich zu umgeben, Du regst und rührst ein kräftiges Beschließen, Zum höchsten Dasein immerfort zu streben. „

7. und 8. „Jetzt zu der Alpe grüngesenkten Wiesen Wird neuer Glanz und Deutlichkeit gespendet, Und stufenweis herab ist es gelungen; - Sie tritt hervor! und leider schon geblendet, Kehr ich mich weg, vom Augenschmerz durchdrungen."

9. Faust wendet sich nun dem Wasserfall zu, in den die Sonne hineinscheint: „Von Sturz zu Sturzen wälzt er jetzt in tausend, Dann abertausend Strömen sich ergießend, hoch in die Lüfte Schaum an Schäume sausend. Allein wie herrlich, diesem Sturm erspreßend, Wölbt sich des bunten Bogens Wechseldauer...."

Spätestens jetzt wird es unvermeidbar, die Lehre von der Plötzlichkeit des Quale-Umschlagens barbarisch zu nennen.

9.3 Grenzlinien sind nur dekretiert

Großstädter bemerken das Übergehen nicht als Prozeß. Für sie ist entweder Tag oder Nacht. Das Übergehen wird vom Neonlicht unauffällig gemacht. Hell ist hell. Bis man in eine dunkel gewordne Ecke schaut und plötzlich bemerkt: Es ist Nacht.

Die Marke wird nach einer Wahrnehmungsschwelle oder nach Ermessen festgesetzt. Die Marke - auch Marge genannt (lat. margo = Grenze) - wird mitunter an einem numerischen Wert eines Parameters „festgemacht". Zum Beispiel muß die Marge zwischen zwei qualitativ unterschiednen, doch fließend ineinander übergehenden Kategorien von Vorkommnissen im Einzelfall überhaupt erst durch richterliche Entscheidung gesetzt werden.

Beispiele nach dem „Beckschen Ratgeber RECHT":

„Der Übergang von einer Verkehrsordnungswidrigkeit zu einem Straftatbestand kann fließend sein." (A.a.O., dritte Auflage, S. 425) Marke des Übergangs ist aber nicht eine bestimmte Geschwindigkeit (z.B. 60 km/h in

einer geschlossen Ortschaft), sondern - nach Abwägung aller Umstände - die ENTSCHEIDUNG, ob andere Verkehrsteilnehmer gefährdet waren, z.B. am Fußgängerübergang. Nur beim Bußgeld-Festsetzen macht man sich das einfach. Bußgeld kommt zu häufig vor, und die Beträge sind gering.

Zu Versuch X und Vorbereitungshandlung Y einer Straftat: „Wo die noch nicht strafbare Vorbereitungshandlung endet und der strafbare Versuch beginnt, entscheiden die Gerichte im Einzelfall". (A.a.O. S. 427)

So sehr das Urteil auf der Würdigung aller Umstände des speziellen Ereignisses (Prozesses) beruht, es liegt auf einer anderen Ebene als der Unterschied der Kategorien X und Y. Es liegt auf der subjektiven Ebene. Im realen Leben muß der Mensch tätig sein, Entschlüsse fassen, muß handeln, ehe er alle Feinheiten eines flimmernden Übergangs eruiert hat. Irgendwann schalten wir dann: „Jetzt ist's genug!" Diese Chance muß auch - im Rahmen der Gesetze - den Behörden zugebilligt werden, nicht nur beim Festlegen von Margen für die Steuerzahlung, denn selbst wenn die Absicht bestünde, Gerechtigkeit walten zu lassen - wie lange müßte der Finanzer knobeln, um sich zwischen den Kategorien steuerpflichtiger Staatsbürger zurechtzufinden? Dekrete sind auch durch gleitende Gestaltung nicht gänzlich zu umgehen.

Engels notierte: Die Erkenntnis, wonach Gegensätze und Unterschiede in der Natur vorkommen, sei mit dem Zusatz zu nehmen, daß „ihre vorgestellte Starrheit und absolute Gültigkeit erst durch unsre Reflexion in die Natur hineingetragen" ist. Solche Starrheit und absolute Gültigkeit gebe es in der Natur nicht, „diese Erkenntnis macht den Kernpunkt der dialektischen Auffassung der Natur aus." (MEW 20. 14) Engels nennt die Grenzlinien und die Unterschiede zwischen den logischen Klassen „gewaltsam fixiert". (Ebd.) Gewaltsam!

Punktualität in Dekreten ist das Raster, welches von uns - den Metaphysikern des Alltags - in die Natur hineingerufen wird und uns als Echo herausschallt. Und aus der Welt zu schaffen ist, was Schulen dekretieren: Das Individuum durch Noten zu bewerten. Diese Art von Marken müßte man abschaffen. „Die Würde des Menschen ist unantastbar. Sie zu achten und zu schützen ist Verpflichtung aller staatlichen Gewalt." (Artikel 1 (1) Grundgesetz)

9.4 Marx und Engels erkennen Typen des funktionellen Zusammenhangs „Qualität von Quantität". Zunächst der Chemie-Typ

Da das Umschlagen quantitativer Veränderung in qualitative ein Weltgesetz ist, dürfte es in unsrer konkreten Welt verschiedne Typen des Umschlagens geben. Anfänge einer Gliederung des Quale-Umschlagens nach Typen finden sich bei Marx und Engels. Diese Anfänge nachzeichnend stoßen wir auf die Frage: Bringt jede quantitative Änderung eine qualitative mit sich?

Es gibt Bereiche, wo mit jeder ganzzahligen Änderung eines Quantums eine qualitative Änderung der zu Beginn gegebnen Quale eintritt. Engels sah diesen Fall in der Chemie, wo das Gesetz der konstanten und multiplen Proportionen herrscht:

Vereinigen sich drei Sauerstoffatome „zu einem Molekül, statt der gewöhnlichen zwei, so haben wir Ozon, einen Körper, der durch Geruch und Wirkung von gewöhnlichem Sauerstoff sehr bestimmt verschieden. Und gar die verschiednen Verhältnisse, in denen Sauerstoff sich mit Stickstoff oder Schwefel verbindet.... Wie verschieden ist Lachgas (Stickstoffmonoxyd N_2O) von Salpetersäureanhydrid (Stickstoffpentoxyd N_2O_5) ! .... Noch schlagender tritt dies hervor an den homologen Reihen der Kohlenstoffverbindungen...." (MEW 20.351 f. Bezüglich Kohlenwasserstoffe ebd. S. 118 f.) . „Hier ist jede Veränderung ein Umschlagen von Quantität in Qualität, eine Folge quantitativer Veränderungen...." (ebd. S. 350)

Metaphysiker gefallen sich, auffällige Ereignisse „Quantensprung" zu nennen, wobei sie meinen, daß Beträchtliches als Plötzliches geschehe. Hintergrund dieser Meinung - ob man das weiß oder nicht - ist, „daß man die Energiedichte der Lichtstrahlung eines schwarzen Körpers nur dann richtig berechnen kann, wenn man annimmt, daß alle Lichtenergie nur in ganzzahligen Vielfachen von $h \cdot v$

abgegeben (emittiert) werden kann. Dabei ist v die Frequenz des Lichtes und h eine universelle Konstante, das Plancksche Wirkungsquantum." (Bertelsmann Neues Lexikon in 10 Bänden)

Mißbrauch dieser Physiker-Annahme durch eitle Meta-Physiker ist eine Lästerung, weil man aus jener Annahme nichts ableiten kann über etwaige Plötzlichkeit von Prozessen, etwa dem Bahn-Wechsel eines Elektrons in der Atomhülle, bei welchem Energie abgegeben oder aufgenommen wird. Aus der Heisenbergschen Unschärfe-Relation folgt nämlich: „Je genauer der Ort festgelegt ist, umso ungenauer wird der Impuls bestimmt und umgekehrt", (ebd) wobei der Impuls die Zeitlichkeit ausdrückt. „Das Verhalten der Teilchen ist bei der Messung selbst anschaulich beschreibbar, nicht aber ihr Verhalten zwischen den einzelnen Messungen." Nach der Unschärfe-Relation verbietet es sich, den Wechsel eines physikalischen Zustands als plötzlich anzusehen.

Bleibt noch die Frage, ob man Ganzzahligkeit in qualitativen Unterschieden von Zuständen oder Teilchen nicht mittelbar als Plötzlichkeit im Wechsel von Zuständen bzw. Teilchen ansehen kann? Auch das verbietet sich nach den Annahmen der Physik, weil jede Aussage über Teilchen im subatomaren Bereich nur eine Aussage über die Wahrscheinlichkeit eines Teilchens in einem kontinuierlichen Feld ist: „Alle atomaren Gesetze haben nur statistische Bedeutung, d.h. man kann nicht für einzelne Elementarteilchen aussagen, was mit ihnen im Lauf der Zeit geschieht; es ist vielmehr nur möglich, für viele Teilchen eine Aussage zu machen." (Ebd.)

Alltagsaussagen sind aber stets Aussagen über **Pakete** von Teilchen, und so sind die Umwandlungen zwischen chemischen Stoffen - ob im Reagenzglas, im Reaktor oder im Alltag - stets allmählicher Quale-Umwandel, auch wenn sie rasch verlaufen.

9.5 Modell von Marx und Engels: „Reiterverbände der Art 'Napoleon'"

Engels - auch Militärschriftsteller - erklärt in einem Artikel „Kavallerie", „warum es für irreguläre Kavallerie, sei sie noch so gut und zahlreich, unmöglich ist, reguläre Kavallerie zu schlagen." Engels erhöht es zur Paradoxie: „Es besteht kein Zweifel, daß, im Hinblick auf das individuelle Können beim Reiten und Säbelfechten, keine reguläre Kavallerie an die Irregulären der Reitervölker des Ostens jemals herangekommen ist, und dennoch hat die allerschlechteste europäische reguläre Kavallerie sie im Felde stets geschlagen. Von der Niederlage der Hunnen bei Chalons (451) bis zum Sepoyaufstand von 1857 gibt es nicht ein einziges Beispiel, wo die ausgezeichneten, doch irregulären Reiter des Ostens ein einziges Regiment reguläre Kavallerie im eigentlichen Angriff geschlagen hätten." (MEW 14. 308) Engels nennt auch den Sieg der Ritter Ottos I. über die ungarischen Reiterscharen 955 auf dem Lechfeld. (MEW 14. 293)

Über „irreguläre" Kavallerie sagt Engels: „Ihre ungeordneten Schwärme, die ohne Zusammenwirken und Geschlossenheit angreifen, können eine feste, sich schnell bewegende Masse nicht beeindrucken. Ihre Überlegenheit kann sich nur dann erweisen, wenn die taktische Formation der Regulären aufgelöst ist und der Kampf Mann gegen Mann einsetzt; doch das wilde Anrennen der Irregulären gegen ihre Gegner kann nicht zu diesem Erfolg führen.... Hierfür gibt es kein besseres Beispiel als das der Dragoner Napoleons in Ägypten, die, zweifellos die schlechteste reguläre Kavallerie der damaligen Zeit, stets die Mamelucken, die glänzendsten aller irregulären Reiter, besiegten. Napoleon sagte von ihnen, 2 Mamelucken wären 3 Franzosen entschieden überlegen; 100 Franzosen wären 100 Mamelucken gleichwertig; 300 Franzosen würden im allgemeinen 300 Mamelucken besiegen, und 1000 Franzosen würden in jedem Fall 1500 Mamelucken schlagen." (MEW 14.308)

Das wird im Marx-Engels-Opus mehrmals zitiert: 1867 im KAPITAL (MEW 23. 345) und 1877 im „Antidühring" (MEW 20.120) als Modell der Dialektik von Quantum und Quale. Das Beispiel sei nun in seiner Struktur betrachtet. Zuerst bemühen wir uns um Formulierungen des Problems.

a) Miteinander zu vergleichen sind der Mamelucken-Verband M* und der Napoleon-Verband N*.

b) Die Mannschaftsstärken m bzw. n der Verbände seien variabel und deshalb symbolisiert durch Variable. Vergleiche erfolgen bei unterschiedlichen Werten der beiden Variablen.

c) Die Kampfkraft M bzw. N jedes Verbandes ist abhängig von seiner Mannschaftsstärke m bzw. n . Dabei ist M eine Funktion von m , und N ist eine Funktion von n . Abgekürzt:

$$M = M(n) \qquad bzw. \qquad N = N(n) \quad .$$

d) Die Werte beider Funktionen wachsen, wenn m bzw. n wächst. (Beide Funktionen unterstellen wir der Einfachheit halber als monoton wachsend.)

e) Die Funktion N ist nichtlinear, denn für den Napoleon-Verband gilt: Das Ganze ist mehr als die Summe der Teile. Zum Beispiel:

$$1 + 1 + 1 \; > \; 3 \quad oder \quad 1 + 1 + 1 \; = \; 3 + \Delta$$

$$\underbrace{1 + 1 + \ldots\ldots + 1}_{n \text{ Mal}} \; > \; n \quad oder \quad = n + \Delta$$

Ein Ganzes kann auch weniger sein als die Summe der Teile: Wenn sich die Teile einander stören.

Bezüglich eines Ganzen hat das Zeichen + eine Bedeutung, die in der linearen, assoziativen Algebra prinzipiell ausgeschlossen ist, denn dort ist zum Beispiel

$$1 + 1 + 1 \; exakt \; gleich \; (1 + 1) + 1 \; = \; 1 + (1 + 1) .$$

Unter Assoziativität wird verstanden, daß man in Summen wie $1 + 1 + 1$ beliebig Klammern einstreuen kann, ohne das Ergebnis zu beeinflussen.

Gerade so wird in der Schule gerechnet.

N* ist nach Engels ein Ganzes. Das mag übertrieben sein, doch wollen wir es im Gedankenexperiment akzeptieren. Dagegen der Verband, der kein Ganzes ist, ist so stark, wie die Summe seiner Teile ist. In ihm gelten die Additionsgesetze der assoziativen Algebra mit **1 + 1 + 1 exakt gleich 3.** *Oder* Delta *(siehe oben)* gleich null.

f) Damit wird von Napoleon/Engels unterstellt, daß M eine lineare Funktion ist, dagegen N eine nichtlineare:

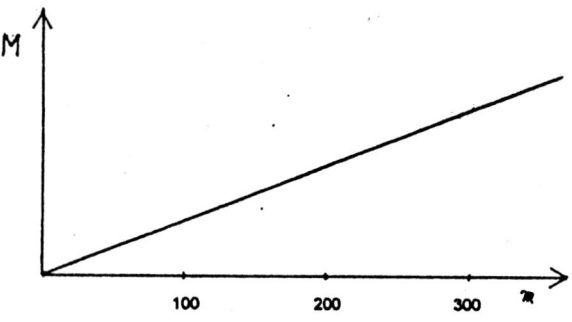

Abb. 9.1 a Wachstum der Kampfkraft *M* der Mamelucken in Abhängigkeit von der Anzahl *m* der hochqualifizierten Reiter-Individualisten

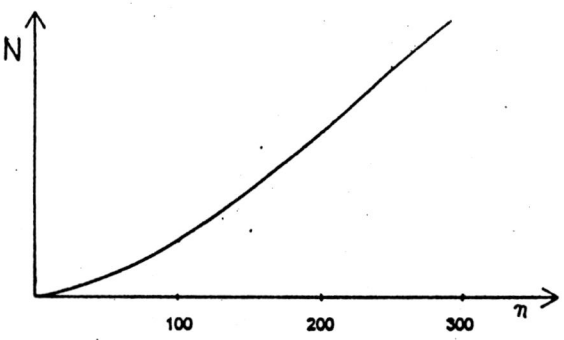

Abb. 9.1 b Wachstum der Kampfkraft *N* der Napoleoniden in Abhängkeit von der Anzahl *n* der schwach qualifizierten, aber gut organisierten Reiter

9.6 Diskussion des Modells „Reiterverbände"

In dem Modell von Napoleon/Engels sind mehrere Prozesse des Quale-Umschlagens enthalten. Sie seien schrittweise sichtbar gemacht. Dazu seien fünf sehr verschiedne Vorgänge vorgestellt:

Erster Vorgang: Man stelle sich vor, aus einzelnen Reitern - gleiche Kampfkraft sei der Einfachheit halber unterstellt - werde durch rein formelle Zusammenfassung die Vereinigungsmenge gebildet. Diesem Vorgang zugeordnet ist die Summenbildung

$$1 + 1 + 1 + ... + 1 = m .$$

Wird dieses m vergrößert, so ändert sich das ihm zugeordnete Quale nicht.

Zweiter Vorgang (ein fiktiver Vorgang): Wie erster Vorgang, doch mit dem Unterschied, daß bezüglich irgendeiner Menge von 2 oder 3 oder 4 .... oder m irregulären Reitern, die anfangs ein loser Haufen sind, durch ein Maßnahmeündel, in einer irgendwie konzertierten Aktion - wie auch immer - ein Ganzes, also ein andres Quale, gemacht werde. So würde - bei jedem anfangs zugrundegelegten Quantum - ein neues Quale entstehen.

Dritter Vorgang: Wie zweiter Vorgang, doch realistischer, nämlich mit dem Unterschied, daß die quale-bildende Maßnahme selber in kleine und kleinste Maßnahmen unterteilt sein würde. So würde das neue Quale selber in kleinen und kleinsten Schritten entstehen: allmählich. Das überhaupt erzielbare neue Quale würde durch allmählichen und vorteilhaften Ausbau seiner Struktur und durch Einüben des strukturgemäßen vorteilhaften Verhaltens, durch jeden noch so kleinen Schritt - eben allmählich - enttehen. Es gäbe einen fließenden Übergang von der ursprünglichen zur perfekt neuen Quale. Wenn man Anfang und Ende gedanklich einander gegenüberstellt, wäre klar, daß ein „Sprung" geschehen ist, doch ein solcher, der allmählich ausgeführt wurde, ein allmählicher Übergang in ein (perfektes) neues Quale.

Vierter Vorgang: Man stelle sich vor, ein Verband mit dem Quantum von 2 oder 3 oder 4 .... oder m Reitern, der von vornherein ein GANZES ist, werde schrittweise durch echte Integration weiterer Reiter aufgestockt. Das schon vorhandene Ganze wird schrittweise größer. Es bleibe dabei nicht nur ein Ganzes, sondern komme zur Entfaltung seiner Ganzheitlichkeit, die ihm wie ein genetischer Kode eigen ist. Für jeden Verband von Reitern, dem in dieser Weise ein zusätzliches Quantum implantiert wird, und sei es noch so klein, gilt: Jedes zusätzliche Quantum schlägt um in Quale. Sogar in doppelter Weise:

a) Dieses Quale - mit seinem integrierten Zusatz-Implantat - ist eine in ihrer Struktur gewandelte, also mehr oder weniger qualitativ veränderte Ganzheit.

b) Mit a) geht einher das Wachsen und ins Gewicht-fallen-können einer SURPLUSKRAFT, die diesem Verband eigen ist im Gegensatz zu einem solchen Verband, dessen Kraft auch bei wachsender Verbandsgröße immer nur die Summe seiner Teile bleibt. Diese Surpluskraft gehört zum Wesen des Quale. Sie ist in dem noch kleinen Ganzen angelegt; sie wächst und wird signifikant mit der Integration quantitativer Zuwächse (hier von Reitern).

Fünfter Vorgang: Beim dritten und vierten Vorgang sahen wir Ganzheit und Umschlagen quantitativer Änderungen in Quale. Dabei nahmen wir den Reiterverband solo. Der Bezug auf den anderen Verband war rein abstrakt. In beiden Vorgängen erfolgte das Quale-Umschlagen allmählich. Quale war in beiden Vorgängen auf doppelte Weise „die Ganzheit", nämlich in ihrem Unterschied zur bloßen Summe: a) als Struktur und b) als Surpluskraft. Napoleon/Engels noch weiter ausdeutend gehen wir jetzt über das Phänomen „Ganzheit" hinaus und betrachten den Effekt von Ganzheit in bezug auf ein reales Paar von Gegnern. Wir betrachten jetzt also nicht das Quale eines Verbandes solo, wie bisher, sondern den Kampf-Effekt sowie sein Quale innerhalb eines Paares von Gegnern, insbesondere solchen, die unterschiedlich mit reiterischem Können und unterschiedlich mit Ganzheit gesegnet sind wie M* und N* . Wir sprechen jetzt vom Quale-Umschlagen der Relation zwischen zwei gegnerischen Verbänden.

Den fünften Vorgang betrachtend sprechen wir in einem engeren Sinne über das Modell von Napoleon/Engels, wo das Ganzheits-Quale eines Verbandes - des napoleonischen - stillschweigend vorausgesetzt ist, ohne die Vorgänge Eins bis Vier ihres Entstehens zu erwähnen. Sie sind natürlich in denErläuterungen von Engels unterstellt.

Nun also zum fünften Vorgang: Viktoria und Defatia tauschen bei wachsender Reitermenge die Seite, welcher sie bisher beigewohnt hatten. Erst siegten Mamelucken, dann Franzosen. Per Anwachsen der Reitermassen kehrt sich das um. Der Surplus-Kampfeffekt, welcher der Ganzheit eines der beiden Verbände entspringt, kam innerhalb der Paarung solange nicht zur Geltung, solange die Mannschaftsstärke klein war. Das ist zum Beispiel jener Fall, von dem Napoleon/Engels sagt, wegen ihrer individuellen Überlegenheit als Reiter und Fechter schlügen 2 Mamelucken 3 napoleonische Reiter: $M(2) > N(3)$.

Nun aber lassen wir die Verbände wachsen: Den rein summativen mameluckischen Verband M* mit M = $M(m)$ und den ganzheitlichen napoleonischen Verband N* mit seinem nichtlinearen, dem Ganzheitseffekt geschuldeten N = $N(n)$, der in $N(n)$ umso deutlicher zum Ausdruck kommt, je größer m und n werden. So kommen wir zu der zitierten Aussage von Napoleon/Engels, die wir als Serie von RELATIONEN schreiben:

$M(2) > N(3)$

$M(100) = N(100)$

$M(300) < N(300)$

$M(1500) < N(1000)$ bzw. $M(1000) < N(1000)$.

Als Symbole für derlei Paare bieten sich diese Zeichen an:

$M(m) \otimes N(n)$ bzw. $M \otimes N$

Das Beispiel von Napoleon/Engels ausdeutend betrachten wir M(m) und N(n) für wachsende Variable *m* und *n* . Die Werte - zunächst *M* „an sich" oder „solo" und *N* „an sich" oder „solo" widerspiegelnd (quasi Kasernenhofstärke) - tragen wir in ein Koordinatensystem ein. Da *m* und *n* bald so groß werden, daß der Zuwachs von je einem Reiter klein ist gegenüber dem zunehmend größeren Potential von einigen Dutzend, ja hunderten oder tausenden Reitern, können wir uns den Zuwachs als praktisch kontinuierlich vorstellen und per stetiger Linie im Koordinatensystem darstellen.

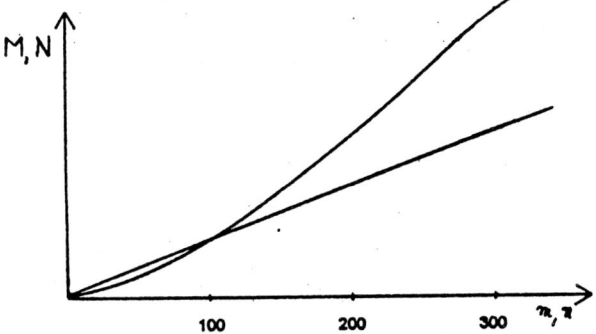

Abb. 9.2 Die Kurven der Abbildungen 9.1 a und 9.1 b wurden übereinandergelegt, sodaß sich die Wachstumskurven der Pro-Mann-Kampfkraft der Mamelucken und der Napoleoniden schneiden. Der Schnittpunkt der beiden Wachstumskurven liegt etwa bei der Mannschaftsstärke 100.

Die Graphik zeigt einen Schnittpunkt beider Kurven. Dieser ist Zentrum der Zone, in der wegen des Wachsens von m und n die Waage des Paares der Kämpfenden, die anfangs nach M* geneigt war, umschlägt und sich zu N* neigt. Es handelt sich um ein Quale-Umschlagen innerhalb der Serie von RELATIONEN $M(m) \otimes N(n)$, die nach wachsenden Werten von *m* bzw. *n* aufgereiht sind. $M(m) \otimes N(n)$ bedeutet rechnerisch $M(m) - N(n)$.

Für kleine *m* und kleine *n* ist die Differenz für *M* günstig, in der Nähe von *m* = *n* = *100* wendet sie sich für *M* ins Ungünstige.

Dieses Umschlagen ist ein völlig anderes als jenes, das wir in den Vorgängen 2 bis 4 für einen Soloverband beobachtet hatten. Es erfolgt an einem anderen Objekt, nämlich an einem Paar und der Relation der aufeinander Bezogenen. Dem steht die Tatsache nicht entgegen, daß jetzt - beim 5. Vorgang - das bei 2 bis 4 betrachtete Umschlagen am anderen Objekt (dem Soloverband *N*) wirkt.

Die **Relation** ist es, die jetzt - scheinbar in einem Punkt, dem Schnittpunkt der Linien *M(m)* und *N(n)* - umschlägt (scheinbar plötzlich): Von Überlegenheit in Unterlegenheit bzw. umgekehrt. Doch bei genauerem Hinsehen lehrt das Beispiel etwas anderes als Plötzlichkeit: Es kündet von Allmählichkeit. Engels hatte sich im populären „Antidühring" (für das „Central Organ der Sozialdemokratie Deutschlands") dafür acht Zeilen genommen. Doch hatten wir schon gesehen, daß hinter dem Bonmot sechs verschiedne Bewandtnisse stehen, die Vorgänge 1 bis 5 und 4 mit a) und b). Wir fanden fünf verschiedne Effekte an zwei verschiednen Objekten - zuerst an N solo, dann an dem Paar *M(m)* $\otimes$ *N(n)* . Von Plötzlichkeit wird nichts übrigbleiben.

9.7 Alle Typen der Kategorie „Reiterverband":
Quale-Umschlagen allmählich

Resümieren wir: In Vorgang 1 gab es kein Quale-Umschlagen. Vorgang 2 war fiktiv; er diente unsrem Verstehen und kann jetzt außer betracht bleiben. In den Vorgängen 3 und 4 schlagen quantitative Änderungen **permanent** in qualitative um. Das permanente Quale-Umschlagen akkumuliert sich, es ist eine Integralbildung. Mit dem Integral wächst allmählich die Siegerqualität des wohlstrukturierten Reiterverbands. Doch in Vorgang 5 ? In bezug auf die Relation „ < „ beim Seitenwechsel der Victoria?

Alle (angenommenen) Fakten, die der Graphik zufolge anzudeuten scheinen, es handle sich um Linien und Punkte, besonders der Schnittpunkt der Funktionen *M(m)* und *N(n)*, sind hochgradige Idealisierungen. Aber vorm Hintergrund empirischer Vorgänge sind die Idealisierungen mit Maßtoleranzen zu denken. Alles, was gemessen wurde, zum Beispiel durch Napoleon/Engels, ist unscharf gemessen. Diese Toleranzen müßten in der Graphik berücksichtigt werden. Aus den Linien würden dadurch Schläuche entstehen, gar solche Schläuche, die keine scharfen Ränder hätten, sondern allmählich in ihre Umgebung übergehen wie Dunststreifen.

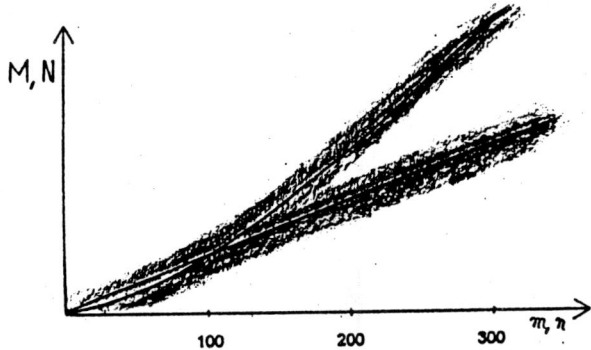

Abb. 9.3 Diese Abbildung unterscheidet sich von Abb. 9.2 dadurch, daß die in 9.2 naiverweise angenommenen scharfen Linien nur noch wie ein Skelett gelten, das eine Hülle hat, die sich allmählich in die Umgebung verliert.

Wir haben also die Linien wie Flächen und die Flächen als unscharfe Flächen zu sehen. Das sind Gebilde, die in den letzten Jahrzehnten ihr Hausrecht in der Mathematik gefunden haben. Wenn unscharfe Flächen anstelle von Linien zu sehen sind, muß das Konsequenzen haben an Orten, wo sich zwei „Linien" schneiden. Sagen wir lieber „Pseudolinien". Was wird, wenn die Idealisierung „Schnittpunkt zweier Linien" mit den nötigen Toleranzen genommen wird? Wenn sich also „Pseudolinien" schneiden?

Eine geometrische Frage stellt sich natürlich auch schon für die Vorgänge 2 bis 4: Mit welchen Toleranzen schlägt zum Beispiel bei den Vorgängen 3 und 4 der Zuwachs bei n in Quale um? Die Toleranzen resultieren nicht nur aus Problemen der Messung (Schätzung). Sie resultieren aus dem Zuordnen n zu N und N zu N^*. Diese Vorgänge haben ihre strukturellen, organisatorischen, pädagogischen, psychologischen etc. Aspekte. Allesamt objektiv, auch wenn sie sich auf Reiterverbände beziehen.

Nun gar der „Schnittpunkt"! Und dieser vor allem: Was heißt überhaupt Bettentausch von Viktoria und Niederlage? Was heißt „Schlagen", was heißt „schlägt", was heißt „Sieg", „Niederlage", „Überlegen", „Unterlegen"? Sieg ist meist „Pyrrhus-Sieg": So teuer erkauft, daß saldo gleich null.

Die vielen Worte mit Anführungszeichen beziehen sich auf „Scharmützel", „Treffen", „Gefecht", „Schlacht". Ein Gefecht aber, sogar sein Ergebnis, auch wenn es Jahre später als „Sieg" verkauft wird, ist ein Prozeß. Dazu Engels: Ein größrer Verband reguläre Reiterei kann zunächst einen größren Verband Irreguläre in die Flucht „geschlagen" haben, „aber", so Engels, „wenn der Sieg nicht durch die Verfolgung und durch den Einzelkampf genutzt wird, wäre er verhältnismäßig wertlos." Ist es dann überhaupt ein „Sieg"? Denn es genügt, daß Verfolgungsjagd die Linienformation der Verfolger selber allmählich auflöst. Und das tut sie zwangsläufig.

So ist es vorgekommen, daß die in die Flucht geschlagnen Irregulären die Regulären doch noch „geschlagen haben, indem sie plötzlich kehrtmachten und den günstigen Moment ausnutzten.... ist es doch offensichtlich, daß selbst eine solche <reguläre R.Th.> Truppe nach einem erfolgreichen Angriff in ziemliche Unordnung geraten sein muß. Der Erfolg des Angriffs ist nicht an jedem Punkt gleich groß; viele Kavalleristen werden unvermeidlich in Einzelkämpfe verwickelt.... Das ist der gefährlichste Augenblick für die <reguläre. R.Th.> Kavallerie; eine kleine Abteilung frischer Soldaten, gegen sie geworfen, würde ihr den Sieg aus der Hand reißen."

Also ist der „Schnittpunkt" beider Pseudo-Linien kein Punkt, sondern eine höchst unscharfe Zone des Übergehens, ein zerrissnes, dunstiges Gebilde.

Clausewitz hatte analog von „Siegeskrise" und „Krisis des Sieges" gesprochen und in aller Bescheidenheit des Kenners gemeint: „Kein Gefecht entscheidet sich in einem einzelnen Moment.... Der Verlust eines Gefechts ist also ein stufenweises Niedersinken der Waage.... Jedes Gefecht ist ein Ganzes, in welchem die Teilgefechte sich zu einem Gesamterfolge vereinigen." Folgt man Clausewitz weiter, wird man sogar von „stufenweisem Abpendeln" der Waage als einer Schwingung sprechen müssen: Die Entscheidung des Kommandeurs, ob das Gefecht überhaupt abgeschlossen sei, liege „in dem Augenblick, wo der Sieger aufhört, sich in einem Zustand der Auflösung und also einer gewissen Untüchtigkeit zu befinden.... Ferner wird der Augenblick, wo beim Sieger der Zustand der Gefechtskrise aufhört und die alte Tüchtigkeit zurückkehrt, um so früher eintreten, je kleiner das Ganze ist." (Carl von Clausewitz: Vom Kriege, Viertes Buch, 7. Kapitel)

Anders gesagt: Je größer das Ganze ist und damit die Surpluskraft des regulären Verbandes napoleonischer Art, desto länger wird jener Zustand der Untüchtigkeit dauern, in dem ihm der „Sieg" durch mameluckische Reiter entreißbar ist. Beim Militär dauert das Sammeln lange.

Auch nach Clausewitz hat das Gefecht keinen Abschluß als Punkt, sondern der „Kommandeur" entscheidet, ob das Gefecht abgeschlossen sei. Auch gibt es für den „Sieger" keinen Zeitpunkt („Augenblick"), wo er aufhört, sich aufzulösen, sondern höchstens einen Zeitpunkt, zu dem der Kommandeur einen Befehl erteilt, dessen Zweckmäßigkeit allmählich heranreift.

Selbst die glasklar scheinenden Begriffe „Sieg", „Geschlagen" usw., wenn sie auf empirische Prozesse anzuwenden sind, beginnen zu flimmern, vor allem an Flanken, wo sie in ihren Gegensatz übergehen: Zum Beispiel „Sieg" in „Niederlage". Klar gesiegt zu haben ist nur Einbildung. Beim Militär wie in der Politik.

Nun soll im Modell von Engels, in der Serie der Paare $M(m) \otimes N(n)$ bei variierenden m und n gerade dasjenige Werte-Paar von m und n ins Auge gefaßt werden, bei dem sich die beiden Pseudo-Linien M und N schneiden. Die Begriffe „Sieg", „Niederlage" bzw. „Unentschieden" sollen genau an dieser Stelle appliziert werden. Aber was ist hier „Stelle"? Was heißt hier „genau"? Sagen zu wollen, „Genau dieser Begriff trifft zu", oder sagen zu wollen, „dieser Begriff trifft nicht zu" - das hieße zu erwarten, ein Brett mit zehn Quadratmeter Fläche lasse sich auf die Spitze eines aufrecht stehenden Nagels legen.

Aus der inneren Gesetzlichkeit des Gefechts ergibt sich, daß in der Serie der Paare $M(m) \otimes N(n)$ diejenigen Paare neuralgisch sind - das heißt vom allmählichen Umschlagen betroffen -, die den Punkt unserer idealisierten Graphik umgeben. Der „Punkt" steht für objektives Geschehen, ist aber nur sein Symbol. Die Punktualität des Phänomens ist rein fiktiv.

Interessant schien zunächst dasjenige Wertepaar *(m ; n)* , bei dem wir das Quale-Umschlagen und den Schnittpunkt der beiden angenommenen Linien zu lokalisieren hofften. Nun findet ein Quale-Umschlagen tatsächlich statt. Zwei geometrische Gebilde schneiden sich tatsächlich. Doch sind es keine Linien, der „Punkt" ist kein Punkt. Beide sind unscharfe Flächen! Deren Punkte sind alle mehr oder weniger neuralgisch. Das heißt: Es gibt viele Punkte, in denen das Quale-Umschlagen mehr oder weniger erfolgt. Zusammengefaßt: Es ist allmählich.

Von dem „Punkt" zu sprechen, in welchem Unterlegenheit in Überlegenheit umschlägt, sodaß das Quale des Paares $M(m) \otimes N(n)$ in einem „Punkt" umschlage, in eine Vertauschung von Unterlegenheit und Überlegenheit, ist nachgerade falsch. Es ist vielmehr eine mehr oder weniger mächtige Menge von Punkten, die solchem Umschlagen zuzuordnen sind. Sie alle mögen „neuralgische Punkte" heißen.

Das heißt, das Quale-Umschlagen erfolgt auch in Vorgang 5 allmählich. Die Menge der „neuralgischen Punkte" ist eine unscharfe Menge, die allmählich in die Menge der „nichtneuralgischen Punkte" übergeht.

Der fiktive Punkt in unsrer ursprünglichen, idealisierten Graphik, den wir gerade durch eine (unscharfe) Fläche ersetzen mußten, wird auch nicht dadurch als Punkt rehabilitiert, daß Clausewitz von einer Entscheidung des Gefechtes spricht und Kriterien angibt, wie diese zu bestimmen sei.

Selbst hier sieht der General einen Prozess, nämlich den Prozeß des Aufhebens „einer gewissen Untüchtigkeit", einen Prozeß, der sich allmählich vollzieht, sodaß ein Kommandeur im Zustand objektiver Allmählichkeit eine Marke setzen muß, welche die Fortsetzung des Gefechts vom Abbruch scheidet.

Ein Punkt im Bereich des Umschlagens heißt also nicht deshalb „neuralgisch" und das Quale-Umschlagen ist also nicht deshalb allmählich, weil der Kommandierende das Umschlagen fahrlässig beurteilen würde. Das Umschlagen ist objekt allmählich. Sichtbedingte Unschärfen können sich den objektiven überlagern.

Sollten wir aber statt eines Gefechts eine Schlacht beobachten, so zerschmilzt das Idealisierungsprodukt „Punkt, an welchem Unterlegenheit in Überlegenheit umschlägt", erst recht in eine unscharfe Fläche: Es liegt „in der Natur der Dinge, daß der Verlauf der Schlachten mehr ein langsames Umschlagen des Gleichgewichts ist." (Carl von Clausewitz: Vom Kriege, Viertes Buch, Neuntes Kapitel)

Das für Engels und - wie wir sehen werden - auch für Marx so wichtige Paradigma Mameluken Ä Napoleon erlaubt also auch auf jetziger fünfter Stufe seiner Analyse nicht, von einem plötzlichen Quale-Umschlagen zu sprechen. Statt der Linien und Punkte und besonders statt des Schnittpunktes der beiden „Linien" M(m) und N(n) *können nur Flächen, nur unscharfe Flächen in Anschlag gebracht werden. Insbesondre würde anstelle des erwähnten Schnittpunktes eine unscharfe Fläche* auftreten, welche allmählich in die sie umgebende Fläche übergeht. So würde auch das Umschlagen von Unterlegenheit in Überlegenheit allmählich sein.

9.8 KAPITAL aus NICHTkapital - Das QUANTUM der Kooperierenden.

Was ist Kapital? Wie entsteht es? Alle achtundneunzig Kapitel „Das Kapital" handeln davon. An elfter Stelle im Ersten Band steht Kapitel „Kooperation", an zwölfter Stelle „Teilung der Arbeit und Manufaktur". Hier ist Marxens Auffassung vom Quale-Umschlagen konzentriert: Das Quale-Umschlagen wird per Beispiel „Kapitalentstehung" vorgeführt.

Inmitten des ersten Bandes KAPITAL, am Anfang des Kapitels „Kooperation", steht: „....gleichzeitige Beschäftigung einer größren Zahl von Lohnarbeitern in demselben Arbeitsprozezeß, bildet den Ausgangspunkt der kapitalistischen Produktion." (MEW 23. 354)

Noch schärfer: „Das Wirken einer größern Arbeiteranzahl zur selben Zeit, in demselben Raum (oder, wenn man will, auf demselben Arbeitsfeld), zur

Produktion derselben Warensorte, unter dem Kommando desselben Chefs (bei Marx „Kapitalisten") bildet historisch und begrifflich den Ausgangspunkt der kapitalistischen Produktion." (MEW 23. 341)

Dem Prozeß „Das Wirken einer wachsenden Anzahl" hat also Marx die Frage zugeordnet: Wie entsteht aus NICHTkapital KAPITAL? Der Prozeß hat bei Marx das Attribut „Unter dem Kommando desselben Chefs" - da schimmert die Analogie „Reiterverband" hindurch. Und Marx nutzt diese Analogie, um die Kapitalentstehung zu erläutern, im 11. Kapitel:

„Wie die Angriffskraft einer Kavallerieschwadron oder die Widerstandskraft eines Infanterieregiments wesentlich verschieden ist von der von jedem Kavalleristen und Infanteristen vereinzelt entwickelten Angriffs= und Widerstandskräfte, so die mechanische Kraftsumme vereinzelter Arbeiter von der gesellschaftlichen Kraftpotenz, die sich entwickelt, wenn viele Hände gleichzeitig in derselben ungeteilten Operation zusammenwirken, z.B. wenn es gilt, eine Last zu heben, eine Kurbel zu drehn oder einen Widerstand aus dem Weg zu räumen. Die Wirkung der kombinierten Arbeit könnte hier von der vereinzelten gar nicht .... hervorgebracht werden. Es handelt sich hier nicht nur um Erhöhung der individuellen Produktivkraft durch die Kooperation, sondern um die Schöpfung einer Produktivkraft, die an und für sich Massenkraft sein muß." (MEW 23. 345)

Das hätte etwaigen Lesern auffallen müssen. Und auch noch das: Im Kapitel „Begriff des relativen Mehrwerts", das dem Kapitel „Kooperation" vorausgeht, heißt es:

„Die Verwandlung des Handwerksmeisters in den Kapitalisten suchte das Zunftwesen des Mittelalters dadurch gewaltsam zu verhindern, daß es die Arbeiteranzahl, die ein einzelner Meister beschäftigen durfte, auf ein sehr geringes Maximum beschränkte. Der Geld- oder Warenbesitzer verwandelt sich erst wirklich in einen Kapitalisten, wo die für die Produktion vorgeschoßne Minimalsumme weit über dem mittelaltrigen Maximum steht. Hier, wie in der Naturwissenschaft, bewährt sich die Richtigkeit des von Hegel in seiner 'Logik' entdeckten Gesetzes, daß bloß quantitative Veränderungen .... in qualitative umschlagen. Das Minimum der Wertsumme, worüber der einzelne Geld- oder Warenbesitzer verfügen muß, um sich in einen Kapitalisten zu entpuppen, wechselt auf verschiednen Entwicklungsstufen der kapitalistischen Produktion und ist.... verschieden.... je nach ihren besondren technischen Bedingungen." (MEW 23. 327)

Im Unterschied zu Marx haben wir nicht zu erörtern, woher die Gelder stammen, mit denen die Kooperationen gestiftet worden sind, wohl aber, welchen Sinn es hatte:

„Die Form der Arbeit vieler, die in demselben Produktionsprozeß oder in verschiednen, aber zusammenhängenden Produktionsprozessen planmä-ßig neben- und miteinander arbeiten, heißt Kooperation." (MEW 23. 344) Ihre Gesamtkraft ist größer als die Summe aller Teilkräfte. (MEW 23. 349) Der Überschuß über die Summe der Teilkräfte ist eine „neue Kraftpotenz, die aus der Verschmelzung vieler Kräfte in eine Gesamtkraft entspringt". (MEW 23. 345)

Marx nennt den Kraftüberschuß „Surpluskraft": Zur Summe der bloß addierten Arbeitskräfte, zum Beispiel eilig geheuerter Tagelöhner, kommt das „Surplus" hinzu, „das nur durch und in ihrer vereinigten, kombinierten Arbeit existiert. Daher das gewaltsame Zusammentreiben des Volks in Ägypten, Etrurien, Indien etc.... Das Kapital bewirkt dieselbe Vereinigung in andrer Weise." (MEW 42. 435) Das Kapital hat es „nicht mit der vereinzelten, sondern mit der kombinierten Arbeit zu tun", es ist „an und für sich schon eine soziale, kombinierte Kraft". (Ebd.)

9.9 Das Quantum der Kooperierenden und sein Modell

Ins Kapitel „Kooperation" eintretend liest man: „Die kapitalistische Produktion beginnt.... erst, wo dasselbe individuelle Kapital (Das Wort KAPITAL ist von Marx hier in seiner vorwissenschaftlichen Bedeutung als eine Geldsumme genommen.) eine größere Anzahl Arbeiter gleichzeitig beschäftigt.... Mit bezug auf die Produktionsweise selbst unterscheidet sich z.B. die Manufaktur in ihren Anfängen kaum anders von der zünftigen Handwerksindustrie als durch die größere Zahl der gleichzeitig von demselben Kapital beschäftigten Arbeiter. Die Werkstatt des Zunftmeisters ist nur erweitert. Der Unterschied ist zunächst bloß quantitativ." (MEW 23. 341)

„Indes findet doch .... eine gewisse Modifikation statt." (ebd.) Genauer: Es finden mindestens die folgenden Modifikationen statt:

1.1.   „Ein Zimmer, worin 20 Weber mit ihren 20 Webstühlen arbeiten, muß weiter gestreckt sein als das Zimmer eines unabhängigen Webers mit zwei Gesellen. Aber die Produktion einer Werkstatt für 20 Personen kostet weniger Arbeit als die von 10 Werkstätten für je zwei Personen...." (MEW 23. 344f.)

Im Effekt wächst die Masse des Gewinns überproportional mit der Menge der Arbeiter, die unter einem Dache werken statt unter vielen. Wir erinnern uns der NICHTLINEAREN Wachstums-Funktion in Kap. 3 und 4 (Nichtlinearität im Wachstum von Oberfläche zu Volumen des Heuhaufens) und bei Hegel, wo NICHTLINEARITÄT als Ausdruck des Quale-Umschlagens bei wachsendem Quantum erkennbar wird. Jetzt, bei der Werkstatt: Die Länge der Außenmauern, die man hochziehen muß, um ein Dach darauf zu errichten, wächst proportional zur ersten Potenz des

a) „Der Schneider, Schlosser, Gürtler usw., der nur im Kutschenmachen beschäftigt ist, verliert nach und nach mit der Gewohnheit auch die Fähigkeit, sein altes Handwerk in seiner ganzen Ausdehnung zu betreiben. Andrerseits erhält sein vereinseitigtes Tun jetzt die zweckmäßigste Form für die verengte Wirkungssphäre." (MEW 23. 356 f.)

b) Soll z.B. ein größrer Posten fertiger Waren kurzfristig geliefert werden, kann man die Arbeit raffiniert verteilen: „Statt die verschiednen Operationen von demselben Handwerker in einer zeitlichen Reihenfolge verrichten zu lassen, werden sie voneinander losgelöst, isoliert, räumlich nebeneinander gestellt, jede derselben einem andren Handwerker zugewiesen.... Diese zufällige Verteilung .... zeigt ihre eigentümlichen Vorteile ...." (MEW 23. 357 f.)

Was dem Kapital zunächst zum Vorteil ist - Marx, der Dialektiker, denkt weiter: „....und verknöchert nach und nach zur systematischen Teilung der Arbeit. Aus dem individuellen Produkt eines selbständigen Handwerkers, der vielerlei tut, verwandelt sich die Ware in das gesellschaftliche Produkt eines Vereins von Handwerkern <Arbeitern. R.Th.>, von denen jeder fortwährend nur eine und dieselbe Teiloperation verrichtet." (ebd.)

c) „Spezialisiertes Werkzeug: Sobald nämlich die verschiednen Operationen „voneinander losgelöst sind und jede Teiloperation in der Hand des Teilarbeiters eine möglichst entsprechende und daher ausschließliche Funktion gewinnt, werden Verändrungen der vorher zu verschiedenen Zwecken dienenden Werkzeuge notwendig .... Die Manufakturperiode vereinfacht, verbessert und vermannigfacht die Arbeitswerkzeuge durch deren Anpassung an die ausschließlichen Sonderfunktionen der Teilarbeiter. Sie schafft damit zugleich eine der materiellen Bedingungen der Maschinerie, die aus einer Kombination einfacher Instrumente besteht." (MEW 23. 361 f.)

Allmählichkeit des Eintretens vorteilhafter Folgen für den Herrn und damit Allmählichkeit des Übergehens von Handwerk zum Kapital beginnt mit dem allmählichen Größerwerden von Kooperationen. Womit die einfache Kooperation in die Manufaktur übergeht.

„Die politische Ökonomie" betrachtet die Teilung der Arbeit als Mittel, „mit demselben Quantum Arbeit mehr Ware zu produzieren...." (MEW 23. 386) Die Arbeitsteilung bildet die Überproportionalität (Nichtlinearität) deutlicher aus: Sie verstärkt die anfangs geringfügige nach-oben-Abweichung von der Geraden, mit der bei steigender Zahl von Werkenden die Masse von Produkt pro Arbeiter wächst.

Indessen haben wir den Weg zur napoleonisch organisierten Massenkraft der Produzierenden, den Weg allmählicher Entstehung des Phänomens KAPITAL noch längst nicht zuende verfolgt.

Durchmessers. Doch die Nutzfläche wächst proportional zu dessen Quadrat. Sie wächst also progressiv.

1.2. Die Kosten des Produktionsmittelparks, der von größerem Personal genutzt wird - „Baulichkeiten, Rohmaterial usw., Gefäße, Instrumente, Apparate usw., die vielen gleichzeitig oder abwechselnd dienen" - wachsen nicht verhältnismäßig, sondern unterproportional zum Umfang des Personals. (MEW 23. 343f.) Im Effekt wächst die Masse des Gewinns überproportional zur Personage.

1.3. „Ist der Arbeitsprozeß kompliziert, so erlaubt die bloße Masse der Zusammenarbeitenden, die verschiednen Operationen unter verschiedne Hände zu verteilen, daher gleichzeitig zu verrichten und dadurch die zur Herstellung des Gesamtprodukts nötige Arbeitszeit zu verkürzen." (MEW 23. 347) Das kann einen Vorteil bedeuten,

a) falls Kürze der Bearbeitungszeit Bedingung erfolgreichen Bearbeitens überhaupt ist

b) und/oder falls Kürze der Dauer des Bedarfs an vorgeschossnem Geld in des Kreditnehmers Kasse zu Buche schlägt. Dem Prinzip nach und innerhalb gewisser Grenzen, die selber fließend sind, wächst der In-kasso-Effekt wegen Produktionszeitverkürzung überproportioal - also nichtlinear mit wachsender Arbeiteranzahl.

1.4 Die Kooperation wächst nicht nur ihrem Umfange nach. In ihr wird arbeitsteilige Struktur ausgebildet. Insofern wächst die Intensität des Kooperierens, sein intensives Quantum. Davon handelt das zwölfte Kapitel des KAPITAL. Daraus werde die Allmählichkeit hervorgehoben, in welcher die Arbeitsteilung zunächst einmal selber entsteht:

a) „Der Schneider, Schlosser, Gürtler usw., der nur im Kutschenmachen beschäftigt ist, verliert nach und nach mit der Gewohnheit auch die Fähigkeit, sein altes Handwerk in seiner ganzen Ausdehnung zu betreiben. Andrerseits erhält sein vereinseitigtes Tun jetzt die zweckmäßigste Form für die verengte Wirkungssphäre." (MEW 23. 356 f.)

b) Soll z.B. ein größrer Posten fertiger Waren kurzfristig geliefert werden, kann man die Arbeit raffiniert verteilen: „Statt die verschiednen Operationen von demselben Handwerker in einer zeitlichen Reihenfolge verrichten zu lassen, werden sie voneinander losgelöst, isoliert, räumlich nebeneinander gestellt, jede derselben einem andren Handwerker zugewiesen.... Diese zufällige Verteilung .... zeigt ihre eigentümlichen Vorteile ...." (MEW 23. 357 f.)

Was dem Kapital zunächst zum Vorteil ist - Marx, der Dialektiker, denkt weiter: „....und verknöchert nach und nach zur systematischen Teilung der

Arbeit. Aus dem individuellen Produkt eines selbständigen Handwerkers, der vielerlei tut, verwandelt sich die Ware in das gesellschaftliche Produkt eines Vereins von Handwerkern <Arbeitern. R.Th.>, von denen jeder fortwährend nur eine und dieselbe Teiloperation verrichtet." (ebd.)

c) „Spezialisiertes Werkzeug: Sobald nämlich die verschiednen Operationen „voneinander losgelöst sind und jede Teiloperation in der Hand des Teilarbeiters eine möglichst entsprechende und daher ausschließliche Funktion gewinnt, werden Verändrungen der vorher zu verschiedenen Zwecken dienenden Werkzeuge notwendig .... Die Manufakturperiode vereinfacht, verbessert und vermannigfacht die Arbeitswerkzeuge durch deren Anpassung an die ausschließlichen Sonderfunktionen der Teilarbeiter. Sie schafft damit zugleich eine der materiellen Bedingungen der Maschinerie, die aus einer Kombination einfacher Instrumente besteht." (MEW 23. 361 f.)

Allmählichkeit des Eintretens vorteilhafter Folgen für den Herrn und damit Allmählichkeit des Übergehens von Handwerk zum Kapital beginnt mit dem allmählichen Größerwerden von Kooperationen. Womit die einfache Kooperation in die Manufaktur übergeht.

„Die politische Ökonomie" betrachtet die Teilung der Arbeit als Mittel, „mit demselben Quantum Arbeit mehr Ware zu produzieren...." (MEW 23. 386) Die Arbeitsteilung bildet die Überproportionalität (Nichtlinearität) deutlicher aus: Sie verstärkt die anfangs geringfügige nach-oben-Abweichung von der Geraden, mit der bei steigender Zahl von Werkenden die Masse von Produkt pro Arbeiter wächst.

Indessen haben wir den Weg zur napoleonisch organisierten Massenkraft der Produzierenden, den Weg allmählicher Entstehung des Phänomens KAPITAL noch längst nicht zuende verfolgt.

2.1   Allmählich zunehmend größerer Maßstab kombinierter Arbeit kreiert auch ein soziales Verhältnis: Der produzierte Überschuß über die Reproduktionskosten der Arbeitskraft - der Mehrwert, vom Produktionsmitteleigner angeeignet - beginnt Gewicht zu bekommen.

Der Arbeiter kann immer nur verkaufen, was er besitzt, „seine individuelle, vereinzelte Arbeitskraft." Dies Verhältnis wird nicht verändert, wenn der Produktionsmitteleigner statt einer Arbeitskraft zwei Kräfte, drei, fünf, hundert, tausend unter Vertrag nimmt. Der Herr zahlt jedem Kontraktpartner die individuelle Arbeitskraft. Doch er zahlt nicht die kombinierte. „Als unabhängige Personen sind die Arbeiter Vereinzelte.... Ihre Kooperation beginnt erst im Arbeitsprozeß, aber im Arbeitsprozeß haben sie bereits aufgehört, sich selbst zu gehören." (MEW 23. 352)

Die deutlicher werdende Wert-Differenz zwischen vereinzelter und kombinierter Arbeitskraft - der Mehrwert - wird zu einem neuen Quale: „Der ursprünglich vorgeschoßne Wert erhält sich.... nicht nur in der Zirkulation, sondern in ihr verändert er seine Wertgröße.... Und diese Bewegung verwandelt ihn in Kapital....."
(MEW 23. Seiten 165 bis 168)

Die Genesis ist dreifach: Historisch, biographisch, begrifflich. Nie ist das neue Quale plötzlich da, so scharf auch Marxens Begriffsbestimmung ausmündet.

2.2. „Die Anzahl der kooperierenden Arbeiter.... hängt" aber nicht nur ab von dem Vorteil, der Hoffnung macht. Notwendige Bedingung der Kooperation ist die „Größe des Kapitals, das der einzelne Unternehmer <bei Marx: „Kapitalist" R.Th.> im Ankauf von Arbeitskraft <und Arbeitsmitteln. R.Th.> auslegen kann." (MEW 23. 349) Metaphysisch könnte man denken, die Fähigkeit des „Auslegens" sei entweder gegeben oder gar nicht gegeben. Es reicht auch nicht, daß Unternehmerlust einem Erfinder-Kopf entspringe:

Natürlich „werden erst bei großer Stufenleiter der Produktion die Ökonomien möglich, die aus der gemeinschaftlichen produktiven Konsumtion hervorfließen. Endlich aber entdeckt und zeigt erst die Erfahrung des kombinierten Arbeiters, wo und wie zu ökonomisieren, wie die bereits gemachten Entdeckungen <der Naturwissenschaft, R.Th.> am einfachsten auszuführen.... „ (MEW 25. 113)

Marx fügt hinzu: Man beachte „den großen Unterschied in den Kosten zwischen dem ersten Bau einer neuen Maschine und ihrer Reproduktion.... Die viel größern Kosten, womit überhaupt ein auf neuen Erfindungen beruhendes Etablissement betrieben wird, verglichen mit den spätern, auf seinen Ruinen .... aufsteigenden Etablissements. Dies geht so weit, daß die ersten Unternehmer meist Bankrott machen und erst die spätern, in deren Hand Gebäude, Maschinerie etc. wohlfeiler kommen, florieren. Es ist daher meist die wertloseste und miserabelste Sorte von Geldkapitalisten, die aus allen neuen Entwicklungen der allgemeinen Arbeit des menschlichen Geistes und ihrer gesellschaftlichen Anwendung durch kombinierte Arbeit den größten Profit zieht." (MEW 25. 114)

Allmählichkeit der Zunahme des Florierens schließt ups and downs ein und auch den Parameter „Wahrscheinlichkeit", welcher zwischen null und eins variiert. Kredit wird dem gegeben, der schon hat. So variiert die „Größe des Kapitals", das das unternehmenslustige Individuum „im Ankauf der Arbeitskraft auslegen kann", zwischen null und einer Traumgröße. Entsprechend groß ist

- die Spanne, Kooperation im abhängigen Personal herzustellen,

- der Personal-Umfang tatsächlich hergestellter Kooperation.

Analogie zu den Reiterverbänden:

a) Die Mannschaftsstärke der Kooperation kann so klein sein, daß sie die Personage eines Handwerksbetriebs kaum übersteigt. Ein Handwerksbetrieb würde dann ein oder zwei oder gar drei Kooperationen schlagen. Denn im Handwerksbetrieb herrscht die Kunst des Gesellen, wie im schwachorganisierten Reiterverband die Reit- und Fechtkunst des mameluckischen Individuums.

b) Zehn Handwerksbetriebe mit zusammen 30 Mann stehen einer Kooperation mit 30 Mann etwa gleich. c) Doch dreißig Handwerksbetriebe mit 100 Mann werden im Wettbewerb von einer 50-Mann-Kooperation geschlagen.

In diesem Modell a)b)c) könnte man - dem Bild der Reiterverbände analog - die Linien der Effektivität verfolgen, die von den handwerklich-mameluckischen Mannschaften und andrerseits von den hochorganisierten Kooperationen napoleonischen Musters - jeweils in Abhängigkeit von der Zählstärke der Mannschaft - gezogen sind. Die Effektivität des hochorganisierten Verbandes wächst überproportional (nichtlinear) mit der Mannschaftsstärke, während die Effektivität des mameluckischen Verbandes nur linear (geradlinig, proportional) mit der Mannschaftsstärke wächst.

Die Zone, in der die beiden Linien - die Gerade und die Kurve - einander nahe sind, werden wir noch betrachten. Wir hatten diese Zone „neuralgische Fläche" genannt. „Neuralgisch" heißt: Hier gibt es nicht nur Übergehen von einer Quale zur anderen - das geschieht auch außerhalb der Fläche des Neuralgischen - sondern hier ist das Übergehen in einer heißen Phase.

Marx hatte weit mehr Gelegenheiten, steiles Wachstum zu beobachten als abnehmendes. Doch als Dialektiker rechnete er auch mit diesem. Marx rechnete für die Zukunft auch mit lean production. In einer kleinen Arbeit „Statistische Betrachtungen über das Eisenbahnwesen" (1862) konstatiert Marx: „Der Nettoertrag dieser Eisenbahn, sowie der meisten anderen, fiel im Verhältnis, wie ihr Umfang wuchs und sie sich über minder bevölkerte und industrielle Distrikte ausdehnte.... Gleichzeitig mit dem kolossalen Betriebsumfang dieser wie anderer Eisenbahnen verminderte sich die Kontrolle der Aktionäre, usurpierte die Direktion größere Machtfülle und folgte auf dem Fuß Mißverwaltung." (MEW 15. 450)

9.10 Mittelbare und unmittelbare Funktion wachsender Mannschaftsstärke

Die veränderliche, zum Beispiel wachsende Mannschaftsstärke ist - nach Marx - die Variable, von welcher der soziale Charakter des produzierenden Mechanismus letztlich abhängt. Doch der soziale Charakter ist eine Funktion der Mannschaftsstärke nur mittelbar. Der soziale Charakter ist eine mittelbare Funktion der Mannschaftsstärke, und diese muß sich erst über eine unmittelbare Funktion auswirken. Dazu fahren wir fort, Muster zu benennen. Wir setzen die schon begonnene Folge fort und betrachten nun die folgenden Positionen 3.1 bis 3.5:

3.1 Mit dem nichtlinearen Wachstum des aus Kooperation erzielbaren Mehrwerts wächst ebenso nichtlinear der Grad, in dem der Produktions-Herr seine eigne Person von der Handarbeit entbindet. Das ist eine Komponente seiner Mutation vom Kleinmeister zum Kapitalisten, ein Prozeß quantitativen Wachstums von Grad und Umfang, welcher dient, „das Kapitalverhältnis formell herzustellen." (MEW 23. 350)

Zwischen den Extremen „null" und „eins" ist alles möglich. Der Unternehmer kann, „gleich seinem Arbeiter, unmittelbar Hand im Produktionsprozeß anlegen, aber ist dann auch nur ein Mittelding zwischen Kapitalist und Arbeiter." (MEW 23. 326) Ein „Mittelding", sagt Marx. Zwischen den Extremen liegen viele Werte des Ausgeprägtseins der Qualia „Kapitalist" und „Arbeiter", viele „Mitteldinge", sodaß es ein mehr oder weniger zwischen den Extremen gibt und das Übergehen von einem Extrem zum anderen allmählich ist.

3.2 „Mit der Kooperation vieler Lohnarbeiter entwickelt sich das Kommando des Kapitals zum Erheischnis für die Ausführung des Arbeitsprozesses selbst, zu einer wirklichen Produktionsbedingung. Der Befehl des Kapitalisten auf dem Produktionsfeld wird jetzt so unentbehrlich wie der Befehl des Generals auf dem Schlachtfeld." (MEW 23. 350) Entwickelt sich! Wird....! Der Grad an „Erheischnis" wächst mit der Größe des „Produktionsfeldes". Deshalb wächst mit dem Umfang des Produktionsfeldes ein neues Quale, nämlich die besondere „Direktion, welche die Harmonie der individuellen Tätigkeiten vermittelt und die allgemeinen Funktionen vollzieht, die aus der Bewegung des produktiven Gesamtkörpers im Unterschied von der Bewegung seiner selbständigen Organe entspringen." (ebd.)

3.3 „Ebenso wächst mit dem Umfang der Produktionsmittel, die dem Lohnarbeiter als fremdes Eigentum gegenüberstehn, die Notwendigkeit der Kontrolle über deren sachgemäße Verwendung." (MEW 23. 350 f.)

3.4 „Mit der Masse der gleichzeitig beschäftigten Arbeiter wächst ihr Widerstand und damit notwendig der Druck des Produktionsherrn <bei Marx: „des Kapitals"> zur Bewältigung dieses Widerstands. Die Leitung des Kapitalisten ist nicht nur eine aus der Natur des gesellschaftlichen Arbeitsprozesses entspringende und ihm angehörige besondre Funktion, sie ist zugleich Funktion der Ausbeutung eines gesellschaftlichen Arbeitsprozesses und daher bedingt durch den unvermeidlichen Antagonismus zwischen dem Ausbeuter und dem Rohmaterial seiner Ausbeutung." (MEW 23. 350)

3.5 Die Leitung der Produktion ist „der Form nach despotisch. Mit der Entwicklung der Kooperation auf größrem Maßstab entwickelt dieser Despotismus seine eigentümlichen Formen. Wie der Kapitalist zunächst entbunden wird von der Handarbeit...." im Maße der wachsenden Kooperation, in ebendemselben Maße tritt der Unternehmer allmählich zunehmend „die Funktion unmittelbarer und fortwährender Beaufsichtigung der einzelnen Arbeiter und Arbeitergruppen selbst wieder ab an eine besondre Sorte von Lohnarbeitern. Wie eine Armee militärischer, bedarf eine unter dem Kommando des Kapitals zusammenwirkende Arbeitermasse industrieller Oberoffiziere.... und Unteroffiziere (Arbeitsaufseher, ...), die während des Arbeitsprozesses im Namen des Kapitals kommandieren." (MEW 23. 351)

Die Punkte im Zitat nach dem Wort „Handarbeit" stehen für folgende Marx-Worte: „sobald sein Kapital jene Minimalgröße erreicht hat, womit die eigentliche kapitalistische Produktion erst beginnt,...." Ist es ein Punkt, wo etwas „beginnt"? Um das Quale-Umschlagen zu verstehen, ist gar nicht nötig, daß das Umschlagen auf einen Punkt falle. Alle inhaltlichen Überlegungen zeigen, daß das falsch wäre. An die Vorstellung vom Punkt muß dieselbe Überlegung geknüpft werden, die oben in Abschnitt 10.6 schon stattgefunden hat: Besser wäre, statt „Minimalgröße" zu sagen: „in dem Maße wie...." Das hatten wir genügend oft bei Marx gelesen. Im übrigen beachte man Prozeß-Worte von Marx wie „entwickeln", „werden", „wachsen", „befestigen" und das Adverb „mehr oder minder" in MEW 23. 350f. Nur sehr naive Leser können sich daran festbeißen, daß Marx mitunter das Wort „Punkt" benutzt.

9.11 Allmählichkeit des Umschlagens vom Unten ins Oben, von Sub in Super

Die Relation der beiden Reiterverbände sei nocheinmal betrachtet. Wir hatten in Abschnitt 10.9 gesehen, daß sich wachsende Mannschaftsstärke - bei den Zunfthandwerkern/Mamelucken einerseits und den Kooperierenden/Napoleoniden andererrseits - auf die Effektivität in Relation zur jeweils andren Seite auswirkt. Wir hatten an die Effektivitätskurve des Reiter-Modells erinnert.

Nun gibt es den vom Napoleon/Engels-Modell her bekannten Schnittpunkt, an dem die Unterlegenheit der Hochorganisierten in Überlegenheit über die Künstler umschlägt. Ist dieser Schnittpunkt der Grenz-Punkt, der den Handwerker vom Kapitalisten scheidet? Nicht im mindesten.

Natürlich wird es den praktizierenden Unternehmer nicht interessieren, wofür er sich halten soll. Ihn könnte aber plagen, ob er einen Andersproduzierenden im Wettbewerb überholen wird und wieviel Atem er braucht. Und wenn er sich auch kräftig fühlt, das Abenteuer zu bestehn, so wird er doch Familie haben, die sich fürchtet: Wann sind wir aus der Zitterzone raus? Unsicherheit wird auch noch bestehen, wenn man deutlich entfernt vom Schnittpunkt des Schreibtisch-Modells steht. Unsicherheit wird nur allmählich schwinden: im Maße, in dem man sich in Richtung auf die Extreme vom Schnittpunkt weit entfernt. Was auch immer der Schnittpunkt sei.

Doch ist psychische Unsicherheit nur Indikator der objektiven Grauheit einer breiten Übergangszone. Die psychische Befindlichkeit selber hängt ab von dem objektiv erzielten Grad

- gewinnwirksam werdender räumlicher Konzentration,

- wirksam werdender Kooperation in der Belegschaft,

- wirksam werdender Arbeitsteilung,

- wirksamer spezialisierten Werkzeuges,

- zunehmender bzw. wirksam werdender Freistellung des Unternehmers von der Handarbeit,

- wirksam werdender Anleitung und Kontrolle bei wachsender Personage.

Jeder dieser sechs Prozesse hat unscharfe Konturen. Jede Symbolik, die einen dieser Prozesse auf eine Linie reduziert, erzeugt eine Fehl-Suggestion. Jeder dieser sechs Prozesse läßt sich durch ein geometrisches Gebilde repräsentieren, das in unsrem Falle etwa die Form eines Schlauches haben würde, aber eines ausgefransten Schlauches, vielleicht eines Dunststreifens. Ein Geometrie-Lehrer des neunzehnten Jahrhunderts würde bestritten haben, daß hier überhaupt noch von Form gesprochen werden kann. Heute würde er sagen: Sehr wohl, doch müssen wir zum Formbegriff der unscharfen Punktmenge („fuzzy") und zum Formbegriff des Fraktals übergehen.

Jeder dieser Prozesse ist für den angehenden Kapitalisten obendrein ein Lernprozeß. Gäbe es zwei identische Situationen, von denen es hieße: „Da drin hat der Prinzipal gestanden", so müßte man fragen: „Der Prinzipal von gestern oder der von heute?" Man kann nicht zwei Mal in denselben Fluß steigen. Doch hat sich nicht nur der Fluß geändert; der Hineinsteigende auch.

Schon gar nicht kann man sagen, es läge nur an der Unsicherheit unsres Blickes, wenn wir von unscharfen („fuzzy") Formen sprechen. In Wirklichkeit sei die Wirksamkeit dieser Prozesse scharf umrissen? Nie.

Jeder dieser Prozesse beeinflußt auch die Bedingungen seines Wirkens. Wirksamkeit außerhalb von Wechselwirkung gibt es gar nicht. Schon wegen Wechselwirkung fehlt scharfe Kontur jedes eingeschlossnen Prozesses.

Gestalt-Unschärfe finden wir schließlich auch dann noch vor, wenn wir ins Innere der Handlungen hineinblicken, die der Kleinmeister ausübt, wenn er sich zum kapitalistischen Unternehmer umwälzt. Schon die Fähigkeit zum Kapital-Vorschießen variiert zu jedem Zeitpunkt, zu dem sie als wünschenswert erscheinen kann. Sie variiert ihrem Grade nach auf einer Skala zwischen null und eins.

Die Partie auf der Skala zwischen null und eins geht nicht nur jeder Entscheidung als Zitterpartie voraus. Es wird nicht nur gerechnet. Es wird gefeilscht, gehandelt, Entbehrliches veräußert, nach Teilhabern gesucht, nach Kreditoren. Herbeiführung günstiger Bedingungen hängt ab vom Zufall und von der eignen Energie. Zuweilen auch von krimineller Energie, Vermögen vorzutäuschen. „Wer hat, dem wird gegeben." Nicht dem Erfinder, der keine beleihbare Immobilie besitzt. Wer nichts hat außer Geist, dem wird auch nicht gegeben. (Vgl. Matthäus 25.29) Wer vom Wunsch getrieben ist, sich zu verwirklichen, der spürt den Schmerz der Ungewißheit, zwischen null und eins zu schweben. Die Variation zwischen null und eins ist doppelt:

- Von Tag zu Tag variiert - im Mittelfeld zwischen null und eins - die psychische Stärke der Erwartung, mit den verfügbaren Mitteln einen unternehmerischen Entschluß fassen zu können.

- Von Woche zu Woche variiert - zwischen null und eins - die effektive Verfügbarkeit von Mitteln, die einen unternehmerischen Entschluß zu fassen erlaubt.

Die Entscheidung, aber auch nur sie, kann entweder „null" oder „eins" bedeuten: Ja, ich kaufe Werkzeug, Maschineie und Arbeitskräfte. Oder nein, ich kaufe nicht. Die Digitalität der Entscheidung kann ein Sprung auch im alltäglichen Sinne des Wortes sein. Doch die Fähigkeit des „Auslegens" geht allmählich, ja fraktal von null nach eins über.

Zusammengefaßt:

Die wachsende Mannschaftsstärke ist - nach Marx - die unabhängige Variable, von welcher der soziale Charakter des produzierenden Organismus letztlich abhängt. Dieser soziale Charakter ist eine Funktion der Mannschaftsstärke mittelbar. Der soziale Charakter ist eine mittelbare Funktion der Mannschaftsstärke, und diese muß sich erst über eine unmittelbare Funktion auswirken. Mit allen Positionen 1. bis 1.4, 2.1 und 2.2 in Abschnitt 10.8 sowie 3.1 bis 3.5 in Abschnitt 10.9 und mit allen sechs unscharfen Prozessen in diesem Abschnitt 10.11 sind solche umittelbaren Funktionen festgestellt.

Aus der Unschärfe der unmittelbaren und der mittelbaren Funktionen, deren unabhängige Veränderliche die Mannschaftsstärke ist, ergibt sich:

Das Umschlagen von Unterlegenheit in Überlegenheit erfolgt nicht an einem Punkt, sondern in der näheren oder weiteren Umgebung jenes fiktiven Punktes, der nach dem allzu vereinfachten Sandkasten-Modell ermittelt worden war. Diese Umgebung selbst ist keine scharf umrissene Fläche, vielmehr eine unscharfe, die nach ihren Rändern hin allmählich in die gar nicht zu dieser Fläche gehörende Region übergeht.

Es kommt hinzu: Alle Parameter, die die Wettkampfpotenz kennzeichnen, mögen so sorgfältig geschätzt sein wie die Papierform eines Boxers im Gymnastik-Saal. Die Werte entstehen erst im Wettkampf. Sie sind nicht bestimmt - sie bestimmen einander.

9.12 Quale-Umschlagen, Nichtlinearität und Teil/Ganzes-Beziehung: identisch oder synonym?

Prozesse des Quale-Umschlagens waren von Hegel, Marx und Engels als Nichtlinearitäten gesehen worden:

Qualia verändern ihr Quantum X . Dabei wälzt sich die Quale als Quale um. Sie selbst wird zu einer qualitativ andren Quale, was sich im nichtlinearen Wachstum mindestens einer Variablen Y ausdrückt, die eine Funktion von X ist. Wenn Mensch die sich wandelnde Quale begleitet, springt er nicht über eine Kluft wie ein Schmuggler über den Grenzbach. Er begleitet ein Übergehen.

Mitunter bleibt die Umwälzung der Quale in den Anfängen stecken. Streckenweise wird sie nicht wahrgenommen. Doch hinreichend fortgesetzt vollendet sich der Prozeß des Umwälzens. Dafür steht der Viktoria-Wechsel im Modell der Reiterverbände und das Übergehen zur kapitalistischen Produktion, wie es Marx dargestellt hat.

Zwischen den semantischen Einheiten

(Q) „Quale-Umschlagen" und

(NL) „nichtlineares Verlaufen einer Funktion" - ein Fall von „Nichtlinearität" -

hatte sich die semantische Einheit

(G) „Das Ganze ist mehr als die Summe der Teile"

als Klammer erwiesen. Diese Klammer zu erkennen war wichtig, denn (Q) und (NL) gelten traditionsgemäß als Begriffe, die nichts miteinander zu tun haben. Beider Zusammenhang mit (G) war aber leicht sichtbar zu machen.

Wir hatten gesehen, daß ein „Mehr" auch ein „Weniger" sein kann, nämlich ein Mehr an Ärger und Verwirrung. Man muß wissen, worauf sich das MEHR bezieht. Das GANZE ist - im Gegensatz zur Summe - prinzipiell eine Surplusquelle, im Guten wie im Schlechten. Die Surpluskraft war dafür nur ein Beispiel. Das Wort „Surplus" ist aber jetzt in der allgemeinsten Bedeutung genommen, in seiner philosophischen Bedeutung. Diesem Sinne Rechnung tragend kann unter „Surplus" auch eine Quelle verstanden werden, die zum Beispiel - jetzt gehen wir zum Spezialfall über - ein Surplus an Bedarf, sogar ein Surplus-Defizit produziert, insbesondere ein Surplus an Aufwand für die Koordinierung der Teile, sogar ein Surplus an Verschleiß.

Hat man die Ergiebigkeit der Surplusquelle an einem Parameter der Effektivität gemessen, zum Beispiel dem Surplus-Gewinn oder der Surplus-Macht oder der militärischen Surpluskraft, so wird man stets Anlässe finden, um schließlich auch Surplus-Bedarf an „Öl für das Getriebe" oder „Klebstoff für den Zusammenhalt" und letztlich auch Surplus-Verschleiß registrieren zu müssen, die entweder den Parameter „Effektivität" gar nicht erst wachsen lassen oder dessen Wachstum entgegenzurechnen sind. Das Ganze, das stets mehr ist als die Summe der Teile, kann also aus der Sicht des Nutzers, Betreibers, Interessenten, Beteiligten auch ein Weniger an erwünschtem output bedeuten.

Je zwei der (Q), (NL), (G) hatten sich als äquivalent erwiesen. Sind zwei Größen einer dritten äquivalent, so sind sie untereinander äquivalent. Sind damit (Q), (NL) und (G) auch miteinander identisch? Nicht zwangsläufig. Äquivalent, das heißt in wesentlichen Zusammenhängen gegenseitig austauschbar und deshalb zum Gebrauch als Analogie - eins für das andere - geeignet; fürs Verstehen unerläßlich.

Identität ist von Marx und Engels nicht ausdrücklich behauptet worden, denn jede der semantischen Einheiten (Q), (NL), (G) enthält als Komponente wenigstens ein semantisches Element, das nicht zugleich den beiden andren Einheiten angehört. Das sind gerade die Elemente, die die Namen der drei semantischen Einheiten stiften und diese Einheiten auch allesamt unentbehrlich machen.

Doch als einander äquivalent werden die drei Einheiten sehr wohl gesehen. „Äquivalent" heißt: Diese Einheiten sind (nicht in allen, doch) in mindestens einem wichtigen Zusammenhang gegenseitig austauschbar. Genau davon haben Marx und Engels Gebrauch gemacht; genau das haben sie in ihren Texten ausgedrückt. Das erleichterte zugleich, die fundamentale Nicht-Äquivalenz der Begriffe „Quale-Umschlagen" und „Plötzlichkeit" festzustellen.

Wenn die drei Einheiten (Q), (NL), (G) semantisch äquivalent sind, dann liegt es nahe, sie auch als Synonyme zu nehmen. Um als Synonyme gelten zu können, müssen sie nicht identisch sein. Synonyme sind einander sinnverwandte Wörter, die „weitgehend dieselbe Bedeutung" haben. Weitgehend! Genau gleichbedeutende Wörter sind selten. Meist besteht ein Sinn- oder Wertunterschied, z.b. Kopf/Haupt.

So bliebe abzuwägen, ob „weitgehend dieselbe Bedeutung" - als Synonymie - für (Q), (NL), (G) treffender ist oder „in mindestens einem wichtigen Zusamenhang gegenseitig austauschbar" (äquivalent).

Doch wird uns auch hochgradige Synonymie von (Q), (NL), (G) nicht hindern, Unterschiede zwischen den Semantemen (Q), (NL), (G) anzuerkennen. Mögen sie zweitrangig sein - es hat Gründe, daß trotz gemeinsamer semantischer Substanz drei lexikalische Einheiten überliefert sind. Es gibt WERNESGRÜNER und RADEBERGER Pilsner, es gibt PILSNER URQUELL. Alles Bier, doch an der Herkunft hängen Eigenheiten. Im Falle (Q), (NL), (G) : Die mit ihren Kernen äquivalenten Begriffe - „im Kern äquivalent" wollen wir mit „synonym" gleichsetzen - waren in den semantischen Netzen der Philosophie-Geschichte unterschiedlich mit weiteren Begriffen vernetzt. (Q) und (G) offensichtlich, (NL) subversiv: Nur von Dialektikern bemerkt. Sie waren in Kontexte mit unterschiedlichen Sinnzusammenhängen eingebettet. Das wird sich nicht vollständig ändern. Soll es auch nicht, denn Reste der Bedeutungsdifferenz sind Farbe am Sprach-Material.

9.13 Noch ein Beispiel von Engels

Das Verhältnis von (Q), (NL), (G) zu überdenken eignet sich ein Modellansatz von Engels, der dem Kapital-Entstehungsmodell von Marx und dem Viktoria-Modell der Reiterverbände von Napoleon/Engels an die Seite gestellt werden kann. Auch der nun folgende Ansatz entstammt - leider - der Welt verdammenswerter Konflikte.

Engels schrieb im Februar 1871, gegen Ende seiner Serie von Berichten über den deutsch-französischen Krieg, welche „The Pall Mall Gazette" bei ihm bestellt hatte:

Vor der Armee des preußischen Prinzen Friedrich Karl „lag ein reiches und verhältnismäßig wenig erschöpftes Gebiet. Und doch bricht er <der Prinz. R.Th.> seinen Marsch in Le Mans ab .... Unsere Leser werden sich erinnern, daß wir nichts anderes erwartet haben; denn es kommt der Wahrheit sicher sehr nahe, daß bei der Eroberung eines großen Landes die Schwierigkeiten der Besetzung geometrisch wachsen, während der Umfang des besetzten Gebiets arithmetisch zunimmt." (MEW 17. 256) „Gebiets-Umfang" als radiusabhängig in 1. Potenz, und dieser steht im Verhältnis zur Fläche (des Okkupationsgebiets), welche abhängig ist von der 2. Potenz des Radius.

Das ist ein sehr einfaches Modell. Für die Presse. Engels erlaubte sich das, denn er hatte in den Monaten zuvor neununddreißig mehrseitige, faktenpralle Expertenberichte über das militärische Geschehen samt politischem Hintergrund in The Pall Mall Gazette veröffentlicht. Es ist aber Tatsache, nur den meisten Betrachtern entgangen: das Walten der Nichtlinearität in jeglicher Realität.

Eindringtiefe der Okkupationstruppen ist die Länge des Pfeils in Richtung tiefsten Eindringens. Die Länge des Pfeiles heiße R wie Radius. Nehmen wir vereinfachend an, das besetzte Gebiet liege als ein Halbkreis links und rechts vom Eindringpfeil wie die obere Hälfte eines Ziffernblattes, der Pfeil auf zwölf. Die Peripherie des Halbkreises, der den Pfeil umgibt, reicht von der neun auf der Linken bis zur drei auf der Rechten.

Der Flächeninhalt F des Halbkreises beträgt $\pi/2$ mal R^2. Der Flächeninhalt wächst nichtlinear, wenn R wächst. Der Flächeninhalt wächst proportional zur zweiten Potenz von R. Würde die im Feldzug sich einstellende, eine zeitlang sich vergrößernde, im Laufe der Zeit akkumulierte Eindringtiefe R in gleichgroßen Etappen r wachsen, so würde der Generalstab die jeweils erreichte Länge des Eindringpfeiles schrittweise registrieren als arithmetische Folge

r, $2r$, $3r$, $4r$, $5r$, $6r$, ... , nr ,

sodaß die summative Eindringtiefe R nach n Etappen

R = nr

Da nun aber die Fläche des aus Okkupanten-Sicht zu besetzenden Gebietes - etwa im Halbkreis um den Eindringpfeil - proportional zur zweiten Potenz von R wächst, hat Engels die Glieder dieser Folge, um mit ihnen den wachsenden Flächeninhalt des Halbkreises zu berechnen, jeweils in der zweiten Potenz genommen:

r^2 , $(2r)^2$, $(3r)^2$ ....   oder

r^2 , $4r^2$, $9r^2$,

Da würde sich ergeben: Eindringtiefe r

  1   2   3   4   5   6   7   8

Notwendige Okkupationsfläche

  1   4   9   16   25   36   49   64

(bis auf einen Proportionalitätsfaktor $\pi/2$)

Selbst wenn die okkupierende Macht aus dem Inneren ihres Mutter-Landes Menschen und Material nachzieht, völlig ersetzend Verluste und Ver-

217

schleiß, die beim Vergrößern der Eindringtiefe R entstehen: Die Eindring-tiefe - selbst in ein unermeßliches Land - kann nicht immerfort vergrößert werden. Ebensowenig wie Bäume in den Himmel wachsen und Säugetie-re so hoch wie Wolkenkratzer werden. Denn der Verbrauch von Machtmit-teln zu flächenhafter „Besetzung" zwecks Sicherung der immer gefährli-cher werdenden Flanken wird schneller wachsen als die Eindringtiefe. Nicht nur schlechthin schneller, sondern überproportional, nichtlinear, quadra-tisch.

Diesen Effekt hat auch Carl v. Clausewitz erörtert (Vom Kriege, 26. Kapi-tel): Unter der Überschrift „Volksbewaffnung". Was kann der Volks-widerstand erwirken? Clausewitz: „Seine Wirkung richtet sich, wie in der physischen Natur der Verdampfungsprozeß, nach der Oberfläche. Je grö-ßer diese ist und der Kontakt, in welchem sie mit dem feindlichen Heere sich befindet, also je mehr dieses sich ausbreitet, umso größer ist die Wirkung der Volksbewaffnung. Sie zerstört wie eine still fortschwelende Glut die Grundfesten des feindlichen Heeres."

„....wie in der physischen Natur der Verdampfungsprozeß, nach der Ober-fläche." Das beginnt schon zu gelten, wenn die okkupierende Macht nichts weiter will, als die Hauptmacht des Gegners zu schlagen, große Eindring-tiefe zu erzielen und diese einige Zeit zu halten. Dem Wachstum der Ein-dringtiefe R entspricht das Wachstum der Flanken-Gefährlichkeit L , die von mobilen Reserven und regionalen Widerstandskräften des Gegners ausgeht.

L wird mit einer Potenz größer als 1, vermutlich sogar größer als 2 , in Relation zur Eindringtiefe R wachsen, modifiziert von den Kräften des Gegners und der Geographie. Das ist auch in der Stalingrad-Literatur er-örtert worden. Dem Ziel unsrer Überlegung gemäß genügt es festzuhal-ten:

Wachstum von L zwingt zur flächigen Ausweitung des Eindring-Keiles, zur Flächenokkupation. Das besetzte Gebiet kann nicht schmales Band längs des Eindringpfeiles R bleiben. Es muß zu Fleisch und Fläche kommen. Der Volkswiderstand ist in jedem Fall herausgefordert. Okkupanten pfle-gen aber zu glauben, der Widerstand verliere durch Flächenokkupation an Gefährlichkeit. Angriffen auf die Flanke suchen sie zu begegnen durch Vernichtung von Widerstandsnestern tief in der Fläche. Der Modellansatz von Engels lenkt den Blick auf die zweistellige Relation „Fläche als Funk-tion von R ". Damit kommt die Nichtlinearität der von R abhängigen Kon-sequenzen abermals zum Vorschein: Nicht nur Eindringtiefe R und Flankengefahr L = L(R) stehen sich in verschiedenen Potenzen gegen-über, sondern auch R und Aufwand (bzw. Schwierigkeit) A der auf Fläche F abzielenden Besetzung:

\# Die Relation $L = L(R)$ ist nichtlinear.

\# Die Relation „Fläche als Funktion von R" ist nichtlinear.

Nichtlineare Relationen hatte Hegel treffend „Potenzenverhältnisse" genannt und - im Unterschied zu Relationen arithmetischer Summation der Art

$$r + r + r + ... + r = R$$

- als „qualitative Verhältnisse" begriffen. In diesem Sinne werden - wie wir in Kapitel 4 sahen - in der Genese der Lebewesen die Proportionen von Körperteilen und Organen als nichtlineare Verhältnisse begriffen, als Nichtlinearität der Relationen zwischen Wachstumsparametern.

9.14 Supplemente zu Marx und Engels

9.14.1 Nichtlinearität als Entfalten und Verlöschen von Prozessen

Die Relation zwischen Eindringtiefe R und Okkupationsfläche F, widergespiegelt durch die Funktion $F = f(R)$ als eine nichtlineare Funktion, macht, daß der Feldzug - auch bei Zufluß von Ersatz aus dem Mutterland der eindringenden Macht - mit wachsendem R verlöschend existiert, sich erschöpfend. Die Okkupationsfläche wächst - ungefähr - proportional zum Quadrat der Eindringtiefe.

Indem der Feldzug sich entfaltet, stirbt er. Der Feldzug als waberndes Ungeheuer existiert verlöschend, auch wenn das eindringende Heer noch nicht aufgehört hat, Armeen des Gegners in die Flucht zu schlagen, zu vernichten. Der Feldzug lodert verlöschend bis zum überhaupt-nicht-mehr-Können, so daß man von Erschöpfung als dem Ende sprechen kann. Das ung-Wort als Zeichen erloschener Bewegung. Es ist nicht der Eroberer-Hunger, der sich sättigt. Aber der Kräfteverschleiß frißt den Feldzug. Das Kräfte-Faß wird leer, die Offensiv-Kräfte gehen zuende. Zunehmende Eindringtiefe R wirkt über die Flankenlänge L und von L über F und hilft das Faß zu leeren. Das Wachstum von R wird ausgebremst.

Verlöschend - mit dem allmählichen Erlöschen des Wachstums von R - gerät die Offensive, deren Eigenschaft das wachsende Quantum R ist, zum Erlöscht-sein. So ist die Offensive in Defensive übergegangen, mit Besatzer-Regime (wo nicht mit Rückzug). **Permanent** schlug Offensive in Stillstand um, Quantum R des Quale „Offensive" in das Quale „Stillstand". Permanent schlägt Wachstum in Surplus-Bremse um (umgekehrt analog zur Surpluskraft des Kooperationsverbandes). Gegensätze gehen allmählich ineinander über: Wachstum Q^+ in Verlöschen Q^- bis zum Stillstand Q^0. (Sprich „Q oben plus" bzw. „Q oben minus" bzw. „Q oben null") So ist selbst noch das Verlöschen der Bewegung - hier von R und von Offensive - sich Bewegendes bis zum Verlöschtsein (Stillstand). Wir haben zwei Gegensätze.

Wir reden mit Verben: verändern, wabern, umschlagen, erschöpfen, verlöschen, abklingen. Denn wir beobachten Prozesse. Worte auf -ung sind gewaltig. Doch sie zu lieben läßt auf Unlust schließen, in Prozessen zu denken. Die Sprache macht das Denken krank, das Denken dann die Sprache. Qualitatives Verändern wird dann nur als fertige Veränderung wahrgenommen. So stiehlt man auch dem Quale-Wandel das Bewegtsein. Auf Dauer hält man das nicht durch und muß das Wandeln nachträglich anerkennen. So wird Quale-Wandel unterm Strich als „Sprung" bilanziert.

Bert Brecht hat das **allmähliche** Umschlagen von Qualia ineinander vorgeführt in „Die Horatier und die Kuriatier, Lehrstück über Dialektik für Kinder". Offensive des Gegners, eigener Rückzug und eigene Offensive erweisen sich dort als verschränkt, noch dialektischer als unser Beispiel. Zurückweichen zeigt sich beim Akkumulieren der Elemente des Rückzugs sogar als Offensive. Am Ende heißt es: „Die Räuber sind zurückgeschlagen". Die Kinder begreifen: Das Siegen ist das Ganze. Man fühlt sich angerührt von Brecht wie durch ein Escher-Bild: Wie auf dem Bild das Wasser hinabfließend in die Höhe steigt.

Auch einen **Punkt** des Umschlags gibt es nicht. Das sah man schon im Escher-Bild „Vom Fisch zum Vogel". Auch im Wasser-Bild. Nur der Tagesbefehl zur Feststellung des Sieges - bei Brecht kommt ein Tagesbefehl gar nicht erst vor - wäre ein punktuelles Ereignis. Von Plötzlichkeit keine Spur. Bei Brecht nicht und nicht in dem weiten Rußland, wo sich - mit Stalingrad als Epi-Zentrum - zutrug, was Brecht acht Jahr zuvor geschrieben hatte.

Engels und Brecht denken an verschiedene Feldzüge. Auf die Dialektik des Quale-Umschlagens - des allmählichen - zielen sie beide. Der ganze Feldzug ist allmähliches Umschlagen des Größerwerdens von R in Verlöschen bis zum Stillstand, ist ständiges Erschöpfen, **allmählich** sich akkumulierend wie Hohlraum in einem leerlaufenden Faß. Das Faß wird allmählich leer. Das neue Quale - sei es Leerstand oder Stillstand - entsteht allmählich. Völlige Leerheit ist wie völliger Stillstand. Beides ist das neue Quale Q^0 in Perfektion.

9.14.2 Wo schlägt was um? Benennen der Bezugsebenen.

Wir haben nun die Bezugsebenen quale-umschlagenden Verhaltens zu identifizieren, die Konten auszumachen, denen Quale-Umschlagen innerhalb übergreifender Systeme zuzuordnen ist. „What is where?" Schon oben, als wir im Modell „Reiterverbände" fünf verschiedene Vorgänge fanden, die als Quale-Umschlagen im Rahmen eines übergreifenden Systems registrierbar sein können, hatten wir erkannt, daß Wahrnehmungen solchen Umschlagens gewöhnlich im Intuitiven verschwimmen und der Angabe entbehren, wo es denn sei, daß etwas umschlägt. Damit meinten wir nicht einen Punkt, sondern einen Bezug. Das Wo ist logisch gemeint, danach erst geometrisch. Besser also: What is what? Die Konten zu ordnen ist kein Vergnügen.

Eine Funktion $Y = f(X)$ ist grundsätzlich eine Relation zwischen den Variablen X und Y, die einen (physischen) Zusammenhang der (physischen) Urbilder der beiden Variablen widerspiegeln kann. Die Funktion $Y = f(X)$ ist ein Abbild des realen, urbildlichen Zusammenhangs der Urbilder beiden Variablen. Gleich, ob der Zusammenhang kausal oder korrelativ ist.

Wir haben also über die Urbilder von X, Y, f zu sprechen. Da wir lernen wollen, die Bezugsebenen des Quale-Umschlagens zu identifizieren, müssen wir erkennen, welche Rolle jedem Urbild bei einem realen Quale-Umschlagen zukommt.

Im Beispiel „Reiterverbände" (Abschnitt 9.5 bis 9.7) war Urbild von X das extensive Quantum q_1 der Mannschaft als Quale Q_1 einer Quale Q^*_1, - der napoleonischen Truppe - bzw. das extensive Quantum q_2 der Mannschaft Q_2 einer Quale Q^*_2 - der mameluckischen Truppe.

Urbild von Y war das Quantum q_{Y1} von „Kampfkraft mitsamt Surpluskraft" Q_{Y1}, die im napoleonischen Fall dem Ganzen der Truppe Q_1^* entspringt und die Nichtlinearität der Funktion f erzeugt. Das Quantum ist hier extensiv im Hinblick auf seinen Anteil aus der extensiven Mannschaftsstärke; es ist zugleich intensives Quantum im Hinblick auf seinen Anteil an Surpluskraft.

Im mameluckischen Falle haben wir dieselben Symbole, nur anstelle der 1 eine 2 im Index. Die Surpluskraft ist im Mamelucken-Fall gleich null, weshalb dort f nur eine lineare Funktion ist.

Es mag übertrieben erscheinen, daß wir in beiden Fällen Mannschaft und Truppe - Q und Q* - unterscheiden. Im allgemeinen sind aber Bewandtnisse denkbar, die eine solche Unterscheidung erfordern. In unserem Fall könnte eine solche Unterscheidung sinnvoll sein, weil eine Truppe nicht nur durch ihre Mannschaft, sondern durch vieles andere mehr gekennzeichnet ist, zum Beispiel die Bewaffnung, die Führung, oder die momentane Kondition.

Das Urbild von f gehört der jeweiligen Truppe Q* an, weil die Urbilder von X und Y diesem Quale angehören. Dergleichen muß nicht immer zutreffen: Die Urbilder von X und Y können verschiedenen Qualia angehören.

Letztere sind dann Komponenten in einem umfassenderen System. Dafür sei das Symbol Q^{**} reserviert.

Im Beispiel „Produktions-Kooperative" (Kapital-Entstehung, Abschnitt 9.8) war Urbild von X das Quantum q_1 der Belegschaft als dem Quale Q_1 der potentiell kapitalistischen, in sich kooperierenden Manufaktur Q^*_1 bzw. das Quantum q_2 als dem Quale Q_2 der handwerklichen Meisterwerkstatt (evtl. Innung) Q^*_2.

Urbild von Y war das Quantum q_Y der „Produktionskraft mitsamt Surpluskraft" als Quale Q_Y, das dem Ganzen der in sich kooperierenden Belegschaft - dem Quale Q^*_1 bzw. dem Quale Q^*_2 - entspringt und das im Falle 1 die Nichtlinearität von f erzeugt, während die Surpluskraft im Falle 2 gleich null ist, weshalb die Nichtlinearität im handwerklichen Verband fehlt.

Im Beispiel „Feldzug" (Abschnitt 10.13) war Urbild von X das Quantum q_1 der Eindringtiefe (dort R genannt) als Quale Q_1 des sich vollziehenden Feldzugs als Quale Q_1^*. Urbild von Y war das Quantum q_{Y2} der zweckmäßigen Okkupationsfläche als Quale Q_2 (dort mit F bezeichnet und als Funktion der Flankengefährlichkeit L erkannt.) Den Feldzug hatten wir nicht als gegebene Sache, sondern als Prozeß aufgefaßt, als widersprüchliche Einheit von Entfalten Q^+ und Verlöschen Q^- bis zum Stillstand Q^0.

In jedem der Beispiele haben wir bis zu drei Kategorien von Quale: Q, Q^* und Q^{**}. Um Unterscheidungen so weit wie nötig zu treffen, bezeichnen wir Quanta weiterhin mit q und „Quantum einer Quale" mit q(Q). Außerdem fanden wir Q al s Q von Q^*, nämlich als „Mannschaft bzw. Belegschaft von.... " oder als Q des sich vollziehenden Feldzugs Q^*. Das schreiben wir $Q(Q^*)$. Beispiele haben wir also in der Hinterhand. Nun können wir sagen, was denn eigentlich umschlägt.

Eigentlich ist q(Q) ein $q(Q(Q^*))$, in Worten: Quantum der Mannschaft des Verbandes. Oder Quantum der Eindringtiefe des Feldzugs. Zwei mal Genitiv, sprachlich im Deutschen unschön, doch Logik geht vor Schönheit.

Zunächst schlägt $q(Q(Q^*))$ um in Surpluskraft oder in Flankengefährlichkeit. Dieses Umschlagen ist mit der organisierten Reiter-Mannschaft a priori gegeben, wenn diese von Anfang an als Ganzes (welches mehr ist als die Summe seiner Teile) auf den Plan tritt. Es ist eigentlich ein Umgeschlagensein, dem die Organisation mitsamt Training vorausgegangen ist. Analog ist Flankengefährlichkeit von Anfang an gegeben. Bei innerer Kooperation im industriellen Unternehmen wird die Surpluskraft in mancherlei behuf nicht a priori gegeben sein.

Mit $q(Q(Q^*))$ wächst die Auswirkung der Surpluskraft bzw. der Flankengefährlichkeit. Insofern schlägt q(Q(Q*)) permanent und allmählich in Q(Q*) um, und zwar per Nichtlinearität der Variation des Urbilds von f . Die Surpluskraft (bzw. die Flankengefährlichkeit) ist nicht mit der Quale „Verband" (bzw. „Feldzug") Q* gleichzusetzen. Aber sie ist eine wesentliche, evtl. entscheidende, konstituierende Eigenschaft dieses Quale, in welcher der innere Gegensatz zwischen Entfalten Q^+ und Verlöschen Q^- bzw. zwischen Überlegensein Q^+ und Unterlegensein Q^- prozessiert, sodaß das Quale-Umschlagen von Q^+ in Q^- zugleich ein Gegensatzumschlagen ist.

Im Beispiel „Reiterverbände" hatten wir - wie in Abschnitt 9.11 gezeigt - außerdem noch ein übergeordnetes Quale. Wir müßten es Q^{**} nennen - es ist das Gefecht, die gegenseitige Spiegelung der beiden Qualia Q^*_1 und Q^*_2. Wir hatten in dieser Spiegelung, dem Quale Q^{**}, das Übergehen als Umkehren der Überlegenheit, als Viktoria-Wechsel erkannt, welcher angezeigt wird durch das Schneiden der beiden verbandsspezifischen, doch zur Linie idealisierten Kurven.

Indem wir die Verlaufscharakteristik der beiden q(Q*) zu Linien idealisierten und als Begegnung der Linien einen Schnitt-Punkt entstehen sahen, den wir zum Abbild realer Begegnung deklarierten, konnte der Schein entstehen, das Gegensatzumschlagen erfolge in einem Punkt, gar plötzlich.

Dieser Schein entsteht, wenn das Umschlagen nicht als ein in sich strukturierter, komplizierter Prozeß, sondern a priori als ein „Umschlag" aufgefaßt wird, wobei mit dem Wort „Umschlag" schon der Anspruch gesetzt ist, den so bezeichneten Vorgang als plötzlichen Akt sehen zu wollen. Wir produzieren also die „Plötzlichkeit" durch unser metaphysisches Denken. In Kapitel 10 ist gezeigt worden, daß bei genauerem Hinsehen das Übergehen nicht im geringsten punktual, erst recht nicht plötzlich, sondern allmählich erfolgt. Denkbar ist, den Verlauf als ein fraktales und/oder fuzzyartiges Gebilde zu sehen, das sich durch stetige Linien approximieren bzw. interpolieren läßt.

9.14.3 Weitere Ausnutzung mathematischen Sprachpotentials

Was ist f ? Zunächst wohnt das Urbild von f in einer Quale Q^* oder einer Quale Q^{**} eines übergeordneten Systems, ist aber mit diesen nicht identisch. Als mathematische Funktion besitzt f eine Quale eigener Art - sui generis, sagen Akademiker - in dem Sinne, daß f kein Ding, sondern eine **Relation** bzw. eine **Zuordnung** ist, die zwischen X und Y vermittelt. Diese Vermittelung kann zum Beispiel linear oder nichtlinear sein. Die Würde der eigen-artigen Quale f besteht darin, daß sie typisch für Relationen ist, speziell für Relationen zwischen Variablen.

Die Nichtlinearität ist die uns wichtigste Eigenschaft des Quale f . Nun gibt es viele Arten von Nichtlinearität. Außerdem ist f mancherlei Wandlungen seiner Nichtlinearität fähig, die beim Quale-Umschlagen interessant sind. Das Quale von f signieren wir mit Q(f) . Dies inspizierend nähern wir uns erneut dem Zusammenhang von Quale-Umschlagen , Nichtlinearität und Ganzheits-Effekt.

Die Kontinuität vorgefundener Wandlungen in Urbildern von X und Y hatte uns veranlaßt, die Vorgänge grundsätzlich als modellierbar durch stetige Funktionen anzusehen. Diese sind durch die an jedem Punkt definierte Steilheit ihres Wachstums charakterisiert. Diese wiederum wird durch die sogenannte Ableitung im Sinne des Differentialkalküls ausgedrückt. Es kann die Ableitung einer Ableitung geben. Zum Beispiel hat die Funktion $Y = a X^n$

als Ableitung 1. Ordnung die Funktion $Y' = a X^{n-1}$,

als Ableitung 2. Ordnung die Funktion $Y'' = a X^{n-2}$, und so weiter,

schließlich hat sie die Funktion $Y^{(n-1)} = aX$ als (n-1)te Ableitung.

Letzterer entspricht eine Gerade, die in ihrem ganzen Verlauf den konstanten Richtungsfaktor a hat . Endlich läßt sich durch sog. Differenzieren $Y^{(n)} = aX^{n-n} = a$ als n.te Ableitung bilden. Ihr entspricht genau ein fester Y - Wert, eben $Y = a$, die Variable Y ist entartet und zeigt sich nur noch als eine Konstante. Im gegebenen Kontext ist das gerade noch als ein lineares Etwas interpretierbar, welches genau parallel zur X-Achse durch den Punkt $Y = a$ verläuft.

Es gibt Funktionen, die nicht nur n mal differenzierbar sind, sondern beliebig oft. Die Vielfalt solcher Funktionen ist unendlich, doch in allgemeinen Zügen charakterisierbar. Zu ihr gehören zum Beispiel alle Funktionen, in denen als unabhängige Variable X eine Größe auftritt, die in einer Potenz steht, welche nicht ganzzahlig ist. Oder die Funktion $Y = \sin X$. Deren Ableitung ist bekanntlich $Y = \cos X$, und davon wieder ist die Ableitung $Y = -\sin X$, ein Karussel, das nie aufhört.

Es gibt auch Funktionen, die zwar stetig, doch stückweise oder nirgends differenzierbar sind. Eine Verlaufs-Richtung gibt es dann nicht. Derartige Funktionen wurden zu einem der Anlässe, die Fraktale Geometrie zu entdecken.

Zu unserm Thema „Quale-Umschlagen/Allmählichkeit" gibt das Paket der genau n-mal differenzierbaren Funktionen Anlaß zu Überlegungen. Die allgemeine Form dieser Funktionen ist

$$Y = a_0 X^n + a_1 X^{n-1} + a_2 X^{n-2} \ldots + a_{n-1} X^1 + a_n X^0 .$$

Die Klasse dieser Funktionen bietet eine vielfach unendliche Mannigfaltigkeit denkbarer Exemplare, die sich infolge der Verschiedenheit jener Werte, welche die Koeffizienten a_i annehmen können, voneinander unterscheiden. Doch ist die Vielfalt der genau n-mal differenzierbaren Funktionen noch größer, denn zu ihr gehören auch solche Funktionen, in denen Produkte von Potenzen mehrerer Variabler auftreten. Funktionen dieser Klasse unterstellend kann der Wert des höchsten der auftretenden Exponenten n verstanden werden als Grad der Nichtlinearität. $n = 1$ bedeutet Linearität.

Denken wir zunächst an die Vorgänge 1 bis 4 im Modell „Reiterverband" (Abschnitt 9.5) und an die von Marx gebotenen Modelle des Umschlagens von produzierendem Nichtkapital in Kapital (vgl. Abschnitt 9.8). Grad der Nichtlinearität ist dann der Grad, in dem ein Ganzes (infolge Wachsens eines Quantums) als Ganzes wirkend existiert und surplus-haltiges Y produziert. Denken wir sodann an den Vorgang 5 im Modell „Reiterverbände" (Abschnitt 9.5), dem in Abschnitt 9.14 die Umwälzung des Quale Q^{**} entspricht, so wäre auch deren Nichtlinearität in ihrem Grad gekennzeichnet.

Im allgemeinen variieren nichtlineare Funktionen von Punkt zu Punkt mehr oder weniger ihre Richtung (ihren Trend). Funktionen n-ten Grades wechseln ihre Verlaufsrichtung bis zu n Mal nachhaltig und markant, in dem Sinne, daß ansteigende Trends (punktbezogene Richtungen) in absteigende übergehen, und umgekehrt. Ihre erste Ableitung wechselt in dem betreffenden Gebiet ihr Vorzeichen und quert die Achse $X = 0$. Stetige Funktionen laufen allmählich in die Überquerungszone hinein und allmählich aus ihr hinaus. Der Vorzeichenwechsel ist in seinen Zusammenhang eingebettet, ist ein gravierendes Phänomen, aber kein singuläres oder gar plötzliches Ereignis. Der Vorzeichenwechsel ist schon im allmählichen Aufhören des Wachsens und noch im allmählichen Beginnen des Sinkens im Gange.

Ein „Rest" von Plötzlichkeit scheint noch zu bleiben. In der klassischen Mathematik, an der sich auch das Gymnasium orientiert, sind Linien im strengen Sinne ideal eindimensionale Gebilde. Dem Vorzeichenwechsel beim Überqueren der X-Achse kann deshalb genau ein „idealer" Punkt - die sogenannte Schnittstelle - zugeordnet werden. Es gibt eine Stichstelle, eben die Schnittstelle. Es bliebe, die X-Achse zu überqueren als semi-allmählichen Prozeß zu bezeichnen.

Indessen beschreiben reale Vorgänge im allgemeinen keine Linien im Sinne der klassischen Mathematik, sondern Schläuche mit fließenden, flockigen, zerfasernden „Grenzflächen", deren Punkte nicht mit digitalem „Entweder Ja-oder-Nein" dem Schlauch zuzuordnen sind, nicht mit einem Gewicht, das entweder 0 oder 1 ist, sondern einen Wert zwischen 0 und 1 hat.

225

Der „Schlauch", von dem wir sprechen, ist eine unscharfe Menge von Elementen, die dem Schlauch „mehr oder weniger" zugehören. Dieses Phänomen hatten wir uns schon in Abschnitt 9.11 vor Augen geführt, als wir die Zone des Viktoria-Wechsels der Reiterverbände erörtert hatten. Das könnte jetzt wiederholt werden, nur daß an die Stelle der (von Mannschaftsstärke abhängigen) Siegfähigkeit (bei unterschiedlicher Ganzheitsausprägung der im Vergleich stehenden Reiterverbände) jetzt allgemeinere Parameter treten. Was aber beibehalten werden kann, das sind die Begriffe „Zone des Übergehens" und „neuralgischer Bereich". Beides sind unscharfe Mengen.

Daraus folgt, daß wir die Einschränkung, die wir mit dem Wort „semiallmählich" ausgedrückt haben, aufheben müssen. Nicht nur das Annähern an die Achse $X = 0$ erfolgt allmählich, sondern auch der Vorzeichenwechsel im engeren Sinne des Wortes. Die Achse $X = O$ und die Verlaufskurve von $Y = f(X)$ sind nicht scharfe Linien, sondern Schläuche von Gewichten des Zugehörens: Im Bereich des vollen Durchmessers der Projektion des Schlauches gleich eins, an den Rändern nahe null.

Nun aber kommt noch etwas zum Tragen. Unsre Fähigkeiten zum Beobachten sind von Natur aus oder aus ökonomischen Gründen begrenzt. Vorgänge, deren Verlauf vorderhand und vereinfachend durch „scharfe" Linien beschrieben wird, sehen wir im allgemeinen nicht in ihrer Eigenschaft als Funktion n-ten Grades, sondern wie eine ihrer Ableitungen; wir sehen Vorgänge nicht in ihrer wahren, sondern in einer verminderten Nichtlinearität. Vermindert um einen oder mehrere Grade. Die vorletzte Stufe, in der (im allgemeinen) Beobachter den Vorgang gerade noch als Vorgang wahrnehmen, ist jene Stufe, bei welcher der Beobachter den Vorgang als entarteten sieht, nämlich als linearen Prozeß $Y^{(n-1)} = aX$, sodaß das Quale Q des Quale Q* als eine Gerade mit dem (konstanten) Richtungsfaktor a erscheint.

Extremfall ist, wenn der Beobachter von einem real gegebenen Vorgang n-ten Grades nur ein Bild im Sinne der n-ten Ableitung sieht: $Y^{(n)} = a$, das Bild eines uneigentlichen Vorgangs, bei dem die unabhängige Variable nur im Hintergrund existiert, ohne Einfluß auf die abhängige Größe Y, die nun Konstante zu sein scheint. In diesem Fall ist X praktisch aus dem Wirkungsfeld eliminiert. Dem entspricht die schlecht-abstrahierende, illusionionsgesteuerte Blickweise, ein Quale als etwas zu sehen, dem quantitative Änderungen gleichgültig sind. Wir finden hier wieder jenes Abstraktions-Syndrom, von welchem Hegel (in Auseinandersetzung mit Kants Ding an sich) und Engels (in Auseinandersetzung mit der Chimäre vom absoluten Raum) erklärten: Erst macht man Abstraktionen, und dann wundert man sich, was herauskommt.

Ein kurioses Bild würde ein „Beobachter" auch vom astronomischen Jahreszyklus haben, wenn er zur Wintersonnenwende und zur Sommersonnenwende die Augen aufschlägt und annimmt, daß der Sonnenstand zwischen Minimum und Maximum hüpfend springt. Wer den Weltenlauf auf Wendepunkte seiner allmählichen Tendenzänderungen verkürzt, sieht Quale-Umwälzen erst dann, wenn es perfekt ist, die Bewegung hinter sich gelassen hat und aus dem Umwälzen die Umwälzung geworden ist.

Echte Beobachter aber wissen, daß die Umkehrpunkte - wenn es denn überhaupt Punkte sind - allmählich angelaufen werden, sodaß der Durchgang durch den „Punkt" ein Vorgang ist, der im allmählich entwickelten Kontext allenfalls ein Augenblick minderer Ordnung und relativierter Bedeutung ist, weil die Bedeutung durch den allmählichen Prozeß als Ganzem gegeben ist. Intelligente Beobachter wissen zudem, daß der „Punkt" in Wirklichkeit eine neuralgische Zone ist.

Was geschieht aber, wenn man die uneigentliche Variable, die in ihrer Eigenschaft als Konstante auch als n-te Ableitung einer nichtlinearen Funktion gelten kann, als kumulierbar ansieht in Abhängigkeit kleiner Veränderungen dX von X? Das ist die Frage nach dem Integral von Y über dX.

Das erste Integral ergibt eine lineare Funktion $Y = f(X)$, genauer, eine Schar solcher Funktionen, deren jede eine Gerade repräsentiert. Die Gerade ist schon eine Tendenzaussage, allerdings eine extrem naive. Mit ihr wird unterstellt: Wie auch der Wert von X wachse, wie auch die Zeit vergehe - die Tendenz bleibe konstant. Diese Unterstellung ist höchstens für sehr kleine Änderungsbeträge von X zulässig.

Mit jeder weiteren Integration entstehen Funktionen als mögliche Bilder realer Vorgänge, die nichtlinear sind, wobei mit jeder Integration der Grad der Nichtlinearität steigt. Damit steigt auch der Grad der Anerkennung des Quale-Umschlagens.

Nichtlineare Funktionen lassen sich verstehen als Ausdruck kontinuierlichen Tendenzveränderns.

Beim Differenzieren war mit jedem Akt die Frage beantwortet worden: Was ist der Verlauf der Tendenzveränderung? Mit jeder Stufe des Integrierens wird die Frage umgekehrt gestellt und eine Antwort geboten: Wenn wir eine Verlaufskurve von Tendenzen haben - von welchem Prozeß ist das die Verlaufskurve der Tendenzen?

Welche Kurve ist das, deren Tendenzverlauf in unserem Blick ist? Was ist das Integral vom Integral? Was wird sichtbar, wenn wir fragen: Gibt es einen realen Vorgang, welcher die Eigenschaft hat, Integral eines bekannten Vorganges zu sein? Gibt es einen realen Vorgang, dessen Ableitung jene Verlaufskurve ist, die wir erblicken?

Wir zwingen uns, jeden auf den ersten Blick wahrgenommenen Vorgang zu hinterfragen: Was zeigt sich, wenn wir $Y^{(n)} = f^{(n)}(X)$ als punktweise Zuordnung von X und Y in seiner akkumulierenden Wirkung für eine vollständige Spanne von X_0 bis X bilanzieren? Was sammelt sich bis zum Ende dieser Spanne an? Welche ups and downs - wie Marx es nannte - ergeben sich aus dem Vorzeichenwechsel von Tendenz-Verläufen?

Wenn wir glauben, ein Vorgang erlebe einen schroffen Vorzeichenwechsel, weil seine lineare Verlaufskurve vom Plus ins Minus übergeht oder vom Minus ins Plus - wie stellt sich der Vorgang dar, wenn wir gedanklich sein Integral bilden? Selbstverständlich als Kurve zweiten Grades, die ein allmählich anstehendes Maximum oder Minimum hat an der X-Stelle, an welcher die lineare Ableitung die X-Achse quert.

Wird von der Kurve zweiten Grades durch gedankliche Integralbildung zur Kurve dritten Grades übergegangen, so geht an der nämlichen X-Stelle allmählich zunehmendes Steilerwerden in allmählich abnehmende Steilheit über.

So können wir den Beobachtungen realer Vorgänge meist eine Folge von Integralen unterlegen, die wir uns einander überlagert vorstellen. Wir verstehen dann, daß besonders auffällige Phänomene dem Vorzeichenwechsel einer Geraden zuzuordnen sind, der sich eine Folge nichtlinearer Kurven zunehmenden Grades zuordnen lassen - die Integrale zunehmenden Grades, die selbst dann allmählich sind, wenn die Querung der X-Achse durch die abgeleitete Gerade jener Ausnahmefall ist, der sich im Gegensatz zum Fuzzy-Konzept in scharfer Kontur vollzieht.

Auf jeder Sprosse der Leiter des Integrale-Bildens stellt sich die Frage schärfer: Was ist zu erwarten, wenn wir den zeitweiligen Verlauf eines Vorgangs - statt an einer auffälligen Stelle zu verweilen (etwa an einer X-Achsen-Querung), in seiner Fortsetzung zu erkennen versuchen? Mathematische Integralbildung macht uns denkfähig. Sie gibt uns Sprache.

Alles hat sein Integral. Was sich bewegt, hat im allgemeinen ein nichtlinear sich wandelndes. Vernunft wird Unsinn, Wohltat Plage, Blüte Korrosion. Allmählich. „Am Grunde der Moldau wandern die Steine. Das Große bleibt groß nicht und klein nicht das Kleine. Die Nacht hat zwölf Stunden, dann naht schon der Tag" (Brecht). Die Veränderlichkeit der Welt ist grenzenlos. Kann aber ein bestimmtes Wachstum grenzenlos sein? Es ist nicht grenzenlos, auch wenn wir scharfe Grenzen nicht erkennen. Kann nicht auch Eigentum von der Seite gesellschaftlicher Verpflichtung gepackt werden? Kann sich nicht Passivität in Verantwortung wandeln? Bereitet sich wachsende Produktivität den allmählichen ökologischen Selbstmord? Die allmähliche Erschöpfung?

9.15 Warum nicht Visionen?

Denkformen anhand empirischen Materials auszufüllen wird von Sprosse zu Sprosse schwieriger. Das spricht nicht gegen Visionen als Ausdruck von Optionen und als Handlungsorientierung. Doch ohne Tun ist alles nichts. Die Menschen müssen ihre Geschichte selber machen.

Geschichte vorwärts ist durch die rückwärtige Geschichte beeinflußt, aber nicht festgelegt. Visionen haben Sinn. Schrecklich ist naseweises Visionieren. Auch die Vorstellung, es gehe immer weiter so wie bisher, hat Merkmale einer Vision. Nur zeigt der Blick auf die eigene Nase immer wieder dieselbe Knolle.

Zukunft vorauszusagen ist unmöglich. Doch haben wir erkannt, daß der Defekt nicht allein im Bereich der Empirie wurzelt, sondern auch in Un-Fähigkeit, Nichtlinearität und Quale-Umschlagen zu begreifen. Hierin zu lernen heißt, nichtlineares Denken zu trainieren. Dann wüßten wir mehr, was geschehen KANN.

Die analytische Botschaft von Marx und Engels ist nicht dasselbe wie die subjektive Option auf eine klassenlose Gesellschaft freier, solidarischer Persönlichkeiten. Botschaft von Marx/Engels ist aber: Was durch Quale-Umschlagen und Nichtlinearität entstanden ist, wälzt sich Quale-umschlagend und nichtlinear. So hat es Sinn, die eigne Person mit Geist und Kraft ins Allmähliche einzubringen.

Mancher Kopf mit großem Mund wartet auf den plötzlichen Ruck und meint, vor dem Großen Kladderadatsch (ein Wort von Bebel) werde sich doch nichts ändern. Das nenne ich „rote Maulaffen feilhalten". Damit wird Zeit verschenkt. Indessen könnte Nützliches geschehn. „Selber tun" sagen die Kinder beim Spielen. Und wirklich Denkende fragen sich, welche der gegenwärtigen Handlungsvarianten zu wählen sei.

Die Konsequenzen je einer Variante sind allein mit Empirie nicht abzuschätzen. Ein wenig besser wäre man gestellt, wenn man denkbare Trends als Hypothesen unterstellen und miteinander in Relation setzen würde: Was stößt sich ab? (Das begreifen die Parteien noch am leichtesten.) Was kompensiert sich? Wo könnten - Ganzheitsheitseffekt! - Synergien eintreten? (Das begreifen die Parteien bis jetzt nicht. Nur einzelne Leute wie Gysi können so etwas denken.)

Mathematische, kybernetische und erfindungsmethodische Begriffe könnten zeigen, wie Relationen definiert, Synopsen durchsichtig und Effekte denkbar werden.

Dann hätte man immer noch keine Voraussagen - man wird sie auch nicht bekommen - doch Denk-Modelle, an denen Konsequenzen mit nichtlinearen Funktionen und hypothetischen Parameterwerten durchgespielt werden könnten, mit Nichtlinearitäten und Ganzheitseffekten, auf Computern, an denen schon die Enkel üben.

Selbst Computerspiele könnten erdacht werden, welche die Jungen anregen. Gedankenspieler könnten sich mit Lust und Gewinn in Verantwortung üben, nicht sicher zwar, doch denkend frei zu handeln. Wo eigner Vorteil mit Solidarität einhergeht. Erhebend sich über rechtes und linkes „Weiter so".

Entwicklungsdenken fällt auch Dialektikern nicht leicht. Es kann trainiert werden. Mathematik und Geschichte schließen sich nicht mehr aus. Man kann in beiden Fächern lernen.

Linke haben selten ihre Chancen genutzt. Macht, die ihnen die Geschichte in die Hand gegeben hatte, haben sie arrogant verspielt, glaubend, die Leichtigkeit der ersten Jahre ihres Aufbauwerkes werde mit Sicherheit andauern. So haben sie vernünftige Ansätze nicht weitergedacht. Vernunft schlug um in Unsinn. So lange das nicht begriffen ist, sollten wir großen Kladderadatsch nicht einmal wünschen. Wenn wir allmähliche Umwälzung zu denken lernen, könnten wir sie denkend fördern. „Weil nichts bleibt, wie es ist...." Und übers Kapital hinaus. Die Erde aber bewahren!

10. Quale-Umschlagen im Lichte der Chaos-Theorie

10.1 Was haben wir erkannt? *Weiter mit Mathematik*

Alltäglich dreinblickend sehen wir Wandlungen, die wir *nicht* für wesentlich halten. Man hat sie „quantitativ" genannt. Man sagt, sie seien *überhaupt nur* quantitativ. Aber: Quale schlägt ständig um in andere Quale. Zumeist wirds erst nach langer Zeit des Wandelns deutlich. Dann wird die subjektive Reizschwelle *plötzlich* überschritten. Doch Quale-Umschlagen selbst hat nichts mit Plötzlichkeit zu tun. Escherbilder, Witze-Logik, Volkssprichworte und Natur-Beobachtung zeigten uns das. (Kapitel 1 bis 5) Ob schnell, ob langsam, ist für das Quale-Umschlagen fünftrangig wie die Krawatte eines Talkmasters. Daß wir Tempo so hoch schätzen gehört zum Jux in unsrer Renommier-Gesellschaft.

Brisant sind nur die *Differenzen* im Tempo *konkurrierender* Prozesse. Um hierin Vorteile zu erlangen, werden auch Handstreiche riskiert. Machtmenschen kommen mit Putsch und Staatsstreich oder schwarzen Konten in Vorhand. Im 6. Kapitel ward angezeigt, daß Epigonen Marx mißbrauchten und unterm Logo *Qualitätsumschlag* die Plötzlichkeit anprießen.

In weiteren Kapiteln (7 bis 9) hatten wir die Philosophie des Quale-Umschlagens nach Hegel, Marx und Engels behandelt.

Schon in dem Büchlein „Marx und Moritz - Unbekannter Marx - Quer zum Ismus" (ISBN 3-89626-153-3) hatte ich gezeigt, daß die philosophischen Auffassungen von Marx und Engels im sog. Marxismus verzerrt und zerstückelt worden sind. Nun können wir sagen: Im sog. Marxismus war auch die Philosophie vom Quale-Umschlagen umgemünzt worden, in das Muster der Plötzlichkeit, das mit Quale-Umschlagen so viel zu tun hat wie *Auto* mit einem *Out*fit. Das Fahrzeug kann ein Image haben, doch ist das nicht das Auto.

Herrn Prof.Dr.rer.nat.habil. **Manfred Peschel** (Berlin, Großschönau) sei herzlich gedankt für wiederholte Durchsicht meiner Entwürfe zu diesem Kapitel. Ich hoffe, seinen Hinweisen gerecht geworden zu sein; verantwortlich dafür bin ich allein.

Zahlreiche Zitate in diesem Kapitel und alle Abbildungen sind entnommen aus

Heinz-Otto Peitgen, Hartmut Jürgens, Dietmar Saupe: **Bausteine des Chaos - Fraktale.** ISBN 3-540-55781-4 Springer-Verlag Berlin Heidelberg New York. ISBN 3-608-95888 Klett-Cotta Stuttgart. Im folgenden Kapitel unter dem Kode „Peitgen u.a.: FRAKTALE".

Heinz-Otto Peitgen, Hartmut Jürgens, Dietmar Saupe: **C.H.A.O.S. Bausteine der Ordnung.** ISBN 3-540-55782-2 Springer-Verlag Berlin Heidelberg New York. ISBN 3-608-95435-X Klett-Cotta Stuttgart.- Im folgenden Kapitel unter dem Kode „Peitgen u.a.: C H A O S".

Wir haben erkannt, daß Wandlungen, die nicht offensichtlich als qualitativ erscheinen, zu nichtqualitativen, zu quantitativen Wandlungen *deklariert* werden. Wir haben auch erkannt, daß quantitative und qualitative Wandlungen

- durch Abstraktion gedanklich voneinander isoliert werden. Doch Hegel, Marx und Engels setzten die beiden Isolata in Beziehung. Wir erkannten: Sie überlagern sich einander.

- durch stetige nichtlineare Funktionen beschreibar sind und *permanent* geschehen.

In Kapitel 3 und 4 haben wir den Verbund aus Allometrie, Nichtlinearität und Quale-Umschlagen besprochen, den schon Galilei geahnt hatte, was der Dichter Bert Brecht treffend zu einem politischen Vehikel erhob.

Hegel hatte (siehe Kapitel 7 und 8) die *innere* Dialektik von Größenverhältnissen erkannt, durch welche sich nichtlineare Zusammenhänge von linearen unterscheiden. Daraufhin hat der berufsstolze Hegel die „Nicht-Linearität" aus der Mathematik in die Lehre von Quantität und Qualität geholt - mitten hinein in die Philosophie.

Marx und Engels sahen das Quale-Umschlagen als Muster „Das Ganze ist mehr als die Summe der Teile". So erkannten sie Quale-Umschlagen als Nichtlinearität. Philosophen-Erkenntnis und Kampfes-Erfahrung konvergieren: Revolution verlangt langen Atem. „Die Zeit der Überrumpelungen .... ist vorbei.... da müssen die Massen selbst mit dabei sein...." (F. Engels 1895; MEW 22.523)

Gibt es weiterer Anlaß, Beziehungen von Quale-Umschlagen und Nichtlinearität sowie von Quale-Umschlagen und Allmählichkeit zu suchen?

10.2 Die nichtlineare Form

Bewegungen, Veränderungen, Entwicklungen werden in der sog. Chaostheorie vor allem von folgender Form ausgehend betrachtet:

Man stellt sich vor, ein realer Zusammenhang, ein reales System sei unter Verwendung einer Zeichenreihe beschrieben, in welcher eine Größe x in einer Potenz auftritt, die von *1* verschieden ist. Beispiele sind cx^2 und $ax - ax^2$. Für letzteres kann auch stehen

$$a(x - x^2) \quad oder \quad ax(1 - x).$$

Solche Formen können in Wachstumsprozessen aller Art auftreten. Mit Modellen von Wachstumsprozessen in Biologie, Ökologie, Ökonomie, militärischer und politologischer Eskalations-Lehre sowie in der Demographie können Zusammenhänge visualisiert und Gedankenexperimente angestellt, bei Verfügbarkeit von Parameterwerten auch Prognosen gewagt oder verworfen werden.

Wir denken uns den Koeffizienten *a* zunächst als eine Konstante, was nicht ausschließt, daß der Wert von *a* auch variiert wird. Die Größe *x* wird uns als Variable und als Unbekannte begegnen. Wir werden *x* als locker, fließend, für den Beobachter auch als unbestimmt sehen. Sich zu verändern und zu bestimmen ist ihr Beruf. Alles andere in der Zeichenreihe - Vorzeichen, Klammern, Exponent und Koeffizient *a* - steht für ein *relativ* konstantes Wachstums-Gesetz, für eine *relativ* konstante Maschine, welche hindurchfließendes Material *x* verarbeitet. Betont sei *relativ*.

Wir wollen die Maschine und ihren Durchfluß noch deutlicher unterscheiden, indem wir die Stelle für *x* vorerst leer lassen und nur einen Punkt setzen:

$$a \cdot - a \cdot^2 \quad \text{oder} \quad a(. - .^2) \quad \text{oder} \quad a.(1 - .) \quad .$$

Diese Formeln für eine Maschine, für ein System, benutzen wir,

um uns an Schulstoff zu erinnern und drei Gattungen von Erzeugungsprozessen zu unterscheiden. Die Größe *x* kann nämlich in dreierlei Sinn „locker" sein:

1) *x* kann eine Variable sein, die gleitend Werte zum Beispiel zwischen *0* und ¥ oder zwischen zwei Marken annimmt. Es interessiert, welche Werte dann eine *zweite* Variable *y = f(x)* abhängig von *x* annimmt, wenn *x* hindurchläuft durch die Maschine

$$a.(1 - .) \quad \text{bzw.} \quad a(. - .^2) \quad \text{bzw.} \quad a \cdot - a \cdot^2$$

Wie in der Schule gelernt kann man - wenn ein Wert für *a* feststeht - in ein Koordinatensystem eintragen, wie *y = f(x)* abhängig von *x* verläuft. Für jeden *x*-Wert wird der zugehörige *y*-Wert ins Koordinatenkreuz eingetragen. In unsrem Beispiel ist das (für jedes beliebige *a*) eine Parabel. Die Tangenten an die Parabel haben ihre Anstiegswinkel (Richtungsfaktoren) gemäß Differentialquotient *y' = -2ax + a* . Daraus folgt, daß unsere Parabel ihren Scheitel (Umkehrpunkt) bei *x = 0,5* erreicht.

Unsre Parabel unterscheidet sich fundamental von einer Geraden: Sie schneidet die *x*-Achse nicht nur ein Mal, sondern zwei Mal. Der Wert *y = 0* wird bei *zwei* Werten von *x* erreicht, nämlich bei *x = 0* und bei *x = 1* . Die Parabel hat schließlich einen Scheitel, an dem die Kurve ihre Bewegung grundlegend und nicht nur graduell ändert: Wachstum des Verlaufs geht in

233

Falltum über (oder umgekehrt), der Richtungsfaktor (Differentialquotient) wechselt von positiven zu negativen Werten (oder umgekehrt). Darin liegt der Gegensatz zu linearem Wachstum.

Zwischenbemerkung: Der Fall 1) steht für Zusammenhänge und Funktionsverläufe, die wir in den Kapiteln 2 bis 9 unter Stichworten wie „Maßhalten", „Allometrie des Wachstums" und „Das Ganze ist mehr als die Summe der Teile" gefunden hatten. Oft war der Exponent eine *gebrochene* Zahl. Die Korrelation von Nichtlinearität und Quale-Umschlagen war dort weniger wegen der Existenz von Verlaufs-Umkehrungen interessant. Wir sahen dort vor allem *Progressivität* von Wachstumsprozessen, *Ungleichmäßigkeit* zusammenhängender Entwicklungsprozesse, *Proportionsverschiebungen* in Wachstumsprozessen und daher *Ganzheitseffekte*.

Wir wenden uns jetzt mit 2) und 3) zwei anderen Versionen unsres quadratischen Systems zu. An ihnen werden wir weitere Korrelationen von Nichtlinearität und Quale-Umschlagen finden.

2) *x* kann eine (konstante) Unbekannte sein, deren Wert durch

$$a . - a .^2 \qquad \text{bzw.} \qquad a.(1 - .)$$

festgelegt sein kann, wenn wir das System in eine Umgebung stellen. Das kann mit einem Griff geschehen:

$$ax - ax^2 = 0 \qquad \text{bzw.} \qquad ax(1 - x) = 0$$

Mit „ =0 " haben wir eine *Umgebung* hergestellt. So ist *x festgelegt*. (*Bestimmungs*gleichung)

Schon beim Lösen der Gleichung zweiten, dritten, vierten etc. Grades lernten wir, daß die sog. Unbekannte nicht nur einen, sondern zwei, drei, vier etc. Werte hat. Das gilt schon für $x^2 = 1$. Schon diese Gleichung hat bekanntlich *zwei* Lösungen, nämlich $x = +1$ und $x = -1$. Und wir glaubten, der viel kompliziertere Geschichtsprozeß habe nur eine einzige Lösung!

Hinüberwandeln von linearen zu nichtlinearen Gleichungen bedeutet Übergehen von der Einzigkeit zur Pluralität der „Lösung", die einer Gleichung entspringt. Dialektik der Algebra zwingt dabei auch zur Anerkennung von imaginären bzw. komplexen Zahlen.

Das Übergehen von linearen zu nichtlinearen Gleichungen ist selber qualitativ.

3) Unser Beispiel-System

$$a . - a .^2 \qquad \text{bzw.} \qquad a.(1 - .)$$

hatten wir schon unter 1) und unter 2) mit einer Maschine verglichen. Material geht hinein (Eingang), und Erzeugnisse kommen heraus (Ausgang). Dem fügen wir hinzu, daß wir unter „Maschine" jetzt auch eine Maschine mit *Selbstbeeinflussung*, also eine Maschine mit *Rückkopplung auf sich selbst*, verstehen wollen, zum Beispiel im Sinne der Technik, der Biologie, der Wirtschaft, der Politik, der Geschichte, der Gesellschaft. In Rückkopplungs-Systemen wird das Erzeugnis - der Ausgang - zum Eingang als neue Eingabe zurückgeführt. Hierin besteht der Unterschied zu 1).

Wieso aber sprechen wir von Produktion, wenn wir den Output sogleich wieder zum Input machen? Wir können uns zweierlei vorstellen:

- der Output werde von einem Agenten außerhalb unsres Systems quasi 1:1 zum Eingang des Systems zurückgeschmettert.

- der Output sei eine Produktion für einen Empfänger (irgendein anderes System, eine andere Maschine, ein Warenlager, ein Markt), habe aber ein *Abbild*, das als Kontroll-Information - etwa zum Zwecke der Steuerung unsres Systems - als neuer Input in unser System zurückgelangt.

Weil unsre Maschine in quadratischer Form angelegt ist, wirft sie ihre Outputs auf die Parabel. Die Outputs sind eine Punktfolge, mit der die Maschine die Parabel $y = f(x^2)$ genau nachvollzieht. Indem aber unsre Maschine auf sich selbst zurückgekoppelt ist, wirft sie die Abbilder ihrer Outputs *zugleich* auf eine Gerade $y = x$ und empfängt von dort ihre Inputs, *obwohl* durch die quadratische Form auch die Abbilder parabelgeprägt sind.

10.3 Nichtlinearität - erneut überraschend.
Blick in die sog. Chaostheorie

10.3.1 Nichtlinearität bei taktweiser Rückkopplung. Der quadratische Iterator

Norbert Wiener hatte vor Jahrzehnten Rückkopplungen in der Natur, in der Gesellschaft und im Denken ins Licht gerückt. (N. Wiener: Cybernetics or Control and Communication in the Animal and the Machine. 1948) Schon neunzig Jahre zuvor hatte Karl Marx Rückkopplungssysteme in der Wirtschaft erkannt. (Vgl. Rainer Thiel, Georg Klaus: Über die Existenz kybernetischer Systeme in der Gesellschaft. In: Deutsche Zeitschrift für Philosophie 1/1962, Berlin (Ost))

Rückkopplungen sind *Wechselwirkungen*: interactions oder actions mit feedback. Im einfachsten Falle wechselwirkt ein System mit einer Prallwand, die den Output oder dessen Abbild auf seinen Urheber zurückwirft wie ein Spiegel. Es ließe sich auch veranschlagen, daß der Spiegel oder ein Sparringspartner Eigenes dazugibt.

Also, unser System wechselwirkt mit sich selber. Darin besteht eine Vereinfachung, die uns zustatten kommt, Dialektik zu durchschauen. Außerdem wirke das System *takt*weise. Es starte mit einem ersten Input x_0. Dieser wird im System verarbeitet, das Erzeugnis ist $y_1 = x_1$ Dieser Output bzw. sein Abbild wird auf das System zurückgekoppelt, um seinerseits im System verarbeitet zu werden. Daraufhin kommt aus dem System $y_2 = x_2$ heraus. Und gelangt selbst oder als Abbild im nächsten Takt wieder hinein in das System, als Input. Der daraus resultierende Output heißt $y_3 = x_3$, er selbst oder sein Abbild wird im nächsten Takt seinerseits zum Input, worauf aus dem System $y_4 = x_4$ herauskommt. Und so weiter.

Das ist *takt*weise Rückkopplung. Die Takte werden numeriert. Symbol für die laufende Nummer ist n. Daß das System immer wieder und taktweise wirkt, zeigen wir an, indem wir unsre Beispiel-Zeichenreihe um einige Zeichen ergänzen:

$$x_{n+1} = ax_n(1 - x_n),$$

wobei n die Folge 0, 1, 2, ... durchläuft. Wir sehen also jetzt unser System als *Wiederholungs*-System und nennen es **Iterator** (vom lateinischen *iterum = wiederum*). Dieser bleibt *für je eine Serie* von Iterationen auf einen festen Wert von a eingestellt. Übrigens kann jedes x_n zum Startwert, zu x_0, deklariert werden: Man läßt einfach seine Vorgänger außer betracht.

Man kann sich den Iterator denken als Computer, als stoff-verarbeitende Maschine oder als soziales System mit rückkoppelndem Steuerregime. Nichtlinearität interessiert uns jetzt im Zusammenhang mit Rückkopplung. Es gibt Gemeinsamkeiten und Unterschiede zwischen 1) und 3) :

Durch 1) werden genau die $y = f(x)$ und *nur* sie *produziert*, welche die stetige geometrische Bahn bilden, die „Parabel" heißt und exakt der Ausdruck ihres Erzeugers $y = f(x) = a(x - x^2)$ ist. Dabei laufen x-Werte, die auf der x-Achse „dicht" aneinander liegen, kontinuierlich in die Maschine hinein, wie glühendes Band in ein Walzengerüst kontinuierlich hineinläuft. Demgemäß kommt aus der Maschine auch Band heraus oder Draht, Schiene, Rohr.

Denken wir uns, das langgestreckte Material liege am Boden genau auf der x-Achse des Koordinatensystems, als sei es die x-Achse selbst. Die Maschine, das Walzengerüst, sei beweglich und fahre über das ausgestreckte Material in Richtung wachsender x dahin wie ein Portalkran über bereitliegendes Ladegut.

Unsre Maschine, die wie ein Portalkran dahinfährt, nimmt das Material - die diversen x - auf, verarbeitet es kontinuierlich und schiebt das umgeformte Gut im rechten Winkel zur x-Achse, parallel zur y-Achse, zum Beispiel auf Parabelhöhe.

Zu 3). Das Material für die Maschine liege wie bei 1) auf der x-Achse. Aber es bestehe jetzt aus dicht an dicht liegenden Mikro-Partikeln, quasi *Stück*gut. Die Maschine greift Partikel *in größeren Abständen* von der x-Achse auf, beginnend mit x_0. Was aufgenommen wird, wird in der Maschine verarbeitet:

Einerseits wie in 1), sodaß es zu y-Wert umgeformt, senkrecht zur x-Achse verbracht und auf der Parabel genau oberhalb des verarbeiteten x-Wertes abgelegt wird. Die Parabel ist Ausdruck der quadratischen Form, die 1) und 2) und 3) gemeinsam ist. Im Grunde genommen steckt die Maschine 1) in der Maschine 3) und wirkt wie ein Navigator, der die disponierte Flugbahn - hier die Parabel - auf einem Display vorzeichnet, eben die Parabel, die in diesem Sinne ein Eigenleben führt, unabhängig davon, ob sie in jedem Augenblick einen Output aus der Maschine 3) empfängt.

Andrerseits - bei 3) - gilt für die taktweise Rück-Info das Prinzip: „Output-Wert **zugleich** Inputsignal **für den nächsten** Takt, und dem '*Zugleich*' zufolge sind beide gleich groß". Das „Zugleich" zeigt den Doppelcharakter des Iterator-Ausstosses an: als Ware auf die Parabel, als Signal zurück zum Eingang. Weil Output-Wert $y_n = x_n$ und Input-Signal x_{n+1} zum nächsten Takt stets gleich groß sind, definieren beide gemeinsam eine Gerade $y = x$. Diese läuft als Winkelhalbierende (siehe Abb. 12.1) durch jenes rechtwinklige Koordinatensystem, das wir schon aus der Schule, von 1) her, kennen und in dem auch die Parabel verläuft.

Im Koordinatensystem liegt über dem x_n - Wert der Parabelwert y_n Das entspricht der Tatsache, daß von unsrer Maschine jedes x_n zu y_n verarbeitet wird.

Ist das geschehen, wird der y_n-Wert gespeichert, um als Auflassung zum nächsten Input zu dienen, der mit dem Wert x_{n+1} zu erfolgen hat. Unser System benutzt als Orientierungsmittel dazu die Winkelhalbierende, denn diese zeigt die Stellen, für welche gilt: $y_n = x_{n+1}$

Es könnte irritieren, daß diese Gleichung mit den nicht ganz identischen Indices links und rechts die *Winkel*halbierende definiert, die wir gewohnt sind, $y = x$ zu schreiben. Allerdings würde auch eine Gerade mit der Gleichung $y = x + c$ einen rechten Winkel teilen. Nur würde sie im Quadranten um den Betrag c nach rechts verschoben sein. Teilende eines rechten Winkels wäre sie allemal. Zu der Verschiebung kommen wir noch.

Daß unsere Winkelhalbierende dennoch den *Quadranten* teilt, rührt nur daher, daß unser *spezieller* Iterator für $x = 0$ den y-Wert $y = 0$ liefern würde.

Von der Geraden fällt aus der Höhe $y_n = x_{n+1}$, die dem Outputwert y_n entspricht, ein Lot nach unten, das die x-Achse in einem Punkte trifft, der wir x_{n+1} nennen. Das Lot ist Markierungssignal und Anstoß, die Maschine möge das vom Lot getroffne x als das x_{n+1} aufgreifen, damit es in die Maschine gelange und zu $y_{n+1} = x_{n+2}$ verarbeitet werde.

Das schließt aber ein: Riesige Mengen von Mikro-Partikeln (oder Stück-gütern) zwischen x_0 und x_1, zwischen x_n und x_{n+1} zwischen x_{n+1} und x_{n+2} usw. bleiben gemäß Takt-Regime der Maschine 3) unaufgegriffen und unverarbeitet auf der x-Achse liegen, während die Parabel sich *weiterent-wickelt*, als ob *unsre quadratische Form* kontinuierlich gewirkt *hätte*. (We-gen dieses „als ob" sprachen wir oben vom „Navigator" 1), der in 3) instal-liert ist.)

Unsre Rückkopplung wirkt eben nicht kontinuierlich, sondern gemäß dem Schritt-Regime und den Input-Signalen, deren y-Wert hinter dem kontinu-ierlichen Fortgang der y-Parabel zurückbleibt. *Vorerst unter*halb der Pa-rabel.

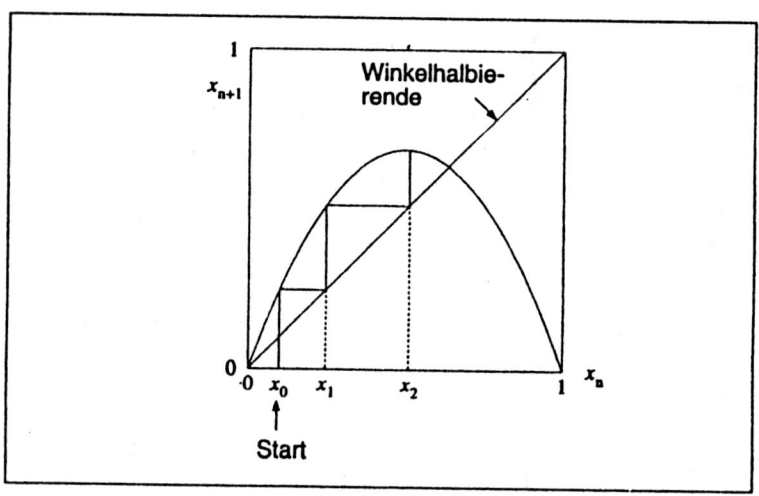

Abb. 10.1 Die ersten Schritte der grafischen Iteration von x_{n+1} ax_n (1-x_n). (Nach Peitgen u.a. FRAKTALE, S. 73)

In der Abbildung entspricht der zeitweiligen Stagnation die waagerechte Strecke, die vom Parabelpunkt (x_n; y_n) nach rechts - auf gleicher Höhe bleibend (bei gleichem y-Wert) - verläuft bis zur *Winkelhalbierenden*, wodurch sie per Lot den Punkt $y_n = x_{n+1}$ markiert. Die waagerechte Strecke entspricht der Tatsache, daß unser Iterator zeitweilig wie abgekoppelt von der Parabel-Entwicklung ist, und zwar so lange, bis die Strecke von ihrem linken Ursprung (auf der Parabel an der Stelle y_n) zur Winkelhalbierenden gelangt, um per Lot x_{n+1} ($= y_n$) zu markieren.

So manifestiert sich das Ausstoßverhalten unsres Iterators im Zick-Zack der Treppenlinie, die sich zwischen der Parabel und der Geraden $y = x$ als Ausdruck des Doppelcharakters der Ausstöße unsres Iterators entfaltet.

Es scheint, als ob der Iterator *vor*greife, indem er auf der x-Achse zu einem wesentlich weiter rechts liegenden x_{n+1} usw. springt. Aber erstens kann sich die Sprungrichtung umkehren, wie wir bald sehen werden. Zweitens würden wir bei dieser Deutung mißachten, daß sich die Parabel gemäß dem „Navigator", der quadratischen Form $a \cdot -a^2$ bzw. $a(1 - .)$, inzwischen *weiter*entwickelt hat, sodaß sich der Schein des Vorgriffs als ein Zurückbleiben entpuppt.

Das erinnert an einen Boxer, der, nach Empfang eines Schlags, schlecht und recht weiterfühlt, weiterdenkt, ohne zu sehen, was im Nervensystem des Gegners vonstattengeht; er kann es nur nach seinem eignen inneren Modell 3), das er - analog zum Iterator - sich vom Gegner aufgebaut hat, *unterstellen*, um seinen eigenen nächsten Schlag zu disponieren.

Solange die Parabel steil ansteigt, geht das alles gut. Um wieder im Walzwerks-Gleichnis zu sprechen: Das geprägte Stückgut (unsrem Gleichnis gemäß auch sein Abbild als Rück-Info) hat einen y_n-Wert, der *in diesem Stadium* viel *größer* ist als sein x_n-Wert. Die Parabel verläuft *in diesem Stadium* oberhalb der Winkelhalbierenden. Doch dieser viel größere y_n-Wert wird nun auch zur Info, wo ein neues Stückgut x_{n+1} von der x-Achse aufzugreifen sei. Das Lot von der Winkelhalbierenden herab zeigt die Stelle.

Das geht solange treppenförmig, wie die Parabel steil ansteigt. Es geht auch dann noch treppig aufwärts, wenn die Parabel schwächer ansteigt.

Was aber, wenn die Parabel vom Steigen zum Fallen übergeht? Wenn einerseits wegen gerade noch anhaltenden Parabelanstiegs ein $x_{n+1} > x_n$ auf der x-Achse gegriffen wurde, doch andererseits - trotz der zwischentaktlich *liegengebliebenen x-Partikel* - die Parabel inzwischen mit ihrem Abstieg begonnen hat? Sodaß die Treppe die Parabel durchstößt und der Output nicht von unten, sondern *von oben* her auf die Parabel trifft?

Was wird, da unsere Maschine weiterhin $x_{n+1} = y_n$ greift, während die Parabel schon begonnen hat, *kleinere* y-Werte anzunehmen als zuvor? Wenn der aktuelle Input *kleiner* ist als der vorangegangne? Wenn also $x_{n+1} < x_n$ weil $y_n < y_{n-1}$? Was dann?

Man vermutet, daß im Bereich des *Umschlagens,* das für nichtlineare Systeme essentiell ist, (in der Ebene) aus der Treppenlinie eine Spirale werden könnte. Das ist bei gewissen a-Werten und fortgesetzter Iteration tatsächlich der Fall.

Man kann sich auch vorstellen, daß die x_{n+1} überhaupt aufhören, sich auf *einen* Zielwert einzupendeln und stattdessen beginnen, in permanenten Kreislauf zu geraten. Dieser Fall tritt bei gewissen a-Werten tatsächlich ein. Ist erst einmal der Fall $x_{n+1} < x_n$ eingetreten, wird ja nun auch $y_{n+1} < y_n$

Das zieht aber ein weiter verkleinertes x_{n+2} nach sich: Die Waagerechte, die bisher von der Parabel aus nach rechts zur Winkelhalbierenden verlief, läuft jetzt von der Parabel nach *links* zur Winkelhalbierenden, die weiterhin Orientierungsstrahl bleibt, doch die Parabel durchstoßen hat und nach rechts oben weiterstrahlt, während die Parabel den Abstieg nach rechts unten angetreten hat. Dem Parabelgesetz zufolge kann aber dadurch das resultierende y_{n+2} wieder größer geworden sein als sein Vorgänger, was dann auch einen wieder vergrößerten Input nach sich zieht.

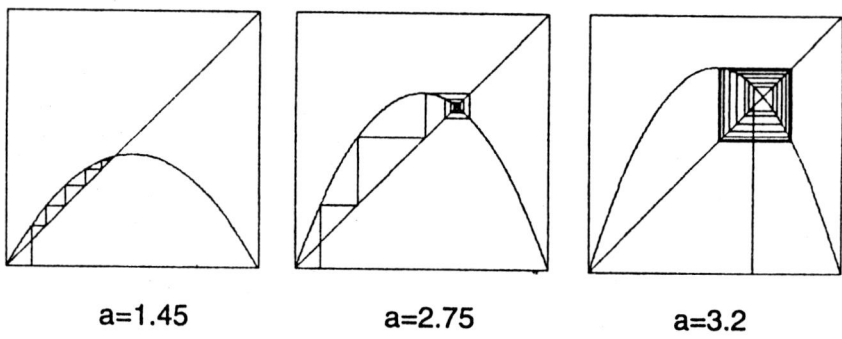

a=1.45   a=2.75   a=3.2

Abb. 10.2 Grafische Iteration für drei Parameterwerte, die zu stabilem Verhalten führen. (nach Peitgen u.a. FRAKTALE, S. 74)

Der Kreis (eigentlich ein Viereck) verläuft von der Parabel waagerecht zur Winkelhalbierenden, dann abwärts auf eine tieferliegende Stelle der Parabel und von dort waagerecht - aber nunmehr nach links - zur Winkelhalbierenden, an tieferliegende Stelle. Ist dieser Fall eingetreten, so kann er sich in alle Ewigkeit als Kreislauf reproduzieren: Nicht mehr Spirale, sondern Karussel zwischen zwei immer wiederkehrenden Parabelpunkten. Das würde heißen, unsere Maschine produziert hinfort Outputs, die ihrem y-

Wert, ihrem „Ziel", gemäß in zwei verschiedene Fraktionen fallen wie die Outputs eines Systems, das sich in verschiedne oder entgegengesetzte Fraktionen oder Parteien spaltet und sich in seiner Spaltung selbst reproduziert. Wir müssen die a-Werte nur noch etwas mehr vergrößern.

Auf alle Fälle kommt das gesamte Iterationsverhalten realen Wechselwirkungen sehr nahe, denn *einerseits* kommt der Output beim Wechselwirkungspartner sofort an, während er *andererseits* als Info für den nächsten Input (gleich vorausgegangnem Output) fungiert, mit einem (scheinbar vorauseilend gegriffnen) Stückgut x_{n+1}, nichtachtend die *zwischen* den Stückgütern liegenden x-Werte, bis er dank cleverness seiner quadratischen Form wieder einen Treffer auf der Parabel landet.

Dieses Modell zieht man heran, um langwierige numerische Berechnungen, Strömungsprozesse, Herzschlagsanomalien und Wettervorgänge besser zu verstehen, zum Beispiel das Übergehen von laminaren Strömungen in Turbulenz und von Vorhersagbarkeit in Nicht-Vorhersagbarkeit.

Wir würden der Wirklichkeit noch näher kommen, wenn wir *zwei* Iterationssysteme R und S gegeneinander laufen lassen, wobei der Output von R als Input von S und der Output von S als Input von R fungieren würde.

Grob zusammengefaßt: Unser nichtlineares Rückkopplungssystem, das dank seiner quadratischen Form und pulsierend aus x_n via y_n immerfort x_{n+1} erzeugt,

- produziert nach Start mit einem ersten Input x_0: Was geschieht, wenn man zwischen verschiednen Werten x_0 wählt? Was geschieht, wenn man unser System mal mit diesem, mal mit jenem Wert von x_0 startet?

- kann sich endlos bewegen. Der Taktzähler n wird dann endlos ticken. Was geschieht, wenn unser System endlos arbeitet und der Index n weiter, weiter, weiter läuft, also immer größer wird?

- produziert bei einem speziellen Wert des Koeffizienten a. Was geschieht, wenn unser System mal mit diesem, mal mit jenem Wert dieses Koeffizienten läuft? Etwa mit $a = 2$, $a = 3$, $a = 4$?

Grob gesagt - es gibt mindestens drei Varianten:

I.) Das System kann sich einem linearen System ähnlich verhalten. Das ist der Fall für gewisse Werte von a. Das könnte bedeuten: Das System produziert vor allem x_n, die einem festen Wert zulaufen, evtl. nach kürzerem oder längerem Einpendeln.

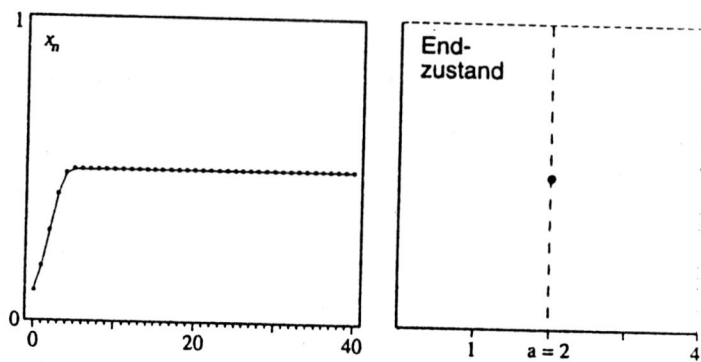

Abb. 10.3 Das Langzeitverhalten des quadratischen Iterators für *a* = 2 : Skizze der Zeitreihe (links) und des Endzustands (rechts). (Nach Peitgen u.a. C H A O S S. 132)

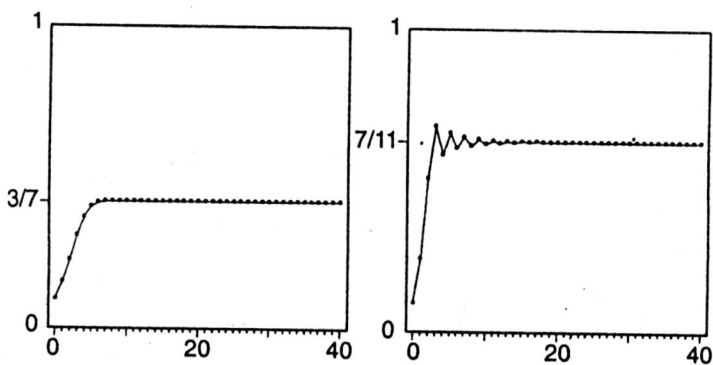

Abb. 10.4 : Stabiles Verhalten von Zeitreihen für den Anfangswert *0,1* und Parameterwerte *a = 1,75* (links) und *a = 2,75* (rechts). (nach Peitgen u.a. C H A O S . S. 141)

Die Reihenfolge der Outputs - vom Zeichner mit dünnen Strichen angedeutet - nennen wir „Spur". (Möge man an Leuchtspur denken.) Der „dikke" Punkt, den die Spur-Punkte anzeigen, als seien sie auf ihn eingeschworen, heißt „Ziel" oder „Endzustand".

II.) Das System kann - im Gegensatz zu linearen Systemen - über kurz oder lang dahin kommen, Nachfolger von x_n zu produzieren, die in zwei völlig verschiedene Fraktionen fallen. Das sei mit Beispielen angedeutet: Wir nehmen unsere Maschine in vereinfachter Gestalt $x^2 + 1$ und lassen sie einige Iterationen produzieren. Startwert sei $x_0 = 0,5$. Hier das Protokoll:

Rechenzyklen	x	$x^2 - 1$
1	0.5	-0.75
2	-0.75	-0.4375
3	-0.4375	-0.80859375
4	-0.80859375	-0.3461761475
5	-0.3461761475	-0.8801620749
6	-0.8801620749	-0.2253147219
7	-0.2253147219	-0.9492332761
8	-0.9492332761	-0.0989561875
9	-0.0989561875	-0.9902076730
10	-0.9902076730	-0.0194887644
11	-0.0194887644	-0.9996201881
12	-0.9996201881	-0.0007594796
13	-0.0007594796	-0.9999994232
14	-0.9999994232	-0.0000011536
15	-0.0000011536	-1.0000000000
16	-1.0000000000	-0.0000000000
17	-0.0000000000	-1.0000000000

Abb. 10.5 Die ersten siebzehn Iterationen für den Anfangswert $x_0 = 0,5$. (Nach Peitgen u.a FRAKTALE S. 71)

Man hatte Annäherung an *einen* Zielwert erwartet und findet, daß unser Erzeugersystem mit seinen Produkten schon bald alternierend *zwei* Pfade ins Un-Land pflastert, als seien ihm *zwei verschiedene* Ziele gegeben. Die Produkte unterscheiden sich qualitativ, indem sie in verschiedene Richtungen fallen, sodaß die Iterationenfolge Pfade mit *verschiedenen* Ziel-Tendenzen erzeugt.

Die qualitativ verschiednen Produkte (damit auch ihre Abbilder, die als Rück-Info Inputs werden), treten nun - alternierend in ihrer Unterschiedlichkeit - in das System ein. Jetzt ist es möglich, daß das System aus der Zwei-Zieligkeit nicht mehr herauskommt. Es gibt *zwei* Pfade, von den Outputs gleichsam durch Pflastern erzeugt, jeder Output ein Pflasterstein, hinein ins Un-Land, das wüst und leer, als würden sie *zwei* Zielen zustreben.

Auf Abbildung 10.6 - nun wieder unser Iterator, jetzt mit $a = 3,1$ und $x_0 =$ 0,1 - erkennt man eine vom Zeichner durchgezogne dünne Linie, die schon bald die im Un-Land angekommenen Outputs in fiktivem Zick-Zack verbindet und nichts weiter als die Reihenfolge der Outputs nach ihren Nummern n anzeigt. Vor allem erkennt man *zwei* Pfade (in der Abb. oben und unten), die von den Outputs abwechselnd weitergepflastert werden: Mal wird ein Produkt *oben* hingesetzt, den oberen Pfad ins Un-Land verlängernd, mal unten, den unteren Pfad verlängernd.

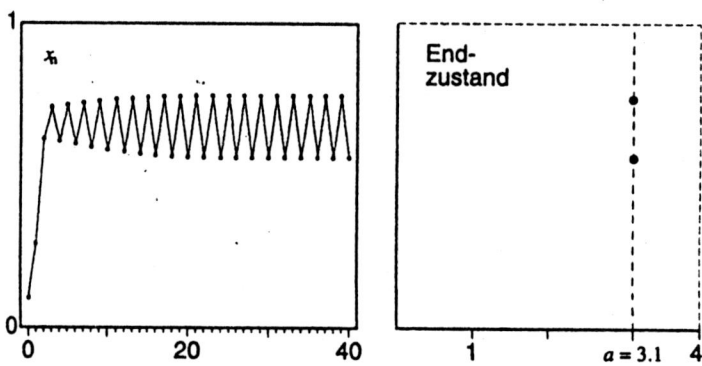

Abb. 10.6 . Zeitreihe für $a = 3,1$ und den Anfangswert 0,1 . Die Iteration führt zu einem Endzustand, der aus zwei verschiedenen Punkten $x_t(a)$ und $x_h(a)$ besteht :(nach Peitgen u.a. C H A O S S. 153)

Zwei-Pfadigkeit ist halbwegs tröstend: Es sind nur *zwei* Pfade in unterschiedlicher Richtung (man spricht nicht ganz glücklich von Zielen als Endzuständen) und nicht unendlich viele. Die Alternation ist beim derzeit geltenden a-Wert stabil.

III.) Das System erzeugt für abermals veränderte a-Werte (a > 3) Produkte, als würden die x_{n+i} nicht nur zwei, sondern *viele* Ziele ansteuern: Das System wirft seine x_{n+i} nach einem Muster (siehe Peitgen Chaos Abschn. 2.3), nach welchem die Iterationenfolge abwechselnd *mehr* als zwei verschiedene Pfade ins Un-Land pflastert, deren jeder einem anderen Ziel zuzuordnen ist, analog einem periodischen Zünd-Verteiler eines Viel-Takt-Otto-Motors: Nach je einem Iterations-Zyklus geht es wieder von vorn los.

IV.) Das System kann für weiter veränderte a-Werte, zum Beispiel für $a = 4$, alle stabilen Richtungen seiner Pfade für seine Produkte und damit die Periodizität seiner Produkt-Verteilung verlieren. Die Produkte fallen nicht als Bausteine von Pfaden, sondern streuen über ein weites Feld. Dauert die Produktion ohne Ende an, so erlebt jeder Punkt des Feldes, daß in seine nahe Umgebung ein Produkt fällt.

10.3.2   Zum Feigenbaum-Diagramm. Zur Dialektik des quadratischen Iterators

Um Auswirkungen der Variation von a im Überblick anzudeuten, sei das sog. Feigenbaum-Diagramm benutzt, hier in grober Fassung. Wie verhält sich bei verschiedenen a-Werten die Zieligkeit der Output-Serien? Bleibt es bei ein oder zwei Pfaden? Oder werden es mehr? Das Diagramm zeigt, wie sich der Produkt-Ausstoß des quadratischen Iterators, unsres Systems $x_{n+1} = ax_n(1 - x_n)$, verändert, wenn man zu größeren a-Werten übergeht. Die Pfade bedeuten, daß bei kleinem a-Wert alle Produkte ein Endziel anstreben, bei Größerwerden des a-Werts 2, 4, 8, ... 2^k usw. Endziele.

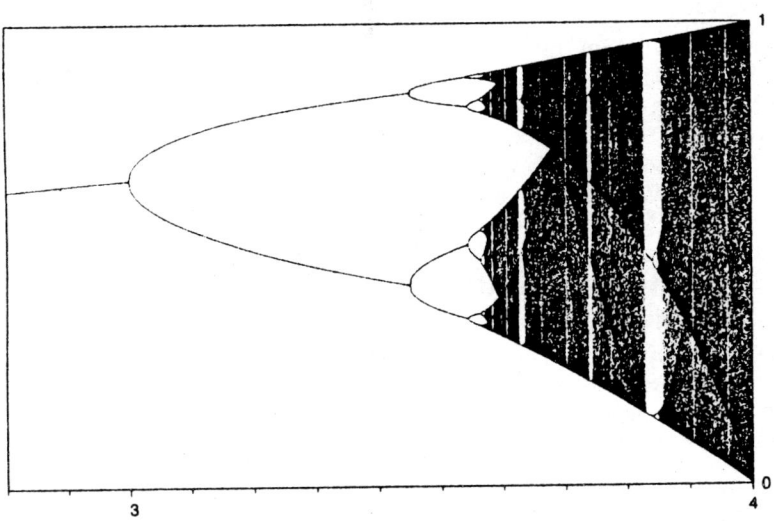

Abb. 10.7   Endzustandsdiagramm für den quadratischen Iterator und Parameterwerte a zwischen 2,8 und 4 (nach Peitgen u.a. C H A O S S: 138)

Anfangs - nämlich bis a = 3 - war unser System Erzeuger von outputs, die eine simple Folge erzeugen, (die der Zeichner wie eine Leuchtspur aufs Papier gezeichnet hat,) indem sie ein und demselben Ziel zulaufen. Das System erzeugte einen einzigen Pfad ins Un-Land, mit sich im Konsens. Einförmigkeit der Produktion.

Doch wandelt sich das System mit dem Größerwerden seines Parameters *a* in ein Quale, das **Dissens** mit sich produziert, nämlich Werte, die abwechselnd *zwei verschiedne* Pfade pflastern, dann - bei noch höheren Werten von *a* - vier, acht usw. Pfade, als ob sie auf ebensoviele verschiedne Endzustände (Ziele) hinsteuern würden, bis die Outputs etwa ab *a* = 3,57.... beginnen, sich über weite Felder zu streuen, und bei *a* = 4 sogar den ganzen Horizont belegen. Die Pfade **spalten** sich beim Größerwerden von *a*.

Für *a*-Werte zwischen 3 und etwa 3,57 erzeugt das System outputs,

- die gegeneinander differieren und mit der Differenz ein Moment gegenseitigen Gegensatzes an sich haben,

- die sich in ihrer (zweiten) Eigenschaft *als Inputs in* das System - und *durch das System selbst* - sogar *gegenseitig* als Auseinanderstrebende hervorbringen.

So erzeugt das System outputs, die in einem Verhältnis zueinander stehen, das einem dialektischen Widerspruch nahekommt. Es fehlt nur, daß je zwei outputs im Verhältnis der *Polarität* zueinander stehen wie Plus und Minus, Nord und Süd. Doch könnte ihr Unterschied als *Polarität gedeutet* werden: Eine Differenz etwa zwischen *1* und *3*, indem man beide Zahlen auf die *2* in ihrer Mitte bezieht und die Skala verschiebt, sodaß die *2 in 0** sowie die *1 in -1** und die *3 in +1** übergeht. Die Sterne deuten an, daß die Zahlen einem verschobenen Koordinatensystem zugehören, wobei die Differenzen bleiben, wie sie waren.

Schließlich geht auch der Bereich der Mehrzieligkeit zuende. Die Verteilungsmuster wandeln ihr Quale. Man sagt, bei *a* = 4 produziere das System Chaos. Daß der Ausdruck treffend sei, kann bezweifelt werden. Doch ist, was produziert wird, interessant.

Produzent von Konsens, von Spaltungen (Widersprüchen) und von „Chaos" - dem Iterator sieht man das nicht an. Doch seinen Früchten. Und die Früchte sind nicht un-wesentlich wie Sommersprossen auf der Haut eines Menschen; sie sind das geäußerte Wesen ihres Erzeugers, der ein nichtlinearer Iterator ist. *Zu arbeiten* ist dessen Wesen.

Wieso bleibt der Iterator mit sich identisch und wieso **nicht**? Die Gestalt $x_{n+1} = ax_n(1 - x_n)$ wandelt sich nicht. Doch wandelt sich unter der bleibenden Form und vor allem **dank der nichtlinearen Form selbst** der Arbeiter, der Hervorbringer von Produkten: konsensuale, dissensuale (sogar dialektisch widersprüchliche) und nach anderen Mustern gemachte. Das Quale des nichtlinearen Rückkopplers gebiert den Quale-*Wandel* seiner selbst.

Der Iterator wandelt sein Quale qualitativ kraft seiner Nichtlinearität bei Werte-Änderungen von a. Man könnte sich ferner vorstellen, daß die a-Werte sogar durch unser System höchstselbst geändert werden. Unser Iterator wäre dann nicht nur quadratisch, sondern in höherem Grade nichtlinear.

Das Übergehen vom ein- und mehrzweigigen zum sog. chaotischen Produkt-Ausstoß des Iterators wird von Mathematikern kommentiert: Beide „antagonistischen Zustände" können „durch ein *einziges* Gesetz ausgedrückt werden.... Eine noch größere Überraschung war die Entdeckung, daß es einen wohldefinierten Fahrplan gibt, der uns vom einen Zustand - von der Ordnung - in den anderen - ins Chaos - führt." (Peitgen u.a.: C.H.A.O.S - Bausteine der Ordnung, Seite 132) Dieses Faszinosum entsteht durch Allianz von Nichtlinearität und Rückkopplung und bedeutet: *Hegel in der Mathematik.*

Man kann sich auch vorstellen, $x_{n+1} = ax_n (1 - x_n)$ sei der Prototyp. Man lasse diesen mit verschiedenen Werten von a laufen und gewinne für jeden speziellen a-Wert je eine *Version*, wobei abhängig von a die Versionen wechseln und wie folgt klassiert werden können:

- Klasse, in welcher jede Version konsensuale, einförmige Produktfolgen hervorbringt, sodaß die in Folge hervorgebrachten Produkte jeweils eine simple Leucht-Spur nach sich ziehen, einen einzigen Pfad plasternd, als seien sie einem **einzigen Ziel** gewidmet.

- Klasse, in welcher jede Version **dissensual**, zweizielig, Produktfolgen hervorbringt, sodaß jedes Produkt entweder den höheren Pfad *H* oder den tieferen Pfad *T* weiter ins Un-Land hinein pflastert, wobei die Produkte abwechselnd den höheren bzw. den tieferen Pfad anhüpfen. Je länger die Produktfolge, also je höher die Nummern n der Outputs, desto länger die Pfade. Dabei hatten wir stets einen festen Wert von a unterstellt. Nun gehen wir aber zu einer andren Betrachtung über und interessieren uns nicht dafür, wie die Pfade abhängig von n wachsen, sondern für die bloße Tatsache der Viel-Pfadigkeit, für die bloße *Existenz* je eines Pfades, damit aber *für* **die Anzahl** der Pfade *in Abhängigkeit von a*. In diesem Zusammenhang sprechen wir statt von Pfad von **Zweig**. Als wenn wir nicht mehr jede Bundestraße einzeln betrachten, sondern die Mannigfaltigkeit *in der Gesamtheit* der Straßen. Wenn a größer wird, tritt immer mal wieder der Fall ein, daß sich alle **Zweige** spalten und ihre Anzahl vervielfachen. Indem wir die Produktion unsres Iterators in Abhängigkeit von a betrachten, sehen wir den individuellen Iterator als Glied eines größeren Ganzen, nämlich der Gesamtheit aller quadratischen Interatoren. In dieser Gesamtheit erzeugt der Iterator nicht nur Produkte, sondern - dank seiner Nichtlinearität - die Verschiedenartigkeit von Produkten.

- Klasse, in welcher jede Version **zweifach dissensuale** Produktfolgen hervorbringt, also vier-zielig produziert, sodaß jedes Produkt entweder *HH* oder *HT* oder *TH* oder *TT* belegt, als ob es je einem der jetzt *vier* Ziele (Endzustände) zustrebe.

- Klasse, in welcher jede Version **vierfach dissensuale**, achtzielig ....

- Klasse .... **achtfach dissensual**, sechzehnzielig ....

.....

- Für jedes k eine Klasse, in der 2^k-**fach dissensual** produziert wird, also 2^{k+1}-zielige Folgen entstehen.

- Klassen, die ganz anders verteilte Produktfolgen hervorbringen, sodaß von Zielen überhaupt nicht mehr die Rede sein kann. Doch selbst dieser Streu-Bereich hat noch gewisse Strukturen, nur ist die Klassenbildung schwer durchschaubar.

Schon unser quadratisches System $x_{n+1} = ax_n(1 - x_n)$ ist - nun zeigt es sich auch durch Produktion nach diversen Klassen - gegenüber linearen Systemen ein völlig anderes Quale. Peitgen, Jürgens und Saupe zitieren aus dem International Journal of Bifurcation and Chaos:

„Das Grundgestein, auf dem dieses Gebiet lokaler sowie globaler Verzweigungen verankert liegt, ist die alles beherrschende Nichtlinearität, die in vergangenen Zeiten von Technikern und Wissenschaftlern aus angewandten Disziplinen bedenkenlos linearisiert <verstümmelt. R.Th.> wurde, womit sie <die Techniker und Wissenschaftler. R.Th.> ihre einzige Gelegenheit eingebüßt haben, sich mit der Realität auseinanderzusetzen."(Chaos S. 211)

10.3.3 Das Übergehen vom Ein-Zweigigen ins Zwei- und Viel-Zweigige

Wie vollziehen sich nun *die* **Übergänge** zwischen den a-abhängigen Klassen? Wie **geschieht Spaltung** der Pfade (Zweige)? Es ist die Nichtlinearität, welche unseren Iterator

$$x_{n+1} = ax_n(1 - x_n) = a(x_n - x_n^2)$$

jene Spaltungen hervorbringen läßt, die wir im Feigenbaum-Diagramm als vollendete Tatsachen sehen. Wir möchten nun erkennen, wieso die Nichtlinearität die Viel-Zweigigkeit hervorbringt.

Wir hatten uns in Abschnitt 12.2 unter 2) daran erinnert, daß die quadratische Gleichung *zwei* Lösungen hat, die sich - außer in Grenzfällen - voneinander unterscheiden. Natürlich wurzelt die Bifurkation letztlich in dieser

248

Bewandtnis. Doch würden wir uns als Dialektiker wünschen, die Bifurkation ließe sich daraus ebenso zwingend ablesen wie die Zweiheit der Lösungen jener Gleichung aus dem Grunde dieser Gleichung selbst.

In Gestalt von 3) haben wir es aber nicht mit einer schulbekannten Bestimmungsgleichung, sondern mit einem Iterator zu tun. Man gibt etwas in den Iterator *hinein*. Und der Iterator beginnt - das ist sein Wesen - mit einem **Entwicklungsprozeß seiner Produktion und seiner selbst.**

Wenn wir die Entstehung der Bifurkation, die im Feigenbaum-Diagramm bilanziert ist, als zwingend verstehen wollen, genügt es nicht, im Feigenbaum-Diagramm die a-abhängige Entwicklungsreihe der Output-Produktion zu sehen. Wir müssen vielmehr das *Zusammenwirken* folgender Größen betrachten:

- des gewählten (gegebenen) Anfangswertes x_0;

- der Länge von Output-Serien, also der Anzahl *n* von Iterationen, die nötig sind, damit die Output-Serie in die Nachbarschaft von Fixpunkten, insbesondere Endzuständen, kommt oder daraus entflieht;

- den systemgezeugten Charakter von systemgezeugten Fixpunkten: Sind sie stabil oder instabil?

- den wandelbaren Wert *a* .

In die Binnenstruktur unsrer speziellen Nichtlinearität mit vier Darstellern müßten wir eindringen: Die Texte der Mathematiker vollständig zitieren und Lücken schließen, wo unser Interesse kulminiert: bei den Übergängen.

Wir beschränken uns auf a-Werte von *1 bis 4* und suchen nach Anhalts-Punkten. Um Antworten zu finden, steht uns die Parabelgleichung *y = f_a (x) = ax(1-x)* bzw. die quadratische Form unsres Iterators zur Verfügung, sonst nichts. Es sei denn das Problem selbst. Wir können es ja hinterfragen:

Angenommen, wir hätten das anziehende Ziel, den sog. *Attraktor A(a)*, der für *a > 1* wirksam ist. Dann könnten wir den Iterator schon mit *x_0 = A(a)* starten. Fatal scheint aber, daß wir beide Werte nicht kennen. Doch wir erkennen die *Frage*, die an die verfügbare Information, nämlich die Forderung $f_a(x)$ =! *ax(1-x)* bzw. x_{n+1} =! *$ax_n(1 - x_n)$* , zu stellen ist. „Wenn Du eine weise Antwort verlangst, mußt Du vernünftig fragen." (Goethe) „...neue Stellung der Frage ist inklusive schon ihre Lösung." (Marx) „Die richtige Fragestellung ist oft mehr als der halbe Weg zur Lösung." (Heisenberg)

Denn es folgt aus unsrem Problem *x_0? =! A(a)? höchstselbst*, daß alle

x_n *gleich* x_0 sein würden Sie müßten deshalb die sog. Fixpunktgleichung f_a = $ax(1-x)$ = x erfüllen, in welcher unsere quadratische Form bestimmend ist. Die Fixpunktgleichung ist quadratisch und hat die zwei Lösungen

$$p_0 = 0 \qquad und \qquad p_a = (a-1)/a$$

Sollte x_0 gleich 0 gewählt werden, würde aus der Fixpunktgleichung folgen, daß alle $x_n = 0$. Sollte x_0 gleich 1 gewählt werden, würde aus der Fixpunktgleichung ebenfalls folgen, daß alle $x_n = 0$. Aber $x_0 = 0$ *und* $x_0 = 1$ sind die beiden einzigen Anfangswerte, mit denen Iterationen zum Fixpunkt $p_0 = 0$ gehen. Mit allen anderen Startwerten streben die Iterationen gegen $p_a = (a-1)/a$, wie es graphisch unsere Abbildungen zeigen, die vom Computer erzeugt wurden. Falls nämlich $0 < x_0 < p_a$, folgt $x_n > x_0$ für alle n. (Vgl. Peitgen Chaos S. 142 Fußnote.)

Man sagt, p_0 sei ein *instabiler* Fixpunkt, p_a ein *stabiler*, ein sog. Attraktor. Der instabile Fixpunkt stößt mit Ausnahme von $x_0 = 1$ alle x_n von sich ab, deren Wert nicht absolut genau dem Wert des Fixpunkts gleich ist. Aus dieser Tatsache, die auf der Nichtlineartät des Iterators beruht, ergibt sich das Spaltungsgeschehen, dem wir uns jetzt zuwenden.

Für $1 < a < 3$ (bis an 3 heran) gelangten die Iterationen stets in die Umgebung des stabilen Fixpunktes p_a. Wir überspringen die detailreiche Wiedergabe von computer-erstellten und begrifflich durchdrungenen Übersichten. Schließlich - wenn a noch größer wird - geschieht Folgendes:

A) Für $a = 3$ wird eine Iteration nur dann noch p_a zum Fixpunkt haben, wenn sie mit dem bei $a = 3$ aktuellen Wert des Fixpunkts beginnt, nämlich mit $p_{a=3} = 2/3$.

B) Für $a > 3$ ist der Fixpunkt p_a nicht mehr stabil. Seine Attraktor-Eigenschaft erlischt, er wird instabil und stößt alle x_n von sich ab. In der Literatur heißt es: „Der Fixpunkt p_a verliert seine Stabilität, wenn a die Grenze b_1 überschreitet." (Peitgen Chaos S. 154) Hier wird eine logische Zäsur mit dem unscharfen Begriff „Überschreiten" zum Ausdruck gebracht.

C) Instabilität drückt sich auch darin aus: Für $a > 3$ werden Iterationen den Fixpunkt p_a nur dann erreichen, wenn sie mit einem Anfangswert starten, der genau gleich dem aktuellen Wert von p_a ist. Es gibt Fälle, in denen das per Computer machbar ist. In der Realität kommt es aber einem Wunder nahe, wenn eine Aktion mathematisch punktgenau beginnt.

D) Um das Geschehen in naher *Umgebung* von $a = 3$, also bei a-Werten mit vielen Dezimalen, mit dem Computer darzustellen, müßte mit unendlicher Genauigkeit gerechnet werden. Ebenso müßten die Startwerte unendlich genau eingegeben werden. „Da dies aber nicht möglich ist, können wir das Iterationsverhalten an den iterierten Urbildern des Fixpunkts nicht sichtbar machen." (Peitgen Chaos S. 158. Vgl auch S. 156)

Wegen C) und D) läßt sich also *nicht* empirisch nachweisen, daß die Entwicklung am Verzweigungspunkt sich plötzlich ändere.

E) Für $a > 3$ zeigt das Feigenbaum-Diagramm die Existenz zweier neuer Fixpunkte an, die sich in der Verzweigung jedes zuvor einheitlichen Pfades manifestieren. *Begriffliche* Deutung macht es möglich, die Werte beider Fixpunkte als Funktionen von a auszudrücken. Das geschieht analog zur Bestimmung des seinerzeitigen einzigen stabilen Fixpunktes im einzweigigen Bereich, über die wir berichtet hatten. Die empirisch (per Computer) festgestellte Zweizweigigkeit wird jetzt interpretiert mit der doppelten Anwendung der quadratischen Funktion: $f_a(f_a(x)) = x$. An die Stelle der Parabel tritt jetzt eine Kurve mit *drei* Umkehrpunkten. Zugleich bekommt man eine Gleichung vierten Grades, aus der sich die neuen Fixpunkte errechnen lassen. (Peitgen Chaos S. 155.) Die Zweckmäßigkeit, den quadratischen Iterator zweifach anzuwenden, bewährt sich bei weiteren Deutungen des Feigenbaum-Diagramms.

F) Die in E) erwähnte Gleichung vierten Grades zeigt, daß die Verzweigung in folgendem Sinne *allmählich* erfolgt: Würde man im Diagramm von rechts nach links blickend die a-Werte kleiner werden und gegen 3 gehen lassen, würde der Abstand zwischen den beiden Zweigen gegen 0 gehen. Entscheidend für die schwindende Differenz ist innerhalb dieser Gleichung ein Term $a^2 - 2a - 3$. Um die Nähe des Verzweigungspunktes und - von rechts her - die Annäherung an diesen geltend zu machen, kann man schreiben

$$limes\ [(3 + h)^2 - 2(3 + h) - 3]\quad für\ h \to 0\ .$$

Dieser Grenzwert ist gleich Null. Deshalb ist auch der Grenzwert des von rechts nach links schwindenden Abstands beider Zweige gleich Null. Und da wegen der Gleichung 4. Grades die Abhängigkeit der Fixpunkte von der Variation der a-Werte die Gestalt einer stetigen Funktion hat, entwickelt sich andrerseits die Differenz zwischen den beiden Zweigen von links nach rechts - bei 0 beginnend - völlig allmählich zu größeren Werten.

G) Die bei *a = 3* einsetzende, doch allmählich sich entfaltende Bifurkation ist auch von links her nach rechts gegen *3* gehend kontinuierlich an den Bifurkationsbereich angeschlossen: Der Grenzwert für die Entwicklung des (noch) stabilen Fixpunktes - also von links nach rechts zum Verzweigungspunkt blickend - kann geschrieben werden

limes[(a - h - 1)/(a - h)]   für h → 0 .

Der Grenzwert ist also 2/3 . Dieser Wert stimmt überein mit dem Grenzwert, der sich von rechts her zum Verzweigungspunkt blickend aus der in E) erwähnten Gleichung 4. Grades ergibt.

A) bis G) zusammenfassend ergibt sich: *a*-Werte-abhängig läuft die Trassierung kontinuierlich und in diesem Sinne ohne Bruch oder Sprung durch den Verzweigungspunkt, ungeachtet der formalen Logik. Das Zweigungsgeschehen *entwickelt* sich *allmählich* zur *Signifikanz* durch die nunmehr eingetretene und andauernde Instabilität des Fixpunktes, der in der vorangegangnen Epoche stabil gewesen war. Dessen bisherige Attraktion wird nun von den *zwei neuen* Fixpunkten x_l und x_h übernommen, die sich anstelle des instabil gewordnen p_a entwickeln.

Man kann wohl sagen, das geschieht, als hätte sich p_a gespalten. Wir müssen nur einräumen, daß p_a nun als instabiler Fixpunkt weiterexistiert und die ihm zu nahe kommenden Produkte in Richtung der neuen Fixpunkte abstößt. Die Abstoßung unterbleibt nur, wenn der Iterator mit einem x_o genau gleich *3* startet.

Doch ohne Wenn und Aber können wir sagen: Die Fixpunkt-Szene *spaltet* sich. Im Verzweigungspunkt setzt die Zweigung ein. Das ist ein Paradigmenwechsel mit letztlich weitreichenden Auswirkungen. Demgemäß sind auch die Feigenbaum-Diagramme in der Literatur gestaltet: Dem Betrachter die Verzweigung suggestiv zu zeigen.

Die Verzweigung fasziniert den Dialektiker, der die Spaltung alles Geschehens in entgegengesetzte Tendenzen, in dialektische Widersprüche, an ihren Früchten erkennt, ohne immer ihre embryonalen Phasen akribisch zu analysieren. Das ist Problem in der jahrtausendelangen Geschichte der Dialektik. Gelungene Proben haben wir in Kapitel 9 kennengelernt.

Der Paradigmen-Wechsel hat aber anfangs noch keine signifikante Auswirkung, weil der gegenseitige Abstand der beiden neuen Fixpunkte noch sehr klein ist. Bedeutend ist das Ereignis nur wegen seiner *länger*fristigen Auswirkung. Die Zäsur bei *a = 3* ist insofern ein Apercu auf einem Prozeß, der sich kontinuierlich vollzieht, ein Richtfest, ein Zeugnis für lange Mühen, ein Markstein. Ein Wetterumschwung, aber noch kein Regen. Ob *in der Praxis* in einem gewissen Augenblick ein Umschwung geschieht, können wir nur vermuten. Feststellbar ist das nur nachträglich anhand der Auswirkungen.

10.3.4 Übergehen vom Viel-Zweigigen ins gemustert Chaotische

Das Spaltungsgeschehen aber setzt sich fort. Wenn Spaltung eintritt - von dem Moment an, der salomonisch definierbar, aber empirisch nicht zu fassen ist - hüpft jede Iterationenfolge zu jedem der Zweige; mit jedem Takt wird ein anderer Zweig erreicht. Solange der Koeffizient a konstant bleibt, beginnt das Karussel von neuem.

Wächst nun der a-Wert *weiter* über 3 hinaus, so werden die beiden Zweige, die *die Tatsache* der Zwei-Pfadigkeit der Produktion anzeigen, ebenso allmählich länger, wie der a-Wert wächst. Und wenn der a-Wert lange genug weiterwächst, spaltet sich jeder Zweig seinerseits. Der Mechanismus des Spaltens wird komplizierter, doch bleibt seine Analogie zum Mechanismus der ersten Bifurkation erhalten. Stabile und instabile Fixpunkte bleiben entscheidend. Aus dem zwei-zweigigen System wird ein vierzweigiges, aus dem 2^k-zweigigen ein 2^{k+1}-zweigiges. Das Feigenbaum-Diagramm deutet es an. Das Zweig-Wesen entwickelt sich.

Auch der Nichtlinearitäts-Grad der interpretierenden Funktionen und Gleichungen wächst nach Zweierpotenzen 2^{k+1}. Man braucht sie zur Berechnung der Fixpunkte.

Das Verzweigungs-Geschehen setzt sich endlos fort. Neue Zweige sind aber stets kürzer als ihre Vorgänger. Das Verhältnis der Längen von Zweig (alt) zu Zweig (neu) liegt nahe bei einem Wert d. „Durch erste numerische Experimente hat Feigenbaum diese Zahl als d = 4,6692.... gemessen, ..." (Peitgen u.a.: C.H.A.O.S. Bausteine der Ordnung, Seite 137f., 164) Aus diesem Verhältnis errechnet man, daß der Feigenbaum-Punkt als Grenze des bisherigen Zweigungsgeschehens beim a-Wert 3,5699456.... liegt. (Vgl. ebd. Seiten 135, 164-170) Die Rechnung ist verführerisch. Ist das nicht übertriebne Genauigkeit im Zahlenrechnen, zu der sich schon Gauß geäußert hatte? Natürlich kann man auf zehn Dezimalen genau auch den Meter-Preis einer Fahnenstange berechnen, die lang ist eins mal Wurzel zwei.

Jedenfalls: Die Länge der jeweils frischesten Zweige nimmt ab. Sie geht gegen **null**. Da sich aber das Spaltungs-Geschehen, die Verdoppelung der jeweiligen Endzweige, ohne Ende fortsetzt, wächst die Anzahl der Endzweige endlos: Sie geht gegen **unendlich**. Die entgegengesetzten Prozesse hören nicht auf. Empirisch-praktisch bleibt aber die wachsende

Anzahl der Zweige - so groß sie auch werden mag - endlich. In diesem Sinne ist diese Anzahl abzählbar mit open end. Aber was kommt dann?

Da sich alles in zunehmend kleinerem Maßstab abspielt, werden die Möglichkeiten, das Geschehen zu beobachten, gerade in den interessantesten Zonen am größten: In den Übergangszonen. Hier versucht man, denkend Hypothesen zu bilden.

Wie das Diagramm andeutet, beginnt am Feigenbaum-Punkt - für wachsende a-Werte - unser System seine x_n in einer vergrößerten Sortiments-Vielfalt zu produzieren. Vorm Feigenbaumpunkt (im Diagramm links von ihm) war das Sortiment - wie wir sahen - unentwegt größer geworden. Doch es konnte stets durch Zweig-Verdoppelung angezeigt werden und war insofern von einförmiger Vielfalt. Dagegen zeigt sich ab Feigenbaum-Punkt „vielfältige Vielfalt".

Wir wollen eine der neuen Eigentümlichkeiten hervorheben. Grob gesagt und unter anderem dominieren jetzt anstelle der Zweige flächige Gebilde, Dreiecke mit sanft geschwungenen Seiten. Die Dreiecke liegen teils dicht aneinander, teils liegen freie Flächen - sog. Fenster - zwischen ihnen, in welche kein Produkt unsres Systems hineinfällt. Außer Verdoppelungen treten auch Vervielfachungen nach anderen Multiplikatoren auf.

Stellen wir uns jetzt vor, wir stünden weit rechts vom Feigenbaum-Punkt mit seinem a-Wert 3,569.... Stellen wir uns vor, wir stünden bei $a = 4$ und blickten in Richtung fallender a-Werte nach links, hin zum Feigenbaum-Punkt. Bei $a = 4$ herrschte „Chaos" in dem engeren Wortsinn: Die Systemproduktion hat hier „chaotische" Vielfalt, musterlose Streuung. Doch an der Linie, die senkrecht auf der Stelle $a = 4$ steht, sind nach links hin dreieckige Flächen angedockt, die sich nach links entfalten.

Wechseln wir nun den Standpunkt. Blicken wir vom Feigenbaum-Punkt nach rechts, so treten an die Stelle der Zweige, die wir links vom Feigenbaumpunkt gefunden hatten, Flächengebilde, bis $a = 4$.

Blicken wir wieder von der Senkrechten, die auf $a = 4$ steht, nach links, so beginnen Flächengebilde, sich nach links hin auszubreiten. Es sieht aus, als ob sie später in die Zweige links vom Feigenbaum-Punkt übergehen.

Viele dem Spezialisten bekannte Details aus unsrer Betrachtung herauslassend, finden wir, immer weiter nach links driftend, a-Werte, an denen sich unsre Dreiecke *spalten*, ähnlich, wie sich links vom Feigenbaumpunkt nach rechts hin die Zweige gespalten hatten.

Die Spaltungen der Dreiecke erfolgen nach links hin in zunehmend kürzeren Abständen. Der Spaltungen werden mehr und mehr, ihre Menge geht gegen unendlich. Die Folge der Abstandslängen geht gegen null; sie konvergiert von rechts her gegen den Feigenbaumpunkt.

Den Feigenbaumpunkt sehen wir durchaus als Markstein im allmählichen Quale-Umschlagen. Dort versammeln sich von links und andrerseits von rechts her Spaltungsprodukte, von links her Zweige, von rechts her Flächengebilde. (Gibt es zwischen den Zeigen und den Flächen einen Zusammenhang??) Was am Feigenbaum-Punkt geschieht, ist nicht sichtbar. Was in seiner linken und in seiner engsten rechten Umgebung geschieht, ist ebenfalls nicht sichtbar.

Das Geschehen am Feigenbaum-Punkt zwingt, nach rechts blickend in zweierlei Hinsicht von Quale-Wandel zu sprechen: An die Stelle von Zweigen treten Flächen, und das Kleinerwerden der Spaltungsabstände schlägt um in Größerwerden. Nach links blickend müßte es heißen: An die Stelle von Flächen treten Zweige, und das Kleinerwerden der Abstände, in denen sich Flächen spalten, schlägt um in Größerwerden der Abstände, in denen sich geometrische Gebilde - nunmehr Zweige - verschmelzen.

Offenbar bestehen Analogien der Entwicklung links und rechts, insoweit Kontinuität. Zum Umschlagen der Qualia ineinander wird beigetragen von beiden sichtbaren, langanhaltenden Spaltungs- und Konvergenz-Prozessen. Das steht für Allmählichkeit des Übergehens am Feigenbaum-Punkt und seiner Umgebung.

Nur ist das Geschehen rechts vom Feigenbaum-Punkt viel komplizierter als links davon. Es erschöpft sich nicht in der erwähnten Entstehung flächiger Gebilde. Neue strukturelle Erscheinungen stellen sich ein. Manche zeigen sich erst im Langzeitverhalten der Iterationsfolgen. „Das Kurzzeitverhalten täuscht fälschlicherweise stabile periodische Bahnen vor." (Peitgen Chaos S. 194) Es kommt zu chaotischem Verhalten von Iterationenfolgen, chaotisch in dem Sinne, daß Iterationsprodukte auf Punkte fallen, die keinem Pfad (Zweig) zugeordnet werden können wie im zweigigen, periodischen Geschehen. Dafür gibt es Erklärungen, denen Begriffe wie *Stabilität* und *Instabilität* von Fixpunkten gemeinsam sind, auch Begriffe wie *Sattelpunkt*.

Auch zu bewerten, was „plötzlich" und was „allmählich" ist, wird schwieriger. Links vom Feigenbaum-Punkt konnte sich die Diskussion auf die Begriffe „Fixpunkt stabil oder instabil" und „*a*-Wert" konzentrieren. Jetzt tritt sogar eine *Begriffs*spaltung ein: zum Beispiel Sattelpunkte sind sowohl stabil wie instabil, je nach der Seite, von der sie erreicht werden. Und gravierender sind jetzt die Startwerte x_0 der Iterationen, die Längen ihrer Folgen und die Dynamik ihrer Annäherung an Sattelpunkte als Stellen, an denen sich Einschneidendes ereignet.

Wegen des hohen Aufwands können wir für weiter wachsende *a*-Werte die spannende Entwicklung hinein in den chaotischen, gleichwohl durch Muster durchzogenen Bereich hier nicht weiter verfolgen. Man sieht aber, daß schon der simple, rückkoppelnde, quadratische Iterator vielfältige Entwicklungsvarianten *hervor*bringt. Durchaus determiniert. Indem es aber *Varianten* sind, die er erzeugt, werden mit naturgesetzlichem Zwang die Meinungen von der Einlinigkeit des Weltgeschehens ad absurdum geführt.

Galilei, Hegel und Marx hatten die Nichtlinearität der Zusammenhänge realer Variablen erkannt als Grund der Ungleichmäßigkeit von Entwicklungsprozessen, des Ganzheits-Gesetzes und des Quale-Umschlagens. Vor diesem Hintergrund ist durch Marx und Engels auch die Nicht-Voraussagbarkeit ein-zieliger sozialer Umwälzungen erkannt worden, wie in „Marx und Moritz - Unbekannter Marx - Quer zum Ismus" von mir gezeigt worden ist.

Das Ende der Kompliziertheit nichtlinearen Geschehens haben wir damit noch lange nicht erreicht. Zum Beispiel hat man sich mehrdimensionalen nichtlinearen Systemen zugewandt, Fraktale Geometrie der Natur einbeziehend. Davon sind Bilder populär geworden wie das sog. Apfelmännchen und andere zauberhafte, bizarre Figuren, zu denen auch die farbigen Graphiken des gegenseitigen Einwirkens der Pole dreipoliger Widersprüche (zum Beispiel Drei-Magnet-Systeme) gehören.

Damit ist auch die simple Formel „These-Antithese-Synthese", das populäre Hegel-Surrogat der Schulphilosophie, an einem Sattelpunkt, wie auf dem Sattel zwischen zwei Gipfeln im Gebirge: Es könnte abwärts, doch es könnte auch aufwärts gehen.

10.4 Was haben wir erkannt? Fünf Gestalten des Quale-Umschlagens und die Allmählichkeit

A) Wir waren ins 12. Kapitel eingetreten mit Erkenntnissen über das semantische Dreieck **Quale-Umschlagen * Nichtlinearität * „Das Ganze ist mehr als die Summe der Teile" *** .

B) Vorm Eintritt ins 12. Kapitel war uns auch schon ein andres Dreieck bekannt: **Quale-Umschlagen * Nichtlinearität * Gegensatz-Umschlagen *** . Mit dem dritten dieser Glieder war eine Brücke geschlagen zur Kategorie *„dialektischer Widerspruch"*, denn die Pole eines Gegensatzes, die ineinander umschlagen, sind gemeinsam ein dialektischer Widerspruch.

C) Nun sehen wir ein Dreieck **Quale-Umschlagen * Nichtlinearität * Bifurkation *** . Mit dem dritten dieser Glieder haben wir eine weitere Brücke geschlagen zur Kategorie *„dialektischer Widerspruch"*.

Es kann keine Entwicklung ohne Bifurkationen, ohne Spaltung in neue dialektische Widersprüche geben.

Der Dialektiker sieht Mathematik auf Pfaden, von denen er schon gehört hat: Das Widersprechende im System selbst, die widersprechenden Kräfte und Tendenzen in jeder Erscheinung, die innerlich widersprechenden Tendenzen in jedem sich entwickelnden System, die Entfaltung der Gegensätze.

Welche Fragen können wir nun stellen? Mindestens die folgenden:

U?) Läßt sich das Gesetz „Das Ganze ist mehr als die Summe der Teile" ohne Zwang an die Dreiecke B und C ankoppeln?

V?) Wie stellt sich nach B) und C) die *Allmählichkeit* des Quale-Umschlagens dar?

W?) Kann aus C) auf Voraussagbarkeit von Entwicklungslinien geschlossen werden?

Zu U?) In Kapitel 3 erschien „Das Ganze ...." als Haufen von feuchtem Heu. In Kapitel 10 erschien es als Verbund reitender Krieger bzw. tätiger Menschen. Ausgeburt des *Ganzen* ist eine **Surplus**kraft, die der bloßen Summe *Einzelner* abgeht. Beim nichtlinearen Iterator sind **Das Ganze** die Komponenten des Systems $x_{n+1} = ax_n(1 - x_n)$ mitsamt Outputs, die in langen x_n-Folgen produziert werden und das System zu dem machen, was es vor Beginn seiner Bewegung nicht war: zu einem Produzenten von Mehrzieligkeit und dialektischen Widersprüchen. *Das Ganze* dieses Systems wirkt *in der Länge* der Outputfolgen bei Variation der Werte des Koeffizienten a. So wird auch bekräftigt, daß Quale-Umschlagen, Nichtlinearität und *Ganzheit* umso wirksamer werden, je ausgedehnter ein Prozeß.

Damit ist der nichtlineare Iterator ein Gleichnis aller Produktion: Was hervorgebracht wird, sind nicht nur die einzelnen x_n die Brötchen, die Autos, die Bomben, die augenblicklich entstehenden *Gegenstände*, also *Dinge*, die mit den Fingern tastbar sind, sondern auch die *Folgen*, zum Beispiel Mehrzieligkeit und Widersprüche, die mittelfristig entstehen, nicht tastbar sind und nur selten verstanden werden.

Also nicht verstanden, woher das Schicksal rührt. So ist der Iterator als ein Ganzes, das sich selbst gestaltet, auch ein Gleichnis der Marktwirtschaft, von welcher Marx geschrieben hat: „Eine Ware scheint auf den ersten Blick ein selbstverständliches, triviales Ding. Ihre Analyse ergibt, daß sie ein sehr vertracktes Ding ist, voll metaphysischer Spitzfindigkeit und theologischer Mucken ... Das Geheimnisvolle der Warenform besteht... darin, daß sie den Menschen die gesellschaftlichen Charaktere ihrer eignen Arbeit ... zurückspiegelt ... Es ist ... das bestimmte gesellschaftliche Verhältnis der Menschen selbst, welches hier für sie die phantasmagorische Form eines Verhältnisses von Dingen annimmt... Dieser Fetischcharakter der Warenwelt entspringt ... dem eigentümlichen gesellschaftlichen Charakter der Arbeit, welche Waren produziert." (MEW 23.85 ff.) Das gesellschaftliche Verhältnis ist nicht nur Verhältnis der arbeitsteilig Produzierenden, sondern ihr Verhältnis als Eigentümer oder Nichteigentümer von Produktionsmitteln. Das kann sich wandeln, wenn es von den Menschen verstanden wird.

Auch der Iterator erzeugt nicht nur *Dinge*, die auf die Parabel geworfen werden, sondern deren *kollektives, gleichsam soziales, doch nicht tastbares* Gebahren (Spaltung, Vielzieligkeit, **Verhältnisse**). Der Iterator erzeugt Widerspruchsverhältnisse vermittels langkettiger *Folgen*, die man *den einzelnen Outputs* nicht ansieht. Das ist das Surplus des nichtlinearen Iterators.

Zu V?) Allmählich oder plötzlich? Es war uns gelungen, das Quale-Umschlagen von der sach-ungemäßen Zeit-Frage zu befreien und den Anschluß an die Kompetenz von Galilei, Hegel, Marx und Engels herzustellen.

Besonders zu beachten: Trotz scharf definierbarer Bifurkations-Punkte in den Modellen vergrößern sich die Abstände zwischen entstehenden Zweigen nur allmählich. Widersprüche, an einem Bifurkationspunkt gerade erst entbunden und noch nicht signifikant, können gedeckt werden. Diese anfangs mikroskopischen Abstände können **praktisch** entscheidend *werden*. Ganz **allmählich**.

Zugleich könnte Wechselwirkung zwischen Bifurkations-Systemen Koeffizienten-Werte beeinflussen und so das Größerwerden der Abstände hemmen oder zurückschrauben. Das hieße, die Entfaltung einer Bifurkation zu hemmen oder zurückzuwerfen, womöglich bis hinter den Bifurkationspunkt. Das kann sich der mathematischen Schärfe dieses Punktes überlagern und zu fraktalen oder auch allmählichen Abläufen führen, in die sich viele Wirkungen mischen.

Mischung ist fundamental vor allem dann, wenn die Produktion von Ergebnissen nicht einer Inputfolge geschuldet ist, die sich wie bei unserem Iterator streng hintereinander von 0 bis n aufzählen läßt, sondern selber ein Gemisch aus vielen, auch zeit-parallelen Ereignissen ist wie die Entwicklung biologischer Arten als Resultante aus unzählbaren, auch zeitparallelen, zum Teil voneinander unabhängigen Ereignissen, den Mutationen in Individuen, den Paarungen von Individuen und der individuellen Begünstigung in der Selektion, die ihrerseits an den Individuen angreift. Wir hatten in Kapitel 4 gesehen, daß dann die im Nacheinein konstatierbare Verzweigung des Kollektivwesens - der Art - nicht an einzelnen elementaren Akten festgemacht werden kann, weil sie *auf der Gesamtheit* dieser Akte beruht. Analog ist die Lage in der gesellschaftlichen Entwicklung. In Entwicklungen solcher großen Systeme entwickeln sich Bifurkationen real, aber nur als unscharfe Prozesse.

Soweit das Muster *Plötzlichkeit* dennoch beachtenswert ist - darin macht das Muster „Quale-Umschlagen" keine Ausnahme unter allen Verlaufs-Mustern - sind wir durch C) darauf verwiesen, daß Bifurkationen im Modell an definierbaren Punkten *scharf* werden:

Aber: Diese Punkte werden vom Gesamtprozeß allmählich *hervorgebracht* als stabil oder instabil, abstoßend oder anziehend. In einem sehr allgemeinen Sinne könnte man sogar denken, daß zwischen *stabil* und *instabil* sowie zwischen abstoßend und anziehend Zwischenstufen existieren.

Das ist auch mathematisch denkbar, wenn man von den bisher unterstellten *scharfen* Begriffsbildungen, scharfen Linien und scharf punktuellen Inputs zu Begriffen übergeht, die im Sinne *der fuzzy-Logik* exakt sind und sich eben deshalb durch *unscharfe* Konturen auszeichnen. Dann könnten anstelle der Punkte *unscharfe Zonen* der Bifurkation denkbar werden, selbst wenn die ihnen entspringenden Zweige scharf unterscheidbare Linien **werden** sollten. Sie müssen es nicht von Anfang an sein. Mathematiker haben mit Fuzzy-Konzepten und in gewissem Sinne auch mit fraktaler Geometrie begonnen, so zu denken.

Vielleicht würde dabei auch eine Art Dualismus im klassischen Grenzwertbegriff relativierbar, mit dem die Mathematik bisher glänzend funktionierte. Diesen Dualismus sehe ich darin, daß unendliche Punktfolgen einerseits einem Grenzwert beliebig nahekommen können, was der Allmählichkeit realer Prozesse entspricht, während andererseits zwischen den Punkten der sich annähernden Folge und ihrem *Grenzwert* mit absoluter Schärfe unterschieden wird zugunsten mathematischer Begriffsbildung:

Wie klein auch immer der Abstand der Punkte vom Grenzwert ist - vor zweihundert Jahren sagte man „unendlich klein" und war dann glücklich, diesen Sprachgebrauch überwunden zu haben - nach heutigem Standard ist dieser Abstand stets *verschieden* von null. *Gleich null* und *nicht gleich null* sind logisch entgegengesetzte, einander ausschließende Bestimmungen. Damit sind die Punkte der Folge und andrerseits der Grenzwert elementefremde Mengen: Die Punktfolge läuft nicht hinein in den Grenzwert, auch nicht auf ihn drauf, sondern nur zu ihm, ohne ihn zu erreichen. Man kann ihn höchstens hinzuschlagen, quasi per Dekret. Man sagt dann, die Punktfolge sei abgeschlossen.

Diese Unterschiede zu ignorieren wäre Katastrophe. Unkontrolliert zugelassen brächte sie die prächtigsten mathematischen Kathedralen zum Einsturz, zumindest diejenigen, mit denen die Kontinuität realer Prozesse mathematisch beherrschbar geworden ist. Das zwingt auch zum Respekt vor dem Standard, nach dem - trotz aller einschneidenden Relativierung, um die wir uns bemüht haben - zum Beispiel Bifurkationspunkte als *scharfe* Punkte eines Muster-Wechsels und damit als Element von Plötzlichkeit - wohlgemerkt im mathematischen Modell - zu achten sind.

Die Produktion von Bifurkationen sehen wir als Produktion dialektischer Widersprüche. Nicht nur wegen der Unterschiedlichkeit der eröffneten Ziele, die sich als Gegensätzlichkeit verstehen läßt. Sondern auch, weil die Unterschiede nicht plötzlich dem Nichts entspringen und weil der Gesamtprozeß des Spaltens vom Gesamtprozeß der Iterator-Arbeit hervorgebracht wird, im Bifurkationspunkt nur seine formelle Eröffnung erfährt und sich dann allmählich entfaltet.

Insoweit finden wir Allmählichkeit des Quale-Umschlagens beim Iterator wie in den Modellen von Kapitel 9. Der Unterschied ist nur, daß wir dort Allmählichkeit von empirisch gegebenen Prozessen schnell exemplifizieren konnten. In Kapitel 12 dagegen *begannen* wir mit den scharfen Punkten und Strichen des Iterators der mathematischen Literatur. Da ist es schon faszinierend, daß der scharfe Punkt- und Strich-Begriff per Interpretation über scharfe Punkte und Striche *hinausweist*.

Wer Quale-Wandel wirklich will, der höre auf zu räsonieren, erst müsse eine Zäsur entstanden sein, eine Revolution, dann höre auch der Kapitalismus auf. Wieviel eine Zäsur wert ist, wenn sie nicht von den Massen gemacht ist, das haben wir erlebt. Der Glaube, Revolution müsse als Schnitt gedacht werden, hatte uns arrogant gemacht.

Zu W?) Zweigung vom ein zum zwei zum vier usw. bis zum Unübersehbar. An dergleichen wurde bisher nicht gedacht, wenn über den Quale-Wandel philosophiert wurde. Mit der qualitative Wandlung in der Zieligkeit, die wir als Produktion dialektischer Widersprüche deuteten, wird auch eine Brücke vom Quale-Wandel zum Determinismus sichtbar.

Die Zieligkeit entsteht determiniert. Wie auch Geschichte, die wir vom eingetretenen Resultat her - also rückblickend - sehen, *erklärt* werden kann. Interessanter ist aber die Frage: Was folgt daraus für die Voraussagbarkeit von Zukunft? Entgegen allen Erwartungen: *Nichts*. Das ist beweisbar. (Vgl. R. Thiel: „Marx und Moritz - Unbekannter Marx - Quer zum Ismus" ISBN 3-89626-153-3, 2. Aufl. 1999)

Das *scheint* dem Feigenbaum-Diagramm für quadratische Iteratoren zu widersprechen. *Aber:* Ab Feigenbaum-Punkt hüpft die Folge der Outputs reihum von einem Zweig zum anderen. Voraussagbar ist, daß es *Varianten* geben wird. Je länger desto mehr.

Außerdem ist das Modell mit Blick auf die Beschaffung empirischer Daten zu bewerten. Die Daten für den Start-Input x_0, für die aktuellen Werte des Koeffizienten *a* und für die Auswahl einer speziellen nichtlinearen Form (maßgebend für die Bestimmung von Fixpunkten) können nicht lückenlos beschafft werden, bevor man handeln muß. In jedem Augenblick der Geschichte ringen Menschen um den Wert des Koeffizienten *a* . Deshalb sind Aussagen über Ziele und Bifurkationen nur *unscharf* möglich. Daraus folgt, daß beim Versuch jeglicher Zukunftsprojektion Bifurkationen nie ausgeschlossen, aber auch nicht scharf vorausgesagt werden können.

Das korrespondiert mit der Erfahrung, daß in jeglicher Praxis Varianten zu definieren und zu entscheiden sind. Immer öfter wird empfunden: Die Geschichte ist offen. Empfunden leider nicht als Resultat rationalen Denkens - da hätte man die Erkenntnis vor hundert Jahren haben können - sondern im Gefolge von Erlebnissen, die ihrerseits auf Quale-Umschlagen und Nichtlinearität beruhen, womit man nicht gerechnet hat. Vernunft ward Unsinn, Wohltat Plage. Dem kann auch gegengesteuert werden. Aber man muß eben Quale-Umschlagen und Nichtlinearität verstanden haben.

Freilich erzeugt unser Iterator die Vielzweigigkeit nicht in dem Sinne, daß komplette Iterations*folgen* entweder auf den einen oder den anderen Zweig fallen. Es gilt aber *entweder oder* für den *einzelnen* Output. Wir hatten gesehen, daß der Iterator seine Produkte abwechselnd zu jedem Zweig wirft. Sein Verhalten erinnert *mittelbar* an Spagat. Der Iterator steht mit seinem *Durchschnitts*-Verhalten auf *jedem* Zweig. Mit jedem Bein auf einem anderen. Für jeden einzelnen Output aber gilt: Er ist entweder dem hohen oder auf den tiefen Zweig zuzuordnen. (Und davon gibt es 2^k Paare!) Das ist zu bedenken, wenn unser Iterator Metapher für Situationen sein soll, in denen *Varianten* anstehen.

Im praktischen Handeln muß stets mit Bifurkationen gerechnet werden. Ob man Bifurkationspunkte als scharf oder als unscharf unterstellt - in beiden Fällen können alternative Pfade gewonnen oder verhindert werden, auch durch *schwache* Kräfte, etwa eines Schmetterlings, oder durch Handeln einer einzigen Person, die als jenes Quentchen wirkt, welches einen Koeffizienten auf den Wert bringt, zu dem der scharfe Bifurkationspunkt gehört oder der ein unscharfes Bifurkationsgebiet betrifft. Existenz von Bifurkationen macht aus dem indifferenten pull and push auf vermeintlich einlinigem Parkett ein stets gegenwärtiges „So? Oder so?"

Dieser Verantwortung ist jedermann zu jeder Zeit ausgesetzt: „Von mir könnte es abhängen."

Der nichtlineare Iterator-Mechanismus läßt aber, auch ohne das Bifurkationsgeschehen zu beachten, etwas Wichtiges erkennen: Es gibt Prozesse, in denen sich die Stabilitätsverhältnisse ändern. Es gibt Prozesse, die zu Rückkopplungen führen, sodaß kleinste Abweichungen von tradierten Standards nicht mehr hinweggeregelt werden, sondern sich aufschaukeln und sich selbst verstärken. Das kann menschlichen Interessen ebenso zuwiderlaufen wie zustattenkommen. Alles ist denkbar. Arbeit an allmählichem Quale-Wandel erhöht die Chancen, wünschbare Rückkopplungen mit Verstärker-Effekt herbeizuführen oder entstehen zu lassen und zu nutzen. Warten auf großen Kladderadatsch aber blockiert den Wandel menschlicher Fähigkeiten, Chancen zu erkennen und zu nutzen.

11. Die Allmählichkeit der Revolution in der politischen Philosophie von Karl Marx und Friedrich Engels

11.1 „Revolution" - Wandlung des Wortgebrauchs mit Gegensatzumschlag

„Bis in das 18. Jahrhundert fehlte das Wort 'Revolution' in den großen Dokumenten gesellschaftlichen Umbruchs. Erst mit der Revolution der Franzosen gewann der moderne 'politische' Revolutionsbegriff feste Konturen. Über viele Stufen wanderte der ursprünglich im Dienst von Astronomie und Astrologie stehende Begriff in die Sphäre des politisch-sozialen Denkens." (Manfred Kossok: Revolutionen der Weltgeschichte", ã 1989 Edition Leipzig, Lizenzausgabe für die W. Kohlhammer GmbH 1989, Stuttgart.) Natürlich wanderte nicht der Begriff, sondern das *Wort*, und dabei mutierte dessen Bedeutung.

Einst verstand man unter „revolutio" die ewige(!) kreisförmige(!) Bewegung der Gestirne. Des Kopernikus Hauptwerk hieß „De revolutionibus orbium coelestium" - Über die Kreisbewegungen der Himmelskörper. „Revolutio", abgeleitet von revolvere (wiederkehren, zurückkehren, umdrehen), zielte also - nun wieder Kossok - „ganz im Gegensatz zu unserem heutigen Verständnis auf die Wiederherstellung von etwas Gewesenem, ... ein Phänomen, für das sich inzwischen das Antonym 'Restauration' eingebürgert hat."

Die einstige Bedeutung des Wortes „Revolution" ist - ganz allmählich - in ihren Gegensatz umgeschlagen: Nicht Wiederkehr in der Bahn, sondern *Ausstieg aus* der Bahn. Es brauchte - so Kossok - „einer auffällig langen Zeit", bis das Wort *Revolution* „seine heutige .... Bedeutung erlangte." Die heutige Bedeutung sei - so Kossok - „Gesellschaftliche Umwälzung", auch wenn sie „für ihre .... Zeitgenossen nicht selten einen völlig anderen, subjektiven Stellenwert" hat wie „Verfassungskämpfe, Verteidigung altständischer Rechte, Abwehr tyrannischer Macht." (A.a.O. Seite 7)

11.2 Revolution als Lokomotive ?

Marx und Engels hatten von *Revolution* einen Begriff. Wer davon Kenntnis nimmt, wird sich verzweifelt fragen: „Ist's nicht das Gegenteil von dem, was ich mir vorgestellt?" Facettenreich war dieser Begriff. Doch waren Marx und Engels nicht die Oberlehrer, um den Sinn des Worts in *einem* Satz zu definieren. Oder???

„Die Revolutionen sind die Lokomotiven der Geschichte." (MEW 7.85)

Dieser eine Satz des jungen Marx, 1850 in einer Schrift über die Aufstände in Europa 1848/49, hat sich in die Hirne gesenkt. Die vielen andren Sätze aber nicht. Nicht einmal der Kontext jenes Flügelworts.

Marx, der auch Farben wie *Ironie* und *Sarkasmus* kannte, hatte nämlich *sarkastisch* gemeint, die Bauern Frankreichs hätten *Ende* 1848 - schnell und doch zu spät - mit Schmerzen gespürt, genarrt worden zu sein vom Boden= und Finanzkapital, das den Wind der Frühjahrs-Aufstände genutzt hatte. Marx meint: Wer rasch begreift, daß er betrogen wurde, der ist von einer Lok trahiert. Ist die Maschine dann in Fahrt, so rast sie, wie sie Gleise findet:

Die französischen Parzellen-Bauern stimmten für Bonaparte, den *Demagogen*. Das war eine „*Reaktion der Bauern*, die die Kosten der Februarrevolution hatten zahlen müssen...." (MEW 8.131) Engels fügte später hinzu, Bonaparte habe Europa mit einer Ära von Kriegen überzogen, sein „Nachahmer Bismarck adoptierte dieselbe Politik für Preußen". Beide Staatsstreicher seien *Totengräber* der Revolution. (MEW 22.516). Die „Lokomotive" zieht die Bauern zu Bonaparte, zum „Totengräber"! Geht es noch sarkastischer?

Unter den zehntausend Sätzen, mit denen Marx die Vorgänge 1848 -52 sarkastisch umreißt, sind auch folgende Sätze über den lokomotivisch ins Amt gerückten Bonaparte:

- Die Aufschrift „liberté, egalité, fraternité" wird ersetzt „durch die unzweideutigen Worte: Infanterie, Kavallerie, Artillerie!" (MEW 8.148)

- „Geld geschenkt und Geld gepumpt zu erhalten, das war die Perspektive, womit er <Bonaparte> die Massen zu ködern hoffte. Schenken und Pumpen, darauf beschränkt sich die Finanzwissenschaft des Lumpenproletariats, des vornehmen und des gemeinen. Darauf beschränkten sich die Springfedern, die Bonaparte in Bewegung zu setzen wußte. Nie hat ein Prätendent platter auf die Plattheit der Massen spekuliert." (MEW 8.154f.)

- „Allein das Wahlgesetz vom 31. Mai 1850 .... warf die Arbeiter in die Pariastellung zurück, die sie vor der Februarrevolution eingenommen hatten...." Sie „unterwarfen sich ihrem Schicksale, bewiesen, daß die Niederlage vom Juni 1848 sie für Jahre kampfunfähig gemacht und daß der geschichtliche Prozeß zunächst wieder *über* ihren Köpfen vor sich gehen müsse." (MEW 8. 157)

Die Parzellenbauern betreffend fügte Marx hinzu, sie seien nicht fähig, ihr Interesse in einem Parlament geltend zu machen: „Sie können sich nicht vertreten, sie müssen vertreten werden. Ihr Vertreter muß zugleich als ihr Herr, als eine Autorität über ihnen erscheinen, als eine unumschränkte

Regierungsgewalt." (MEW 8.198) Das war ihr Bonaparte, der sich 1852 zum Kaiser Napoleon III hochputschte.

Einleitend in seine Schrift „Die Klassenkämpfe in Frankreich 1848 bis 1850" schrieb Marx: „Mit Ausnahme einiger weniger Kapitel trägt jeder bedeutendere Abschnitt der Revolutionsannalen von 1848 bis 1849 die Überschrift: *Niederlage der Revolution!"* (MEW 7.11) „Eine schwerere Niederlage als die, welche die .... Revolutionsparteien auf dem Kontinent an allen Punkten der Kampflinie erlitten, ist kaum vorstellbar." (F. Engels: MEW 8. 5) Aber Marx hatte hinzugefügt: „Was in diesen Niederlagen erlag, war nicht die Revolution.... Nicht in seinen unmittelbaren tragikomischen Errungenschaften brach sich der revolutionäre Fortschritt Bahn, sondern umgekehrt in der Erzeugung einer geschlossenen, mächtigen Konterrevolution, in der Erzeugung eines Gegners, durch dessen Bekämpfung erst die Umsturzpartei zu einer wirklich revolutionären Partei heranreifte." (MEW 7. 11)

Wir begannen, indem wir das Bonmot von den „Lokomotiven der Weltgeschichte" hinterfragten. Doch haben wir nicht nur den marxistischen Auslegungsschwindel erkannt, sondern auch den Sinn-Zwitter „Revolution": Marx gebrauchte zunächst das Wort in seiner modischen Bedeutung. Dann aber gab er dem Wort einen anderen Sinn. Marx hat das Geschehen der Jahrhundertmitte nicht nur in seinen *„unmittelbaren* Errungenschaften" genommen, den journalistisch konstatierbaren Ereignissen. Auf dergleichen hat sich Marx nie beschränkt. Zusammenfassend sagt er: „Unmittelbare tragikomische Errungenschaften" und „Niederlagen" *kontinuieren* in die nachfolgenden Prozesse, wie sie das Resultat vorangegangener sind. *Revolution ist mehr, als sich in den drei Jahren 48 bis 51 abgespielt hat.* Da haben wir fast schon den Marxschen Revolutionsbegriff.

Marx und Engels hatten das Wort „Revolution" in vielerlei Sinn zu beachten:

a) Als *Umsturz* oder *Aufstand* wie die sog. Glorious Revolution 1688 in London oder wie in Paris Februar 1848 und Juni 49, in Wien März und Oktober 48, in Berlin März 48.

b) Als *Komplex* von Aufständen, wie er sich einst als Hussitenkrieg oder als Großer Deutscher Bauernkrieg oder im Europa der Jahre 1848/49 als breit gestreute Schwarmbeben mit seinen Zentren Paris, Wien, Berlin, Dresden, Prag, Warschau, Budapest usw. darstellte. Hundertvierzig Jahre später sollte dafür auch das Wort „Revolutionszyklus" aufkommen. (Vgl. M. Kossok, a.a.O.)

c) Als Übergang der politischen Vorherrschaft einer Klasse zu einer anderen Klasse wie 1640 bis 1694 in England oder 1789 bis 1796 in Frankreich, bisher meist mit mehreren Aufständen, Bürgerkrieg und mehrpoligen Interessen-Konstellationen. Historiker haben diese Semantik sogar in Gymnasial-Lehrbüchern hervorragend praktiziert, zum Beispiel A.W. Jefimow in „Geschichte der Neuzeit 1640 - 1870", Verlag Volk und Wissen, Berlin/Leipzig 1951.

d) Hinausgehend auch über b) und c) die Umwälzung einer etablierten Formation, etwa der feudalen, in eine andere, etwa die kapitalistische. Dem hatten Marx und Engels schon deshalb Rechnung zu tragen, weil in den Beispielen nach b) die *Niederlage* dominiert:

Zu den Belegstellen im Sinne von d) gehören auch MEW 23, Seiten 777, 779, 790f. von 1867 und MEW 13.9, das Vorwort zu „Zur Kritik der politischen Ökonomie" von 1859, wo Marx - statt von „Revolution" zu sprechen - das Wort gebraucht: *„Epochen* sozialer Revolution". In seiner letzten Arbeit - 1895 - hat Engels auf fünf Buchseiten mehrere Bedeutungen in engster Nachbarschaft gebraucht. (MEW 22, Seiten 512 - 516) Das machte den Text flüssig, führt aber bis heute zu katastrophalen Mißverständnissen.

Umwälzung einer Formation oder „lange und wechselvolle Revolutionsperiode" - das ist der spezifische Begriff, den Marx und Engels mit dem Worte „Revolution" verbinden, auch wenn sie das Wort oft in kleinerem Sinne gebrauchen.

Wo Marx von *„Epochen* sozialer Revolution" spricht, befaßt er sich überhaupt nicht damit, daß auch „Entwicklungsformen" und „Fesseln" höchst schillernde Phänomene sein können. Das Vorwort von „Zur Kritik der politischen Ökonomie" ist berühmt geworden. Doch hat man nicht wahrhaben wollen, daß in einem Vorwort stets nur Abkürzung konkreter Forschung möglich ist, nicht ohne erlaubten Überschwang des Autoren, der ein denkwürdiges Zwischenergebnis seines Lebenswerks zusammenrafft und nachfolgenden Forschern - eigentlich unübersehbar - Aufgaben stellt.

Marx hatte in der dritten These über Feuerbach - von Engels 1888 redaktionell bearbeitet und publiziert - dem Worte „Revolution" den Sinn *langfristige, „umwälzende Praxis" beigelegt.* Hundert Jahre später ist durch Marxisten auch noch aus dem Worte „Praxis" der Sinn hinausgetrieben worden. Das Wort „Praxis" kam nur noch vor in Verbindungen wie „Kriterium der Praxis", (zum Beispiel Materialien der Karl-Marx-Konferenz 1978, S. 22), oder als Gattungs- Name der außer-akademischen Orte, zu denen Querdenker delegiert wurden, die Erkenntnis höher schätzten als Karriere.

Das Wort „Revolution" - sei es im Sinne von a) oder b) oder c) oder als Bezeichnung des übergreifenden Phänomens d) - kann nun in jedem der vier Fälle mehrere unterschiedliche Inhalte ausdrücken:

1) Revolution als *Prozeß* des Umwälzens,

2) Revolution als momentanes *Ergebnis* des (kurzfristigen) Umwälzens,

3) Revolution als „Ergebnis unterm Strich", „per saldo", Endergebnis, (langfristig gesehen).

4) Revolution als *Ereignis*, in dem der Prozeß des Umwälzens sinnlich eklatiert, indem stille Entwicklungen spektakulär werden. Solche Ereignisse können zum Symbol des Ganzen aufsteigen. Bedenklich ist, sie als Synonym für „Revolution" und damit als Substitut des Begriffsganzen zu adoptieren. Dann kann zwar ein Datum angegeben werden zum Feiern oder Auswendiglernen. Doch gerade das Datum fixiert den Irrtum, die Revolution beschränke sich auf ein Ereignis, sei einem *Punkt* der Zeitskala und nur ihm zugeordnet.

Marxisten zitierten oft das Wort von Engels: „Die Revolution ist der höchste Akt der Politik." Doch ließen sie weg, was Engels dazu *auch* gesagt hat: „Die politischen Freiheiten, das Versammlungs- und Assoziationsrecht, die Preßfreiheit, das sind unsre Waffen...." (MEW 17.416) So hat es Engels ein Dutzend Mal gesagt, bis an sein Lebensende. Historiker und Philosophen, die gern erkundeten, wie denn Politbüro-Hager dieses oder jenes Wort gemeint habe, ließen Engels solche Gunst nicht angedeihen. Auch ignorierten sie, daß Engels „Akt" stets als *Prozeß verstand* und nicht als *Punkt*. Leider läßt sich ein Satz mit „Prozeß" nicht so gut sprechen wie mit „Akt".

11.3 Auf dem Weg zu einem Begriff „Revolution"

Einen *Begriff* „Revolution" suchend könnte man a), b), c), d) mit jedem der 1), 2), 3), 4) assoziieren und eine Tabelle mit sechzehn Feldern stiften. Jedes Feld steht für eine der sechzehn Varianten: Was meint Ihr, wenn Ihr das Wort in den Mund nehmt? Mögen Meinungsforscher - das Volk befragend - Prozente ermitteln. Marx und Engels hätten die Felder c) / 1) und d) / 1) bevorzugt. Den mainstream kennend belegten sie das Wort auch mit b) / 1).

Kossok hat das Debakel gespürt. Ausweichend hat er zeitlich oder regional zusammenhängende „Revolutionen" bzw. „Aufstände" unterm Namen „Revolutions-Zyklus" gruppiert. (M. Kossok: Revolutionen der Weltgeschichte.) Auch findet sich S. 9 die anpassende Notiz: „Obwohl sich Revolution nicht, wie bei einigen Historikern und Soziologen in den Vordergrund gerückt, auf Gewalt reduziert, steht doch außer Frage, daß Revolutionen gesellschaftliche Grenzsituationen markieren, in denen Gewalt eine besondere Rolle spielt."

Durch die Attribute „Grenzsituation" und „besondere Rolle von Gewalt"
wird gedanklicher Fortschritt wieder zurückgenommen: Das Semantem
„Revolution" gerät wieder in die Nähe von „Ereignis". Annäherung an Marx
haben Kossok und einige Kollegen (etwa Wolfgang Küttler) auf letzten
Akademie-Tagungen gesucht („Sitzungsberichte der Akademie der Wissenschaften der DDR 1989" Gesellschaftswissenschaften 9G):

- „Angesichts der seit dem 15./16. Jahrhundert, insbesondre aber im
Ergebnis der industriellen Revolution, sich abzeichnenden Beschleunigung und Verdichtung der historischen Entwicklung kann .... von einer
Revolution in Permanenz gesprochen werden, die in Verbindung mit
einer nicht weniger permanenten philosophisch-kulturellen Umwälzung
ein völlig neues Wertsystem hervorbrachte." (a.a.O. S. 14)

- „.... wohnt den Reformen, soweit sie systemverändernd oder gar
systemüberwindend wirken, eindeutig eine revolutionäre Potenz inne ....
„ (a.a.O. S. 14)

- Es ist zwischen Revolution im engeren Sinne - „die relativ kurze Zeit
der Etablierung der neuen Macht" - und Revolution „im weiteren Sinne"
zu unterscheiden. (a.a.O. S. 15)

- an die schon bekannte Unterscheidung zwischen system-
stabilisierenden, systemmodifizierenden und systemüberwindende Reformen wird ausdrücklich erinnert. (a.a.O. S. 26)

Gar schon 1981 hieß es: Wer von der Ökonomik ausgeht und 'Modelle'
setzt, „wird zu anderen Ergebnissen kommen, als derjenige, der ausge-
hend von der Machtfrage die politisch-soziale Bruchstelle definieren will."
(M. Kossok, Vergleichende Geschichte der neuzeitlichen Revolutionen.
Sitzungsberichte der Akademie der Wissenschaften der DDR, 2G, 1981,
S. 8) Kossok setzt sich vorsichtig von Mode ab, denn bei genauerem
Hinsehen zeigen sich auch Bruchstellen als Prozeß.

Respektabel die Stoffausbreitung bei Kossok im prächtigen Band. Darin
auch der Polizei-Chef von Wien im Jahre 1817. Sein Kaiser hatte gesagt:
„....lehren, was ich befehle". Dem hat der Gendarm hinzugefügt: „Ein Volk
befindet sich vom Augenblick an, wo es anfängt, Bildung in sich aufzunehmen, im ersten Stadium der Revolution." (Zitiert bei Kossok Seite 338) „Im
ersten Stadium", hat er gesagt. So ist in Form des Bonmot die Plötzlichkeit *herab*gestuft und historische Sicht bewiesen.

Indem Kossok *Stoff* bietet zu den Genesen der Aufstände, zur Struktur
ihrer Abläufe und zu ihren Wirkungen, unterläuft er die Beschränktheit,
Revolution sei Aufstand. Oft pointiert Kossok:

- „.... die Zeit vom Beginn des 16. bis in das 19. Jahrhundert als Epoche einer permanenten Revolution...." („Revolutionen der Weltgeschichte" Seite 11)

- „Geschichtlichkeit besteht nicht nur aus Höhepunkten und Gratwanderungen; die größte Zeit historischen Seins wird noch immer von den 'Mühen der Ebenen' bestimmt." (A.a.O. Seite 14)

- „Trotz der Ballung des Geschehens ist Revolution kein kurzfristiger Schöpfungsakt, wie der noch oft gebrauchte Begriff des 'Sprunges' vermuten läßt.... Als Zäsur, Weichenstellung, Knoten- und Wendepunkt der Geschichte erweist sich die Revolution als Ergebnis weit zurückreichender Ursachenkomplexe.... Revolution steht nicht 'zwischen' zwei Systemen - daher einige nicht ganz unberechtigte Einwände gegen den Begriff 'Zäsur'...." (A.a.O. Seite 441)

Kossok geht noch weiter: Ein Historiker habe zu achten, „.... daß Geschichte stets alternativ verläuft. Und gerade Revolutionsgeschichte muß der Frage nachspüren, ... mit welchen Konsequenzen eben eine bestimmte und nicht andere, ebenfalls existente, Alternative zur historischen Realität geworden ist." (A.a.O. Seite 442) Der Historiker könne sich nicht mit Archiv-Befunden bescheiden, wonach ein Vorgang stattgefunden habe: „Schließlich hat der Historiker nicht nur das Recht, sondern die Pflicht, mögliche Alternativen zu durchdenken, oder .... den 'verlorenen Momenten der Geschichte' nachzugehen." Es komme darauf an, die „Weichenstellungen" der Geschichte sichtbar zu machen. So würde - das füge ich hinzu - Geschichte unbequem. Denn Opportunisten wünschen, der Historiker möge bestätigen, daß sie nicht anders gekonnt hätten als sich zu verbiegen. Kossok dürfte die einstigen Hurra-Schreier gekannt haben, die heute barmen, die Umstände hätten uns nie eine Wahl gelassen.

Historiker sollten zur Selbstbefragung der Individuen anregen: Sind wir denn Staub im Wind gewesen?? Zum Glück macht Kossok den Leser mit *Kämpfern* in aller Geschichte bekannt. Den *Selbst*-Zufriednen der jüngsten Geschichte zum Stachel.

Wie nun weiter mit dem Begriff „Revolution"? Im *Bildfunk* ist „Revolution" vor allem das *auffällige Ereignis*.

Ein Bild, das *einem* Orte X zu *einem* Tage Y assoziierbar wird, bleibt auf sich selbst beschränkt, und was im Kopf des Bildbeschauers hängenbleibt, ist nichts als Keilerei. Die berühmten, einprägsamen Bilder von der Barrikade!

Lessing hatte vom *Bild* in dessen Gegensatz zur Literatur gesagt: „Wenn nun aber die Malerei vermöge ihrer Zeichen oder der Mittel ihrer Nachahmung, die sie nur im Raume verbinden kann, der Zeit gänzlich entsagen muß, so können fortschreitende Handlungen, als fortschreitend, unter ihre Gegenstände nicht gehören.... Die Malerei kann in ihren .... Kompositionen nur einen einzigen Augenblick der Handlung nutzen und muß daher den prägnantesten wählen, aus welchem das Vorhergehende und folgende am begreiflichsten wird." (G. E. Lessing: Laokoon oder Über die Grenzen der Malerei und Poesie, Abschnitt XV bzw. XVI) Was aber ist das zu Begreifende?

Im Gegensatz zu Malerei und Bildfunk wird von Marx und Engels der Akzent auf die Felder c1 und d1 gesetzt, ausdrücklich zum Beispiel so: „Die russische Hungersnot ist nicht das Resultat einer bloßen Mißernte, sie ist ein Stück aus der ungeheuren gesellschaftlichen Revolution, die Rußland seit dem Krimkrieg durchmacht; sie ist nur die durch diese Mißernte bewirkte Verwandlung der mit dieser Revolution verknüpften chronischen Leiden in akute." (MEW 22. 257) Der Krimkrieg, in den schließlich auch Frankreich und Großbritannien eintraten, loderte 1853 bis 56. Da zeigte sich die Rückständigkeit des zaristischen Leibeigenensystems. Formell wurde die Leibeigenschaft 1861 aufgehoben; die tatsächliche Aufhebung zog sich Jahrzehnte hin, bis 1917, sie zeigte auch danach noch Spuren. Erst recht war die „gesellschaftliche Revolution" unter den Vorzeichen des Liberalismus und des Marktes ein Prozess, der nicht einmal in hundert Jahren zu Ende gebracht wurde.

Wie wir schon sahen, gebrauchten Marx und Engels oft innerhalb eines einzigen Satzes das Wort „Revolution" in zweierlei Sinn, den vulgären in den philosophischen umwälzend. Generell gebrauchen Marx und Engels Worte anders als Amateure, zum Beispiel auch die Worte „Diktatur", „konkret/abstrakt", „Kapital". Darüber andernorts.

Marx und Engels dachten prozessual wie Hegel: „das nackte Resultat ist der Leichnam, der die Tendenz hinter sich gelassen." Als Engels 1888 die „Thesen über Feuerbach" publizierte, die Marx 1845 niedergeschrieben hatte, substituierte er die Worte *„revolutionäre Praxis"* durch die Worte *„umwälzende Praxis"*.

Wichtig waren für Marx und Engels auch Inhalte, die sich aus der klassischern deutschen Philosophie und Literatur ergeben hatten. Marx hat sich zeitlebens nicht von der Idee getrennt, die er 1844 in die Worte faßte: „....daß der *Mensch das höchste Wesen für den Menschen* sei", also der kategorische Imperativ gelte, *„alle Verhältnisse umzuwerfen,* in denen der Mensch ein erniedrigtes, ein geknechtetes, ein verlassenes, ein verächtliches Wesen ist.... Wo also ist die *positive* Möglichkeit der deutschen Emanzipation?...." (MEW 1.385 bzw. 390)

Worin die Knechtung besteht, wurde von Epigonen nur partiell verstanden. Man berief sich auf die Theorie von der Ausbeutung, ignorierte aber die Marxsche Theorie von der Entfremdung, welche der Schlüssel ist zum Verständnis der knechtischen Selbstreproduktion unter Mitwirkung des Proletariats höchstselbst. Der Schlüssel öffnet auch die Einsicht in die Langwierigkeit der Emanzipation. Die *Entfremdung* aufzuheben ist ein Marathon. Das ist die *Allmählichkeit* der Umwälzung.

Den Unterschied zwischen Revolution und Aufstand konnten Engels und Marx nicht nur als Büchermenschen beurteilen. Sie kannten auch die *sinnen*fällige, mitunter lebensgefährliche Kleinarbeit:

11.4 Kleinarbeit und Lebensgefahr -
eine sinnengefällige Einlage.

Daß Denkern Kleinarbeit nicht fremd sein muß - auch nicht die Kleinarbeit mit Leib und Leben - belegt Engels' Bericht „Die deutsche Reichsverfassungskampagne", die sich auf dem Territorium der heutigen Bundesländer Rheinland-Pfalz und Baden-Württemberg abspielte und die der Nationalversammlung in Frankfurt (M) sowie den südwestdeutschen Landesregierungen Energie zuführte. Zugunsten der deutschen Reichsverfassung hat Engels als Freiwilliger und Adjudant einer paulskirchenfördernden Truppe gefochten. (MEW 7, S. 109 bis 197) Die Reichsverfassungskampagne wurde von preußischen Truppen niedergeschlagen. Deren Anführer ist 1871 deutscher Kaiser geworden, der Kartätschenprinz. Er hatte auch Gefangene erschießen lassen. In Berlin sind neuerdings wieder fünf Straßen nach ihm benannt.

Engels' Erlebnisberichte zeigen die historischen Zusammenhänge wie Tau-Tropfen die Sonnen-Farben. Der Kürze halber sei hier nur der Bericht über eine Episode eingerückt, die Engels im Mai 1849 in seiner Vaterstadt Elberfeld erlebte, nachdem er seinen Posten als Redakteur der „Neuen Rheinischen Zeitung - Organ der Demokratie" verlassen hatte, um der Verhaftung durch preußische Polizei zu entgehen, die damals im Rheinland waltete. Der Bericht stammt von Engels selber:

Am 10. Mai ging Friedrich Engels, Redakteur der 'Neuen Rheinischen Zeitung', von Köln nach Elberfeld und nahm von Solingen aus zwei Kisten Patronen mit, welche bei dem Sturm des Gräfrather Zeughauses durch die Solinger Arbeiter erbeutet worden waren. In Elberfeld angekommen, stattete er dem Sicherheitsausschuß Bericht ab über die Lage der Dinge in Köln, stellte sich dem Sicherheitsausschuß zur Verfügung und wurde von der Militärkommission sogleich mit der Leitung der Befestigungsarbeiten durch folgende Vollmacht betraut:

„Die militärische Kommission des Sicherheitsasschusses beauftragt hiermit den Herrn Friedrich Engels, die sämtlichen Barrikaden der Stadt zu inspizieren und die Befestigungen zu vervollständigen. Sämtliche Posten auf den Barrikaden werden hiermit ersucht, denselben zu unterstützen, wo es nottut. Elberfeld, 11. Mai 1849. (gez.) Hühnerbein Troost'

Am folgenden Tage wurde ihm die Artillerie ebenfalls zur Verfügung gestellt <Engels hatte als preußischer Einjährigfreiwilliger in der Berliner Weidendamm-Kaserne Artillerie studiert. R. Th.>:

"Vollmacht für Bürger F. Engels, die Kanonen nach seinem Gutdünken aufzustellen wie auch die nötigen Handwerker zu requirieren, wovon die Kosten der Sicherheitsausschuß trägt. Elberfeld 12. Mai 1849 Der Sicherheitsausschuß Für denselben: (gez.) Pothmann Hühnerbein Troost"

Gleich am ersten Tage seiner Anwesenheit organisierte Engels eine Kompanie Pioniere und vervollständigte die Barrikaden an mehreren Ausgängen der Stadt. Er wohnte allen Sitzungen der Militärkommission bei und schlug Herrn Mirbach zum Oberkommandierenden vor, welcher Vorschlag einstimmig angenommen wurde. An den folgenden Tagen setzte er seine Tätigkeit fort, veränderte mehrere Barrikaden, gab die Positionen für neue an und verstärkte die Kompanien. Von dem Augenblicke der Ankunft Mirbachs an stellte er sich zu seiner Verfügung und beteiligte sich ebenfalls an den durch den Oberkommandanten abgehaltenen Kriegsräten.

Während seiner ganzen Anwesenheit genoß Engels das unbedingteste Vertrauen sowohl der bewaffneten bergischen und märkischen Arbeiter wie der Freikorps.

Gleich am ersten Tage seiner Anwesenheit befrug ihn Herr Riotte, Mitglied des Sicherheitsausschusses, über seine Absichten. Engels erklärte, er sei hergekommen, erstens weil er von Köln aus dazu deputiert gewesen, zweitens weil er geglaubt habe, daß er in militärischer Beziehung vielleicht nützlich verwandt werden könne, und drittens weil er, selbst aus dem Bergischen gebürtig, es für eine Ehrensache gehalten habe, bei der ersten bewaffneten Erhebung des bergischen Volks auf dem Platze zu sein. Er wünsche, sich bloß mit militärischen Dingen zu befassen und dem politischen Charakter der Bewegung gänzlich fremd zu bleiben, da es auf der Hand liege, daß bis jetzt hier nur eine schwarz-rot-goldne Bewegung möglich sei und daher jedes Auftreten gegen die Reichsverfassung vermieden werden müsse.

Herr Riotte war mit dieser Erklärung vollkommen einverstanden.

Am 14. morgens, als Engels den Oberkommandanten Mirbach zum Generalappell auf den Engelnberg begleitet hatte, kam Herr Höchster, ebenfalls vom Sicherheitsausschuß, zu ihm und erklärte: Obwohl gegen sein Betragen durchaus nichts zu sagen sei, so sei doch die Elberfelder Bourgoisie durch seine Anwesenheit in höchstem Grade alarmiert, sie fürchte jeden Augenblick, er werde die rote Republik proklamieren, und wünsche, er möge sich entfernen.

Engels erklärte, er wolle sich weder aufdrängen noch seinen Posten feige verlassen, und verlangte, ohne sich sonst zu irgend etwas zu verpflichten, man möge ihm diesen Wunsch schwarz auf weiß, vom gesamten

Sicherheitsausschuß unterzeichnet, übergeben.

Herr Höchster brachte die Sache im Sicherheitsausschuß vor, und noch am selben Tag wurde folgender Beschluß gefaßt:

'Der Bürger Friedrich Engels von Barmen, zuletzt in Köln wohnhaft, wird unter voller Anerkennung seiner in hiesiger Stadt bisher bewiesener Tätigkeit ersucht, das Weichbild der hiesigen Gemeinde noch heute zu verlassen, indem seine Anwesenheit zu Mißverständnissen über den Charakter der Bewegung Anlaß geben könnte.'

Schon ehe der Beschluß gefaßt, hatte Engels erklärt: Er werde der Aufforderung des Sicherheitsausschusses nur dann Folge leisten, wenn Mirbach es ihm befehle. Mirbach sei auf seine Veranlassung hergekommen, und er dürfe daher nicht eher gehen, bis Mirbach ihn entlasse.

Am 15. morgens unterzeichnete Mirbach nach vielseitigem Drängen von seiten des Sicherheitsausschusses endlich den fraglichen Beschluß, der nun auch durch Plakat bekanntgemacht wurde.

Die bewaffneten Arbeiter und Freikorps waren in höchstem Grade aufgeregt über den Beschluß des Sicherheitsrates. Sie verlangten, Engels solle dableiben, sie würden ihn „mit ihrem Leben schützen". Engels ging selbst zu ihnen und beruhigte sie, indem er sie auf Mirbach verwies und erklärte, er werde nicht der erste sein, der dem auf seine Veranlassung herbeigerufenen Kommandanten, der übrigens sein unbedingtes Vertrauen besitze, den Gehorsam aufzukündigen.

Engels machte nun noch eine Rekognoszierung in die Umgebung mit und entfernte sich von Elberfeld, nachdem er sein Kommando an seinen Adjutanten abgetreten hatte."

Ende des Berichts. (MEW 6, S. 500 - 502)

Nun appelliert Engels an die Arbeiter Kölns, von denen fünftausend im Kölner Arbeiterverein organisiert waren: „Wir warnen schließlich vor jedem Putsch in Köln. Nach der militärischen Lage Kölns wäret Ihr rettungslos verloren. Ihr habt in Elberfeld gesehen, wie die Bourgeoisie die Arbeiter ins Feuer schickt und sie hinterher aufs niederträchtigste verrät. Der <damals drohende. R.Th.> Belagerungszustand in Köln würde die ganze Rheinprovinz demoralisieren, und der Belagerungszustand wäre die notwendige Folge jeder Erhebung von Eurer Seite in diesem Augenblicke. Die Preußen werden an Eurer Ruhe verzweifeln. Die Redakteure der 'Neuen Rheinischen Zeitung' danken Euch beim Abschied für die ihnen bewiesene Teilnahme. Ihr letztes Wort wird überall und immer sein: *Emanzipation der arbeitenden Klasse!* „ (MEW 6. 519)

Daß für Engels die Elberfelder Aktion nur mit einem Haftbefehl ausging, hatte nicht von vornherein festgestanden. Auch die eingangs erwähnte Reichsverfassungskampagne paulskirchenverbundener Demokraten barg Gefahr. Hunderte Teilnehmer verloren in den Kämpfen oder danach als Gefangene - an Festungsmauern oder in Kasematten - ihr Leben. Das Risiko war Engels bekannt. Daß sein Verhältnis zu bewaffneten Aktionen distanzierter wurde, ist nicht auf Mut-Mangel zurückzuführen.

11.5 Revolution als Prozeß in historischer Ausdehnung

Rückstufung von *Ereignissen* unter das Limit, unter dem sich der Terminus „Revolution" verbietet, erfolgt also durch Marx und Engels nicht aus Scheu vor Wagnis oder Kleinarbeit. Aber auch nicht aus Unkenntnis von Ereignissen. Marx und Engels waren nicht nur die großen Denker. Sie bewältigten auch riesige Mengen aktuellen Stoffes. Von Mai 48 bis Mai 49 gingen 9370 redaktionelle Artikel, Korrespondenzen und Nachrichten durch ihr Büro, die sie als Chefredakteur, Mitarbeiter und Aktionäre der „Neuen Rheinischen Zeitung - Organ der Demokratie" zu verantworten und häufig selbst geschrieben hatten. Dafür mußten sie sich mehrmals vor Gericht einfinden. Mit aktuellen Fakten verteidigten sie sich wirksam. Das war im Rheinland möglich, wo napoleonisches Recht die Restauration überdauert hatte.

Umso erheblicher ist die Rückstufung von Ereignissen durch Marx und Engels:

- Selbst „der Sturz einer bestehenden Regierung" ist „nur eine Episode in dem großen.... Kampf" zur Emanzipation der arbeitenden Klasse. (F. Engels, MEW 8. 399)

- An den Aufständen der Jahre 1848/49 hatten sich Arbeiter beteiligt, erwartend, diese *Insurrektionen (!)* würden „einige Hindernisse auf ihrem <der Arbeiterklasse. R.Th.> Wege zur politischen Herrschaft und zur sozialen Revolution aus dem Wege räumen oder wenigstens die einflußreicheren, aber weniger mutigen Gesellschaftsklassen in eine entschiedenere revolutionäre Richtung drängen...." (F. Engels, MEW 8. 98) „Die Märzereignisse hatten den Kampf nur eingeleitet." (F. Engels, Ebd. S. 45)

- Marx und Engels trennten sich von Gefährten, denen sie vorwarfen zu glauben: „Ein Zusammenlauf auf der Straße, ein Krawall, ein Händedruck, und alles ist fertig. Die Revolution besteht für sie überhaupt bloß im Sturz der bestehenden Regierung; ist dies Ziel erreicht, so ist '*der* Sieg' errungen. Bewegung, Entwicklung, Kampf hören dann auf, und unter der Ägide des dann herrschenden europäischen Zentralkomitees beginnt das goldne Zeitalter der europäischen Republik ...." (K. Marx, F. Engels, MEW 7. 461) Die Ironie ist köstlich.

Engels kam kurz vor seinem Tod darauf zurück: Die „Vulgärdemokratie" rechnete 1849 auf einen „baldigen, ein für allemal entscheidenden Sieg des 'Volkes'....; wir auf einen langen Kampf....; wir erklärten schon Herbst 1850, daß.... nichts zu erwarten sei bis zum Ausbruch einer neuen ökonomischen Weltkrise. Weswegen wir auch in Acht und Bann getan wurden als Verräter an der Revolution, von denselben Leuten, die nachher fast ohne Ausahme ihren Frieden mit Bismarck gemacht haben - soweit Bismarck sie der Mühe wert fand." (MEW 22. 512 f.)

Auch komplette Werke von Marx' und Engels' zeigen in literarischer Einheit, daß beide Denker die Varianten c1 und d1 (vgl. Abschnitt 9.3) mit höchstem Gewicht belegen würden. Freunde frühabendlichen Fernsehens sähen das anders. Oder?

11.6 EREIGNIS als PROZESS. Zwischenbilanz

Ereignisse werden von Marx und Engels als Prozesse gesehen und jeder Prozeß als ein System von Ereignissen, die selbst wieder als Prozesse erscheinen. Wie Matroschka ineinandergeschachtelt. Oder: Wie in der Ansicht gotischer Kathedralen jeder Kontur eine weitere Kontur innewohnt, die Muster tief ins Innre gliedernd. So kann man Marx und Engels erleben: In jenen Jahren von Marx „Die Klassenkämpfe in Frankreich 1848 bis 1850" und „Der achtzehnte Brumaire des Louis Bonaparte" sowie „Enthüllungen über den Kommunistenprozeß zu Köln", von Engels in jenen Jahren „Die Reichsverfassungskampagne", „Der deutsche Bauernkrieg" sowie „Revolution und Konterrevolution in Deutschland", Geschichtswerke mittleren Umfangs, Genuß bereitend wie brillante Romane.

Kleinere Arbeiten, von Engels und Marx eine zeitlang täglich in „Neue Rheinische Zeitung" publiziert, zeigen Ereignisse als Prozesse, als eingegliedert in größere, sich wälzende Zusammenhänge, als Teilprozesse von Prozessen. Marx nannte die sog. Februarrevolution (Paris 1848) „Überraschung der alten Gesellschaft, und das Volk proklamierte diesen unverhofften Handstreich als eine weltgeschichtliche Tat." (MEW 8. 117 f.) Doch „unverhofft" und „Handstreich" nur, weil - wie Marx belegt - Selbstzufriedenheit die Regierung lange blind gemacht hatte für die permanenten Bewegungen im Volk. Mit seinem Kontext zum „Handstreich" konterkariert Marx den Schein, der durch den Sichtfilter der Weiter-so-Herrscher entstanden war. Die wollten nicht Allmählichkeit. Sie wollten Stagnation.

Gründlichkeit und Langwierigkeit korrelieren miteinander. Als einmalig-plötzlicher Akt kann gründliche Umwälzung überhaupt nicht erfolgen. Langwierigkeit scheint schon Permanenz zu bedeuten. Folgt nun aus der Korrelation von *Gründlich* und *Langwierig* auch *Allmählichkeit*?

Aus großem Abstand gesehen kann langwierige Umwälzung als allmähliche Umwälzung *erscheinen*. Sie könnte aber - *bei genaurem Hinsehen* - einem *Treppenaufgang* vergleichbar sein: Ein Stück gerade hin, dann eine Stufe nach oben. Waagrecht hin und senkrecht hoch. Je kleiner die Höhe und je größer die Anzahl, desto kleiner der Unterschied zu allmählichem Aufstieg. Auch dieser kann beschwerlich sein, wie jeder Wandrer weiß.

Doch was geschieht, wenn „genaueres Hinsehen" *nicht* stattfindet? Schon wegen Eile beim Kommunizieren? Prozesse werden durch rasch mitteilbare *Ereignisse* substituiert, Ereignisse zu Treppenstufen *deklariert*, zur Plötzlichkeit im Kleinen. Der Prozeß bleibt unbeleuchtet. Im Lichte schwebt als einzig sichtbar das *Ereignis*, wie plötzlich einem Zauber-Kelch entsprungen.

Wächst aber die Genauigkeit, so beginnt das Ereignis als Signal zu erscheinen, welches allmählichen Prozeß *anzeigt*. Endlich, bei sehr genauem Hinsehen, erscheint, was vorher *Korn* zu sein schien, nun selber als Prozeß, auch so, wie Wassertropfen unterm Mikroskop die innewohnende Brownsche *Bewegung* offenbaren. Bei höchst genauem Hinsehen wird *jedes Ereignis selbst* als *Prozeß* erkennbar.

Marx und Engels beschrieben Zeitgeschehen mit Sinnlichkeit in jedem Satz. Insofern stets detailreich. Den Sinnenreiz genossen sie. Doch mußten die Details *in größeren Zusammenhängen interessant* sein: Sinnlichkeit eines Ereignisses mußte *umfassenderes* Geschehen sinnfällig ausdrücken. Wie ein Fraktal, würde man heute sagen, *als* ein Fraktal, das ein Teil des Ganzen ist und doch das Ganze widerspiegelt.

Ist von Goethe oder Thomas Mann ein Satz geschrieben worden, der nicht zu andren Sätzen strahlte? Von Marx jedenfalls nicht. Ereignisse sind nicht die Murmeln im Sand. Schiller sagte: „Höhere Geister sehen die zarten Spinneweben einer Tat durch die ganze Dehnung des Weltsystems laufen, und vielleicht an die entlegensten Grenzen der Zukunft und Vergangenheit anhängen - wo der Mensch nichts als das in freien Lüften schwebende Faktum sieht." (Vorrede zu Fiesco) Und Engels sagte über Marx: „Bei einem Manne, der jeden Gegenstand auf seine geschichtliche Entstehung und seine Vorbedingungen prüfte, entsprangen selbstredend aus jeder Frage ganze Reihen neuer Fragen." (MEW 22. 342) Erst recht entspringen dem Ereignis viele Fäden, die sich zum Pelz verdichten und im Fließen Flüsse sind.

Im Televisor ist das anders. Dem Publikum wird vorgetäuscht, das Leben sei aus punktuellen Ereignissen, und diese gar auf die Minute eingegrenzt. „Bei uns sitzen sie in der ersten Reihe."

Ein Beispiel: Aufmerksame Beobachter hatten sich seit Monaten bis zum Sommer 1995 gefragt, wie sich wohl die SPD aus ihrer Führungskrise winde. Sollte Lafontaine das nicht auch durchgestanden haben? Auf dem Mannheimer Parteitag ward er zum Vorsitzenden gewählt. Im abendlichen Interview löcherte ihn ein Reporter vier Mal mit der Frage: „*Wann* haben sie sich entschieden zu kandidieren?" Der Mann wollte den *Augenblick* wissen. Er wollte sich nicht abschütteln lassen. Der Interviewte aber kannte den *Prozeß*! Und gab dem Frager einen Korb.

Bescheidner als jeder Reporter ist *Goethe* gewesen, als er vom Feldzug in Frankreich samt Belagerung von Mainz erzählte und nach fünfundsiebzig Seiten der Kanonade von Valmy gedachte. Goethes berühmter Satz „Von hier und heute geht eine neue Epoche der Weltgeschichte aus" ist nicht nur in seinen ausführlichen Prozeß-Bericht über das Prozeß-Ganze eingeflochten, das Goethe teils durch Augenschein, teils aus Berichten seines Herzogs kannte. Es hat auch einen *Kontext*:

In Goethes Bericht „Kampagne in Frankreich" heißt es, man hätte kampierend, „eben als es Nacht werden wollte, zufällig einen Kreis geschlossen, in dessen Mitte nicht einmal ein Feuer konnte gezündet werden, die meisten schwiegen, einige sprachen, und es fehlte doch eigentlich einem jeden Besinnung und Urteil. Endlich rief man mich auf, was ich dazu denke, denn ich hatte die Schar gewöhnlich *mit kurzen Sprüchen erheitert und erquickt*". Mit kurzen Sprüchen! (Hervorhebung R. Th.)

Nachdem der „erquickende und erheiternde" Satz heraus war, „von hier und heute" und der „Weltgeschichte", fügte der Dichter steigernd hinzu: „und ihr könnt sagen, ihr seid dabeigewesen."

Was war das langandauernde Problem nach monatelangem Feldzug? „....fehlte doch eigentlich einem jeden Besinnung und Urteil". Was war der *Anlaß* zu kurzer Besinnung? Die beschissne Lagernacht. Doch darauf „Hier und heute, Weltgeschichte *und dabeigewesen*" - wer wollte da nicht *lachen*? Auf den *Witz* kam es an. Anders wäre es gar nicht angehört worden.

Prozesse gestutzt - schon steigt beim Zuschauer das Gefühl der Exorbitanz. Zuckung, die er am Bildschirm erlebt, ist nur eine Kleinigkeit in einem jahrelangen Prozeß, wie jener Handgriff, mit dem der Schriftsteller das Manuskript zum Verlag in den Briefkasten steckt.

Das Publikum begreift nur happenings. Doch der Dichter hat auch nur zwei Möglichkeiten: Entweder einen Roman zu schreiben (der freilich das Werden nicht auf den *Begriff* bringt). Oder ein sinnenfälliges „Hier und heute" zu wählen und zu sagen, in diesem hic et nunc habe man den

Stichtag. Und auch noch das muß mega-kurz gesagt sein. Für Hegel ist das die Kleinkind-Stufe der Erkenntnis.

Was Publikum erwartet, das wußte auch der Medienmann, der Wolfgang Harich fragte: „Kann der Impuls zu einer eigenständigen Konzeption <Ihres Vorhabens, das Sie ins Zuchthaus gebracht hat. R.Th.> *lokalisiert werden?* Darauf Harich: „Das ist nicht plötzlich gekommen.... Man kann nicht sagen, da ist an einem bestimmten Tage eine Gruppe gegründet worden. Es hat sich spontan entwickelt...." (Wolfgang Harich: Der Ahnenpaß, S. 329 f.)

Was Leser mögen, treibt eklatierend jeder eifernde Reporter, dem Zeilen nicht zu teuer sind: „Auf den Tag genau vor .....Jahren ...." Ist es nicht furzegal, ob das „auf den Tag vor *genau*" oder *nicht* auf den Tag genau vor x Jahren gewesen ist?

Auch Bürokraten keckern gern; sie drücken sich in Substantiven aus, besonders gern in solchen, die auf -ung und -ion enden. Je ein Substantiv steht für *weniger* als ein happening. Es steht fürs *End*ergebnis, wo sich nichts mehr bewegt. Doch Marx und Engels und Poeten - sie präferieren *Verben.* So ist´s recht.

Bleibt noch zu bedenken: Kreuzen sich Prozesse, die einander fremd sind wie Kometen-Bahn und Bahn der Erde oder wie rollendes Auto und ruhender Baum, so kann eine Kollision eintreten, die punktueller zu sein scheint als ein Schnittpunkt zweier Linien. Nur ist die Kollision *ihrerseits* Prozeß mit eigener Allmählichkeit. Er folgt nur einem andren Zeitregime. Dergleichen hat auch Georg Büchner reklamiert, als er in „Dantons Tod" einen der Fallbeil-Anwärter sagen ließ: „Man sagt zwar, es sei nur ein Augenblick; aber der Schmerz hat ein feineres Zeitmaß, er zerlegt eine Tertie."

11.7 Die Langwierigkeit sozialer Umwälzung

Tiefe Umwälzung - langwierige Umwälzung - ist das nicht banal? Schon 1848 (im Juni) hatte Marx geschrieben: „Die beste Staatsform ist die, worin die gesellschaftlichen Gegensätze nicht verwischt, nicht gewaltsam, also nur künstlich, also nur scheinbar gefesselt werden. Die beste Staatsform ist die, worin sie zum freien Kampf und damit zur Lösung kommen." (MEW 5.136) Das ist nicht banal. Denn damals und bis hinein in unsre Zeit wurden Gegensätze mit Waffengewalt ausgefochten, nicht nur in bürgerlichen Revolutionen Englands und Frankreichs, erst recht in dynastischen Kriegen um Erbfolge und Landes-Aufteilung und in den Weltkriegen.

Der Sturm aufs Winterpalais (später nur noch schulgemäßes Symbol für die Oktoberrevolution) war auch gedacht, den ersten Weltkrieg zu beenden. Lenin hatte elf Tage zuvor geschrieben: „Der Demokratie Rußlands, den Sowjets, den Parteien der Sozialrevolutionäre und Menschewiki bietet sich jetzt die in der Geschichte der Revolutionen außerordentlich seltene Möglichkeit, die Einberufung der Konstituierenden Versammlung zur angesetzten Zeit ohne neue Verschleppungen zu gewährleisten, die Möglichkeit, das Land vor der Gefahr einer militärischen und wirtschaftlichen Katastrophe zu bewahren, die Möglichkeit, eine friedliche Entwicklung der Revolution zu sichern." (Lenin Werke 26. 50)

Der MEW-Herausgeber in seinem Vorwort zu MEW 5 sieht in dem Marx-Artikel, aus dem soeben zitiert wurde, „das Fundament für die marxistische Lehre über den bewaffneten Aufstand." Wahr ist aber nur, daß Marx dort über die aufständischen Plebejer schrieb: „....vom Hunger zerrissen, von der Presse geschmäht, von den Ärzten verlassen, von den Honetten Diebe gescholten, Brandstifter, Galeerensklaven, ihre Weiber und Kinder in noch grenzenloseres Elend gestürzt, ihre besten Lebenden über die See deportiert - ihnen den Lorbeer um die drohend finstere Stirn zu winden, das ist das *Vorrecht*, das ist das *Recht* der demokratischen Presse."

Doch Marxens Worte über die beste Staatsform, worin die Gegensätze „nicht gewaltsam, also nur künstlich, also nur scheinbar gefesselt werden.... worin sie zum freien Kampf und damit zur Lösung kommen", verschweigt der Herausgeber in seinem Vorwort. Man muß sich danach wundern, warum der Herausgeber den Text von Marx nicht gleich getilgt hat. War dieser Text nur ein Alibi? Von dem man glaubte: Das Vorwort wird gelesen, der Marxsche Text hingegen nicht. Es reicht, das Etikett im Logo der Partei zu haben.

Marxens Auffassung zur „Langwierigkeit" entsprang auch seiner Sicht auf das Eigentum: „In jeder historischen Epoche hat sich das Eigentum anders und unter ganz verschiedenen gesellschaftlichen Verhältnissen entwickelt. Das bürgerliche Eigentum definieren heißt somit nichts anderes, als alle gesellschaftlichen Verhältnisse der bürgerlichen Produktion darstellen. Eine Definition des Eigentums als eines unabhängigen <isoliert gedachten? R.T.> Verhältnisses, einer besonderen Kategorie, einer abstrakten .... Idee geben wollen, kann nichts anderes sein als eine Illusion der Metaphysik oder der Jurisprudenz." (MEW 4. 165) Das hatte Marx gegen Proudhon geschrieben.

Abstraktheit und Metaphysik kann man den Sozialisten nicht nachsagen, die sich konkret und leidenschaftlich dem Aufbau der „volkseigenen" Industrie gewidmet und ihr Leben dabei verschlissen haben. Ihnen gebührt der Lorbeer, von welchem, wie wir hörten, Marx gesprochen hatte. Und als J. R. Becher, Musik Hanns Eisler, uns die Worte gab „Als das Kraftwerk wurde Volkes eigen", da durften wir einen Moment lang in festlicher Stimmung sein.

Doch mehr als einen Augenblick lang nicht. Indessen haben Ideologen und Politiker daraus den psychischen Dauerzustand zu machen versucht, in der von Marx verworfenen Abstraktheit und Metaphysik, als wäre das „sozialistische" Eigentum mit dem Ereignis der Ausstellung einer Urkunde geschaffen worden.

Die Abstraktheit zeigte sich in Honeckers Dauerjubel seit 1951, in Honekkers Staatsstreich 1957 zur Verhinderung des Arbeiter-Eigentums (per Marxfälschung!) und im Kahlschlags-Plenum des ZK der SED 1965 bis zum bitteren Ende. (Vgl. R. Thiel: Marx und Moritz - Unbekannter Marx, Quer zum Ismus. Besonders die Kapitel 1, 12 und 13. *trafo*-Verlag Berlin 1998. 2. Auflage 1999. ISBN 3-89626-153-3)

1884 erinnert Engels daran, wie Marx und er die verbreitete Meinung konterten, „als ob die Revolution mit den Märztagen <1848. R. Th.> abgeschlossen sei und man jetzt nur noch die Früchte einzuheimsen habe. Für uns konnten Februar und März nur dann die Bedeutung einer wirklichen Revolution haben, wenn sie nicht Abschluß, sondern im Gegenteil Ausgangspunkt einer langen revolutionären Bewegung wurden, in der, wie in der großen französischen Umwälzung, das Volk sich durch seine eignen Kämpfe weiterentwickelte." (MEW 21.21) Engels hadert mit dem Wortgebrauch. Das Wortungeheuer „lange revolutionäre Bewegung" nun auch noch zu verwerfen liegt sehr nahe. Nennen wir kurz den Prozeß *als Ganzes* „Revolution".

Schon in einer „Ansprache der Zentralbehörde an den Bund vom März 1850" unterstellen Marx und Engels: Die Arbeiter brauchen „eine längere revolutionäre Entwicklung. Aber *sie selbst* <Hervorhebung R. Th.> müssen das meiste zu ihrem endlichen Siege dadurch tun, daß sie sich über ihre Klasseninteressen aufklären.... Ihr Schlachtruf muß sein: Die Revolution in Permanenz." (MEW 7. 253f.)

Sozialismus „ist die *Permanenzerklärung der Revolution*, die *Klassendiktatur* des Proletariats als notwendiger Durchgangspunkt zur *Abschaffung der Klassenunterschiede überhaupt*, zur Abschaffung sämtlicher Produktionsverhältnisse, worauf sie beruhen...." (MEW 7. 89) Leider wurde dann das Wort „Punkt" ohne Not benutzt, doch ist an „Punkt" überhaupt nicht gedacht, denn Engels meinte, die „spezifische Form" des Durchgangs sei die *demokratische Republik,* zu welcher auch die „vollständige Selbstverwaltung in Provinz, Kreis und Gemeinde durch nach allgemeinem Stimmrecht gewählte Beamte" gehört, die sich „nach amerikanischem Muster" orientieren kann. (MEW 22, Seiten 235, 237 und 236)

Hier hat der Leser mehrere Beispiele des abgehobnen Wortgebrauchs.

Unter „Permanenz der Revolution" verstanden Marx und Engels nicht Repressalien, wie sie einst Sklaven, Leibeigene und Lohnarbeiter erlitten. „Diktatur" heißt hier „Hegemonie in demokratischer Republik".

Belegt ist das des weiteren durch beider Philosophen Nachruf auf die Pariser Kommune und auf die Opfer der großbürgerlichen Erschießungskommandos. Siehe K. Marx, „Der Bürgerkrieg in Frankreich. Adresse des Generalrats der Internationalen Arbeiterassoziation". (MEW 17, Seite 313 - 365) Im ersten Entwurf dieser Schrift - noch währte die Kommune - hat Marx geschrieben:

„Wenn alle großen Städte sich nach dem Muster von Paris als Kommunen organisierten, könnte keine Regierung diese Bewegung durch den plötzlichen Vorstoß der Reaktion unterdrücken. Gerade durch diesen vorbereitenden Schritt würde die Zeit für die innere Entwicklung, die Garantie der Bewegung gewonnen. Ganz Frankreich würde sich zu selbsttätigen und sich selbst regierenden Kommunen organisieren, das stehende Heer würde durch die Volksmiliz ersetzt...." (MEW 17. 545)

Der Entwurf endet mit dem Zitat einer Pressemeldung vom 4. April 1871: „....das Volk von Paris unternahm keinerlei aggressive Schritte...., als die Regierung es von den Ex-Soldaten des Kaiserreichs.... angreifen ließ". Schon ehe die Erschießungskommandos der Generäle die Ordnung bestimmten, etwa in Mitte der Tage, die der Kommune beschieden waren, hatte Marx geschrieben:

„Die Arbeiterklasse weiß, daß sie durch verschiedene Phasen des Klassenkampfes hindurch muß. Sie weiß, daß die Ersetzung der ökonomischen Bedingungen der Sklaverei der Arbeit *nur das progressive Werk der Zeit* sein kann (jene ökonomische Umgestaltung), daß sie nicht nur eine Veränderung der Verteilung erfordern, sondern auch *eine neue Organisation der Produktion....* " (MEW 17. 546. Hervorhebungen R.Th.)

Wie viele Arbeiter das wußten, sei dahingestellt. Doch wie Marx über *Langwierigkeit* von Umwälzungen schreibt, schlägt den Aposteln der Plötzlichkeit entgegen. Und als die großbürgerlichen Erschießungspelotons die proletarisch-kleinbürgerliche Kommune liquidiert hatten, sah Marx trotz Zorn und Trauer keinen Zwang, auch nur eine einzige Nacht der Rache zu wünschen. Marx hielt an dialektischer Rationalität fest:

„Die Arbeiterklasse verlangte keine Wunder von der Kommune. Sie hat keine fix und fertigen Utopien durch Volksbeschluß einzuführen. Sie weiß, daß, um ihre eigne Befreiung und mit ihr jene höhre Lebensform hervorzuarbeiten, der die gegenwärtige Gesellschaft durch ihre eigne ökonomische Entwicklung .... entgegenstrebt, daß sie, die Arbeiterklasse, lange Kämpfe, eine ganze Reihe geschichtlicher Prozesse durchzumachen hat, durch welche die Menschen wie die Umstände gänzlich umgewandelt werden."

Ob das die Arbeiter wissen? Wir referieren Marx. Als langwierig sah Marx den Prozeß, und auch als kontinuierlich: „Sie (die Arbeiterklasse. R.Th) hat keine Ideale zu verwirklichen; sie hat nur die Elemente der neuen Gesellschaft in Freiheit zu setzen, die sich im Schoß der zusammenbrechenden Bourgeouisgesellschaft entwickelt haben." (MEW 17. 343) Das bedeutet:

* Umwandlung des Reichtums, seinerzeit (und heute noch) der Herrschaft über Menschen und Sachen-Ansammlungen,

** Nutzung der hohen Produktivität zur Erweiterung der Freizeit, Verwirklichung *deklarierter* Gleichheit vor dem Gesetz und Wandlung *verordneter* Freiheit in *reale* Freiheit per *Solidarität, Freizeit und Bildung.*

Langwierigkeit, Gründlichkeit und Kontinuität erheischen Allmählichkeit. Die Menschen „müssen im Lauf ihrer Entwicklung die *materiellen Bedingungen* einer neuen Gesellschaft selber erst *produzieren,* und keine Kraftanstrengung der Gesinnung oder des Willens kann sie von diesem Schicksal befreien." (MEW 4. 339) Die „materiellen" Bedingungen sind heute gegeben. Doch die Menschen müssen *sich selbst* wandeln. Siehe 3. Feuerbachthese.

11.8 Was heißt „sprengen"?

„Es genügt nicht, daß der Gedanke zur Verwirklichung drängt, die Wirklichkeit muß sich selbst zum Gedanken Gedanken drängen." (MEW 1. 386) Der Bund der Kommunisten von 1848 bildete sich „niemals ein", er sei imstande, jene Umwälzung, die seine „Ideen verwirklichen soll, zu jedem Zeitpunkt nach Willkür hervorzurufen." Das wurde „von der Mehrzahl seiner Mitglieder so gut verstanden, daß einige ehrgeizige Streber, als sie versuchten, den Bund in eine Verschwörergesellschaft zu verwandeln, um eine Revolution ex tempore zu machen, schleunigst hinausgeworfen wurden". (MEW 8. 399f. Der vollständige Text enthält auch zeitbedingte, von Engels später präzisierte Gedanken zur Teilnahme von Mitgliedern des Bundes an Bewegungen, die gegen den Status quo gerichtet sind.)

Selbst 1850, als Marx und Engels Revolution als besondere Geschichtsphase verstanden, grenzen sie sich ab von Hieb und Stich: Bei Prosperität, „worin die Produktivkräfte der bürgerlichen Gesellschaft sich so üppig entwickeln, wie dies innerhalb der bürgerlichen Verhältnisse überhaupt möglich ist, kann von einer wirklichen Revolution keine Rede sein.

Eine solche Revolution ist nur in den Perioden möglich, wo diese *beiden Faktoren*, die *modernen Produktivkräfte* und die *bürgerlichen Produktionsformen*, miteinander *in Widerspruch* geraten....*Eine neue Revolution ist nur möglich im Gefolge einer neuen Krisis.*" (MEW 7. 440. Vgl. MEW 22. 511 ff.)

Die Krisis kam. Wie der Wolf zu den Sieben Geislein. In einer Gestalt, welche von Engels seit den achtziger Jahren, nicht aber von den Massen vermutet worden war. Massen ließen sich vom Raubtier betören: „Lieb Vaterland, magst ruhig sein, fest steht und treu die Wacht am Rhein". Dann Leiber durch Granaten zerrissen. Das ist - *„gesprengt"*.

Nun hat auch Marx das Wort „Sprengen" gebraucht. Doch ein Kraftakt oder Dynamitanschlag ist damit nicht gemeint. Metaphern sind in großer Literatur nicht ungewöhnlich: Eine Sammlung von Luther-Worten trägt als Ttitel den Luther-Spruch: „Euch stoßen, daß es krachen soll." (Buchverlag Der Morgen, Berlin 1983.) Hin und wieder wird auch von der Frühlingssonne gesagt, sie *sprenge* Knospen.

Nur Eulenspiegel hat metaphorische Sprüche wörtlich genommen. Doch als Schelm! Der Schelm hat sich den Spaß gemacht, von ihm *begriffnen* Sinn wie *Stumpf*sinn zu gebrauchen. Eulenspiegel nutzte den Unterschied zwischen *Standard*bedeutung und *über*tragenem Sinn zum *Schalk*. Doch diesen feinen Unterschied erkennen *Eifrer* weder rechts noch links.

Übertragenen Sinnes wie die Rede von der Frühlingssonne sind auch Worte von Marx wie etwa „Von einem gewissen Augenblick", „Von einem gewissen Punkt an", nicht minder als das Hegel-Wort *„Sprung"*. Die Fähigkeit, Metaphern als solche zu nehmen, müßte jeder Akademiker trainiert haben. Doch dem ist nicht so. Sie nehmens wörtlich wie Philister, die Eulenspiegel erfolgreich zum Narren gehalten hatte. Sie nehmens wörtlich, wie quasi meine Katze auch. Das Tier - es lacht nicht (G. Branstner) - ist auch unfähig, meinen Finger, der zum ausgestreuten Futter zeigt, als *Symbol* zu verstehen statt als Fleisch, sodaß sie meinen Finger statt der Whiskas-Crackies schnappt.

Marx hatte sich nach achthundert Seiten DAS KAPITAL das Recht genommen, der Analyse eine Vision anzufügen. In höchster Dichte. Das braucht Metaphern, philosophischen Stil. Sehr kurz also Marxens Annex, in dem das Wort „Sprengen" vorkommt - drei Seiten von achthundert, von zweitausendzweihundert Seiten aller *drei* Bände des KAPITAL. Überhaupt haben Marx und Engels riesige Stoffmengen zu extrem kurzen Texten verdichtet, sogar in ihren Briefen. Niemand bezahlte ihnen Schreibarbeit, Papier und Porto. Im Gegensatz zu ihren Ur-Ur-Enkeln, die hochdotierte Professoren waren. Und gar die Fülle in den Köpfen! Hoch verdichtend metaphorten Marx und Engels, oft auch deftig. Verdichtung - Gedankenmenge pro Texteinheit - ist nicht meßbar, doch meint man, daß es *Mega* ist, verglichen mit den Texten ihrer Epigonen.

Zurück zur Umwandlung des kapitalistischen Eigentums in gesellschaftliches. Diese werde nicht im entferntesten so „hart und schwierig" sein wie einst die „Verwandlung des auf eigner Arbeit der Individuen beruhenden, zersplitterten Privateigentums in kapitalistisches". Dort „handelte es sich um die Expropriation der Volksmasse durch wenige Usurpatoren, hier handelt es sich um die Expropriation weniger Usurpatoren durch die Volksmasse". (MEW 23. 791) Nur muß die Volksmasse von der Idee ergriffen sein:

Die Idee wird zur materiellen Gewalt, wenn sie, sobald sie die Massen ergreift. Wenn, *sobald !* Marx hatte gewirkt, daß es geschehe. Er hatte geschrieben: *„Sobald"!* Wörtlich MEW 1.385.

Daß schließlich auch der visionäre Annex zum KAPITAL (1867) der Prüfung durch Marx und Engels selber ausgesetzt war, schreibt Engels am 3. Dezember 1891 an Kautsky: Durch „neuere Forschungen" sei „das Marxsche Kapitel von der geschichtlichen Tendenz der kapitalistischen Akkumulation veraltet gemacht".

11.9 Woher die Langwierigkeit? Doppelcharakter der Umwälzung: Kontra Ausbeutung und Entfremdung

Im Folgenden bedeutet „Minorität" eine Fraktion des Bundes der Kommunisten, von der sich Marx und Engels getrennt haben:

„An die Stelle der kritischen Anschauung setzt die Minorität eine dogmatische.... . Statt der wirklichen Verhältnisse wird ihr der bloße Wille zum Triebrad der Revolution. Während wir den Arbeitern sagen: Ihr habt 15, 20, 50 Jahre Bürgerkriege und Völkerkämpfe durchzumachen...." Das wurde 1852 geschrieben, als Bürgerkriege und Völkerkämpfe üblich waren. Sie sind es heute noch und wieder, völlig ohne Marx. Engels hat später vor Barrikadenkämpfen gewarnt, unter anderem in seiner letzten Arbeit 1895. (MEW 22.519f. Rosa Luxemburg hat auf dem Gründungsparteitag der KPD daran erinnert.

Und so bleibt es wahr: Langwierig ist alle gründliche Wandlung. Zwanzig Jahre, fünfzig Jahre, wie Marx sagt, vielleicht viel mehr. Warum?

„.... nicht nur um die Verhältnisse zu ändern, sondern um euch selbst zu ändern und zur politischen Herrschaft zu befähigen...." Die Minorität - so Marx - „sagt im Gegenteil: 'Wir müssen gleich zur Herrschaft kommen, oder wir können uns schlafen legen.' Während wir speziell die deutschen Arbeiter auf die unentwickelte Gestalt des deutschen Proletariats hinweisen, schmeichelt ihr aufs plumpste ....., was allerdings populärer ist. Wie von den Demokraten das Wort Volk zu einem heiligen Wesen gemacht wird, so von euch das Wort Proletariat. Wie die Demokraten schiebt ihr der revolutionären Entwicklung die Phrase der Revolution unter". (MEW 8. 412 f. Hervorhebung R.Th.) Es geht nicht ohne Willen, doch bloßer Wille ist nichts.

Im Anhang zu MEW ist der Ausschluß der Putschisten beschrieben. Man könnte das vergessen, würden sich nicht in einem Motiv wie diesem zwei Marx-Denklinien vereinen. Die beiden Linien sind:

A) Die Arbeiterklasse ist revolutionär. Sie ist der Leib der Produktion, die sich voranwälzt und das reiche Privateigentum infrage stellt, welches einen Teil der Menschen von der Produktion ausschließt, einem anderen Teil die Arbeit zur Hetze macht und der Jugend die Bildung beschneidet. Die Arbeiterklasse ist an der Produktion im Großbetrieb geschult. Speziell in Disziplin. Sie giert nicht nach Profit. Die Reichen aber werden reicher. Armut wird nach Süden umverteilt. Warum ist die Banane billig?

B) Die Lohnabhängigen reproduzieren in täglicher Arbeit das Kapitalverhältnis und damit sich selbst als fremdgesteuerte Nichteigentümer. Sie reproduzieren den Eigentümer als Erblasser seiner eigenen Brut und sich selbst als Nichterben. Fern stehen sie der kaufmännischen, organisatorischen und technologischen Steuerung der Produktion. Sie sind im Erwerb höherer Bildung finanziell und im Erwerb freizeitlicher Bildung durch Energie-Verschleiß in der täglichen Maloche behindert. Die Eigenschaft, Nichterbe zu sein, vererbt sich bis ins zehnte Glied, mit ihr das Defizit an Unternehmungslust.

Zwei Linien marxschen Denkens, zu zwei Zentren laufend - A) und B) - um die das marxsche Denken zirkuliert und die sich unterscheiden wie zwei Brennpunkte ein und derselben Ellipse. In der Regel sah man nur A) .

Wie ein Kreis mit seinem (einzigen) Zentrum eine entartete Ellipse ist, die zwei Brennpunkte hat, so hat die Lehre von Marx zwei Zentren: Die Ausbeutung und die sog. Entfremdung des Menschen von sich selbst. Bis in die Weimarer Zeit konnte es scheinen, alle soziale Problematik reduziere sich auf A). Doch Wachstum von Konsumpotential und Manipulation läßt nun B), die Selbst-Entfremdung des Menschen, hervortreten. (Vgl. unter anderem R. Thiel: Marx und Moritz - Unbekannter Marx - Quer zum Ismus - 1945-2015.)

Marx und Engels hatten nie die aufzuhebende Entfremdung aus den Augen verloren. In heutigem Jargon wären dieser Option zuzuordnen: Glasnost und Basisdemokratie, Bürgerstolz vorm Stuhl des Chefs, Entfaltung der kreativen Anlagen aller Menschen und universelle Bildung, Ende der Entfremdung (im engeren Sinne des Wortes) vom anderen Menschen und von der Natur. Was verstand Marx unter Selbstentfremdung des Menschen?

Marx ging davon aus: Die Gattung „Mensch" entstand und lebt in der Arbeit. Was sie ist, ist sie durch Arbeit und in Arbeit. Arbeit ist das Element der Menschheit wie Wasser das Element der Fischheit. *Darin zu schwimmen* ist beider Wesen. Man sollte meinen, in seinem Element fühlt man sich munter.

Doch für die *Individuen*, aus denen die Menschengattung besteht, verhält es sich anders. Der Arbeiter produziert sich als Ware, die verkauft werden muß. Gelingt das, so legt er *SEIN LEBEN* in den zu produzierenden Gegenstand. Aber nun gehört SEIN LEBEN „nicht mehr ihm, sondern dem Gegenstand". Je geistreicher der industrielle Prozeß, desto geistloser für viele die Arbeit. „Selbst die Erleichterung der Arbeit wird zum Mittel der Tortur, indem die Maschine nicht den Arbeiter von der Arbeit befreit, sondern seine Arbeit vom Inhalt." (MEW 23. 445 f., auch S. 674.)

Sofern der Arbeiter in der Arbeit nur „seine Physis abkasteit" und „seinen Geist ruiniert", ist Arbeit „nicht die Befriedigung eines Bedürfnisses, sondern nur ein Mittel, um Bedürfnisse *außer* ihr zu befriedigen.... Der Arbeiter fühlt sich daher erst außer der Arbeit bei sich und in der Arbeit außer sich. Zu Hause ist er, wenn er nicht arbeitet, und wenn er arbeitet, ist er nicht zu Haus." (MEW 40, Seite 510-519) Das Individuum im Gegensatz zur Gattung, die in der Arbeit zu Haus ist wie der Fisch im Wasser.

Des Proletariers Glück ist deshalb der Konsum. Eine andre Freude hat der Abhängige nicht. Und der Kapitalist „profitiert nicht nur von dem, was er vom Arbeiter empfängt, sondern auch von dem, was er ihm gibt.... Die individuelle Konsumtion des Arbeiters ist für ihn selbst <den Arbeiter. R.Th.> unproduktiv, denn sie reproduziert nur das <konsum=>bedürftige Individuum." (MEW 23. 597 f.)

Heute ist Konsum auch Multimedia. Doch macht selbst Satellitenschüssel den sich tags Kasteienden nicht zum Weltbürger, der sich als Gattungswesen begreifen würde. Brüderlichkeit welkt, wo Reichtum im Besitz von *Sachen* kulminiert. Dagegen Marx: „Größter Reichtum" ist, „den *andren* Menschen als Bedürfnis" zu „empfinden". (MEW 40. 544) Wer denkt da nicht an die asylgewährende Kirchengemeinde?

Werbung putscht zum Konsum auf: „Jedes Produkt ist ein Köder, womit man das Wesen des andern, sein Geld, an sich locken will, jedes wirkliche oder mögliche Bedürfnis <nach einem Produkt. R.Th.> ist eine Schwachheit, die die Fliege an die Leimstange heranführen wird...." (Ebd. S. 547) Wir fliegen in der Tat auf den Leim, setzen das *Ding* - alias Konsumgut -

über unsre *Person*. Zu viele Konsumgüter, die wir nur momentan oder gar nicht brauchen, erdrücken uns. Doch wegen eines Liters Milch wird eine Kuh gekauft.

Entfremdung von der Gattung heißt Unvermögen, sich als Gattungswesen zu begreifen und *politisch* zu werden. Engels hoffte dennoch 1893: „Die Massen der Arbeiter erwachen mehr und mehr zum Bewußtsein, daß ihr Heil nicht so sehr liegt in Erzwingung höherer Löhne.... im Kampfe mit den einzelnen Unternehmern, sondern vor allem in der Eroberung der politischen Rechte, des Parlaments durch die als eigene Partei organisierte Arbeiterklasse." In der Handschrift: „....sondern in der Eroberung des Parlaments, der politischen Macht". (MEW 22. 400)

Einst schuf das Kapital seinen Totengräber. Doch konnte dieser seinen starken Arm nicht erkennen. Entfremdung von sich selbst! Er schafft sich seinerseits das Kapital als seinen *Leimer* und dem Leim *die Fliege*. Kapital und Arbeit, Ausbeutung und Entfremdung hecken sich gegenseitig. Lohnkampf ja, doch düngt der auch das Kapital, das daraus Kapital zu schlagen weiß: Immer mehr Produkte für den Schrank. Immer größere Müllhalden.

Allein die Ausbeutung aufzuheben geht nicht. Wohl kann Geschichte Wirbel zeugen, welche - einmal eingetreten - die Enteignung des Großkapitals reibungsarm erlauben. Ein solcher Wirbel war durch Verstrickung des russischen Kapitals in den zaristischen Krieg und durch Verstrickung des deutschen Kapitals in beide Weltkriege entstanden, 1917, 1918, 1945. Das Potsdamer Abkommen der Vier Mächte gebot, Rüstungsgewinnler zu enteignen. Erst recht, da Menschenrecht das Recht auf Leben ist. Erlaubt nicht auch das Grundgesetz Enteignung? Wenn Tötungsmittel exportiert werden? Eigentum verpflichtet, Menschenrecht zu achten.

Doch ist die formelle Aufhebung der Ausbeutung in der DDR nicht genutzt worden, um die *Entfremdung* zu überwinden, obwohl die formelle Aufhebung der Ausbeutung günstige Bedingungen geschaffen hatte, zum Beispiel in Gestalt des hohen Anteils, der - vom knappen Staatsfonds abgezweigt - in Bildung und Kultur geflossen ist. Dem Bildungsfortschritt wurde politische Entmündigung und das Diktat zum Jubel überlagert.

Kräfte gegen den Rückbau der Entfremdung entspringen der Entfremdung selbst. Arbeitern fiel es schwer zu verstehen, daß der Lohn fleißiger Arbeit und fachlicher Kompetenz nicht durchweg in erhöhtem Konsum bestehen konnte. Marx dazu in seinen Thesen zum Gothaer Programm der Sozialdemokratie. Das Problem von 1875 ist akut geworden, als es siebzig Jahre später galt, *Staat* zu ergreifen, *um ihn zu besitzen*. Doch das lief nicht so. Den spitzen Bleistift liebend, der 110 Prozent Normerfüllung auf 160 hochschreiben sollte, war eine Bauarbeiterbrigade ehrlich genug, um zu bekennen: „Der Staat hat uns drei Mal beschissen, beim Kaiser, in der Weimarer Zeit und bei Hitler. Jetzt wollen WIR den Staat bescheißen."

Die Denkensart ist gar nicht überraschend. Marx hatte der Sozialdemokratie, die 1875 im Begriff war, in Gotha ihr Programm zu machen, ins Stammbuch geschrieben: Denkt daran, daß selbst nach Sieg der Proletarier der Arbeitsertrag dem Individuum nicht unverkürzt in Tüten zahlbar ist. Man hat daran nicht gern gedacht.

Doch nun - nach siebzig Jahren - die *Führung* des Arbeiter- und Bauern-Staates! Gewiß hatte sie ein wundervolles Motto verkündet: „Arbeite mit, plane mit, regiere mit!" Nur war sich ihre Partei der Provokation gar nicht bewußt. Sie hat Provokationen in andren Richtungen gesucht und den Spruch als Schmuck verstanden. Zu Wahlen anzulegen. Oder aufzulegen wie Lippenschminke. Die Führung steckte selbst bis über die Ohren in der Entfremdung. Hirsche abknallen und Aufmärsche - Honeckers Lust.

Auf Wahlschmuck setzen andre auch. So *Entfremdung* gar nicht aufhebbar?

Weder Ausbeutung noch Entfremdung ist aufhebbar, wenn „Aufhebung" als einmaliger Kraftakt angestrebt wird. „Nichts oder alles", das haben Marx und Engels verworfen, obwohl zu ihrer Zeit Entfremdung nur für Philosophen zu erkennen war. Wie klar indes diese Erkenntnis gewesen ist, zeigen die Feuerbachthesen, die Marx 1845 geschrieben und Engels 1888 veröffentlicht hat. Darin heißt es:

„Die materialistische Lehre von der Veränderung der Umstände und der Erziehung vergißt, daß die Umstände von den Menschen verändert und der Erzieher selbst erzogen werden muß. Sie muß daher die Gesellschaft in zwei Teile - von denen der eine über ihr erhaben ist - sondieren. Das Zusammenfallen des Ändern(s) der Umstände und der menschlichen Tätigkeit oder Selbstveränderung kann nur als *revolutionäre Praxis* gefaßt und rationell verstanden werden." (MEW 3. 5 f.)

So in der dritten Feuerbachthese. Was Wunder, daß Politbüro-Hager 1986 sagte, man soll nicht so viel Marx zitieren. Doch war der Wunsch seit langem schon erfüllt: Wo komm mer denn da hin, wenn „der Erzieher selbst erzogen werden soll"?

Neben These drei steht das Wort von den Philosophen, die die Welt nur verschieden interpretiert.... These elf. Leicht ließ sich's merken. Dem Werk entrissen und als Etikett geklebt, die *Elfte* der Feuerbachthesen von 1845. Mittelstürmer ohne Mannschaft.

Auch These drei stammt von 1845. Drei Jahre vor dem Manifest. Marxisten sagten, vorm Manifest sei Marx noch gar nicht Marx gewesen. Was war dann Marx im Jahre '88? Das fünfte Jahr tot. Doch treibt es anno 88 Engels, des Freundes Text publik zu machen, weil dort „der geniale Keim der neuen Weltanschauung niedergelegt ist".

Engels' Fassung der Marx-Sentenz: „Die materialistische Lehre, daß die Menschen Produkte der Umstände und der Erziehung, veränderte Menschen also Produkte anderer Umstände und geänderter Erziehung sind, vergißt, daß die Umstände eben von den Menschen verändert werden und daß der Erzieher selbst erzogen werden muß. Sie kommt daher mit Notwendigkeit dahin, die Gesellschaft in zwei Teile zu sondern, von denen der eine über der Gesellschaft erhaben ist.... Das Zusammenfallen des Änderns der Umstände und der menschlichen Tätigkeit kann nur als *umwälzende Praxis* gefaßt und rationell verstanden werden." (MEW Bd. 3. 533 f.)

Marxisten haben die eine Fassung wie die andre begraben sein lassen in Büchern, die uch das Volk nicht gelesen hat.

Eine Frage nur: Hatte Engels „umwälzend" gesagt statt „revolutionär", weil schlichte Gemüter Revolution als Urknall verstehen? August Bebel hatte oft „Kladderadatsch" gesagt, doch war das Ironie. Meine Zusammenfassung der marxschen Ansichten zum *Inhalt* der langwierigen Umwandlung ist publiziert in „Marx und Moritz -Unbekannter Marx - Quer zum Ismus - 1945-2015", ISBN 3-89626-153-3 .

Marx und Engels hatten 1845 gemeint, die Arbeiterklasse brauche die Revolution, „um sich den ganzen alten Dreck vom Halse zu schaffen und zu einer neuen Begründung der Gesellschaft befähigt zu werden." (MEW 3. 70) Daraus folgt - für Marx und Engels auch in den Thesen über Feuerbach - daß Revolution ein langwieriger, allmählicher Prozeß ist, zumal ein solcher, in dem „die Umstände von den Menschen verändert und der Erzieher selbst erzogen werden muß". (MEW 3. 5 ff. und 3.533 ff.) „Das Zusammenfallen der Umstände und der menschlichen Tätigkeit", das nur als „*umwälzende Praxis* gefaßt .... werden" kann. (MEW 3. 534)

11.10 Interesse an beständiger Allmählichkeit

Als Engels 1892 die zweite Auflage seines Werks „Die Lage der arbeitenden Klasse in England" von 1845 herausbrachte, schrieb er ins Vorwort: „Ich habe mir nicht einfallen lassen, aus dem Text die vielen Prophezeihungen zu streichen, namentlich die einer nahe bevorstehenden sozialen Revolution in England, wie meine jugendliche Hitze sie mir damals eingab. Ich habe keinen Anlaß, meine Arbeit und mich selbst besser darzustellen, als wir beide damals waren...." (MEW 22. 321 f.) Wie sich Gründlichkeit und Langwierigkeit der Umwälzung zueinander stellen, hat Engels zum Beispiel 1891/92 und 1895 konkretisiert. Worin hatte die Illusion bestanden? Offenbar in zweierlei:

1. „Die Geschichte hat uns und allen, die ähnlich dachten, unrecht gegeben. Sie hat klargemacht, daß der Stand der ökonomischen Entwicklung auf dem Kontinent damals noch bei weitem nicht reif war für die Beseitigung der kapitalistischen Produktion; sie hat dies bewiesen durch die ökonomische Revolution, die seit 1848 den ganzen Kontinent ergriffen und die große Industrie .... erst wirklich eingebürgert.... hat." (MEW 22. 515 und 513) Also Geduld, bis die Verhältnisse reifen! Doch ist das noch das wenigste.

2. Man hatte 1848 erwartet, die Bewegung zugunsten des Bürgertums - der Minderheit - würde rasch in eine Bewegung zugunsten der Mehrheit - Arbeiter und Bauern - umschlagen. Man hatte erwartet, „die großen Volksmassen" würden „zugänglich sein für Ideen, ... die nichts anderes waren als der klare, verstandesgemäße Ausdruck ihrer von ihnen selbst noch unverstandenen, nur erst unbestimmt gefühlten Bedürfnisse." (Ebd. Seite 513) Geduld reicht nicht. Gebraucht wird für die anspruchsvolle Lösung *Zeit und Praxis!*

Engels hatte 1895 über 1848/49 geschrieben. Dazwischen hatte die deutsche Arbeiterbewegung Bismarcks Sozialistengesetz zu trotzen. Eduard Bernstein schildert, wie der in der Schweiz tagende Kongreß der verbotnen Sozialdemokratie „den deutschen Kampfverhältnissen.... Rechnung" trug, „daß er einstimmig beschloß, aus dem Parteiprogramm das Wort 'gesetzlich' zu streichen, so daß es nun hieß: daß die Partei für ihre Ideen und Forderungen 'mit allen Mitteln' kämpfe. Als die Bismärcker daraus Kapital gegen die Sozialdemokratie zu schlagen suchten, wurde ihnen kühl geantwortet: Da der Partei das elementarste Recht politischer Betätigung, das Vereins= und Versammlungsrecht, genommen sei, konstatiere der Beschluß einfach den dadurch eingetretenen Tatbestand." (E. Bernstein, Sozialdemokratische Lehrjahre, Dietz Verlag Berlin, 1991, Seite 106 f.) Bismarck hatte das Sozialistengesetz erneuern wollen. Doch die selbstbewußte Sozialdemokratie - nun auch von linksbürgerlichen Fraktionen unterstützt - brachte Bismarcks Anschlag zu Fall.

Selbst mit dem immer noch begrenzten Wahlrecht (in Preußen Dreiklassenwahlrecht bis 1918) gewann die Arbeiterbewegung Spielräume. Auch das stand Engels vor Augen: Wahlrecht gebar die Wahlagitation als ein Mittel, „um mit den Volksmassen da, wo sie uns noch ferne stehen, in Berührung zu kommen, alle Parteien zu zwingen, ihre Ansichten und Handlungen unseren Angriffen gegenüber vor allem Volk zu verteidigen.... Mit dieser erfolgreichen Benutzung des allgemeinen Stimmrechts war aber eine ganz neue Kampfweise des Proletariats in Wirksamkeit getreten....

Man fand, daß die Staatseinrichtungen, in denen die Herrschaft der Bourgeoisie sich organisiert, noch weitere Handhaben bieten, vermittels deren die Arbeiterklasse diese selben Staatseinrichtungen bekämpfen kann. Man beteiligte sich an den Wahlen für Einzellandtage, Gemeinderäte, Gewerbegerichte, man machte der Bourgeoisie jeden Posten streitig, bei dessen Besetzung ein genügender Teil des Proletariats mitsprach." (MEW 22. 519)

Aber die Postulate blieben: 1. Verliert das Ziel nicht aus den Augen! 2. Helft das Verständnis unter sehr, sehr viel Menschen zu entwickeln. Und es schwingt die Frage mit: Wenn es *allmählich* nicht gelingt, kann es dann überhaupt gelingen?

Beide Thesen sowie die Frage findet man zum Beispiel 1880 bei Marx: Die Produzenten können nur dann frei sein, „wenn sie im Besitz der Produktionsmittel sind". Die „kollektive Aneignung" kann „nur von einer revolutionären Aktion der Klasse der Produzenten ausgehen", und eine „solche Organisation" muß „mit allen Mitteln, über die das Proletariat verfügt, angestrebt werden,.... einschließlich des allgemeinen Wahlrechts, das so aus einem Instrument des Betrugs, das es bisher gewesen ist, in ein Instrument der Emanzipation umgewandelt wird". (MEW 19. 238)

Das spricht nicht für Abwarten und Teetrinken, aber für Allmählichkeit der Umwälzung. „Man kann sich vorstellen, die alte Gesellschaft könne friedlich in eine neue hineinwachsen in Ländern, wo die Volksvertretung alle Macht in sich konzentriert, wo man verfassungsmäßig tun kann, was man will, sobald man die Majorität des Volks hinter sich hat: in demokratischen Republiken wie Frankreich und Amerika, in Monarchien wie England...." (MEW 22, 234)

1895 resümierte Engels fünfzehnjährige Erfahrung: „Und so geschah es, daß Bourgeoisie und Regierung dahin kamen, sich weit mehr zu fürchten vor der gesetzlichen als vor der ungesetzlichen Aktion der Arbeiterpartei, vor den Erfolgen der Wahl als vor denen der Rebellion." (MEW 22. 519)

Ist nun etwa mit Störung der Allmählichkeit zu rechnen? Deutschland betreffend warnt Engels die Sozialdemokratie, die Fragen zu verdecken, „die bei den ersten großen Ereignissen, bei der ersten politischen Krise sich selbst auf die Tagesordnung setzen. Was kann dabei herauskommen, als daß die Partei plötzlich, im entscheidenden Moment, ratlos ist, daß über die einschneidendsten Punkte Unklarheit und Uneinigkeit herrscht, weil diese Punkte nie diskutiert worden sind." (MEW 22. 234)

Worin kann solche Krise bestehen? Kann man einen europäischen Krieg ausschließen? Engels hat das oft erörtert:

Die Aussichten stehen „zehn zu eins dafür, daß die Herrschenden noch lange vor diesem Zeitpunkt <da wir die Stimmenmehrheit erlangen. R.

Th.> gegen uns Gewalt anwenden werden; das aber würde uns vom Boden der Stimmenmehrheit auf den Boden der Revolution führen .... Auf welche Weise wird sich diese ökonomische Revolution <die Sozialisierung der Produktionsmittel. R. Th.> vollziehen? Das wird von den Umständen abhängen...." (Ebd. S. 280) Engels sagt „Boden der Revolution" und meint offenbar, daß *Herrscher* auf *außer*parlamentarisches Parkett gehen:

Preußen hatte in 90 Jahren 6 Kriege geführt. Es hatte 1848 die Vereinigung der Deutschen mit Waffengewalt unterbunden, um später das Deutsche Reich unter seiner Vormacht mit Blut und Eisen zu schmieden. „Und endlich ist kein andrer Krieg für Preußen-Deutschland mehr möglich, als ein Weltkrieg,... Acht bis zehn Millionen Soldaten werden sich untereinander abwürgen...." (MEW 21. 350)

In welche Lage käme die Sozialdemokratie bei wachsender Kriegsgefahr? War nicht zu erwarten, daß Kaiser und Zar die Völker wie die Kanonen gegeneinander richten? In heimlicher Konkordanz? Krieg erhitze die nationalen Leidenschaften und kühle die sozialen ab? (Vgl. MEW 22. 255 unten)

Die deutschen Sozialisten hingegen - so Engels - müßten „toll sein, wünschten sie den Krieg, bei dem sie alles auf eine Karte setzen, statt den sichern Triumph des Friedens abzuwarten.... Kommt aber der Krieg dennoch, dann ist nur eins sicher: Dieser Krieg, wo fünfzehn bis zwanzig Millionen Bewaffneter sich untereinander abschlachten und ganz Europa verwüsten würden wie nie vorher - dieser Krieg muß entweder den sofortigen Sieg des Sozialismus bringen oder aber die alte Ordnung der Dinge derart von Kopf zu Fuß umstürzen...., daß die alte kapitalistische Gesellschaft unmöglicher würde als je....." (MEW 22. 256. Geschrieben 1891.)

Die Regierungen haben den Krieg riskiert. Was hätte der Prävention dienen können? Engels hat *nicht* auf die Option der Allmählichkeit verzichtet. Engels hat gerufen:

- Die Mächtigen riskieren, hinweggefegt zu werden.

- Für die Sozialdemokratie besteht das Gebot, Allmählichkeit und Gesetzlichkeit *auszunutzen*, etwa, um 15 bis 20 Millionen UNBEWAFFNETE in Marsch zu setzen, vor denen Polizei machtlos ist, oder um zu erwirken, daß die Soldaten eher meutern, als Mutter und Vater „niederzuschießen", wie es der Kaiser von den Soldaten verlangte.

- In ganz Europa „allmähliche gleichmäßige Herabsetzung der Militärdienstzeit mit schließlichem Übergang zum Milizsystem". (Vgl. MEW 22. 396) „Bismarck hat es verstanden, Deutschland in den Ruf der Ländergier zu bringen." Niemand in Europa traut den Deutschen. „Dem allem würde ein Ende gemacht, entschlösse Deutschland sich zur Stellung uns- res Antrages. Es träte als Friedensstifter auf in einer Weise, die keinen Zweifel zuläßt. Es erklärte sich bereit, voranzugehn im Werk der Abrü- stung, wie dies von Rechts wegen dem Lande zukommt, das das Signal zur Rüstung gegeben hat.... Die ganze öffentliche Meinung Europas und Amerikas träte auf seiten Deutschlands. Und das wäre eine moralische Eroberung, die selbst alle möglicherweise noch herauszuspintisierenden militärischen Nachteile unseres Vorschlags reichlich aufwöge. Frankreich dagegen, das den Abrüstungsvorschlag abgelehnt, käme in dieselbe un- günstige Verdachtsstellung, wie Deutschland jetzt." (MEW 22. 397 ff.)

Allmählichkeit ohne Problemstau zu sichern erheischt energischste Kraft- entfaltung. Doch nicht Behäbigkeit, die bald in die Sozialdemokratie ein- zog.

11.11 Zeitschätzung

Nie haben Marx und Engels Termine angegeben, wann etwas geschehen werde. Dennoch suchten sie das Gefühl für zeitliche Horizonte zu entwik- keln, denn es ist wissenswert, ob Problem A *noch* existieren werde, wenn Problem B entstehen könnte. Das ist Grund, um *Hypothesen* über Zeiträu- me zu bilden. Insuffizienz aller Schätzungen zwingt dann, konditional und in Varianten zu denken.

Engels hatte - wie wir sahen - für den Fall des Bruches staatlicher Gesetz- lichkeit durch die Herrschenden an proletarische Offensive gedacht. Was aber könnte die Folge sein, wenn die Herrschenden statt mittelschwerer Gesetzesbrüche den *Weltkrieg* entfesseln? Für diesen Fall zog Engels eine Verzögerung der „sozialen Revolution" um „zehn bis fünfzehn" Jahre in betracht.

Die spezielle Hypothese - zehn bis fünfzehn Jahre - kann bei den Annah- men über Langwierigkeit und Prozeßhaftigkeit gründlicher Umwälzungen überraschen. Beeindruckt von *kämpfender* Sozialdemokratie und Fall des Sozialistengesetzes hatte Engels seine Vermutung über die Dauer einer Eventualität geäußert. Drei Jahre später wird die Hypothese zum Zeit- horizont nicht wiederholt. Stattdessen erinnert Engels an Erfahrungen, die zwingen, einen viel längeren Zeitraum für tiefgreifende Umwälzung zu veranschlagen:

Wohl war in Paris im März 1871 der Arbeiterklasse die Herrschaft „ganz von selbst, ganz unbestritten in den Schoß" gefallen. Doch zeigte sich, „wie unmöglich damals noch .... diese Herrschaft der Arbeiterklasse war. Einerseits ließ Frankreich Paris im Stich, sah zu, wie es unter den Kugeln Mac-Mahons verblutete; andererseits verzehrte sich die Kommune im unfruchtbaren Streit der beiden sie spaltenden Parteien, der Blanquisten (Majorität) und der Proudhonisten (Minorität), die beide nicht wußten, was zu tun war. Ebenso unfruchtbar wie 1848 die Überrumpelung, blieb 1871 der geschenkte Sieg." (MEW 22. S. 516 f., 523, 515, 517).

Die „Majorität der Kommune <war> keineswegs sozialistisch, konnte es auch nicht sein", resumierte Marx schon 1881. Und fügte hinzu: Für die Kommune habe auch die Möglichkeit eines Kompromisses mit den Versaillern bestanden, die 1871 verschenkt worden ist. (MEW 35. 160). Dagegen sei eine „wirklich proletarische Revolution" eine solche, in der mit ihrem Ausbruch „die Bedingungen ihres (wenn auch sicher nicht idyllischen) unmittelbaren, nächsten Modus operandi gegeben sein werden.... Nach meiner Überzeugung ist die kritische Konjunktur einer neuen internationalen Arbeiterassoziation noch nicht da...." (Ebd. S. 161) Der Terminus „Diktatur des Proletariats" fehlt hier. Für Marx und Engels hatte das Wort nichts anderes bedeutet als „politische Macht für und durch die Arbeiterklasse", die eine „Umwälzung in den Köpfen der Arbeitermassen" voraussetzt, (MEW 38. 64; 39. 46)

11.12 Extrapolations=Falle, NICHT-Linearität, Gefährdung der Allmählichkeit

Engels sieht die Stimmenzahl der Arbeiterpartei (Dreiklassenwahlrecht!) bei den Reichstagswahlen wachsen (MEW 22.247):

1871...........101 927;

1874...........351 670;

1877...........493 447;

1884...........549 990;

1887...........763 128;

1890........1 427 298.

Um 1890, als das Sozialistengesetz fällt, ist der Anstieg steil: „....diese Partei steht heute auf dem Punkt, wo sie mit fast mathematisch genauer Berechnung die Zeit bestimmen kann, in der sie zur Herrschaft kommt." (MEW 22. 250) Wirklich?

Ein Denker wie Engels mußte fühlen, daß die lineare Extrapolation nicht der Weisheit letzter Schluß sein kann. Die *Dämpfung* des konstanten Anstiegs, etwa aus Gründen, die im Proletariat liegen, zieht Engels hier scheinbar nicht in betracht. Obwohl ihm geläufig war, daß die Arbeiterklasse „lange Kämpfe, eine ganze Reihe geschichtlicher Prozesse durchzumachen hat, durch welche die Menschen wie die Umstände gänzlich umgewandelt werden". (MEW 17. 343)

Es gibt Stellen im Engels-Opus, wo Dialektiker - mit Nichtlinearität vertraut - beim Lesen stutzig werden: Hat Engels nicht sehr salopp geurteilt? Versuchung zum Extrapolieren ist menschlich. Doch darf man sich halt nicht versuchen lassen. Engels hatte mehrere Varianten zu bedenken, denn *Nicht*-Linearität konnte erzeugt werden aus dem Inneren der Arbeiterklasse, der Sozialdemokratie und/oder der Bourgeoisie:

Die Gesetzlichkeit „arbeitet so vortrefflich für uns, daß wir Narren wären, verletzten wir sie, solange dies so vorangeht." Engels hat also die Extrapolation *nicht* als Prognose, sondern als *Herausforderung* gebraucht. Als hätte er sagen wollen: Stellt euch vor, wir könnten das schaffen! Doch denkt daran (nun wörtlich): *„SOLANGE dies so VORANGEHT." Kämpft,* daß es geschehe.

Aber: „Viel näher liegt die Frage, ob es nicht grade die Bourgeois und ihre Regierung sind, die Gesetz und Recht verletzen werden, um uns durch Gewalt zu zermalmen? .... Kein Zweifel, sie *werden* zuerst schießen. Eines schönen Morgens werden die deutschen Bourgeois und ihre Regierung müde werden, der alles überströmenden Springflut des Sozialismus mit verschränkten Armen zuzuschauen; sie werden Zuflucht suchen bei der Ungesetzlichkeit, der Gewalttat...." (MEW 22. 251)

Es folgt, was in Abschnitt 9.10 schon dokumentiert wurde, dazu die Worte: Die deutschen Sozialisten müßten „toll sein, wünschten sie den Krieg, bei dem sie alles auf eine Karte setzen, statt den sichern Triumph des Friedens abzuwarten.... deshalb sind die Sozialisten in allen Ländern für den Frieden. Kommt aber der Krieg dennoch....." Siehe oben. (MEW 22. 256)

Das war eine der Varianten, in denen Engels auf die Versuchung zur linearen Extrapolation reagierte.

Die zweite Variante: Dämpfung der Erfolgsserie könnte aus dem Innern der Sozialdemokratie selbst hervorwachsen, sodaß der Kampfmut nachlasse: Es könnte Sozialisten geben, die bereit sind, in einen Krieg gegen Frankreich zu ziehen. (Später dominierte die Lust, in einen Krieg gegen den Zaren zu ziehen.) Es fehlte derzeit Anlaß, diese Eventualität anzusprechen. Doch Anlaß hat bestanden, die Gefahr der Massenabschlachtung in betracht zu ziehen und der Sozialdemokratie zu sagen, sie möge ihrer *energischen* Politik treu bleiben. Engels meinte auch, die in die Armee ziehenden Rekruten könnten von der Sozialdemokratie „angesteckt" werden, damit die Armee der Regierung „*entschlüpfe*". (MEW 22. 251. Vgl. auch Seite 505, 526 f., 546)

So ist für Engels die lineare Extrapolation nicht Fall-Grube gewesen. Am Beispiel ist auch präsentiert:

- Linearität gibt es nur zeitweilig und annähernd.

- Allmählichkeit schließt Nichtlinearität nicht aus, sondern führt sie mit sich, je länger desto zwingender. Deshalb ist nichts ewig.

Eine 3. Variante hatte Marx schon 1858 angedeutet: „Eine Gesellschaftsformation geht nie unter, bevor alle Produktivkräfte entwickelt sind, für die sie weit genug ist...." (MEW 13. 9) Nach Engels' Tod hat sich eine Verflechtung aller drei Varianten entwickelt.

11.13 Gewalt: Legenden und Geschichte

11.13.1 Gewalt bei der Klassenentstehung?

Engels widersprach der Mär, wonach die Raubzüge prominenter Helden die Schöpfungsakte der Geschichte wären. Er fühlte sich gefordert, als ein Herr Dühring - von Sozialisten viel gelesen - mit großer Geste die Gewalt zum Demiurgen des Eigentums erhob. Show-Master wie Dührung kennen dialektische Selbstentwicklung nicht. Sie kennen nur den Anstoß *von außen*. Engels aber weist zugleich auf die *Allmählichkeit* der Geschichte:

A) „Das Privateigentum tritt .... in der Geschichte keineswegs auf als Ergebnis des Raubs und der Gewalt. Im Gegenteil. Es besteht schon in der uralten naturwüchsigen Gemeinde ..... Es entwickelt sich bereits innerhalb dieser Gemeinde. .... Je mehr die Erzeugnisse der Gemeinde Warenform annehmen, d.h. .... je mehr sie zum Zwecke des Austausches produziert werden...., desto ungleicher wird der Vermögensstand der einzelnen Gemeindeglieder.... Selbst die Bildung einer naturwüchsigen Aristokratie.... beruht zunächst keineswegs auf Gewalt.... Überall, wo das Privateigentum sich herausbildet, geschieht dies infolge veränderter Produktions= und Austauschverhältnisse, ... also aus ökonomischen Ursachen. Die Gewalt spielt dabei gar keine Rolle. Es ist doch klar, daß die Einrichtung des Privateigentums schon bestehn muß , ehe der Räuber sich fremdes Gut *aneignen* kann. .... Nun aber hat Marx ....nachgewiesen .... daß .... die Warenproduktion sich in kapitalistische Produktion verwandelt und daß .... das.... Gesetz des Privateigentums durch seine eigne, innere, unvermeidliche Dialektik in sein Gegenteil umschlägt: .... Eigentum erscheint jetzt.... 'auf Seite des Kapitalisten, als das Recht, fremde unbezahlte Arbeit, auf Seite des Arbeiters, als Unmöglichkeit, sein eignes Produkt anzueignen.' < K. Marx, MEW 23. 609 f. > .... selbst.... wenn wir annehmen, daß alles Privateigentum ursprünglich auf eigner Arbeit des Besitzers beruhe und daß im ganzen fernern Verlauf nur gleiche Werte gegen gleiche Werte ausgetauscht werden, so kommen wir dennoch bei der Fortentwicklung der Produktion und des Austausches mit Notwendigkeit auf die gegenwärtige kapitalistische Produktionsweise, auf die Monopolisierung der Produktions= und Lebensmittel in den Händen der einen, wenig zahlreichen Klasse, auf die Herabdrückung der andern, die ungeheure Mehrzahl bildenden Klasse zu besitzlosen Proletariern.... Der ganze Hergang ist aus rein ökonomischen Ursachen erklärt, ohne daß auch nur ein einziges Mal der Raub, die Gewalt.... nötig gewesen wäre. Das 'Gewalteigentum' erweist sich auch hier bloß als eine renommistische Phrase ...." (MEW 20. 150 f.)

So fällt auch Licht auf das Verhältnis von Gewaltlosigkeit und ALLMÄHLICHKEIT.

B) Anfangs „herrscht eine gewisse Gleichheit der Lebenslage und für die Familienhäupter auch eine Art Gleichheit der gesellschaftlichen Stellung...." Zugleich bestehen in jedem Gemeinwesen von Anfang an „gemeinsame Interessen, deren Wahrung einzelnen, wenn auch unter Aufsicht der Gesamtheit, übertragen werden muß: Entscheidung von Streitigkeiten; Repression von Übergriffen einzelner über ihre Berechtigung hinaus; Aufsicht über Gewässer, besonders in heißen Ländern; endlich, bei der Waldursprünglichkeit der Zustände, religiöse Funktionen."

Das resultierende Beamtentum ist mit „Machtvollkommenheit ausgerüstet". Hier liegen „die Anfänge der Staatsgewalt. Allmählich steigern sich die Produktivkräfte; die dichtere Bevölkerung schafft hier gemeinsame, dort widerstreitende Interessen zwischen den einzelnen Gemeinwesen, deren Gruppierung zu größern Ganzen wiederum eine neue Arbeitsteilung, die Schaffung von Organen zur Wahrung der gemeinsamen, zur Abwehr der widerstreitenden Interessen hervorruft. Diese Organe, die schon als Vertreter der gemeinsamen Interessen der ganzen Gruppe, jedem einzelnen Gemeinwesen gegenüber eine besondre, unter Umständen sogar gegensätzliche Stellung haben, verselbständigen sich bald noch mehr, teils durch die, in einer Welt, wo alles naturwüchsig hergeht, fast selbstverständlich eintretende Erblichkeit der Amtsführung, teils durch ihre, mit der Vermehrung der Konflikte mit andern Gruppen wachsende Unentbehrlichkeit. Wie diese Verselbständigung der gesellschaftlichen Funktion gegenüber der Gesellschaft mit der Zeit sich bis zur Herrschaft über die Gesellschaft steigern konnte, wie der ursprüngliche Diener, wo die Gelegenheit günstig, sich allmählich in den Herrn verwandelte, wie je nach den Umständen dieser Herr als orientalischer Despot oder Satrap, als griechischer Stammesfürst, als keltischer Clanchef usw. auftrat, wieweit er sich bei dieser Verwandlung schließlich auch der Gewalt bediente, wie endlich die einzelnen herrschenden Personen sich zu einer herrschenden Klasse zusammenfügten, darauf brauchen wir hier nicht einzugehen. Es kommt hier nur darauf an, festzustellen, daß der politischen Herrschaft überall eine gesellschaftliche Amtstätigkeit zugrunde lag...." (A.a.o. S. 166 f.) Vernunft wird Unsinn, Wohltat Plage!

C) „Neben dieser Klassenbildung ging aber noch eine andre. Die naturwüchsige Arbeitsteilung innerhalb der ackerbauenden Familie erlaubte auf einer gewissen Stufe des Wohlstands die Einfügung einer oder mehrerer fremder Arbeitskräfte.... Die Produktion war so weit entwickelt, daß die menschliche Arbeitskraft jetzt mehr erzeugen konnte, als zu ihrem einfachen Unterhalt nötig war; die Mittel, mehr Arbeitskräfte zu unterhalten, waren vorhanden; diejenigen, sie zu beschäftigen, ebenfalls;.... Bisher hatte man mit den Kriegsgefangnen nichts anzufangen gewußt, sie also einfach erschlagen .... aber auf der jetzt erreichten Stufe der 'Wirtschaftslage' erhielten sie einen Wert; man .... machte sich ihre Arbeit dienstbar. So wurde die Gewalt, statt die Wirtschaftslage zu beherrschen, im Gegenteil in den Dienst der Wirtschaftslage gepreßt." (A.a.O. S. 167)

A), B), C) stehen für ein Modell von Engels, das die Entwicklung des Eigentums und die Entstehung des Herr/Knecht-Verhältnisses aus der natürlichen Variationsbreite individueller Kraftanlagen, aus dem stets gegenwärtigen Zufall und aus der Dialektik des Gegensatz-Umschlagens erklärt. Kleinste Unterschiede der individuellen Potenzen, die es immer gibt, schaukeln sich langfristig per Rückkopplung auf, allmählich, Menschen-Gleichheit in Ungleichheit umwendend. Wir werden das am mathematischen Evolutionsmodell wiederfinden. Die Menschheit braucht den gewaltlosen Umkehrprozeß.

11.13.2 Gewalt bei der Umwandlung von Bauern in Proletarier

Marx lenkt den Blick auf das England des 14. Jahrhunderts: „Die ungeheure Mehrzahl der Bevölkerung bestand damals .... aus freien, selbstwirtschaftenden Bauern, durch welch feudales Aushängeschild ihr Eigentum immer versteckt sein mochte." (MEW 23. 744 f.)

Um seine Herrschaft zu erhalten, schuf der „große Feudalherr" ein beträchtliches „Proletariat durch gewaltsame Verjagung der Bauernschaft von dem Grund und Boden, worauf sie <die Bauernschaft. R.Th.> denselben feudalen Rechtstitel besaß wie er selbst, und durch Usurpation ihres Gemeindelandes. Den unmittelbaren Anstoß dazu gab in England namentlich das Aufblühn der flandrischen Wollmanufaktur und das entsprechende Steigen der Wollpreise. Den alten Feudaladel hatten die großen Feudalkriege verschlungen, der neue war ein Kind seiner Zeit, für welche Geld die Macht aller Mächte. Verwandlung von Ackerland in Schafweide ward also sein Losungswort." (MEW 23. 746)

Marx, viele Quellen nutzend, zitiert den Geistlichen William Harrison (1534 - 1593): „Wenn man die älteren Inventarien jedes Ritterguts vergleichen will, so wird man finden, daß unzählige Häuser und kleine Bauernwirtschaften verschwunden sind, daß das Land viel weniger Leute nährt.... Von Städten und Dörfern, die man für Schaftriften zerstört hat, und worin nur noch Herrschaftshäuser stehn, könnte ich etwas erzählen." (vgl. MEW 23. 746)

In einem Akt Heinrichs des Achten heißt es, daß „viele Pachtungen und große Viehherden, besonders Schafe, sich in wenigen Händen anhäufen, wodurch die Grundrenten sehr gewachsen und der Ackerbau ... sehr verfallen, Kirchen und Häuser niedergerissen, wunderbare Volksmassen verunfähigt seien, sich selbst und Familien zu erhalten". Thomas Morus spricht von dem Land, wo „Schafe die Menschen auffressen". (Vgl. MEW 23. 747).

Doch wohin mit den Vertriebnen? „Die durch Auflösung der feudalen Gefolgschaft und durch stoßweise, gewaltsame Expropriation von Grund und Boden Verjagten, dies vogelfreie Proletariat konnte unmöglich ebenso rasch von der aufkommenden Manufaktur absorbiert werden." (MEW 23. 761)

Das „zum Vagabunden gemachte Landvolk" wurde „durch grotesk-terroristische Gesetze in eine dem System der Lohnarbeit notwendige Disziplin hineingepeitscht, -gebrandmarkt, -gefoltert." (ebd. S. 765) Im 27. Regierungsjahr Heinrichs des Achten wird die „Gesetzgebung" noch verschärft. „Bei zweiter Ertappung auf Vagabundage soll die Auspeitschung wiederholt und das halbe Ohr abgeschnitten, bei drittem Rückfall aber der Betroffne als schwerer Verbrecher und Feind des Gemeinwesens hingerichtet werden." (ebd. S. 763)

Auch über andre Facetten des feudalen Staatsterrors kann man bei Marx nachlesen. In Deutschland spricht man von „Bauernlegen". Kein Wunder, daß sich gegen den Terror der geldhungrigen Feudalherren in deutschen, tschechischen und russischen Landen die Bauern erheben.

1994 hat Professor Meinhard Miegel, Vorstand des Instituts für Wirtschaft und Gesellschaft, Bonn, der Deutschen Bank nahestehend, unterm Titel „Vollbeschäftigung - eine sozialromantische Utopie?", daran erinnert, wie mit den gelegten Bauern umgegangen ward: „Noch für das 18. Jahrhundert wird der Anteil der Bevölkerung ohne halbwegs verläßliche Subsistenzgrundlage auf etwa 75 Prozent beziffert. Die meisten von ihnen verdingten sich .... als Tagelöhner oder Dienstboten, Knechte oder Gesinde.... Doch trotz dieser hohen Flexibilität konnten viele ihren Unterhalt.... nicht sichern.... Die situierte Gesellschaft verfuhr mit ihnen gnadenlos. Selbst Mundraub wurde gelegentlich mit dem Strang geahndet. Um die Zahl von Bettlern und Vagabunden nicht allzu stark ansteigen zu lassen, wurden sogar militärische Konflikte inszeniert, bei denen es im wesentlichen darum ging, ... erwerbsloses Volk zu liquidieren. Heutige Historiker vermuten, daß auch die Schlachtordnung jener Zeit diesem Zweck entsprach. Denn militärisch machte sie wenig Sinn." (Alfred Herrhausen Gesellschaft, 2. Jahreskolloquium 17./18. Juni 1994: Arbeit der Zukunft - Zukunft der Arbeit, Seite 39 f.) Wie gut es heute doch den Arbeitslosen geht!

Im 17./18. Jahrhundert ging Staatsterror von Feudaladel und König aus, um bestehenden Besitz zu *erweitern*. Der Staatsterror kam dem an Lohnarbeitern interessierten, in ursprünglicher Akkumulation befindlichen Kapital zugute, dessen Entwicklung somit beschleunigt ward. (Vgl. MEW 23. 779)

In Engels' Modell (s.o.) war durchaus vermerkt, daß Kriege den potenteren Warenproduzenten Arbeitskräfte gratis liefern. Dem steht zur Seite auch das Wort von Marx: „Wenn das Geld, nach Augier, 'mit natürlichen Blutflecken auf einer Backe zur Welt kommt' (Marie Augier, Du Credit Public, Paris 1842, p. 265), so das Kapital von Kopf bis Zeh, aus allen Poren, blut- und schmutztriefend." An dieser Stelle finden sich auch die berühmten, fälschlicherweise Marx zugeschriebenen, doch von ihm zitierten Worte von P.J. Dunnig: „Mit entsprechendem Profit wird Kapital kühn. Zehn Prozent sicher, und man kann es überall anwenden; 20 Prozent, es wird lebhaft; 50 Prozent, positiv waghalsig; für 100 Prozent stampft es alle menschlichen Gesetze unter seinen Fuß; 300 Prozent, und es existiert kein Verbrechen, das es nicht riskiert...." (MEW 23. 788)

11.13.3 Was heißt „Gewalt" auf dem Weg zu einer gewaltfreien Gesellschaft?

Ganz anders der Wortsinn, wenn Marx und Engels von der „Verwandlung *gesellschaftlicher Einsicht in gesellschaftliche Gewalt*" sprechen. Zum Beispiel 1866/67 an den ersten Kongreß der Internationale: Ausgehend davon, daß „der einzelne Arbeiter" in „vielen Fällen" zu „unwissend" ist, „die wahren Interessen seines Kindes oder die normalen Bedingungen der menschlichen Entwicklung zu verstehen", ergibt sich, daß „die Kinder und jugendlichen Arbeiter vor den verderblichen Folgen des gegenwärtigen Systems bewahrt werden müssen". Dazu Marx: „Das kann nur geschehen durch die Verwandlung *gesellschaftlicher Einsicht in gesellschaftliche Gewalt*, und unter den gegebenen Umständen kann das nur durch *allgemeine Gesetze* geschehen, durchgesetzt durch die Staatsgewalt. Bei der Durchsetzung solcher Gesetze stärkt die Arbeiterklasse keineswegs die Macht der Regierung. Im Gegenteil, sie verwandelt jene Macht, die jetzt gegen sie gebraucht wird, in ihre eigenen Diener. Sie erreicht durch einen allgemeinen Gesetzesakt, was sie durch eine Vielzahl isolierter individueller Anstrengungen vergeblich erstreben würde." MEW 16. 194)

An dieser Stelle werden Marxisten Marx Blauäugigkeit vorwerfen. Doch haben wir hier nur eines der Beispiele für die Semantik, mit welcher Marx und Engels die Worte „Macht" und „Gewalt" gebraucht haben. 1890 meint Engels: „Die *Gewalt (d.h. die Staatsmacht)* ist auch eine ökonomische Potenz." (MEW 37. 493. Hervorh. R. Th.)

Heute wird unter Gewalt meist etwas anderes verstanden: *Physische* Gewalt. Die Frage wird heute von Rechts gestellt. *Großmächte* senden Truppen in alle Welt und entfesseln Gewalt-Spiralen. Wir werden nun recherchieren, wie Marx und Engels auch nach 1867 ihre Auffassungen zur Gewalt seitens der Arbeiterklasse pflegten und die Gefahren der Anwendung *physischer* Gewalt seitens der Herrschenden abzuwägen versuchten.

11.14 Gewalt als Entwicklungshemmer, zur Verhinderung von Allmählichkeit

Von absoluter zu konstitutioneller Monarchie überzugehen war ein Fortschritt. Absolutismus gewalttätig festzuhalten versuchten die Dynastien. Stagnation mit Gewalt und Heuchelei statt allmähliches Fortschreiten. Könige feierten den Stillstand.

Was da geschah, beschrieb Karl Marx. Auch für spätere Zeiten: „Die Regierung hört nur *ihre eigene Stimme*, sie weiß, daß sie nur ihre eigene Stimme hört und fixiert sich dennoch in der Täuschung, die Volksstimme zu hören, und verlangt ebenso vom Volke, daß es sich diese Täuschung fixiere. Das Volk versinkt daher teils in politischen Aberglauben, teils in politischen Unglauben, oder, ganz vom Staatsleben abgewendet, wird es *Privatpöbel*." (MEW 1. 63 f.) Dem Privatpöbel ist Lust an Demokratie vergällt.

Dennoch kam es sechs Jahre später, im März 1848, in Berlin zu öffentlichen Diskussionen von Studenten, Arbeitern und Kleinbürgern. Petitionen an den König forderten eine allgemeine Amnestie, die Einberufung einer Volksvertretung und ein neues Ministerium.

Nun trat die *unverhüllte* Gewalt auf. Militär wurde gegen Demonstrierende gestellt. Bürger baten, das Militär abzuziehen, das im Berliner Schloß lauerte. Am 18. März sollten einige Zugeständnisse des Königs proklamiert werden. Die Menschen warteten. Endlich quoll Militär aus dem Portal. Bürger riefen „Fort mit dem Militär"! Handgemenge. Schüsse.

Die Berliner errichteten Barrikaden und trotzten 14000 Elitesoldaten. Die Truppen mußten sich aus der Hauptstadt zurückziehen. Der König meinte,

Blutvergießen wäre nur entstanden, weil bei zwei Dragonern „die Gewehre von selbst losgegangen". Die Truppen kommandierte der Kronprinz (spätrer Kaiser).

Am nächsten Tag trugen die Barrikadenkämpfer ihre Gefallenen am Schloß vorbei und verlangten, Majestät solle sich zeigen. Diese sah sich gezwungen, vor den Toten das Haupt zu entblößen. Von den 230 Opfern gehörten drei Viertel den unteren Volksschichten an. Nun ernannte der König ein liberales Ministerium. Am 21. März zeigte er sich mit Armbinde schwarz/rot/gold.

Wenigstens die Leipziger „Illustrierte Zeitung" zog eine Lehre: „Wäre das Ministerium klug und entschlossen genug gewesen, im rechten Augenblicke zurückzutreten,.... hätte auch nur ein Mann an der Seite des Königs gestanden, der, mit seinem Vertrauen beehrt, ihm schonungslos den Abgrund zu seinen Füßen aufgedeckt hätte, wären die Bürger Berlins, ihre Behörden an der Spitze, vor den König hingetreten, um mit Festigkeit und männlicher Würde das rasche Betreten des einzig möglichen Weges anzudeuten, so hätte .... jedes Blutvergießen vermieden werden können." (Faksimile bei Kossok, „Revolutionen der Weltgeschichte", S. 315)

„.... hätte jedes Blutvergießen vermieden werden können", bei „Festigkeit und Würde". Zu oft wird aber Krötenschlucken trainiert.

Preußen vor Augen sei auch einer story gedacht, die Otto von Bismarck einem Professor Kämmel erzählt hat, worauf sie durch Karl Liebknecht dem Reichstag mitgeteilt wurde. Bismarck hatte über ein Gespräch mit seinem Kaiser berichtet, der wegen der Staatsräson „Inhaber der Kommandogewalt" genannt wird:

„Bismarck betonte, die sozialdemokratische Frage sei eine militärische.... Wenn nun diese Truppen sich einmal weigern würden, auf Vater und Mutter zu schießen - so hat Bismarck den Inhaber der Kommandogewalt gefragt -, was dann? .... Der Inhaber der Kommandogewalt .... sagte, er wolle nicht .... 'Kartätschenprinz' heißen wie sein Großvater, und nicht gleich am Anfang seiner Regierung bis an die Knöchel im Blute waten.... Bismarck hat darauf nach seinen eigenen Worten erwidert: ....'Eure Majestät werden noch viel tiefer hinein müssen, wenn Sie jetzt zurückweichen.'" (Zitiert nach Karl Liebknecht, Rede im Reichstag am 20. Juni 1913) Majestät wartete noch bis 1914.

11.15 Engels über Gewalt

und Allmählichkeit 19 Jahre vorm 1. Weltkrieg

Die Fragen GEWALT und PLÖTZLICHKEIT / ALLMÄHLICHKEIT sind nicht identisch. Abstrakt gesehen könnte die „Masse" der Gewalt in einer plötzlichen Problemlösung kleiner sein als die „Masse" der Gewalt in gehemmter Allmählichkeit. Könnte es auch umgekehrt sein? (Immer unterstellt, man wüßte, was „Masse" von Gewalt ist.) Doch braucht die Frage gar nicht so gestellt zu werden, denn der Übergang zu einer neuen Gesellschaftsformation ist auf *keinen* Fall ein einziger Ruck.

Im Oktober 1891 schrieb Engels an Bebel: „Ich hoffe,.... es bleibt Friede. Wir stehn so, daß wir nicht va banque zu spielen brauchen - und dazu zwingt uns der Krieg.... Daher hoffe und wünsche ich, unsre famose, sichre, mit der Ruhe und Unausweglichkeit eines Naturprozesses fortschreitende Entwicklung bleibt in ihrem naturgemäßen Geleise." (MEW 38. 189)

Unbestimmtheit zu mindern schreibt Engels 1895, in seiner letzten Arbeit: „Die Ironie der Weltgeschichte stellt alles auf den Kopf. Wir, die 'Revolutionäre', die 'Umstürzler', wir gedeihen weit besser bei den gesetzlichen Mitteln als bei den ungesetzlichen und dem Umsturz. Die Ordnungsparteien, wie sie sich nennen, gehen zugrunde an dem von ihnen selbst geschaffenen gesetzlichen Zustand. Sie rufen verzweifelt mit Odilon Barrot: la légalité nous tue, die Gesetzlichkeit ist unser Tod, während wir bei dieser Gesetzlichkeit pralle Muskeln und rote Backen bekommen.... Und wenn *wir* nicht so wahnsinnig sind, ihnen zu Gefallen uns in den Straßenkampf treiben zu lassen, dann bleibt ihnen zuletzt nichts anderes, als selbst diese ihnen so fatale Gesetzlichkeit zu durchbrechen." (MEW 22. 525)

Damit ist die Scheidung des Wortes „Revolution" von „plötzlichem Umsturz" vollzogen. Plötzlichkeit ist endgültig verworfen. Der Weg ist frei, unter „Revolution" eine Umwälzung zu verstehen, die auch „Evolution" heißen könnte, weil Evolution - wie aus der Natur bekannt - gründliche Wandlung ist, die sich allmählich vollzieht.

Was Engels außerdem untersuchte, waren die Wandlungen im Militärwesen. Seit 1849 - so Engels - ist die „Rebellion alten Stils, der Straßenkampf mit Barrikaden.... bedeutend veraltet.... Ein wirklicher Sieg des Aufstandes über das Militär im Straßenkampf, ein Sieg wie zwischen zwei Armeen, gehört zu den größten Seltenheiten. Darauf hatten aber die Insurgenten es auch ebenso selten angelegt. Es handelte sich für sie nur darum, die Truppen mürbe zu machen durch moralische Einflüsse..... Die zahlreichen Erfolge der Insurgenten bis 1848 sind sehr mannigfachen Ursachen geschuldet. In Paris Juli 1830 und Februar 1848, wie in den mei-

303

sten spanischen Straßenkämpfen, stand zwischen den Insurgenten und dem Militär eine Bürgerwehr, die entweder direkt auf Seite des Aufstands trat oder aber durch laue, unentschiedene Haltung die Truppen ebenfalls ins Schwanken brachte.... Selbst in der klassischen Zeit der Straßenkämpfe wirkte also die Barrikade mehr moralisch als materiell. Sie war ein Mittel, die Festigkeit des Militärs zu erschüttern. Hielt sie vor, bis dies gelang, so war der Sieg erreicht; wo nicht, war man geschlagen.... Seitdem aber hat sich noch sehr viel verändert, und alles zugunsten des Militärs.... Der Revolutionär müßte verrückt sein, der sich die neuen Arbeiterdistrikte im Norden und Osten von Berlin zu einem Barrikadenkampf selbst aussuchte." (MEW 22. 520 bis 522)

„Versteht der Leser nun", fragt Engels, „weshalb die herrschenden Gewalten uns platterdings dahin bringen wollen, wo die Flinte schießt und der Säbel haut? Warum man uns heute der Feigheit zeiht, weil wir uns nicht ohne weiteres auf die Straße begeben, wo wir der Niederlage im voraus gewiß sind? Warum man uns so inständig anfleht, wir möchten doch einmal Kanonenfutter spielen?" (MEW 22. 522)

Die Zeit, da kleine bewußte Minoritäten an der Spitze bewußtloser Massen Überraschungssiege errangen, „ist vorbei. Wo es sich um eine vollständige Umgestaltung der gesellschaftlichen Organisation handelt, da müssen die Massen selbst mit dabei sein, selbst schon begriffen haben, worum es sich handelt, für was sie eintreten sollen. Damit aber die Massen verstehen, was zu tun ist, dazu bedarf es langer, ausdauernder Arbeit, und diese Arbeit ist es gerade, die wir jetzt betreiben.... selbst in Frankreich sehen die Sozialisten mehr und mehr ein, daß für sie kein dauernder Sieg möglich ist, es sei denn, sie gewinnen vorher die große Masse des Volks.... „ (MEW 22. 523.)

Die Millionen Wähler, die die deutsche Sozialdemokratie an die Urnen schickt, „bilden die zahlreichste, kompakteste Masse, den entscheidenden 'Gewalthaufen' der internationalen proletarischen Armee.... Ihr Wachstum geht so spontan, so stetig,.... so ruhig vor sich wie ein Naturprozeß. Alle Regierungseingriffe haben sich ohnmächtig dagegen erwiesen.... Geht das so voran, so erobern wir .... den größeren Teil der Mittelschichten.... Und da ist nur ein Mittel, wodurch das stetige Anschwellen der sozialistischen Streitkräfte .... aufgehalten und selbst für einige Zeit zurückgeworfen werden könnte: ein Zusammenstoß auf großem Maßstab mit dem Militär, ein Aderlaß wie 1871 in Paris." (MEW 22. 524)

Engels empfahl also seiner Partei Allmählichkeit. Bewegung auch *schrittweise* (MEW 22.440). Engels hielt die Allmählichkeit für ein Pfand gegen die Mega-Gewalt der Herrschenden. Nur bestand Engels darauf, „daß die Verpflichtung zur Gesetzlichkeit.... aufhört, wenn die Machthaber die Gesetze brechen." (Engels am 8. März 1895 an R. Fischer). Luther hatte gesagt: „Die Tyrannen sind in Gefahr, daß mit Gottes Einwilligung die Untertanen sich aufmachen und sie erwürgen oder verjagen." (Martin Luther: Euch stoßen, daß es krachen soll. S. 129) Ist das 1918 geschehen? Der Kaiser ging, die Generale blieben. Erschossen wurden Arbeiter.

Engels hat gewünscht, die Sozialdemokratie möge Energien entwickeln, um dem Kriegsfall vorzubeugen. Vor allem hoffte er, die in das Heer gezogenen Rekruten würden dem vom Kaiser angekündigten Befehl, auf Mutter und Vater zu schießen, nicht folgen. Engels glaubte 1893: „Wenn wir dreieinhalb Millionen Stimmen haben werden .... wird die Hälfte der Armee auf unserer Seite sein." (MEW 22. 542 sowie 251, 505, 526)

Da Engels wußte, daß *Komponenten* zu erkennen möglich, *doch die Prognose resultierender Prozesse unsicher* ist, prüfte er seine Ansicht: „Dem sozialdemokratischen Umsturz, dem es grade jetzt so gut bekommt, daß er die Gesetze hält, können sie nur beikommen durch den ordnungsparteilichen Umsturz, der nicht leben kann, ohne daß er die Gesetze bricht.... Bruch der Verfassung, Diktatur, Rückkehr zum Absolutismus, regis voluntas suprema lex!" (MEW 22. 525 f. „Monarchen-Wille ist oberstes Gesetz!" MEW-Herausgeber hat Eindruck erweckt, einige Worte von Engels an dieser Stelle seien 1895 vom seinerzeitigen Parteivorstand manipuliert worden. Vgl. dagegen Brief von Engels an Fischer vom 8. März 1895.)

1914 begann der erste Weltkrieg. Am 1. August rief der Kaiser vom Schloß-Balkon: „Ich kenne keine Parteien mehr." Er kannte nur noch Kanoniere. Von banalem Gesetzesbruch unterschied sich der casus nur, indem er ein dreifacher war. Denn der Kaiser der Deutschen hadelte 1. konkordant zu den Herrschern Europas, auch des Zaren, den er vorgab zu bekämpfen, 2. zugunsten der deutschen Stahlindustrie, die geil auf Lothringer Erzgruben war und Nachfrage nach Kanonen ersehnte; 3. ausnutzend den militanten Anti-Zarismus der Sozialdemokratie, die nicht begreifen wollte: Der Hauptfeind steht im eignen Land.

Rosa Luxemburg hatte noch am 28. Juli 1914 in „Sozialdemokratische Korrespondenz" geschrieben: Der deutschen Kriegsoption würde das Proletariat entgegenhalten, daß es „für die Methode, den russischen Kriegsteufel durch den deutschen Kriegsbeelzebub zu vertreiben, keinen Pfifferling gibt."

12. Die Allmählichkeit der Revolution

12.1 Gewalt in unserer Demokratie

Man macht die Menschen glauben, Revolution sei plötzlich und gewalttätig. So wird dem Verstand die Kraft geraubt, Revolution als *allmählich* zu denken und Allmählichkeit als *umwälzend* zu gestalten. Dem Worte „Revolution" den Sinn „*Gewalt*" zu assoziieren ist selber schon Gewalt.

Was heißt Gewalt? Ist das immer Kerker, Blutvergießen und Vertreibung? Gibt es verdeckte Gewalt? Etwa im Grenzbereich von Wirtschaft und Politik? Rausschmiß aus dem Job? Fünf Beispiele aus jüngster Zeit:

* Als 1995 in Erfurt Friedensfreunde das Denkmal des Kriegsdeserteurs aufstellten, gab es Zoff: Nicht der Deserteur, sondern der „tapfere deutsche Soldat, der seine Pflicht getan habe", sei zu verehren, sagte der Chefminister des Freistaats Thüringen. Aber an jedem Tag, der den Krieg über den 20. Juli 1944 hinaus verlängerte, starben sechzehntausend Menschen! (Nach Gerhard Zwerenz: Die schizophrene deutsche Seele, ND 13.11.1999.) Hat nicht der Chefminister Gewalt verherrlicht?

** Daß Minderheiten „Kröten schlucken müssen" sei eine Erfahrung der Politik, hat Frau Ingrid Stahmer - einer Großen Koalition vorauseilend - gesagt, als ihrer Partei mal wieder Energie entwichen war. Frau Stahmer empfahl das Krötenschlucken, bevor sie - in roter Wahlkampfkleidung - Berliner Topmodell 95 wurde. Natürlich wählt man Krötenschlucker nicht gern. Frau S. erlitt ein Fiasko. Die meisten Menschen schlucken Kröten nur unter Gewalt. Was hat dann Frau Stahmer zum Ausdruck gebracht? 1998 ist Frau S. Schulsenatorin in Berlin. Dort ist vorgeschrieben, daß die Lehrer - auch in Klassen mit 34 (!!) Kindern - die Schüler danach bewerten, wie oft sie sich zu Worte melden. Angenommen, im Durchschnitt hebe jeder Schüler vier Mal pro Stunde die Hand. Dann hätte der Lehrer bei 28 Stunden pro Woche 34 mal 4 mal 28 Wortmeldungen zu registrieren und Schüler für Schüler in Noten umzusetzen. Pro Woche 3808 Wortmeldungen. Welcher Lehrer kann das wahrnehmen? Doch Schüler, die nicht wahrgenommen werden - also schlechte Noten kriegen - gelten als faul. Das ist verdeckte Gewalt gegen Schüler. Kinder werden psychisch verletzt. Verdeckte Gewalt schlägt um in offene. Für Kinder-Morde an Lehrern sind Politiker verantwortlich.

*** Das moderne Kaliwerk Bischofferode in Thüringen exportierte bestes Kali nach West- und Nordeuropa. Das Bergwerk wurde 1992 gewaltsam stillgelegt. Neben dem Werkseingang stand noch - wie berichtet ward - die Büste Thomas Müntzers „mit dem eingemeißelten Spruch: 'Die Gewalt soll gegeben werden dem gemeinen Mann.' Dies sei leider zu wörtlich genommen worden, erklärt der Betriebsratsvorsitzende.... 'Die allergemeinsten haben jetzt die Macht!' „ (Helmut Höge, in: FREITAG Nr. 45/1995, Berlin)

**** Ist Lüge - gar durch Medien verbreitet - nicht auch Gewalt? Der berliner Chef-Bürgermeister behauptet heute, Fusion mit Brandenburg müsse durch Kooperation beider Bundesländer vorbereitet werden - o.k. - aber die PDS wolle das auf eine Kommission abwälzen. Ists nicht gerade umgekehrt? Sogar noch schlimmer? Die Allüre führender Politiker, zu tun, was ihnen Spaß macht, ohne sich mit dem Volk zu beraten, also srnart and smiling Gewalt auszuüben, wurde durch Volksentscheid gerüffelt. Man hatte nicht auf die PDS gehört: Erst beraten, dann fusionieren! Die Regierenden aber hatten nur Lächeln gezeigt und nichts vorbereitet. Das war den Brandenburgern verdächtig. So fielen die Regierenden durch. Zurückgetreten sind sie deshalb nicht. Jetzt schieben sie ihre Attitude der PDS unter. Was zeigt uns das? Wer Gewalt gewollt hat, tuts gerne immer wieder.

***** Zeugnis des Sozialdemokraten Reinhard Höppner: „....erinnere ich mich noch an meine erste Haushaltsdebatte als Oppositionsführer im Landtag. Am nächsten Tag erschien in einer Boulevard-Zeitung eine Karikatur, in der der damalige Finanzminister mit erhobenen Fäusten in Boxhandschuhen über mich - ausgezählt am Boden liegend - triumphierte. In dem danebenstehenden Bericht wurde die Debatte ebenfalls mit Begriffen aus der Boxersprache geschildert. Vielleicht sind wir Ostdeutschen noch zu empfindlich, aber die Rigorosität dieses Berichtes ...., nämlich nur, wer kräftig zuschlägt, der siegt, sie hat mich geärgert. Häufig sind schon Journalisten, die es offensichtlich gut mit mir meinen, an mich herangetreten und haben gefordert: Sie müssen aggressiv sein und draufschlagen. Ich sollte die .... Schlagzeile liefern: Höppner greift an." (In: Märkische Oderzeitung 6./7. Januar 1996)

Das sind nur Beispiele. Nun weitere Fragen:

- Von wem geht Gewalt aus? Wo geht sie hin? Die USA bombardierten Vietnam. Später beschimpften sie Vietnam, das dem Völkermord in Kambodscha ein Ende setzte. Die USA bombardierten Jugoslawien, töteten Zivilisten und steigerten damit den wechselseitigen Haß der Ethnien. Sie gossen Öl ins Feuer.

- Wie wird *verdeckte* Gewalt offengelegt?

- Kann Gewalt aus der Gesellschaft verbannt werden?

- Gibt es auch sanfte Gewalt? Wie 1970 in Chile die Wahl des Präsidenten Allende? Sozialistische Partei, Mitglied der Internationale Willy Brandts? Wer hat Pinochet ermächtigt, Allende und seine Anhänger abzuschlachten? Wie geht die Menschheit heute damit um?

12.2 Sanfte Idee wird materielle Gewalt

Das Herrscher-Haus vor Augen und dem Hegel-Klub entwachsend hatte Marx 1844 geschrieben: „Die Waffe der Kritik kann allerdings die Kritik der Waffen nicht ersetzen, die materielle Gewalt muß gestürzt werden durch materielle Gewalt, allein auch die Theorie wird zur materiellen Gewalt, sobald sie die Massen ergreift." (MEW 1. 385)

Massen können nicht von Theorie, doch von einer Idee ergriffen sein. Von der Idee ergriffne Massen können Polizei zur Partnerschaft gewinnen. Der ganzen Welt wurde das Beispiel geschenkt durch Bürger der DDR, Leipzig im Herbst 89 und am vierten November Berlin-Alexanderplatz. Die Idee wurde zur materiellen Gewalt. Das heißt, sie wirkte.

1905 hatte der Zar tausende Demonstranten *erschießen* lassen, die mit Petionen und Heiligenbildern vor den Winterpalast gezogen waren. 1917 riefen Matrosen deutscher Schlachtschiffe zum Frieden. Sie schossen nicht. Sie schossen nicht mal auf den Admiral. Sie *wurden* erschossen. 1918 haben Kader-Korps der Kaiserarmee die republikanische Miliz mit Artillerie angegriffen. Rosa Luxemburg riet der KPD dennoch zur Wahlbeteiligung. Darauf haben Kaiserliche die Rosa Luxemburg und den Karl Liebknecht erschlagen, bald auch tausende Arbeiter in Berlin, Thüringen, München. Die Republik ließ die Mörder laufen. Sie hatte sie ja gerufen. Auf diesem Boden gedieh Hitler.

1989 in der DDR riefen Hunderttausende: „WIR SIND DAS VOLK". Schnell hat die Ordnungsmacht die Waffen weggesteckt. In Leipzig soll ihr General gesagt haben: „Wir waren auf alles vorbereitet, nur nicht auf so viele Kerzen."

12.3 Wer hundert Gramm nicht heben kann, will hundert Kilo stemmen? Blockieren sich die Linken selber?

Viele Linke meinen, es werde keinen Wandel geben, solange das Kapital herrscht. Doch ist das nicht begründet.

Die halbe Wahrheit ist natürlich, daß jeder Fortschritt durch das Kapital zernichtet werden kann, wenn er denn überhaupt entstanden ist. Und da ein Ansatz immer nur ein Ansatz ist und schwach, weil er, um stark zu werden, *Medien* braucht, da aber andrerseits das Kapital sehr mächtig ist, kann es den Ansatz zurückrollen. Die Lage könne sich - meinen viele Linke - nur so ändern, daß das Kapital *auf einen Schlag* entmachtet und eine *neue* Macht die Versuche des Kapitals unterdrückt, seine Macht zu reparieren. Dann könne es Wandel geben, und *nur* dann.

Nun aber wird der Anteil jener Linken größer, die dem Kapital *wirksam* trotzen: Sie sorgen für Ansätze, die potent sind zur *Erweiterung*. Trotz alledem! Auch diese Weiterung wird Widerstand hervorrufen, vielleicht einen Teil des Kapitals in der Wahl seiner Mittel enthemmen. Manche C-Herren werden Kampfanzüge anlegen. Aber es könnten mit jeder erfochtenen Spielraum-Erweiterung alternativer Kräfte auch die *Spielräume* des *Kapitals eingeengt* werden.

Widersprüche können, aber müssen sich nicht zuspitzen. Es gibt viele Möglichkeiten, die Koeffizienten eines Wechselwirkungs-Systems zu beeinflussen. Es gibt viele Möglichkeiten, Nichtlinearitäten auszunutzen. So kann man Zuspitzungen vermeidbar machen. An Zuspitzungen kann niemand interessiert sein. Die Gefahr, daß alles noch einmal von vorne anfängt, ist zu groß geworden. Die Lernfähigkeit der Linken, mögliche Chancen besser auszufechten, reicht nach den bisherigen Erfahrungen nicht aus.

Bisher dominierten zwischen Kapital und Arbeit die Konstellationen vom Typ des Nullsummenspiels. Angesichts ökologischer Gefahren mehren sich Chancen und Zwänge, zum Typ der Nicht-Nullsummen-Spiele überzugehen. Das Kapital hat oft schon zu gemeinsamen Strategien gegen die Lohnabhängigen gefunden. Vom Öko-Kollaps sind alle gemeinsam bedroht.

Viele Linke wiederholen die Tautologie: Das Kapital ist das Kapital. Doch wird damit das Denkgebot umgangen. Viele Linke konnten sich nur vorstellen, daß das Kapital und allein das Kapital fähig wäre, Gegen-Kräfte zurückzurollen. Aber viele Linke entbehren der Phantasie, sich vorzustellen, daß alternative Kräfte fähig sein könnten, ihre eignen Zugewinne an Spielraum Schritt für Schritt *zu erweitern*.

Wir haben uns trainiert, das *Kapital verantwortlich* zu machen. Da haben Linke anderen etwas voraus. Nun müssen sie sich trainieren, Spielräume zu entdecken und verantwortlich sein.

Uns hatte in Kapitel 10 das mathematische Entwicklungsmodell mit dem Feigenbaum-Diagramm zur Deutung herausgefordert: Eine Weggabelung als Entscheidungspunkt über eine Variante des Geschichtsverlaufs, eine Variantenentscheidung als plötzlicher Ruck an genau einem Verzweigungs-Punkt, ist wohl das Ingredienz eines Modells, welches die Rolle der Nichtlinearität ins Licht hebt. Aber parameterabhängig! Zur Botschaft des Modells gehört die Parameter-Abhängigkeit! Nichtlinearität bringt die eigenartigen Effekte hervor, doch wann welche, wo - das hängt von den Werten der Koeffizienten ab. Wir hatten gesehen, daß *Variation von Werten der Parameter* durch Kräfte und Gegenkräfte bestimmt wird. Diese unterliegen selbst der Nichtlinearität.

Tauziehen um Verschiebung des Verzweigungspunktes relativiert den Automatismus des General-Iterators und würde auch viele Unter-Iteratoren ins Blickfeld stellen, die ihrerseits nichtlinear und parameterabhängig sind. Je ein Iterator enthält mehrere andere. Sie stecken ineinander. (Da ist Fraktales!) Die Parameter nehmen Werte an, durch welche der Verzweigungspunkt des Ober-Iterators vor- oder auch zurückgeschoben werden kann. Roll back, roll forward der Parameterwerte. Man kann nicht mit einem Halb-Modell operieren, das der Deutung beraubt ist.

Warum soll also nur das Kapital zum roll-back fähig sein? Und nicht das Gegenüber auch? Linke behaupten, das Kapital bleibe stets mächtig, solange es nicht ganz entmachtet ist. Das ist ein Pleonasmus: Das Kapital ist mächtig, weil es mächtig ist. Doch wer soll Kapital total entmachten, der es nicht schrittweise entmachten kann? Wie soll ein Packer hundert Kilo stemmen, wenn er die Kraft nicht hat, zu heben hundert *Gramm*?

Es wäre schon gut, wenn die Mehrheit der Lohnabhängigen die Parteien zum Respekt vor der Verfassung zwingen würde, um Rechtsstaatlichkeit durchzusetzen und Steuerhinterziehung zu vereiteln: Bei mehr als hunderttausend Mark wird Eigentum entzogen. Ähnlich dem Entzug des Führerscheins. Doch unbefristet muß es sein. Konjunktur, die auf Korruption beruht, verstößt gegen die Sitten und ist schon deshalb grundgesetzwidrig. Wer von „Rechtsstaat" spricht, sollte an Steuerhinterziehung denken.

Kräfte gegen das Kapital, die nicht fähig sind, das Kapital zurückzudrängen Schritt für Schritt, die sollten fähig sein, das Kapital in *einem* Kraftakt wegzufegen? Und sollten obendrein noch fähig sein, die Wirtschaft rascher zu entwickeln als das Kapital die seine? Ich behaupte, ein einziges Mal in der Geschichte wäre es möglich gewesen, dieses Wunder zu vollbringen, nachdem das Schicksal - sprich *Potsdamer Abkommen der Alliierten* - das Eigentum von Kriegsverbrechern uns zugewiesen hatte.

Daß es nicht leicht sein konnte, daraus spürbar Arbeiter-Eigentum entstehen zu lassen, hätte man bei Marx nachlesen können. Man hätte wissen müssen, daß Marxens Werk zwei Brennpunkte hat: Die Ausbeutung und die Entfremdung. Marx hatte Grund, die Fähigkeit der Arbeiterklasse, Ausbeutung aufzuheben, zeitweilig als dominierend zu sehen. Doch nie für längre Zeit hat er die Augen zugemacht, daß die *Entfremdung* den Menschen die Kräfte wieder raubt, die ihnen durch Kampf um Lohn und Brot zeitweilig zuwachsen. (Vgl. R. Thiel: „Marx und Moritz - Unbekannter Marx - Quer zum Ismus". Vor allem die Kapitel 6, 8, 9, 10, 11, 12, 13. *trafo* Verlag Berlin 1998, 2. Auflage 1999. ISBN 3-89626-153-3)

Es wäre möglich gewesen, Arbeiter-Eigentum entstehen zu lassen und die Entfremdung aufzuheben. Das Eine durch das andere, vermittels des andren. Wechselwirkung.

Dem tödlichen Unfall vorzubeugen hätte ganz andrer Akteure in der Partei bedurft, und kreatives, widerspruchsorientiertes Innovations-Verhalten. Ansätze zu solchem Verhalten wurden nicht nur auf dem 11. Plenum 1965 verfemt, dem sogenannten Kahlschlags-Plenum, vergleiche andeutungsweise „Kahlschlag. Das 11. Plenum des ZK der SED 1965. Studien und Dokumente" (Aufbau Taschenbuch Verlag, 2. erweiterte Auflage 2000, ISBN 3-7466-8045-X). Es wurde permanent verfemt. Nicht nur von Honecker. Von seiner Claque immer zuerst. Fallstudien dazu in „Marx und Moritz".

„Kahlschlag - Studien und Dokumente" läßt deutlich werden, daß die herrschende Partei mit ihren vielen Brotgelehrten nicht in der Lage war, die Dialektik der Entwicklung zu begreifen. Deshalb konnte sie auch die Jugend und die Künstler nicht begreifen. Brotgelehrte haben den General-Zuchtmeister Honecker beflügelt und ihm nach Ende noch peinliche Nekrologe gewidmet. Soll die Schamfrist schon beendet sein?

Heute wird alles auf *Macht* und *System* zurückgeführt. Aber Macht mußte sich ja erst konstituieren. Und verfestigen. Verantwortung der Beteiligten wird ausgeklammert. Nicht alle, die schon mächtig waren, sind zu dumm gewesen, um zu verstehen, daß sie ihren eignen Ast an-sägen. Doch ihr *Weltbild*, ihre Philosophie war zu simpel. Sie nannten das Marxismus.

Sie hatten das Recht, mit Künstlern unzufrieden zu sein. Sie hatten das Recht, zu ihnen zu sprechen, um von ihnen zu hören und zu empfangen. Sie hatten Recht und Pflicht zum Disput.

Sie waren aber erschrocken von jeder Regung, die ihnen Un-Erhörtes hörbar machte. Ihr simples Weltbild machte ihnen Schwierigkeit. Doch hätte ihnen nicht geholfen werden können? Wenigstens so viel, um ihnen Angst zu nehmen? Den Schreck zu mindern? Das Weltbild dialektisch werden zu lassen?

In einer Soziologen-Schrift anno 97 steht mehrmals, Parteidisziplin hätte die Parteimitglieder gehemmt. Hätte Parteidisziplin nicht verpflichtet, den Dialog erst recht zu erstreiten? Was hätte man riskiert? Mein Freund, der Mathematiker Lothar Budach, später trotzdem Professor und Akademie-Mitglied geworden, hat die Parteisekretäre seiner Universität gewarnt. (A.a.O. Seite 236)

Wozu auch hatte der Arbeiter- und Bauernstaat seine vielen Marxismus-Gelehrten? Warum sind sie mit Havemann nicht im Disput geblieben? Hatten nicht alle Parteimitglieder eine Art Eid auf die Vision geschworen? Hat nicht Honecker gegen zwei Dutzend Gebote des Partei-Statuts verstoßen? Manche Brot-Gelehrte meinen heute, es wäre immer zu spät gewesen zur Einrede. Und das soll wahr sein? (Zur Frage „Risiko" vgl. „Marx und Moritz", Kapitel 1: „Mehr hatte ich nicht riskiert".)

12.4 Zur Programm-Debatte in der PDS

Im Folgenden beziehe ich mich auf die Thesen der Programm-Kommission vom November 1999. Der PDS-interne Anlaß zu Thesen und Programm-Debatte ist hier unerheblich. Was *hier* dazu zu sagen ist, wird nicht so schnell an Aktualität verlieren.

Wurzelnd in Pragmatismus und genialer Intuition, in frischer Kompetenz - erworben in der Marktwirtschaft - sind die Thesen politisches Gegenstück zu philosophischem Traktat: Die Allmählichkeit der Revolution. Ausdrücklich und als System sind die Thesen gedacht, allmählichen Quale-Wandel zu entwerfen. Sie sind der Anspruch, der sich aus dem Grundgesetz ergibt: „Die Würde des Menschen ist unantastbar" (Art. 1.1) „Jeder hat das Recht auf die freie Entfaltung seiner Persönlichkeit, soweit er nicht die Rechte anderer verletzt und nicht gegen.... das Sittengesetz verstößt." (Art. 1.3) „Eigentum verpflichtet. Sein Gebrauch soll zugleich dem Wohle der Allgemeinheit dienen." (Art. 14.2) Zum zehnten Jahrestag der letzten Volkskammerwahl hat Wolfgang Ullmann (Bündnis 90) im Bundestag gezeigt, wie viel der Bundestag dem Grundgesetze schuldig bleibt.

So sind auch die Programm-Thesen nicht aufständisch. Sind sie revolutionär? Dazu fünf Fragen:

A) Wie sehen das die linken Linken? Zu hoffen ist, daß sie zu subtilerer Auffasung von Treue zu unsren Ur-Ideen gelangen. Was Treue betrifft, habe ich keine Probleme. Zu meiner DDR hatte ich ein subtiles Verhältnis und verhielt mich zu ihr wie zu einem geliebten Menschen, der allmählich ins Mißraten kommt:

„Was tun Sie", wurde Herr K. gefragt, „wenn Sie einen Menschen lieben?"

„Ich mache mir einen Entwurf von ihm", sagte Herr K., „und sorge, daß er ihm ähnlich wird."

„Wer? Der Entwurf?"

„Nein", sagte Herr K., „der Mensch."

(Bertolt Brecht, Geschichten vom Herrn Keuner)

B) Gehen die Thesen über die Sicht andrer Parteien hinaus? Muß das bewiesen werden?

C) Sind die Thesen „sozialistisch"? Dazu die nächsten Abschnitte.

313

D) Sind die Thesen für die Mehrheit des Volkes realisierungswürdig? Ich glaube ja. Ich glaub sogar für Eigentümer, wenn sie sich nicht dem Grundgesetz verschließen, wonach Gebrauch des Eigentums „dem Wohl der Allgemeinheit dienen" soll.

Es gibt andere Möglichkeiten, glücklich zu werden, als mit Handy in dikkem Auto von einer Sitzung zur anderen zu rasen und Konzerne zusammenzunageln. Vernunft ward Unsinn, Wohltat Plage. Jetzt gibt es gar schon E-mail im Mercedes. „Wer ein 'Multimedia-Komplettfahrzeug' ordert, muss dafür etwa 30 000 Mark mehr bezahlen." (Märkische Oderzeitung 11.3.00) Bei so viel Multi-Media braucht man kein Auto mehr. Da läßt sich ungeheuer sparen: Das Auto samt Mult-med-Ausstattung.

Als Manager sechzig Millionen für Rücktritt vom Posten zu kassieren ist keine Möglichkeit, glücklich zu werden. Ist es nicht sittenwidrig? Also verfassungswidrig? Für sechzig Millionen kann man zweitausend Autos kaufen, die man nicht braucht. Für sechzig Mio könnte man tausend Lehrer bezahlen oder 5000 Kita-Plätze; man könnte zehntausend Arbeitern verkürzte Arbeitszeit gewähren. Tausendfaches Menschenglück. Manager könnten ein Jahr Bildungsurlaub nehmen und bedenken, wie man vom Wachstumswahn sich heilt. Bei hoher Bildung der Mitarbeiter und verkürzter Arbeitszeit bleibt immer noch genügend Produktion. Und Markt bleibt auch, doch wird er frei vom Wachstumswahn.

Vernunft ward Unsinn, Wohltat Plage. Doch ginge es auch umgekehrt.

Und die *Initiativ-Kraft* solcher Sechzig-Mio-Männer? Wer hoch befähigt ist im Steuern großer Projektile, kann Achtung, Liebe gar erwerben im Vorstand gemeinnütziger Projekte. Wer initiativreich ist, kanns auch mit Nächstenliebe.

E) Wer sind die Akteure des Wandels, im Sinne der Thesen? Hier liegt das Problem. Gerade weil die Thesen realisierungs-würdig sind. Was tun? Denk-Stoff in den nächsten Abschnitten. Hoffnung habe ich gewonnen. Im Osten ist die Medienblockade schon längst nicht mehr total, die Medien haben begonnen, Lebensleistungen von DDR-Bürgern anzuerkennen. Menschen verschiedener Herkunft haben gelernt.

Die Autoren der Programm-Thesen haben versucht, konkret und differenziert zu werden. Das hat die Thesen nicht kurz und bündig werden lassen. Doch das Muster ist schon gut: „Wir wollen das und das ...., *aber* nicht so

314

....." Warum das Muster? Weil an bekannte Gedanken, auch andrer Kräfte, angeknüpft wird, die etwas für sich haben, das wir anders haben wollen. Indem man in dem Text die ABER sieht, beginnt man, in den Thesen Dialektik zu entdecken.

Wer Kraft aufbringt, in seinem Kopf die Thesen auch *zu wälzen*, wird alsbald sagen: Alle Wetter, wenn man die Dinge so sieht...., da ist ja *Neues*, das ist unverwechselbar, das wird auch gehen. Alle Gruppierungen und Bürger-Schichten sind angesprochen. Nicht weil es neu ist, ist es kreativ. Wohl aber deshalb, weil es *A*nforderungen, *B*edingungen, *E*rwartungen und *R*estriktionen - also die ABER - nicht ignoriert, sondern so miteinander verknüpft, in Wechselwirkung setzt, daß deren Erfüllbarkeit sichtbar wird. Anders miteinander verknüpft als gewohnt. Kompensierungen einkalkuliert.

So wird zum Beispiel staatliche Förderung und Kommerz derart miteinander verknüpft, daß dringende *A*nforderungen der Gesellschaft befriedigt werden ohne Nebenwirkungen, die *wettbewerbs-verzerrend* gescholten werden könnten. Oder: Der Begriff „Voll-Beschäftigung" wird aus betriebswirtschaftlicher Enge befreit und mit *A*nforderungen der Entwicklung freier Bürger verknüpft, sodaß der Grundgedanke menschen-würdiger Voll-Beschäftigung - „Die Würde des Menschen ist unantastbar"! - *real* wird.

Da zeigt sich überhaupt, daß vieles realisierbar ist, wenn Enge betriebswirtschaftlicher Sicht überwunden und gesamtgesellschaftliche Anliegen ernstgenommen werden. Das Grundgesetz ist seiner Bestimmung nach **gesamtgesellschaftliches** Anliegen, das den betriebswirtschaftlich ausgerichteten Interessen der Wirtschaftssubjekte nicht geopfert werden darf: „**Jeder** hat das Recht auf freie Entfaltung seiner Persönlichkeit, soweit er nicht die Rechte anderer verletzt...." (GG 2(1)) Das Grundgesetz hat Vorrang!

Konkret und kreativ lassen die Thesen plausibel werden: Es geht allmählich, und es geht auch **nur** allmählich. Gerade deshalb ist es schwer, die Thesen zu vermitteln.

12.5 Marx und die Programm - Thesen

Wir bleiben weiter im Kontext der Programm-Thesen. Jetzt kommt Kritik. Wie schwer es ist, Karl Marx zu lesen, zeigt ein Topos in den Thesen, in dem der Name „Marx" fällt.

Marx wird zum Milchmädchen gemacht durch dieses Thesen-Wort: „Da der Profit die Realisierung des kapitalistischen Eigentums ist, lag der Gedanke nahe, durch einen Akt der Enteignung der Kapitaleigentümer die Unterwerfung von Wirtschaft und Gesellschaft unter die Kapitalverwertung

315

beenden zu können." Durch einen Akt! Das war *für Metaphysiker und Alltagsverständler naheliegend*. Für Marx aber nicht. Der einmalige Gewalt-Akt war ihm überhaupt nicht selbstverständlich, wie wir in Kapitel 11 gesehen haben. Doch wem das selbstverständlich war, dem sind von Marx die Leviten gelesen worden. Da könnte noch viel mehr dokumentiert werden als in Kapitel 9 und 11. Abenteurer konnten sich nicht in den Arbeiter-Organisationen halten, wo Marx und Engels in Vorstände gewählt waren. (Vgl. auch „Marx und Moritz", Kapitel 13)

(Weitere Dokumente würden zeigen, daß Marx und Engels auch an kommerzielle Varianten der Eigentums-Übertragung dachten.)

Doch nun wird - wenn auch polemisch - in den Programm-Thesen von „**einem Akt** der Enteignung" gesprochen und gesagt: „Marx selbst unterlag dem Verführerischen dieses Gedankens." Diese Behauptung ist starker Tobak. Die Thesenleute hatten buchstabiert: „Die Stunde des kapitalistischen Eigentums schlägt. Die Expropriateurs werden expropriiert." (MEW 23. 791) Ich habe drauf gewartet, daß das kommt. Allein, was in den Thesen kommt, das geht an Marx vorbei. Wohl haben die Thesen-Autoren verstanden, daß der sog. Marxismus das Vertrauen der Menschen verspielt hat, sodaß bei Wahlen dann Parteien siegten mit der Losung: Kohl statt Marx, Freiheit statt Sozialismus.

Wie werben nun die Thesen-Schreiber für Sozialismus mit Freiheit? Für Beides - mit immer weniger Kapitalismus? Sie werben mit frischen Ideen, das hatten wir schon anerkannt. Doch werben sie, indem sie Marx marxistizieren, um ihn zum Sündenbock zu stempeln.

In Kapitel 9 und 11 war dokumentiert, wie Marx die Ansichten der Möchtegern-Revolutionäre verwarf. Zum Beispiel mitten in DAS KAPITAL. Wir haben (auch in „Marx und Moritz" 1998 und 1999) dokumentiert, wie *metaphorisch* Marx zu schreiben pflegte. Dokumentiert wurde in Kapitel 9 und 11, wie metaphorisch Marx besonders die Worte „Punkt" und „Stunde" gebrauchte. Die beiden Worte - in philosophischen und poetischen Texten gebraucht - erkannten wir überhaupt als metaphorisch. Nimmt man sie wörtlich, müßten die Bäume am ersten Mai 0 Uhr ausschlagen, denn das ist der Punkt, von dem es im Lied heißt: „Der Mai ist gekommen".

Und nun die „Expropriation der Exproprateurs"? Das Kapital hatte von den Enteignungen der Bauern profitiert: Vergleiche Abschnitt 9.13.2, „Gewalt bei der Umwandlung von Bauern in Proletarier". Die von allem Eigentum Befreiten konnte man billig für sich arbeiten lassen. Die Leute wollten ja nicht Hungers sterben. Wohltäter hätten Produktiv-Genossenschaften gegründet. Stattdessen haben listige Christenmenschen die Zwangslage der Proletarier zur Erzielung übermäßiger Vermögensvorteile genutzt. Das erinnert an Strafgesetzbuch § 302a: „Wucher". Und heute? Der Hunger ist nach Afrika verlagert. Der Krieg ist nach Europa returniert. Der ganze Globus ist durch CO_2 bedroht. Das ist die Ironie der Geschichte.

Aber die Thesenschreiber sind erschrocken über die Worte von Marx und fürchten, es könnten auch andere erschrecken, die eigentlich über etwas ganz anderes verärgert sind. Aber das wollen die Thesen-Autoren nicht finden.

Lesern wird aufgefallen sein, daß Marx, der Wissenschaftler, kein trockner Schleicher war. Marx komprimierte die **Ironie** der Geschichte: Expropriation der Expropriateurs. Eine herrliche Ironie.

Ist das nur Ironie? Was dann ist noch dabei? Martin Luther hatte Worte gesprochen wie diese: „Euch stoßen, daß es krachen soll." Es stoßen ja auch die Kapitalisten einander. Sie nennen es *Wettbewerb*. Marx selber hatte - gleich nebenan, eine Seite vor der zitierten, nämlich S. 790 - notiert: „Je ein Kapitalist schlägt viele tot." Was ist „Enteignung" gegen „Totschlag", den sie sich selbst bereiten?

Nun wird ein Wettbewerber sagen, das sei doch gar nicht so, von wegen „Totschlag". Wenn der Kapitalist ein GROSSER ist, wird heute schon Abfindung gezahlt. Wenn er ein KLEINER ist, kann er heute Sozialfürsorge bekommen. Bei Gemeineigentum wäre er besser gestellt. Was soll denn dann das Kapital „Enteignung" fürchten? Kleine Unternehmer werden sowieso nur im Kapitalismus enteignet. (Vgl. „Marx und Moritz" Kapitel 13) Fähige Verwalter von Gemeineigentum werden immer gebraucht. Die PDS braucht sich nicht für Worte von Marx zu entschuldigen. Entschuldigen sollte sie sich, daß Brotgelehrte der SED falsch Zeugnis über Marx geredet haben.

Selbst wo Marx Analyse betreibt, zeigt er sich lutherisch metaphorisch. So, wenn er vom „mehrwertheckenden" Kapital spricht und vom Mehrwert gar noch sagt: „Er hat die occulte Qualität, Wert zu setzen, weil er Wert ist. Er wirft lebendige Junge oder legt wenigstens goldne Eier". Oder „Er unterscheidet sich als ursprünglicher Wert von sich selbst als Mehrwert, als Gott Vater von sich selbst als Gott Sohn, und beide sind vom selben Alter und bilden in der Tat nur eine Person.... sobald der Sohn und durch den Sohn der Vater erzeugt, verschwindet ihr Unterschied wieder und beide sind Eins, 110 Pfd.St." (Statt der 100 Pfund, mit denen das Hecken begann. MEW 23. 169). Oder das Kapital als ein „beseeltes Ungeheuer, das zu 'arbeiten' beginnt, als hätt' es Lieb' im Leibe". (MEW 23. 209, ein Wort von Goethe ist dabei.)

Einst sagte mir ein Marxist, man müsse Marx ins Deutsche übersetzen. O, hatte der Kollege deutsch verstanden?

Marx ist kein Gewalttäter, aber ein Denker. Über die Zeiten hinweg. Wir sollten denken lernen. Es gibt keine Landstraße für die Wissenschaft, und nur diejenigen haben Aussicht, ihre Höhen zu erreichen, die die Mühe nicht scheuen, ihre steilen Pfade zu erklimmen. (Nach Marx, MEW 23. 31. Oder soll sich Marx auch darin geirrt haben?) Prognosen aber, wie mit dem Kapital verfahren werden würde, hat Marx abgelehnt. (Vgl. „Marx und Moritz", ISBN 3-89626-153-3, Kapitel 14)

Marxisten sind gegen Marx auch in den letzten Jahren unfair gewesen. Nachdem manch wackerer Marxist - nach lang gehegtem Glaube, der Sieg des Sozialismus sei vorausbestimmt, man könne sich die Hände wärmen, - *erkannt hatte, daß dem nicht so ist*, schiebt er dem Marx den eignen - Schulzes - Irrtum unter: Der Alte hätte sich geirrt. Doch hatte Schulz und Schumann, Beier, Meier den Marx gar nicht gelesen.

Wem das noch nicht genügt, der denke dran, daß Marx zwischen den zweitausendzweihundert Seiten seiner Analyse, am Ende des ersten Bandes des *Kapital,* auf drei Seiten und nur drei, seine Vision abhob, nämlich jene drei Seiten, auf denen - wie er selbstironisch sagte - seine „Grillen" zusammengefaßt sind, die er von seiner *Analyse* unterschieden wissen wollte. (MEW 31.404. Vgl. auch MEW 16.226)

Die Welt ist wahrlich arg getäuscht worden von Rechten wie von Linken. Ein Wort zu Marx zu sagen in den Thesen war schon recht. Doch tuns Marxisten heute so, als hätte *Marx* die Irrtümer erzeugt.

Nun aber wird es noch verrückter. Mehrmals heißt es in den Thesen, man strebe zu einer Gesellschaft, „in der die freie Entwicklung der Einzelnen zur Bedingung der freien Entwicklung aller geworden ist." O.k. O.K. Das ist ein trefflich Wort. Doch stammt das Wort - von wem? Es stammt von Marx, nur hat es Marx ein wenig besser zugespitzt. (MEW 4. 482). Beides verschweigen die Autoren.

Marx und Engels haben diesen Grundsatz unter wechselnden geschichtlichen Bedingungen mehrfach wiederholt. Zunächst im Kommunistischen Manifest, geschrieben kurz vor dem Märzaufstand 1848, hatten sie als Voraussetzung „freier Entwicklung" (in Konditional-Sätzen) genannt:

- daß **„im Laufe der Entwicklung"** die Klassenunterschiede verschwunden sind,

- daß das Proletariat „sich .... zur Klasse vereint",

- „.... sich zur herrschenden Klasse macht"

- „und als herrschende Klasse gewaltsam die alten Produktionsverhältnisse aufhebt", womit es „die Existenzbedingungen des Klassengegensatzes .... und damit seine eigne Herrschaft als Klasse" aufhebt.

In diesem Kontext bezieht das Adverb „gewaltsam" seine Semantik aus *„herrschende Klasse"*. Die „herrschende Klasse" kann durchsetzen, daß „freie Entwicklung" zu achten und zu schützen die Verpflichtung *aller staatlichen Gewalt* ist. Diese Semantik ist logisch und macht das Adverb „gewaltsam" eigentlich überflüssig. Man kann aber Vergleiche ziehen: Im Grundgesetz Artikel 1 heißt es, die „Würde des Menschen.... zu achten und zu schützen ist Verpflichtung aller staatlichen Gewalt". Aller staatlichen GEWALT! Im Notfall steht die Polizei bereit.

Marx und Engels unterstellten die Arbeiterklasse (samt Landproletariat) als Bevölkerungsmehrheit. Im Manifest selbst sowie in Vorworten zu späteren Ausgaben haben sie ausgeführt, daß „die praktische Anwendung dieser Grundsätze überall und jederzeit von den geschichtlich vorliegenden Umständen abhängen" wird. Im übrigen sei das Manifest „ein geschichtliches Dokument, an dem zu ändern wir uns nicht mehr das Recht zuschreiben". In seiner letzten Publikation, - 1895 - hatte Engels (siehe auch Kapitel 11) geschrieben:

Mit der „erfolgreichen Benutzung des allgemeinen Stimmrechts war aber eine ganz neue Kampfweise des Proletariats in Wirksamkeit getreten.... Man fand, daß die Staatseinrichtungen, in denen die Herrschaft der Bourgeousie sich organisiert, noch weitere Handhaben bieten, vermittels deren die Arbeiterklasse diese selben Staatseinrichtungen bekämpfen kann.... Und so geschah es, daß Bourgeousie und Regierung dahin kamen, sich weit mehr zu fürchten vor der gesetzlichen als vor der ungesetzlichen Aktion der Arbeiterpartei, vor den Erfolgen der Wahl als vor denen der Rebellion." (MEW 22.519. Siehe auch Kapitel 11) In MEW ist alles das nicht kleingedruckt.

Seitdem setzt das Kapital auf die Achillesferse des Proletariats, nämlich auf diejenigen seiner Eigenschaften, die der Entfremdung geschuldet sind. Die Strategie des Kapitals beruht daher auf dem Prinzip „Brot und Spiele". So wird die an sich schon schlimme Arbeitslosigkeit zum Mittel der Erpressung. Da wäre ein Pfad zu schlagen vom *GG Art. 1* zum *Strafgesetzbuch § 253, „Erpressung"*.

Daß Marx kein toter Hund sein darf für PDS, hat wahrlich auch noch weitere Gründe: Marx als fundamentaler Ökologe (vgl. „Marx und Moritz", Kapitel 16) und Marx for kids (vgl. ebenda). Das alles wird auch heut noch totgeschwiegen. Für alle Zeiten gilt: „Das Beschweigen gemeinsam überwinden." (Gesine Schwan: „Politik und Schuld. Die zerstörerische Macht des Schweigens")

12.6 Das Minderheits-Votum linker Thesen-Kritiker

Es ist das Votum von Michael Benjamin, Uwe-Jens Heuer und Winfried Wolf. Ob es ein Gegen-Votum ist, sei hier nicht bilanziert. Im Votum heißt es: „Wir sind uns einig, daß die Herrschaft des Kapitals überwunden werden muß.... Eine demokratische, sozialistische Gesellschaft, nicht bestimmt vom Profitprinzip, kann nur auf den gemeinsamen Anstrengungen unterschiedlicher sozialer und politischer Kräfte basieren .... Der Sozialismus ist für uns .... eine Gesellschaft, in der die freie Entwicklung eines jeden zur Bedingung der freien Entwicklung aller geworden ist...."

Die Worte regen mich zu Weitrem an: Kapital versuchte, doch vermochte nicht, in alle Sphären einzudringen. Auch heute ist nicht alles von Profit bestimmt. Viele Bürger leben in ihrer Freizeit außerhalb des Gebiets, in dem das Kapital diktiert. Private Nischen reichen nicht, doch kann man sie erweitern. Gewerkschaften und Verbände setzen dem Kapital Grenzen. Das freie Terrain ist auszudehnen. Da schon einiges erreicht wurde, schließt auch das Minderheitsvotum allmählichen Quale-Wandel nicht aus. Es heißt dort: Daß in der „pluralistischen bürgerlichen Demokratie" zivilisatorische „Errungenschaften vorliegen, meinen auch wir." Errungenschaften „sind Kampfplätze, auf denen man allerdings auch kämpfen muß." Wie wahr!

Ich frage nun, was dem hinzuzufügen wäre. Und wo der Kern der Differenzen liegt.

Wollen die Minderheitler so weit gehen wie Marx? Mitten in DAS KAPITAL hatte Marx geschrieben: „....abstrakt strenge Grenzlinien scheiden ebensowenig die Epochen der Gesellschafts- wie der Erdgeschichte." (Vgl. Abschnitt 9.1)

Doch könnte es noch Irritatio geben, denn sehr wohl bestehen „strenge Grenzlinien" zwischen den *Kategorien* „Kapitalismus" und „Sozialismus". Das fixieren die Minderheitler ganz richtig. Doch in der empirisch konstatierbaren Enwicklung gibt es „strenge Grenzlinien" nicht. Das fixieren die Minderheitler nicht. Sollen nun linke Denkfehler erneuert werden, indem reale Entwicklung mit kategorialen Schubkästen verwechselt wird? Etwa so: *Vorm* Sozialismus gibt es überhaupt keinen „Sozialismus", von einem Punkt ab, ab Anfang eines „Endzustandes", *gibt* es ihn. Das suggeriert natürlich einen Übergang vom Typus „Erster Mai 0 Uhr".

Was es gibt, ist etwas anderes: Zivilisatorische Errungenschaften, aufs Individuum zugeschnittene Rechte, auf die sich Kapital wie auch der Bürger berufen kann (bei aller Chancen-Ungleichheit), Widersprüchlichkeit, Zweischneidigkeit, erwünschte und unerwünschte Nebenwirkungen zu jeder Wirkung, also *Zweischneidigkeit* aller Wirkung, aller Phänomene, aller *Entwicklung*, was Marx auch einmal so umschrieb: Dies und jenes Neue im lebendigen Prozeß sei durch „Muttermale" seines Ursprungs gezeichnet.

Widersprüchlichkeit ist: nicht nur Klassengegensatz, nicht nur Gegensätzlichkeit monolithischer Blöcke, sondern „die widersprechenden Kräfte und Tendenzen in jedweder Erscheinung". (W.I. Lenin, Werke Band 38, S. 212. Selbst die „zwei Seelen ach in meiner Brust" gehört dazu.)

Vom Unverständnis der Dialektik zum Kahlschlag - das war der Harakiri der SED. (Vgl. auch „Marx und Moritz", Kapitel 2, 7, 8, 12 und 13)

Auch im Minderheits-Votum wird gefordert: „... die radikale Ökologisierung der Gesellschaft und ein neuer Typ des wirtschaftlichen, wissenschaftlichen und technischen Fortschritts. Eine solche alternative Produktions- und Lebensweise bedarf einer von Entfremdung befreiten Arbeitswelt und eines Alltags, der nicht durch Konsum als Selbstzweck .... bestimmt wird."

Das hört sich leider an wie *Erst das eine, dann das andere*. Es fällt uns allen schwer, das Viele, das benötigt wird, als prozessierend, sich gegenseitig aufschaukelnd oder gegenseitig abbauend zu denken. Die Verflechtung, die Wechselwirkung! Das und nichts andres heischt Interesse. (Vgl. dazu „Marx und Moritz", Kapitel 15)

Nehmen wir die Votums-Forderung „Ein neuer Typ des wirtschaftlichen, wissenschaftlichen und technischen Fortschritts"! Das interessiert viele Menschen. Innovation ist für sie ein Wert. Doch wird das Wort sehr fahrlässig gebraucht. Sonst könnte niemand den Transrapid für innovativ halten. Wenn man, um Minuten einzusparen, Milliarden aufwendet, mit denen man hunderttausend Menschen verkürzte Arbeitszeit, *also Freizeit*, *Familien- und Bildungszeit*, gewähren könnte, dann wirft man mit dem Schinken nach dem Freibankfleisch. Menschlich rechnet sich das nicht. Wegen Minuten für Manager wird den Bürgern täglich drei Stunden zu viel im Job abverlangt. Das soll dann

I-n-n-o-v-a-t-i-o-n

sein? Wozu denn die Minuten sparen, wenn man im Regional-Express den *SPIEGEL* länger lesen kann? Hochbezahlte Manager sollten lieber lernen, wie man technische Entwicklung leitet, damit betriebs- und verkehrssichere, nicht zu langsame, aber bezahlbare Eisenbahn verfügbar wird, die keine Extra-Trassen braucht. Gut, **aber** billig. Da könnten Manager kreativ werden.

In den Erfinderschulen ist Methodik des **ABER** entwickelt worden, Methodik, wie man technischen Fortschritt nach inhaltlichen, bedürfnisgerechten, *widersprüchlichen* Vorgaben - zum Beispiel „gut **und** billig", „schnell **und**

321

sicher" - konzipiert, in denen also Widersprüche stecken, die zu lösen gerade die Erfindungsaufgabe wäre. In der DDR waren es Politniks, die sich davor gedrückt haben. Vorm Untergang ist niemand sicher.

Vgl. H.J. Rindfleisch, R. Thiel: Erfinderschulen in der DDR - Eine Initiative zur Erschließung und Nutzung von technisch-ökonomischen Kreativitätspotentialen in der Industrieforschung. (Gefördert durch Bundesministerium für Bildung und Wissenschaft. 1994. ISBN 3-930412-23-3) Vgl. auch „Erfahrungen mit Erfinderschulen - Ein aktueller Bericht für das ganze Deutschland, seine Unternehmer, Ingenieure und Erfinder" (Berlin/Bonn 1993, Deutsche Aktionsgemeinschaft Bildung-Erfindung-Innovation, jetzt in Mainz). Vgl. auch *Widerspruchsorientierte Innovationsstrategie (WOIS)* von Hansjürgen Linde, FHS Coburg. Meine Arbeit für die Erfinderschulen hatte ich mir als Beitrag zur Rettung der DDR gedacht.

Gut, aber billig. Nicht, damit wir mehr kaufen. Gut und billig, damit die Bereitschaft wächst, verkürzte Arbeitszeit zu erkämpfen: Freizeit für Familie und Bildung, für Bürgerinitiativen und alles „Gute und Schöne", das viele Menschen kennenlernen können sollen.

Auch die wirtschaftlichen Standards haben ihr **ABER**. Die wirtschaftlichen Standards wiegen viele Menschen in Zufriedenheit. Sie haben aber ihre Nebenwirkung, ihren teuflichen Preis, ihren Pferdefuß. In dieser Nebenwirkung, die zur Hauptsache geworden ist, eklatiert die Kapitalherrschaft: Entfremdung von der Erde und der *einen* Menschengattung. Diesen Widerspruch den Wachstums-Fans vor Augen zu führen wäre Fundamentalkritik am Kapitalismus. Da würde der Unternehmer, welcher mit Fleiß und Erfindergeist hilft, unser Leben erträglicher zu machen, sehr schnell verstehen, daß er mit uns in einem Boot sitzt. Das wäre Fundamentalkritik des fortgeschrittnen Kapitalismus.

Der Teufel steckt darin, daß jene wirtschaftlichen Standards so viele Menschen zufrieden sein läßt. Und die am meisten von Entfremdung betroffen sind, begreifen am wenigsten, was Entfremdung ist. Das liegt im Wesen der Entfremdung. Doch wenn man das dem Wähler nahebrächte - das wäre Fundamentalkritik am Kapitalismus. Die Lohnabhängigen wären weniger erpreßbar. Das würde sie stärker machen. Unter Managern und Unternehmern könnte Nachdenken einsetzen: „Was bringt mir auf die Dauer Anerkennung und Wohlergehen?"

Wir müssens selbst erst recht verstehen. Im Büchlein „Marx und Moritz" ist das auf- und angegriffen. Wir haben Nachholebedarf in unsrem Sozial-Verständnis. Die linken Propagandisten habe ich satirisch als „Moritz" dem Marx gegenüber gezeigt. Es war schwer, keine Satire zu schreiben. Doch wird das kohlhaft totgeschwiegen. Ich stichle nicht Ingenieure und Naturwissenschaftler, die in der SED waren. Auch nicht die Leiter der VEB. Sie fragen mich mit heiterm Blick: „Die Moritze sind wohl wir?" O nein. Wer bleibt denn da noch übrig?

Aber diese Frage wird auch im Minderheits-Votum umgangen. Man sagt gerade noch: „Der Sozialismus in Osteuropa und in der DDR war nicht von vornherein zum Scheitern verurteilt. Sein Zusammenbruch war eine notwendige Folge seiner zunehmenden Unfähigkeit, das Eigentum an den Produktionsmitteln in einer für die Produzenten spürbaren Weise zu vergesellschaften." Leider ja.

In „Marx und Moritz" (Kapitel 13) ist dokumentiert, wie Unfähigkeit durch Marx-Fälschung *organisiert* wurde. Das Kapitel ist überschrieben „Marx zur Form des Volkseigentums und ein Staatsstreich Honeckers vermittels Marx-Fälschung". Den Pflegern des Marxismus ist das bis heut nicht aufgefallen. Da rückwärts nicht analysiert wird, stagniert das Vordenken. Vom Handeln ganz zu schweigen.

Sind Heuer und Benjamin die Sprecher der Stehengebliebnen? Gegenüber den Programm-Thesen reagieren sie mimosenhaft. Nun gibt es aber bei Stehengebliebnen die hundertjährige Assoziation von Revolution mit *Big Bang* und die Verachtung *von Allmählichkeit,* noch heute alpdrücklich auf den Linken lastend, gerade auf jenen, denen die rote Fahne verdammtester Ernst war, während die Brotgelehrten des Marxismus-Leninismus unter allen Bedingungen Opportunisten sind. (Man kann sie mitnehmen, sollte ihnen aber Monopole entziehen. Die PDS braucht ihr Analogon zum Bundeskartell-Amt.)

Uwe-Jens Heuer war kein Opportunist. Er hatte in der DDR verfaßt: *Marxismus und Demokratie.* Berlin 1989, Manuskriptabschluß 1988. Das war eines der wenigen Bücher mit Marx-Appeal, das nicht der Laufbahn des Autoren diente. Wo bleibt dann aber Empfindlichkeit gegenüber den Stehengebliebnen und Brotgelehrten? Die noch bis heute Honecker hofieren?

Vom Laufbahn-Gelehrten hatte Schiller gesagt: „Seinen ganzen Fleiß wird er nach den Forderungen einrichten, die .... an ihn gemacht werden.... Seine größte Angelegenheit ist jetzt, die zusammengehäuften Gedächtnisschätze zur Schau zu tragen und ja zu verhüten, daß sie in ihrem Werte nicht sinken. Jede Erweiterung seiner Brotwissenschaft beunruhigt ihn, weil sie ihm neue Arbeit zusendet oder die vergangne unnütz macht; jede Neuerung schreckt ihn auf, ... Darum kein unversöhnlicherer Feind, kein neidischerer Amtsgehilfe, kein bereitwilligerer Ketzermacher als der Brotgelehrte...." (Friedrich Schiller: „Was heißt und zu welchem Ende studiert man Universalgeschichte?")

Fast gleiche Worte gebrauchte der Nobelpreisträger für Chemie und Erfinder Wilhelm Ostwald, um das Verhältnis zwischen dem sog. Fachmann und dem Erfinder zu beschreiben. (W. Ostwald: „Organisierung des Fortschritts oder: Wie macht man den Fachmann unschädlich?" (1928))

„Brotgelehrter" und „Dogmatiker" sind verwandt, doch nicht identisch. Dogmatismus entstammt intellektueller Insuffizienz und fällt dann auf, wenn er mit Eifer einhergeht. Auch kommt der Eifer oft vom ehrlichen Ernst. Der Brotgelehrte kann intelligent sein; ihm fehlt anderes.

Roß und die vielen „Reiter" - um ein Wort von Bisky zu gebrauchen - werden im Minderheits-Votum ebenso wenig genannt wie in den Thesen des Parteivorstands. (Bisher unpublizierte Dokumente zu diesem schon lange währenden Dilemma in „Marx und Moritz")

Dogmatiker gibt es, opportunistische Brotgelehrte gibt es, doch die Autoren des Minderheitenvotums sind weder dies noch das. Nur scheint es, daß sich Dogmatiker ihnen gern anschließen, Brotgelehrte lieber der stärkeren Fraktion.

Eilfertig ist im Votum *Kritik*, wonach in den Programmthesen der Vorstandsmehrheit die Illusion vertreten sei, man könne vorteilhafte Institutionen der Moderne, etwa ökonomische, politische und juristische, von ihrer kapitalistischen Grundlage trennen, gewissermaßen ihre „schlechte Seite" außerhalb jeder Entwicklung ausmerzen. Derlei habe schon Marx kritisiert. (MEW 4.133.)

Vorerst hatte Marx gar nicht auf die „kapitalistische Grundlage" angespielt, sondern: Man könne die „schlechte Seite" zum Beispiel der Konkurrenz nicht ausmerzen (schon gar nicht mit einem Gewaltakt), ohne die „*dialektische Bewegung*" entzweizuschneiden. Da ist auch der Marx-Brief an Annenkow 1846: „Das Monopol erzeugt die Konkurrenz, die Konkurrenz erzeugt das Monopol." Die „Art und Weise, wie sie sich gegenwärtig das Gleichgewicht halten", sei *„gegenwärtig"* - 1846 - „die einzig mögliche".

Marx meint hier mit „Gleichgewicht" die gleichgewichtige *Wechselwirkung*. Und jetzt erst fragt er, „ob nicht eigentlich die Grundlage dieser Widersprüche umgewälzt werden muß". Das ist die Frage aller Fragen, doch haben wir, was greifbar war, verspielt mit SED. So daß die Frage neu entstanden ist: Ob nicht die Widersprüche umzuwälzen sind, damit allmählich auch ihre Grundlage umgewälzt werde. Das eine mit dem anderen. Vermittels des anderen.

Und Marx läßt Raum für den Gedanken (der ihn seinerzeit nicht interessierte), daß - wie aus Physik und auch Chemie bekannt - der *Punkt des Gleichgewichts* verlagert werden kann. Zum Beispiel durch Temperatur-Änderung. Temperatur-Änderung auch im Netz der „gesellschaftlichen Beziehungen", außerhalb derer „das bürgerliche Eigentum nichts ist als eine metaphysische oder juristische Illusion". (MEW 27. 456. Siehe auch MEW 4. 165) Arbeitslosigkeit, ökologische Gefahr, Gefahr für Menschenleben sind da stets zu bedenken. Gestaltung des Steuersystems wäre zum des Steuersystems wäre zum Beispiel eine solche Temperatur-Veränderung.

Wenn Temperatur sich ändert, ist stets etwas zu erreichen. Bewegung wird nicht ausgemerzt, sondern gestaltet. Das kann den Spielraum für Alternativen erweitern und für Roll-back einengen. Oder umgekehrt.

Außerhalb jeder Entwicklung wird in den Thesen der Wandel vorteilhafter Institutionen auch gar nicht gesehen. Eben wegen der Entwickelung. Nach den Thesen sollen die Institutionen nicht ausgemerzt, sondern es sollen - wie das in Technik und Physik genannt wird - ihre Gleichgewichtspunkte oder „Arbeitspunkte" verlagert werden. Das macht den Reiz der Thesen aus. Nur müssen sie - vor allem darin - faßlicher werden.

Marx hatte vor allem gemeint: Jede Kraft der Geschichte kann mit einem Pol ihres inneren Widerspruchs gegen ihre eigne Grundlage rebellieren. Sie kann ihren eignen Widersacher erzeugen. (In MEW 4 vgl. Seite 143 und 474) Das kann, aber muß nicht ein General-Totengräber sein. Es gibt drei- und viel-polige Widersprüche. Das macht die Behandlung von Widerparts-Paaren so schwierig.

Auch müssen die Pole nicht einander gegenüberstehen als Blöcke, die in sich monolithisch sind. Die Brotgelehrten hatten nur Blöcke im Sinn. Das war gerupfte Dialektik. Zwei Seelen, ach, **in jeder Sach'**, war Brotgelehrten ungeheuerlich. (Vgl. „Marx und Moritz", Kapitel 12) Sie wollten mir sogar verbieten, über dialektische Widersprüche in der technisch-ökonomischen Entwicklung zu sprechen.

Widersprüche können quer durch jede Klasse gehen, durch jedes Interesse, durch jede Strategie, jede Maßnahme, jede Entwicklung, jede Sache, jede Menschenseele. Die „kapitalistische Grundlage" kann kraft ihrer eignen Widersprüche an Spielraum verlieren. Anders kann nichts vergehen, nichts entstehen. Meine Erfinder-Kollegen wollten „*angewandte* Dialektik". Die Brotgelehrten wollten ein Mysterium hüten, das sie nicht verstehen konnten.

Jedes Element alternativen Charakters wird neue Widersprüche erzeugen. Alle neuen Elemente werden in sich widersprüchlich sein. Sozialismus wird ohne Langeweile sein oder gar nicht. DER Sozialismus hat seine Widersprüche. Das hat ja auch schon Marx gewußt. Es ist in „Marx und Moritz", Abschnitt 8.3 angedeutet. Für dieses neue Thema ist schon Stoff gesammelt. Dabei auch Stoff: Ist „Sozialismus" Zustand oder Prozeß, Kriterium politischen Handelns oder Endziel? Da streiten sich die Brotgelehrten. Doch ohne Dialektik ist das müßig.

Die Müßigkeit sitzt in den Köpfen tief. Ich verzichte hier auf Wiedergabe von Zeugnissen. Das Defizit produziert aus dem Unterbewußten heraus immer wieder, der Kapitalismus sei entweder überhaupt nicht oder ganz. Er sei ein fester Kristall. Das Gegenteil hat Marx behauptet. Vgl. Abschnitt 9.1.

Voreilig ist im Minderheits-Votum die Behauptung, durch die Mehrheits-Thesen würden „Einfallstore für den Neo-Liberalismus" geschaffen. Warum denn nicht? Entwicklung ist immer widersprüchlich. Wer davor Angst hat, kann Entwicklung nicht fördern.

Zugleich bleibt zu bezweifeln, daß die liberale Szene *monolithisch* ist. Man kann doch liberal votieren und dabei etwas ganz anderes meinen. Womöglich kommt heraus dabei: Die Frau, der Mann meint, was *wir* wollen, nur hat er uns noch nicht erkannt.

Da wäre es viel wichtiger, daß wir uns von dem Pseudo-Sozialismus abgrenzen, den man immer noch „*realen* Sozialismus" nennt. Denn der „reale" Ismus hat kaputtgemacht, was aus Vernunft entstanden war.

Bemerkenswert im Votum die Kritik der realen Info-Gesellschaft. Denn Info führt nicht unbedingt zum Geist. Da wird ein Buch von Clifford Stoll empfohlen. Das werde ich mir kaufen.

12.7 Drei Defizite der Programm-Thesen

12.7.1 Geschichte - Identität - Strategie

In den Thesen heißt es, „die Auseinandersetzung mit der Geschichte des DDR-Sozialismus" habe „herausragende Bedeutung". Auch wird beteuert: „Für die Mitglieder der PDS ist das Bekenntnis zur Mitverantwortung für das Geschehene .... Wesenselement ihrer politischen Identität und unverzichtbare Grundlage ihres demokratischen Wirkens." Doch wird das in den Thesen nicht belegt.

Im Gegenteil. Wohl wird gesagt, es hätte abgebrochene Reformansätze in der DDR gegeben, doch wird es so gesagt, als wäre der Abbruch von niemandem zu verantworten. Deshalb sehen Außenstehende bis heut nichts von „Reformansätzen" und bleiben der Meinung, das Ding mit dem Namen „Sozialismus" sei von vornherein Utopie gewesen. „Nie wieder Sozialismus" wird dann geschrien.

Dem Pluralismus der PDS fehlt eine Dimension: Die Auseinandersetzung mit der Verantwortlichkeit für die Selbstverstümmelung. Nun könnte man einwenden, Programm-Thesen seien nicht der richtige Ort, um Roß und Reiter zu benennen. Bittesehr. Dann müßte das aber anderweitig geschehen. Geschieht das irgendwo? Benennen die Thesen das Defizit?

Biographien von hohen Amtsträgern sind sehr beliebt. Der Leser hofft auf

Hof-Informationen. Doch was man nicht finden würde und meist auch gar nicht sucht, sind Analysen, die jedem unter die Haut gehen, indem sie unsre „Mitverantwortung" (Wort aus den Programm-Thesen) sichtbar machen. Man liest höchstens, das „System" sei schuld gewesen. Da war der Papst viel ehrlicher: Die Kirche war es nicht; es waren ihre Söhne.

In einer Schrift des Schauspielers Eberhard Esche wird - als Esche *indirekt* - ein ehemaliger NVA-Offizier, jetzt Gartennachbar, zitiert, in einer Edition des Eulenspiegel-Spaß-Verlags:

„Wenn man richtig darüber nachdenkt, kommt man zu dem Schluß, daß wir durch unser Verschwinden die Welt beschissen haben."

Esche, der große Mime, mußte sich als Gartennachbar kleiden, um solches sprechen zu können.

Es gab Versuche, direkter Rede den Vorzug zu geben. Wie viele? Schwer zu sagen; es könnte sein, sie sind alle erstickt worden. So weiß ich sicher nur von meinen eigenen Versuchen. Das waren anfangs Leserbriefe an die Sozialistische Tageszeitung GmbH, deren einziger Gesellschafter die PDS ist. Dreißig Leserbriefe verschwanden unterm Laden-Tisch. (Vgl. „Marx und Moritz", Kapitel 5, 10 und 11 sowie Beilage.)

Da war die CDU-nahe Märkische Oderzeitung demokratischer. Ich hatte einen gar nicht CDU-freundlichen, satirischen und langen Leserbrief zu einem Schießplatz-Vorhaben der Bundeswehr verfaßt. Der wurde rasch und ungekürzt veröffentlicht. Und blieb nicht wirkungslos. Anderer Fall: Ich hatte eine Kolumne des Chefredakteurs der Oder-Zeitung angegriffen, die zwei Tage vor den Bundestagswahlen '98 erschien und Falsches zur PDS enthielt. Am nächsten Tag, von mir gefaxt, am Tage vor der Wahl, war ungekürzt mein Text im Blatt.

So muß ich persönlich werden. Es gibt keine soziologische Befragung zu *Problemen* der *Mitverantwortung*, es kann auch keine geben. Die Fragen sind zu diffizil und nicht normierbar. Aber Fallstudien sind möglich. Fallstudien können Sonden sein, die eindringen ins Objekt „Geschichte". Vergleiche zum Beispiel „Marx und Moritz", Kapitel 1, 2, 10, 12, 13 : Am Rande der Marx-Rezeption beschrieb ich dort Fallstudien zur *Mitverantwortung 1945 bis heute*. Nach der Wende Leserbriefe und Briefe an den Chefredakteur der Sozialistischen Tageszeitung. (Vgl. „Marx und Moritz" Kap. 5, 10, 11, Beilage) Das alles wird auch heut noch totgeschwiegen.

Doch schlimmer noch als totgeschwiegen ist eine Rezension, in der über den Inhalt des Objekts nichts mitgeteilt wird. Es wird nur zugegeben, daß Marx im Büchlein dokumentiert werde. Das war des Rezensenten ganzes statement, er hat auch nicht alles gelesen, wo doch Dokumentation und Fallstudien fortlaufend Unbekanntes ans Licht brachten.

Nun sind im Rezensions-Objekt auch Fallstudien, in Ironie sehr heiter meist, mitunter bissig. Das alles verschweigt der Rezensent, bis auf ein Körnchen Bitternis, das auch drin ist. Das will der Rezensent partout nicht anerkennen. Obwohl es doch vom Autor selbst in Heiterkeit gelagert worden ist.

Überhaupt werden Farben von Brotgelehrten nicht wahrgenommen: „Immer wenn Politiker Farbe bekennen sollen, beginnt die Schwarz-Weiß-Malerei." (A. Brie: Nur die nackte Wahrheit geht mit keiner Mode. Aphorismen)

„Bitter" heißt auf russisch *gorkij*. Der Dichter Alexeij Maximowitsch Peschkow, laut Lexikon „Begründer des sozialistischen Realismus", ward unter Pseudonym „Gorkij" - Der Bittere - bekannt. Natürlich weiß der Rezensent, daß Bittres auch im Bier enthalten ist. So möchte ich dem Rezensent entgegnen: Hättest Du als Marxismus-Professor in der DDR die bitter nötige *Bitterkeit* empfunden, dann hätten wir nicht „durch unser Verschwinden die Welt beschissen".

Nun wieder ein Brief, diesmal von einem Leser des Büchleins und der Rezension: Das Büchlein sei willkommen, lange überfällig, die Rezension sehr fragwürdig. Doch die Redaktion vergaß, den Leserbrief abzudrucken.

Das ist nun selbst wieder eine Fallstudie, die ich - am Ende eines langen Textes, von Escher-Bildern bis zu Marx und Engels - randständig mitteile. Dem Leser Dank für die Aufmerksamkeit.

Natürlich hatte ich mal dem Vorsitzenden und dem Ehrenvorsitzenden der PDS Briefe geschrieben. Die Antwort faßt sich so zusammen: *Wir vom Vorstand können da nichts machen, wir haben eine freie Presse.* Das soll gewiß so sein. Doch müßte es für alle Sozialisten gelten. Es ward ja auch in die Sterne geschrieben: „Für die Mitglieder der PDS ist das Bekenntnis zur Mitverantwortung für das Geschehene .... Wesenselement ihrer politischen Identität und unverzichtbare Grundlage ihres demokratischen Wirkens." Usw. usf. (Ungekürzt siehe oben: Programm-Thesen.)

12.7.2 Bildung - Freizeit - Kultur

Im kürzesten Abschnitt der Programmthesen wird auch gesprochen von „Lebens-Chancen für die Persönlichkeitsentfaltung aller, ... Freizeit als Freiheitsraum und Kultur". Das „könnte wichtiger" werden als „Zuwachs stofflichen Verbrauchs". O ja.

Das könnte nicht nur, das wäre jetzt schon wichtiger. Das wußte Marx, das wollte er. (Siehe „Marx und Moritz", Kapitel 6, 7, 8, 9, 16) Das macht die *Bildung* der Menschen zum Allerwichtigsten. Private Nischen gibt es schon.

Doch müßten sie flächendeckend erweitert werden. Durch *Bildung* fit, wüßte **jedermann** mit Freizeit etwas anzufangen. Man hätte gelernt, allein schon an Büchern Freude zu finden. Und gar an Kindern. An Gerechtigkeit. An Sorge für das Öffentliche. Man würde erkennen, daß das dicke Auto nicht das höchste Gut ist. Man würde sich der Arbeitszeitverkürzung weniger widersetzen und ökologische Zwänge erkennen, solange noch Zeit ist.

Autos und Kaufhäuser werden immer üppiger, die Bundesbahn peppt Bahnhöfe auf, die schon in der DDR sehr ordentlich rekonstruiert worden sind. Potsdamer Platz, Regierungsviertel und Stadtschloß in Berlin verschlingen Milliarden. Doch die Lohnabhängigen schauen sich das gern an. Schon wollte man die überflüssige Pseudo-Innovation *Transrapid* subventionieren.

Doch für Schule und Kita glaubt man kein Geld zu haben. Die arme DDR hat einen vielfach größren Teil ihres Nationaleinkommens für Bildung aufgewandt. Der Impuls kam aus der Arbeiterbewegung. Aber die Programm-Thesen wie auch die linken Medien halten sich zurück. Im Abschnitt „Selbstverständnis der PDS" heißt es, man bleibe der „sozialistischen Tradition der Arbeiterbewegung und dem marxschen Denken verbunden". Der Arbeiterbewegung war Bildung so teuer, daß sie viel dafür geleistet hat. Und gar erst Marx. Da könnte man erröten.

Kommen wir - mit Marx - zur Fundamentalkritik am Kapitalismus: „Als Fanatiker der Verwertung des Wert zwingt er <der Kapitalismus> rücksichtslos die Menschheit zur Produktion um der Produktion willen...." Der Kapitalismus zwingt schon die einzelnen Unternehmen. Auch diese müßten vom Zwang befreit werden, sie sitzen mit uns in einem Boot. Um glaubhaft zu werden, müßten wir uns von Honeckers Eskapaden distanzieren. (Vgl. dazu „Marx und Moritz" Kapitel 5 und 13)

Wenn aber der Kapitalismus „die Menschheit zur Produktion um der Produktion willen" zwingt, so kommt es - nach Marx - darauf an, „die Arbeitszeit für die ganze Gesellschaft auf ein fallendes Minimum zu reduzieren und so die Zeit aller frei für ihre eigne Entwicklung zu machen.... Das Privateigentum hat uns so dumm und einseitig gemacht.... An die Stelle *aller* physischen und geistigen Sinne ist .... der Sinn des *Habens* getreten." (Quellenangaben in „Marx und Moritz")

Aus Produktion ist Wachstums-Wahn geworden. Vernunft ward Unsinn, Wohltat Plage. Ein Teil der Lohnabhängigen kennt nur noch Produktion und Kaufhaus, ein andrer Teil versinkt in Langeweile. Die Anzahl verhaltensgestörter Kinder wächst rapid. Das hat es in der armen DDR nicht gegeben. Wenn die PDS sich deutlich genug von ihrer Vorgeschichte distanziert hätte, dann könnte sie jetzt Klartext reden. Die PDS müßte zwecks Kita-Platz für Kinder aus Problem-Familien auf die Barrikade gehen oder wenigstens auf die Straße. Doch wie es ist, so nimmt das Elend weiter zu.

Und in der „Bildung" eklatiert es. Das wird ganz Deutschland auf die Füße fallen, auch dem Kapital. Das Wachstum ist zum Totschlags-Argument geworden: Bringt euch um durch Unersättlichkeit.

Aus Produktion ward Wachstumswahn. An einem analogen Fall hatte Hegel demonstriert, was Gegensatz-Umschlagen ist: „Vergrößerung eines Vermögens usf." erscheint zunächst als Glück des Besitzers. Unentwegte Vergrößerung führt aber dessen „Unglück" herbei. (Wissenschaft der Logik, 1. Buch, Dritter Abschnitt) So kommt es, daß das Glück der Menschen - hohe Produktion - schon längst zu ihrem Lucifer geworden ist.

Wacht auf, Verdammte dieser Erde. Die stets man noch ins Kaufhaus zwingt. Wo wollt ihr denn - ihr Betrogenen - eure kleinen Freuden herleiten, wenn ihr euch die Pistole auf die Brust setzen laßt: Produktion um der Produktion willen! Oder arbeitslos! Wie wollt ihr denn euch echte Freude suchen, wenn ihr dem Kapital gestattet, euch Bildung zu verweigern? Die euch die ganze Welt zur Freude machen könnte, ohne Abgas, ohne Abfall, ohne Lärm?

Kein Geld für Schulen? Kein Geld für Kita? Kein Geld für Freizeit? Nur für Konjunktur? Warum denn überhaupt die Konjunktur, wenn sie Job-Inhabern die Freizeit, anderen Menschen die Arbeit und allen zusammen den Bildungsfortschritt nimmt? Wacht auf und laßts euch nicht gefallen. Verlangt von der PDS, daß sie für Bildungsurlaub streitet, der euch jetzt schon zusteht, falls ihrs wißt.

Der Präsident eines Bildungsvereins (CDU-Mitglied in Bonn), erzählte mir: Als Friedrich der Große Schlesien erorbert hatte, interessierte er sich für das Schulwesen. Da hielt ihm der Bischof entgegen: „Wollen Majestät sich nicht ennuyieren. Wer dumm ist, sündigt weniger."

In den Programm-Thesen fällt das Wort „Wachstumswahn" - im Abschnitt „Ökologischer Umbau". Doch Wachstumswahn vergiftet auch die Seelen: Schneller, super, multi, greller, mega, giga, Internet. Schon die Kinder machen sich verrückt. Märkische Oderzeitung publizierte dazu eine Überlegung von Gysi:

„Vor dem Hintergrund zunehmender sozialer Polarisierung in der Gesellschaft kann sich der PDS-Fraktionsvorsitzende im Bundestag .... die Einführung von Schuluniformen vorstellen. Er habe das früher in der Sowjetunion und Großbritannien als unmöglich empfunden und sei froh gewesen, 'dass die DDR den Quatsch nicht mitgemacht hat'.... Jetzt denke er neu darüber nach. <Der Berliner CDU-Fraktions-Chef> .... Landowsky widersprach Gysi nicht und räumte ein, dass es bei der Kleidung der Schüler große soziale Unterschiede gebe. Zwischen den Schülern 'findet ein Kampf um Markenprodukte statt', sagte Gysi. Der materielle Konkurrenzdruck sei enorm gewachsen. Deshalb fange er an, in der Frage der Schulkleidung 'schwankend zu werden', obgleich er gegen Uniformiertheit sei." (Märkische Oderzeitung 13.3.00)

In nur vier Sätzen sagt Gysi etwas über sieben Topoi. Und jedermann kann es verstehen.

In den Thesen wird versäumt, mit Marx zu sagen: „Als Fanatiker der Verwertung des Wert zwingt er <der Kapitalismus> rücksichtslos die Menschheit zur Produktion um der Produktion willen....". Das ist Fundamental-Kritik. Arbeiter müßten sich vor Wachstumswahn fürchten und nicht vor Öko-Steuer. Wachstumswahn spaltet sie in Job-Jäger und Arbeitslose. Wachstumswahn kettet sie ans Kapital.

12.7.3 Dilemma des Rechtsstaats

In den Programm-Thesen wird unter „Zivilisationsgewinn" gelistet: „.... der Rechsstaat, der in seiner gegenwärtigen Verfaßtheit keineswegs Gerechtigkeit sichert, dem aber doch für die Behauptung von Bürgerrechten erhebliche Bedeutung" zukomme.

Abgesehen davon, daß das Menschenrecht auf Arbeit nicht gesichert ist und viele spezielle Lücken existieren, schließbar durch den wählbaren Gesetzgeber, besteht das Problem des Rechtsstaats gegenwärtig nicht darin, daß dem kleinen Manne Paragraphen fehlen.

Das Problem für den kleinen Mann ist der *Zugang* zum Rechtsstaat, zu den *Paragraphen*. Das Recht ist so kompliziert, daß Otto Normal *keinen Pfad* findet. Er weiß gar nicht, wie er auf das Recht setzen kann. Rechtsanwälte sind ihm zu teuer. Andrerseits verdienen Advokaten zu wenig bei den Streit-Werten des kleinen Mannes und der verarmten Kommunen.

Nun wird das Recht noch komplizierter werden, gerade dann, wenn die PDS auf dem Weg zur Eingrenzung von Kapital-Gewalt Erfolg hat. Das kann im Recht zu Nebenwirkungen führen, zu Spezifizierungen, Differenzierungen und Relativierungen bestehender Gesetze. Wirkung und unerwünschte Nebenwirkung - dem Progreß entsprießend - bilden jeweils einen dialektischen Widerspruch. Das kann zum Dilemma des Rechtsstaats ausufern, ohne daß der kleine Mann sich dessen bewußt wird, obwohl er darunter leidet. Der kleine Mann wird noch frustrierter, rechtsstaatsmüde, und anfällig für Anti-Rechtsstaat-Agitation.

Die Bundesrepublik braucht ein Konzept, wie damit umzugehen, ein Konzept auf dem Rang von Partei-Programmen. Die Prävention gegen neuen Faschismus hat viele Kampfplätze.

12.8 „Akteure gesellschaftlichen Wandels" - Who is who?

Das Problem wird in den Programmthesen an unterer Grenze der Wahrnehmbarkeit angesprochen: „Da keine direkte Kopplung zwischen sozialer Lage und Betroffensein von Menschen .... und ihrem Handeln andererseits besteht, wird sich voraussichtlich erst im Verlauf der Entwicklung herausstellen, auf welchen Problemfeldern welche Akteure hervortreten werden." Also warten auf eine neue Art Arbeiterklasse, die dann das Kapital im Sturme nimmt? So zu warten heißt einpacken.

Was ist denn „soziale Lage" und „Betroffenheit"? „Soziale Lage" reduziert sich nicht auf den katastrophalen Lohn etwa der Berufskraftfahrer. „Betroffen" sind die Menschen sehr. Und auch direkt. Doch ist die Reflexion viel komplizierter, als unsre Schulweisheit sich träumen läßt. Marx hat das komplizierte Muster aufgeklärt, Marxisten haben es verschwiegen. Nur ist seit Marx alles differenzierter geworden. Auch das Gefühl, von Marxisten „beschissen" worden zu sein, ist dazugekommen.

Dis-Engagement der erwünschten Akteure, auf die die Arbeiterpartei gesetzt hatte, ist seit Jahrzehnten zu sehen. *Es war sogar* - als einer Möglichkeit - *damit zu rechnen*. Man hätte Marx lesen sollen.

Marx hatte zeitweilig auf Engagement der Arbeiterklasse gesetzt und zeitweilig zur Arbeiterklasse geschwiegen, dann aber jedes Lebenszeichen als Appell an sein eignes Engagement vernommen. Marx hatte in der sog. *Entfremdung* die Wurzel möglichen Dis-Engagements und möglicher Impotenz der Klasse erkannt. (Vgl. „Marx und Moritz", Kapitel 6, 7, 8, 9, 10, 15) Die Kategorie mit dem Namen „Entfremdung" ist philosophisch und psychologisch verständlich, dem Alltagsmenschen mißverständlich. Sie ward durch Kenner wie Erich Fromm und Herbert Marcuse vielen Menschen bekanntgemacht.

Man könnte sich - von „Entfremdung" wissend - ein *Bild* machen, wie Disengagement täglich produziert wird. Die Programm-Thesen sagen nur, „Auseinandersetzung mit der Geschichte des DDR-Sozialismus herausragende Bedeutung .... geschichtliche Lehren, politische und programmatische Identität .... perspektivische Bedeutung .... grundlegend". (s.o.)

Selbst in dem so kleinen Büchlein „Marx und Moritz" habe ich den Arbeitern Hochachtung bekundet, denen ich auf Baustellen und in der Industrie Kollege war. Ich habe ehrenvollen Abschied von Fiktion gesucht. Auch habe ich - Kurt Hager zuwider - die Ingenieure zu den Arbeitern gezählt; mit vielen konnte ich in Erfinderschulen der Industrie zusammenarbeiten. Erfinder waren von Entfremdung frei; sie waren parteilos und haben für ihren VEB gekämpft.

Stolz bin ich, von Arbeitern aller Grade anerkannt worden zu sein. Auch in meinem Dorf verstehe ich mich glänzend mit ihnen. Glücklich bin ich, wenn ich Verhalten erkenne, das über Haus und Garten ein Zipfelchen hinausweist. Etwa bei der Freiwilligen Feuerwehr, die fürs *lokale Ganze* steht und auch die Mädchen und Burschen zum Mittun anzieht. Heute gelang es mir, Fünfzehnjährige zu gewinnen, den Blech- und Plaste-Müll am nahen See hinwegzuräumen.

Ich hatte Grenzen des proletarischen Engagements erleben können, weil ich das Glück hatte, oft in die Produktion geschickt zu werden. Die Grenzen bekam ich von Arbeitern erläutert. Ich hielt dagegen. Doch hab ich ihre Worte nicht in den Wind geschlagen. Bin ich doch selber auch gehört worden. (Vgl. u.a. „Marx und Moritz", Kapitel 8) Marxisten wollen das nicht wissen. Die Grenzen sind aber von Marx theoretisch und nachvollziehbar **erklärt worden**. Vorauseilend *im Denken*. Während Marxisten ihrem Honecker im *Gehorsam* vorauseilten, der den Schwindel brauchte, um seine Eitelkeit auszuleben als Erbe der „revolutionären Klasse".

Die Programm-Thesen bleiben halbwahr: „Doch es gibt kein Proletariat, das der .... mit Marx erhoffte große Träger gesellschaftlichen Umbruchs sein könnte." Diesen Satz empfinde ich als zynisch. Marx hatte eben nicht nur - und mit Gründen(!) - gehofft. Marx hatte auch Gegengründe erkannt und aufgeschrieben. Aber ihm stand nicht mal eine parteinahe Stiftung im Rücken. Die steht selbst heut nicht ihm zur Seit. „Sage mir, wie Du zu Deiner Geschichte stehst, und ich sage Dir, wer Du bist."

Man muß die Arbeiter nicht abschreiben. Ein wenig Demokratie, viel Wohlstand haben sie erkämpft. Wenns weitergehen soll, ist Marx zu lesen, der große Unbekannte, den wir auf Pappschilder geklebt haben. Inzwischen denken auch Nicht-Proletarier nach, wie es weitergehen kann.

Hans Modrow hat Memoiren herausgebracht, leicht lesbar, im Umfang vier mal „Marx und Moritz", doch ohne Marx und ohne Moritz und - - ohne **Arbeiter**. Konnte Hans Modrow wirklich nichts erzählen, wie er als 1. Sekretär der Bezirksleitung Dresden und als Mitglied des Zentralkomitees der Arbeiterpartei *Arbeitern* begegnet ist? Oder was ihn gehindert hat, Begegnungen zu finden? Dient die Biographie dem Interesse der Leserschaft an Hof-Information? Bittesehr. Da gibt es ja schon viele Titel. Hagers Memoiren sind ausverkauft. Doch wo werden Leser aus der Arbeiter-Partei sich selber konfrontiert? Vielfalt ist gefragt, doch wird sie unterbunden, wenn eine Analyse kritisch ist.

Diversifizierung fehlt auch in der Eigentumsfrage. Nichts gegen Fundamental-Pamphlete zur Eigentumsfrage. Für Marx war das eines von mehreren Zentren, doch nicht das einzige. Gleichen Rang hatte für Marx die Kategorie „Persönlichkeit" und der Zusammenhang von *Eigentum* und *Persönlichkeit"*. Dieser Zusammenhang war in der DDR ausgeblendet und ists auch heute noch. Ökonomen und Kulturbeflissene scheinen an Berührungsangst zu leiden. Doch erst aus dem Zusammenhang entspringt konkreter Gegenstand zur Diskussion.

Hinter den Programmthesen stehen gewiß erste Ansätze zur Spezifizierung der Eigentumsfrage. Offensichtlich beruhen sie auf Initiativen von Gregor Gysi, vieleicht auch von Christa Luft. Man weiß nicht, wer sie liest. Man spricht im linken Spektrum am liebsten von dem Eigentum schlechthin (natürlich vom Eigentum an Produktionsmitteln) und findet große Worte.

Mögen doch die Experten beginnen, der Öffentlichkeit das Produktionsmittel-Eigentum in seiner ganzen Vielfalt zu erläutern. Das ganze Spektrum. Dabei muß auch die Größe des Eigentums beachtet werden, wie wir schon durch Hegel erfahren und in elf Kapiteln - von Escher bis zu Marx und bis zur Nichtlinearität - auseinandergesetzt haben: „Es ist die List des Begriffs, ein Dasein an dieser Stelle zu fassen, von der seine Qualität nicht ins Spiel zu kommen scheint, - und zwar so sehr, daß die Vergrößerung eines Staats, eines Vermögens usf., welche das Unglück des Staats, des Besitzers herbeiführt, sogar als dessen Glück zunächst erscheint." (Hegel, a.a.O. S. 346)

Wir hatten es ja mit Goethe noch kürzer gesagt: Vernunft wird Unsinn, Wohltat Plage. (Marx kannte dieses Goethe-Wort.) Das Eigentum an Produktionsmitteln ist also nach Art **und** Größe zu unterscheiden. Spreizt man dann das Spektrum, also spreizt man die Unterschiede zwischen den Spezies, wird es gleich leichter, Ansatz-Stellen für langfristige Politik und Gesetzgebung zu erkennen. (Spreizbare Unterschiede sind dialektische Widersprüche.) Ist das getan, könnten Experten vielfältige Szenarien entwerfen, die langristig Pfade der Gesellschaft werden *könnten*, Szenarien nicht als Drehbücher, nach denen alles abzulaufen hätte, sondern als Stoff zum Nachdenken der interessierten Öffentlichkeit, als Angebot zur Meinungsbildung breitester Kreise. Nicht die Unität des Pfads, der ohnehin nicht vorhersagbar ist, sondern die reiche Vielfalt der Möglichkeiten, die sichtbar werden muß, wenn Menschen über ihren Tellerrand hinausschauen sollen.

Es gibt nicht den unikalen Weg. Es wäre auch nicht richtig zu sagen, „viele Wege führen nach Rom". Denn das Ziel ist nicht ein Punkt auf dem Globus. Das Ziel ist eine riesige Fläche, auf der sich die Menschen solidarisch einrichten, nicht arm, doch auch nicht reich an Gütern. Aber reich an Persönlichkeit, die sie mit andren Menschen und der ganzen Welt verbindet.

Es ist leider eine Unart linker Ideologen, die fundamentalsten Kategorien nie aufgeschlüsselt zu haben. Das war schon in der DDR ein Kreuz, das militant behütet wurde. (Dazu hat sich bei mir eine Menge Stoff angesammelt.). Das Kreuz indiziert eine Denkungsart, die thematisiert werden sollte, weil sie die Linken stets hindert, die Gunst der Geschichte zum Wohle der Menschen zu nutzen.

Wenn nicht so sehr die Arbeiter Akteure sind - wer dann? In den Thesen *steht*: „Es geht darum, das ganz unterschiedliche Betroffensein der verschiedenen sozialen Gruppen zu erfassen, gemeinsam mit ihnen alternative Möglichkeiten zu suchen und schon innerhalb der erwerbsabhängigen Klasse nach der Vernetzung durchaus verschiedener Forderungen zu streben."

Dazu gibt es in „Marx und Moritz" (1998 und 1999) schon einen Vorschlag: „Zwei Netzwerke nach Marx" und „Koinzidenz von Interessen - ein Netzwerk konvergierender Interessen". Da ist sogar ein Modell-Ansatz, mit dem sich Dispute effektivieren ließen: Schnelle Verständigung, worüber disputiert wird, Übersichtlichkeit, weniger aneinander-vorbei-reden. Den Ansatz zu entwerfen ist mir nicht schwergefallen. Nicht nur dank Marx. Die Arbeit in Erfinderschulen hatte mir schnell Zugang zur IG Metall, zum Betriebsräte-Forum und zu mehreren Vereinen nicht-proletarischer, doch intellektueller Provenienz eröffnet. So lernte ich Leute kennen.

Auf Mangel an Interesse stieß ich bei der PDS. Wohl wurden meine ortsgemäßen Tips auf Versammlungen gehört. Doch Diskussion dazu ist niemals angegangen. Im Vorstand hieß es: „Hör auf, das muß ich erst verdauen." Das war anno 96. Im Jahre 99 rief der Landesvorstand auf zu Öffnung der Partei. Ich las davon.

Nach einer heftigen Rede, die ich im Eigenheimer-Verein zum Abwasser-Problem gehalten hatte, zornig bis an den Rand des Gesetzes, kam ein Kollege zu mir, fast mein Jahrgang, und sagte: „Das ist der Kapitalismus." Ganz recht, hab ich entgegnet, warum hast *Du* denn nichts gesagt? Gesprochen aber hatte ein junger Gast aus Niedersachsen, uns zeigend, wie den Abwasser-Vögten zu wehren ist, denen es nicht um Abwasser, sondern um Absahnen geht. Der Kollege Anti-Kapitalist aber? Er mußte bemerkt haben, daß ich kein Freund des Kapitalismus bin. Wollte er mir sagen: Da sei nichts zu ändern, Kap bleibe Kap? Warten auf den großen Kladderadatsch?

Begeistert hat mich an der nahen Oder das *Brückenfest* am Ersten Mai. Zum zehnten Mal ward es in Frankfurt gefeiert. Auf den Bühnen Jugend von beiden Seiten des Stroms. Und ein Brückenkopf des Fests auf polnischer Seite. Wer einst - als Kind - von Brückenköpfen im Kriegs- und Front-Bericht gehört hat - wie sollte der nicht glücklich sein bei solchem Wandel? Doch Liebenswertes ward gewahrt: Die Friedensglocke an der Oder, die einst die CDU gestiftet hatte, und die Schalmeien der Gewerkschaft mit den vielen Ferienplätzen. Möge ein Poet schreiben über die Brückenfeier, wie Goethe einst über das Sankt-

Rochus-Fest zu Bingen am Rhein, als Menschen begannen, wieder zu sich selbst zu finden.

Am Oder-Strom scheint mir ein Freund aus fernen Tagen, in Frankfurt Schuldirektor gewesen, nun Stadtvorstand der PDS im Ehrenamt, der Spiritus des Brücken-Fests. Auch die CDU läßt sichs nicht nehmen, mit Info-Stand dabei zu sein.

So ist es recht, daß in den Thesen steht, wenn auch im Ausdruck gar nicht schön: Es sind neue „Milieus entstanden, nicht zuletzt die von hoch qualifizierten, gut verdienenden Erwerbsabhängigen, die von Angehörigen qualifizierter Wissens- und Sozialberufe, erfolgreichen Selbständigen und leistungsstarken FreiberuflerInnen, die teils in die bestehende Gesellschaft eingebunden sind, teils aber auch, begünstigt durch eigenen Bildungsstand, sensibel für ungelöste gesellschaftliche Probleme sind." Diese Probleme „können auch für diese Teile der Gesellschaft Anlass zur Ausschau nach neuen Entwicklungswegen sein".

Sie sind es. „Auch für diese Teile". Für wen denn sonst? Diese „Teile der Gesellschaft" sind eines bessren Textes wert. Diese „Teile der Gesellschaft" schauen über ihren Tellerrand hinaus. Sie haben Initiativen ergriffen, weil andre Initiativen fehlen. Sie haben Vorstellungsvermögen. Sie wollen Fortschritt, keinen Kohl.

Werden andere etwas tun? Seht wie Zug der Millionen endlos aus Nächtigem quillt? Ich würde das gern wieder singen. Manch alter Gefährte bleibt unvergessen. Die Zukunft wird aber kaum „als großer Zug" einer kompakten Klasse dem Untergrund entquellen. Trotzdem warten? Trotz alledem? Karl Liebknecht umgekehrt? Da hülfen alle Blumen nichts im Januar. Warten auf den großen Bums? Auf den Kollaps unsrer Erde? Warten auf meinen Tod?

Vom Autor

u n t e r   a n d e r e m :

Newton, Marx und Einstein.
in *Aufbau,* Mai und Juni 1957

Kybernetik - Philosophie - Gesellschaft
in *Einheit,* Juli 1961

Über die Existenz kybernetischer Systeme in der Gesellschaft
Publiziert unter dem Patronat von Georg Klaus, in Deutsche Zeitschrift
für Philosophie 1/1962

Quantität oder Begriff? Der heuristische Gebrauch
mathematischer Begriffe in Analyse und Prognose gesellschaftlicher
Prozesse.
Deutscher Verlag der Wissenschaften, Berlin 1967

Mathematik - Sprache - Dialektik.
Akademieverlag Berlin 1975

- -

Zusammen
mit Dr. Ing Hans-Jochen Rindfleisch (Verdienter Erfinder):

Erfindungsmethodische Grundlagen
Die Methode des Herausarbeitens von Erfindungsaufgaben und
Lösungsansätzen.
Berlin 1988. Edition des Ingenieur-Verbandes.

Erfindungsmethodische Arbeitsmittel.
Lehrmaterial zur Erfindungsmethode. Berlin 1989. Edition des
Ingenieurverbandes.

Erfinderschulen in der DDR.
Eine Initiative zur Erschließung von technisch-ökonomischen
Kreativitätspotentialen
Gefördert vom Bundesministerium für Bildung und Wissenschaft.
Berlin 1994. ISBN 3-930412-23-3
- -
Marx und Moritz
Unbekannter Marx - Quer zum Ismus
Berlin 1998 und 1999, ISBN 3-89626-153-3

Selbstorganisation sozialer Prozesse

Heinz Liebscher
Fremd- oder Selbstregulation?
Systemisches Denken in der DDR zwischen
Wissenschaft und Ideologie
Die Vorstellung von der Selbstorganisation sozialer
Prozesse hat viele Gesichter. Eines davon geht von
der Annahme aus, daß die menschliche Gesellschaft
auf allen ihren Entwicklungsstufen ein selbstregu-
lierendes System im Sinne der Kybernetik ist. Das
Schicksal dieser systemtheoretischen Konzeption
wird aus der Sicht des Autors, der sie in der DDR
vertrat, lebensnah geschildert. Das Buch leistet damit einen sachkundigen Beitrag zu einem seinerzeit
brisanten Thema der Wissenschaftsentwicklung in
der DDR, der mit seinen detaillierten Belegen durch
Quellenmaterial von hoher Authentizität ist.
Bd. 2, 1995, 180 S., 38,80 DM, br., ISBN 3-8258-2181-1

Annette Schlemm
Daß nichts bleibt, wie es ist ...
Philosophie der selbstorganisierten
Entwicklung. Band I: Kosmos und Leben
Bd. 3/1, 1996, 248 S., 48,80 DM, br., ISBN 3-8258-2928-6

Annette Schlemm
Daß nichts bleibt, wie es ist ...
Philosophie der selbstorganisierten Entwick-
lung. Band II: Möglichkeiten menschlicher
Zukünfte
Die aktuellen Medienmeldungen bestätigen den
Eindruck, "daß nichts bleibt, wie es ist ... ". Der
vorliegende zweite Band dieses Buches vervollstän-
digt die Untersuchungen zu typischen natürlichen
Evolutionsprinzipien im Detail durch Analysen
und Reflexionen der gesellschaftlichen Prozesse.
Ausführlich werden Bezugspunkte zu den Konzepten
der Selbstorganisation diskutiert und ihre mitunter
kurzschlüssige Anwendung kritisiert. Da abstrakte
Analogien nicht hilfreich sind, werden die grundlegenden Beziehungen zwischen äußerer Natur und
menschlicher Gesellschaft historisch nachvollzogen.
Die Geschichte führte in diesem Jahrhundert zu
unerhörten, noch nicht begrenzten Gefahren für das
Überleben der Menschheit – ebenso wie zu gewal-
tigen Möglichkeiten für soziale, ökologische und
emanzipatorische Gesellschaftsformen. Diese Gleich-
zeitigkeit von Gefahren und neuen Möglichkeiten
sollte uns herausfordern, unsere Zukünfte gemeinsam und bewußt zu gestalten.
Bd. 3/2, 1999, 224 S., 49,80 DM, br., ISBN 3-8258-4267-3

Quido Partl
**Förderung der Selbstorganisation sozialer
Makrosysteme**
Die Entdeckung und Erforschung der Selbstorganisation in den letzten zwei bis drei Jahrzehnten hat uns
in eine seltsame Situation gebracht. Einerseits organisieren die Menschen seit Anfang ihrer Geschichte
ihre Gesellschaft selbst, andererseits stellen sie jetzt
aber fest, daß die Gesellschaft nicht nur durch den
Menschen allein organisiert wird: Außer der hierarchischen Organisation werden die sozialen Systeme
auch von der Selbstorganisation organisiert. Welche
Schlußfolgerungen lassen sich aus dieser Erkenntnis
ziehen? Wie beteiligt sich jede der beiden Organi-
sationsarten an der Organisation sozialer Systeme?
Welche Rolle spielt jede von diesen Organisations-
arten? Welche Organisationsart spielt die wichtigere
Rolle? Wie sieht das Zusammenwirken der hierarchischen Organisation mit der Selbstorganisation
aus? Kooperieren sie zusammen oder wirken sie sich
entgegen? Die Untersuchung dieser Fragen ist das
Thema der vorliegenden Abhandlung.
Bd. 4, 1997, 80 S., 34,80 DM, br., ISBN 3-8258-3187-6

Quido Partl
Lenken wir das bereits Gelenkte?
Zusammenwirken der Selbstorganisation und
der hierarchischen Organisation in sozialen
Systemen
Die Entdeckung und Erforschung der Selbstorganisation in den letzten zwei bis drei Jahrzehnten hat uns
in eine seltsame Situation gebracht. Einerseits organisieren die Menschen seit Anfang ihrer Geschichte
ihre Gesellschaft selbst, andererseits stellen sie jetzt
aber fest, daß die Gesellschaft nicht nur durch den
Menschen allein organisiert wird: Außer der hierarchischen Organisation werden die sozialen Systeme
auch von der Selbstorganisation organisiert. Welche
Schlußfolgerungen lassen sich aus dieser Erkenntnis
ziehen? Wie beteiligt sich jede der beiden Organi-
sationsarten an der Organisation sozialer Systeme?
Welche Rolle spielt jede von diesen Organisations-
arten? Welche Organisationsart spielt die wichtigere
Rolle? Wie sieht das Zusammenwirken der hierarchischen Organisation mit der Selbstorganisation
aus? Kooperieren sie zusammen oder wirken sie sich
entgegen? Die Untersuchung dieser Fragen ist das
Thema der vorliegenden Abhandlung.
Bd. 5, 1999, 144 S., 29,90 DM, br., ISBN 3-8258-4108-1

Politische Soziologie
herausgegeben von Arno Klönne und Sven Papcke

Werner Biermann
Die verratene Transformation
Ein soziologischer Essay über die neuen
Machtverhältnisse in Rußland. Mit einem
Vorwort von Arno Klönne
Vor nicht einmal 10 Jahren verabschiedete sich
die UdSSR, nach den USA die zweite Weltmacht,
von ihrem staatssozialistisch-imperialen Anspruch
und wandte sich westlichen Politikidealen zu. Da-
mit verband sich die Hoffnung auf eine weltweite
Durchsetzung der "Zivilgesellschaft", und, bezo-
gen auf die UdSSR, auf Wohlstandsökonomie und

LIT Verlag Münster – Hamburg – London
Bestellungen über:
Grevener Str. 179 48159 Münster
Tel.: 0251 – 23 50 91 – Fax: 0251 – 23 19 72
e-Mail: lit@lit-verlag.de – http://www.lit-verlag.de

Preise: unverbindliche Preisempfehlung

liberale, friedliche Zusammenarbeit der Nationen. Die Vormacht der "Zweiten Welt" schien sich auf den Weg in die "Erste Welt" gemacht zu haben – ökonomisch, politisch und ideologisch.
Heute, so stellt W. Biermann in diesem Band fest, hat der wirtschaftliche Umbau in Richtung auf einen staatsverschränkten, dennoch hemmungslosen Kapitalismus zwar die Erwartungen der früheren ökonomischen Elite an den Aufstieg in eine Bourgeoisie erfüllt, gleichzeitig jedoch die sozialen Spannungen in dramatischer Weise verschärft.
Welchen Verlauf die Transformationspolitik in Rußland nahm und welche sozio-ökonomischen und politischen Machtverhältnisse aus ihr hervorgingen, zeigt der Autor mit großer Präzision und Klarheit auf.
Bd. 8, 1996, 150 S., 38,80 DM, br., ISBN 3-8258-2778-x

Karin Priester
Rassismus und kulturelle Differenz
Seit im 16. Jh. das Ghetto von Venedig eingerichtet wurde und im französischen Adel sich der Germanenmythos herausbildete, ist der moderne Rassismus als Ideologie der Ungleichheit fester Bestandteil der politischen Diskurse und Ausgrenzungsformen geworden. Karin Priester verfolgt, wie er in der Literatur der Zwischenkriegszeit bei dem völkischen Autor Hans Grimm eine existentialistische Wende nimmt, bei Louis-Ferdinand Céline eine anarchoid-antisemitische. Sie geht der Fabrikation des Erhabenen und Religiösen als reiner Kultreligion im Faschismus nach, untersucht am Beispiel rechtsextremistischer Gewalttaten bei ostdeutschen Jugendlichen in der Wendezeit den Erklärungswert der "Individualisierungsthese" und zeigt am Beispiel der Judenemanzipation in Deutschland die ideologische Arbeit am Konstrukt "des" Juden. Ist der biologisch argumentierende Rassismus ein Relikt der Vergangenheit und wird er inzwischen durch einen "kulturalistischen" abgelöst? Stehen wir am Anfang eines neuen rassistischen Paradigmas, das statt von biologischen von unhintergehbaren "kulturellen" Differenzen ausgeht und welche ambivalente Rolle spielt dabei die lebensphilosophische Dezentrierungsthese bei Philosophen der Postmoderne und des Dekonstruktivismus?
Bd. 9, 1997, 204 S., 34,80 DM, br., ISBN 3-8258-3354-2

Martin Winter
Politikum Polizei
Macht und Funktion der Polizei in der Bundesrepublik Deutschland
Bd. 10, 1998, 560 S., 49,80 DM, br., ISBN 3-8258-3494-8

Hans Uske; Hermann Völlings;
Jochen Zimmer; Christof Stracke (Hrsg.)
"Soziologie als Krisenwissenschaft"
Festschrift zum 65. Geburtstag von Dankwart Danckwerts
Dankwart Danckwerts, geboren 1933, ist einer der innovativsten und vielseitigsten marxistischen Soziologen in Deutschland. Das Spektrum seiner Forschungen und Publikationen reicht von den "Thesen zur Kritik der Soziologie" (1969 zusammen mit Thomas Neumann, Hans Jürgen Krysmanski u. a.) und "Entwicklungshilfe als imperialistische Politik" (1968) über die "Grundrisse einer Soziologie sozialer Arbeit und Erziehung" (1978) bis zu "Systematische Rationalisierung und logistische Optimierung" ((1989). Zahlreiche wissenschaftliche und politische publizistische Initiativen verdanken ihm wichtige Impulse. So war er Mitinitiator und -herausgeber der Zeitschriften "demokratische Erziehung", "Düsseldorfer Debatte" und "Verkehr und Logistik" sowie der Reihe "Sozialpädagogik" bei Beltz.
Die Festschrift zum 65. Geburtstag des Duisburger politischen Soziologen versammelt Beiträge von Freunden, Schülern, Kollegen und Projektpartnern, sie umspannt Danckwerts' zentrale Arbeitsgebiete: Kritik der Entwicklungspolitik, Bildungsökonomie, Soziologie der sozialen und gesellschaftlichen Arbeit, Personalentwicklung, Verkehr und Logistik. Sie fragt mit Danckwerts "Ist Theorie wirklich subversiv?"
Bd. 11, 1998, 360 S., 38,80 DM, br., ISBN 3-8258-3676-2

Arndt Hopfmann; Michael Wolf (Hrsg.)
Transformation und Interdependenz
Beiträge zu Theorie und Empirie der mittel- und osteuropäischen Systemwechsel
Obwohl seitens der Sozialwissenschaften eine Vielzahl von theoretischen wie empirischen Beiträgen zu den Transformationsprozessen in Mittel- und Osteuropa vorgelegt wurden, sind die wissenschaftlichen Kontroversen (noch immer) durch zwei "Schieflagen" charakterisiert. Bemerkenswert ist *erstens* die ausgesprochene Ostlastigkeit – das heißt, die gesellschaftlichen Umbrüche im "Osten" werden losgelöst von den Prozessen gesellschaftlicher Entwicklung im "Westen" analysiert. Auffallend ist *zweitens* der Modernisierungsbias – das heißt, den Erklärungsansätzen sind in der Regel Szenarien "nachholender Modernisierung" zugrundegelegt. Es wird mithin angenommen, der Systemwechsel in den Ländern Mittel- und Osteuropas bleibe ohne merkliche Folgen für die westlichen Industrieländer, und erfolgreiche Transformation könne letztlich nur Nachvollzug westlicher Entwicklungen heißen. Gegen diese befremdend unwirkliche Sicht und ideenarme Interpretation wendet sich das vorliegende Buch. Es enthält Beiträge von interdisziplinär orientierten in- und ausländischen Autoren, die inhaltlich die Hypothese verbindet, daß die Umbruchsprozesse nur dann angemessen zu begreifen sind, wenn sie als eingebunden in ein dynamisches Geflecht von vielfältigen innerstaatlichen Auswirkungen und wechselwirkenden transnationalen Rückwirkungen analysiert werden.
Bd. 12, 1998, 320 S., 48,80 DM, br., ISBN 3-8258-4055-7

LIT Verlag Münster – Hamburg – London
Bestellungen über:
Grevener Str. 179 48159 Münster
Tel.: 0251 – 23 50 91 – Fax: 0251 – 23 19 72
e-Mail: lit@lit-verlag.de – http://www.lit-verlag.de
Preise: unverbindliche Preisempfehlung

Beiträge zur Geschichte der Soziologie

herausgegeben von Prof. Dr. Sven Papcke
(Westfälische Wilhelms-Universität Münster)

Sven Papcke
Humanistische Ansätze der Soziologie und ihre Widersacher
Anmerkungen zur Debatte in Deutschland
Mit Blick auf fachhistorische und sozialgeschichtliche Leitprobleme zeichnet der Band anhand soziologischer Streitfälle, Sichtweisen und Zuspitzungen von Heinrich von Treitschke über Gustav von Schmoller bis René König und Niklas Luhmann Selbstverständnisschwierigkeiten der Moderne nach.
Bd. 5, Herbst 2000, 160 S., 39,80 DM, br.,
ISBN 3-8258-2457-8

Petra Liebwerth
Aufklärungswissenschaft oder Instrument nationalsozialistischer Ideologie?
Zum ideologischen Standort religionssoziologischer Theoretiker zwischen 1933 und 1945
Bei der Etablierung ihrer Terrorherrschaft bedienten sich die nationalsozialistischen Ideologen reichlich aus dem Fundus religiöser Wertbegriffe und Traditionen. Hinter Hitlers verworrener und scheinbar ungeplanter Religionspolitik verbarg sich eine gezielte Taktik, die sich den Sinnverlust der 20er Jahre zunutze machte, indem sie die Transzendenzfähigkeit des Einzelnen an dessen Bereitschaft zur Aufopferung für einen hypostasierten Staats- und Führerleviathan band. Eine nationalsozialismusfreundliche Religionssoziologie unterstützte den Aufbau dieser Schein-Transzendenz totalitärer Machart, indem sie traditionell christliche Begriffe im Sinne der nationalsozialistischen Ideologie umdeutete. So markiert das "Dritte Reich" das 'Ende der Unschuld' auch für die Religionssoziologie. Im Gegenzug dazu führte jedoch die – allen Widrigkeiten zum Trotz – dennoch auch in Deutschland geführte Auseinandersetzung mit derartigen Versuchen zu einer Renaissance des ursprünglich emanzipatorisch-aufklärerischen Auftrages der Soziologie. In bewußter Auseinandersetzung mit der totalitären Scheinreligion wird die gesellschaftstranszendierende Potenz christlicher Ideologiekritik herausgearbeitet. Hier findet sich ein Arbeitsgebiet, auf dem Theologie und Soziologie im Diskurs einen Beitrag zur der gegenwärtig immer virulenter werdenden Transzendenzproblematik unserer Gesellschaft leisten können.
Bd. 6, 1996, 255 S., 48,80 DM, br., ISBN 3-8258-2578-7

Volker Kruse
Analysen zur deutschen historischen Soziologie
Historische Soziologie avancierte in den zwanziger Jahren zu einer führenden, auch international beachteten Strömung in den deutschen Sozialwissenschaften. Seit den fünfziger Jahren wurde sie als unwissenschaftliche "Geschichts- und Sozialphilosophie" bzw. "Kulturkritik" abgetan. Die Folge war – bei allen allgemeintheoretischen und empirischmethodischen Fortschritten – ein geschichtlicher, geschichtstheoretischer und zeitdiagnostischer Kompetenzverlust der deutschen Soziologie. Der vorliegende Band begreift historische Soziologie als eine ungenutzte Ressource, die das Theorienspektrum der Allgemeinen Soziologie bereichern kann. Er arbeitet die Entstehungsgeschichte und die Theoriestruktur dieser Soziologie heraus und zeigt, daß die "mainstream"-Kritik der fünfziger Jahre unhaltbar ist.
Bd. 7, 1998, 168 S., 34,80 DM, br., ISBN 3-8258-2663-5

Jörg Gutberger
Volk, Raum und Sozialstruktur
Sozialstruktur- und Sozialraumforschung im "Dritten Reich"
Mit den Termini "Volk, Raum und Sozialstruktur" werden *Schlüsselkategorien* der empirischen Sozial- und Bevölkerungsforschung im Nationalsozialismus benannt. Der Verfasser beschreibt und analysiert auf breitester empirischer Grundlage Forschungsinhalte und Entstehungs-/Verwertungsbedingungen eines anwendungsnahen Forschungstypus, der sogenannten Sozialstruktur- und Sozialraumforschung. Derartige Forschungen blieben nicht an einzelne sozial- oder humanwissenschaftliche Fachdisziplinen gebunden, sondern wurden (überwiegend im Kontext der politiknahen Raumforschung) *multidisziplinär* betrieben. Die Studie wendet sich deshalb auch nicht nur an den fachgeschichtlich interessierten Soziologen, sondern ebenso an die Geographen, Historiker, Volkskundler, Politikwissenschaftler, Bevölkerungs- und Agrarwissenschaftler, Ökonomen etc. Die Untersuchung gehört in den Kontext der Debatte *"Wie modern war der Nationalsozialismus?"*, weil sich die hier rekonstruierte Sozial- und Bevölkerungsforschung nicht nur durch zweckrationale Methoden auszeichnete, sondern auch durch ihre "kognitive" Nähe zu administrativen Erfassungspraktiken und Denkweisen (z. B. mechanistische Gesellschaftsvorstellungen). Diese empirische Sozialwissenschaft wollte Politik *"gestaltend"* ergänzen und unmittelbar in die bürokratische Praxis eingreifen. Besonders hervorzuheben ist die beigefügte, 60 Personen umfassende biographische Anthologie (von Fritz Arlt bis Waldemar Zimmermann).
Bd. 8, 1996, 592 S., 68,80 DM, br., ISBN 3-8258-2852-2

Uwe Barrelmeyer
Geschichtliche Wirklichkeit als Problem
Untersuchungen zu geschichtstheoretischen Begründungen historischen Wissens bei Johann Gustav Droysen, Georg Simmel und Max Weber
Die Lektüre repräsentativer methodologischer Beiträge namhafter deutscher Historiker sowie historischer Soziologen lehrt, daß der Begriff der geschichtlichen

LIT Verlag Münster – Hamburg – London
Bestellungen über:
Grevener Str. 179 48159 Münster
Tel.: 0251 – 23 50 91 – Fax: 0251 – 23 19 72
e-Mail: lit@lit-verlag.de – http://www.lit-verlag.de
Preise: unverbindliche Preisempfehlung

Wirklichkeit im Begründungsrahmen einer objektivistischen Wissenschaftsauffassung positioniert wird, der hinter einen bereits erreichten Reflexionsstand des klassischen deutschen geschichtstheoretischen Denkens zurückfällt. Mit Blick auf dieses Leitproblem analysiert die Untersuchung anhand der geschichtstheoretischen Reflexionen Droysens, Simmels und Webers den sich im 19. Jahrhundert durchsetzenden Prozeß der Verwissenschaftlichung der Geschichtserkenntnis. Vor allem die im Anschluß an Simmel und Heinrich Rickert konzeptualisierte historische Wissenschaftslogik Webers hat richtungsweisende Bedeutung für die spätere deutsche historische Soziologie erlangt.
Bd. 9, 1997, 280 S., 49,80 DM, br., ISBN 3-8258-3262-7

Lieselotte Steveling
Juristen in Münster
Ein Beitrag zur Geschichte der Rechts- und Staatswissenschaftlichen Fakultät der Westfälischen Wilhelms-Universität Münster/Westf.
Bd. 10, 1999, 784 S., 79,80 DM, br., ISBN 3-8258-4084-0

Werner S. Landecker
Die Geltung des Völkerrechts als gesellschaftliches Phänomen
Eine rechts- und sozialwissenschaftliche Analyse aus dem Jahr 1936. Herausgegeben von Günther Lüschen
Diese rechts- und sozialwissenschaftliche Analyse von 1936 hat weiterhin für das Verständnis des Völkerrechts hohe Aktualität. Entgegen einem positivistischen Verständnis der Rechte wie bei Kelsen sind nach Landecker besonders für das Völkerrecht soziologische Erklärungsansätze zu berücksichtigen, um u. a. dessen grundsätzliche Schwäche, weitgehende Interpretationsmöglichkeit oder mangelnde Durchsetzungsfähigkeit zu verstehen. Die Geltung des Völkerrechts ist trotzdem durch Konvention, öffentlich-internationale Meinung und durch die systemische Struktur der Völkergemeinschaft eine Realität, die zunehmend das Verhalten der Staaten untereinander kontrolliert.
Bd. 11, 1999, 208 S., 49,80 DM, gb., ISBN 3-8258-4287-8

Jugendsoziologie
herausgegeben von Hartmut M. Griese

Georg W. Oesterdiekhoff; Sven Papcke
Jugend zwischen Kommerz und Verband
Eine empirische Untersuchung der Jugendfreizeit. Mit einem Vorwort von Wolf-Michael Catenhusen
Die vorliegende Untersuchung des Freizeitverhaltens von Jugendlichen beruht auf einer empirischen und repräsentativen Befragung von Jugendlichen zwischen 16 und 28 Jahren. Der Band bietet einen Überblick über die Bandbreite von Freizeitaktivitäten Jugendlicher. Die Analyse des Verhältnisses von privater und kommerzieller zu verbandlicher Freizeitgestaltung steht im Vordergrund. Die Studie sucht die Frage zu beantworten, ob Kommerzialisierung und Individualisierung für den Niedergang solidarischer und verbandlicher Jugendaktivitäten verantwortlich sind. Sie kann somit Vereinen Einsichten liefern, wie es ihnen wieder gelingen kann, sich verstärkt an den Interessen der Jugendlichen zu orientieren.
Bd. 1, 1999, 160 S., 39,80 DM, br., ISBN 3-8258-4436-6

Hartmut M. Griese
Jugendweihe in der Diskussion
Positionen, Perspektiven und Alternativen zu einem Übergangsritual
Bd. 2, Herbst 2000, 280 S., 38,80 DM, br., ISBN 3-8258-4551-6

Marburger Beiträge zur Sozialwissenschaftlichen Forschung
herausgegeben von Hartmut Lüdtke und Hartmut Schweitzer (Institut für Soziologie der Philipps-Universität Marburg)

Nando Belardi
China Sozial
Modernisierung und Sozialwesen in der VR China und Hongkong. Eine vergleichende Untersuchung zur Sozialen Arbeit
Bd. 2, 1996, 273 S., 29,80 DM, br., ISBN 3-8258-3072-1

Hartmut Schweitzer
Soziales Wissen und Einstellungen
Untersuchungen zur Messung der Wirkung von politischem Lehrmaterial auf Wissen und Einstellungen am Beispiel "Europa im Unterricht"
Bd. 3, 1996, 344 S., 48,80 DM, br., ISBN 3-8258-3073-x

Hartmut Lüdtke; Ingrid Matthäi; Matthias Ulbrich-Herrmann
Technik im Alltagsstil
Eine empirische Studie zum Zusammenhang von technischem Verhalten, Lebensstilen und Lebensqualität privater Haushalte
Bd. 4, 1996, 233 S., 38,80 DM, br., ISBN 3-8258-3074-8

Hartmut Lüdtke
Zeitverwendung und Lebensstile
Empirische Analysen zu Freizeitverhalten, expressiver Ungleichheit und Lebensqualität in Westdeutschland
Bd. 5, 1996, 194 S., 29,80 DM, br., ISBN 3-8258-3075-6

LIT Verlag Münster – Hamburg – London
Bestellungen über:
Grevener Str. 179 48159 Münster
Tel.: 0251 – 23 50 91 – Fax: 0251 – 23 19 72
e-Mail: lit@lit-verlag.de – http://www.lit-verlag.de
Preise: unverbindliche Preisempfehlung

Fremde Nähe – Beiträge zur interkulturellen Diskussion

herausgegeben von
Raimer Gronemeyer (Gießen),
Roland Schopf (Fulda)
und Brigitte Wießmeier (Berlin)

Wolfgang Claus unter Mitarbeit von
Christiane Hubo
Integration von Aussiedlern in Süd-Niedersachsen
Bd. 4, 1996, 384 S., 48,80 DM, br., ISBN 3-89473-666-6

Jutta Bertram
"Arm, aber glücklich ..."
Wahrnehmungsmuster im Ferntourismus und ihr Beitrag zum (Miß-)Verstehen der Fremde(n)
Während in Europa Angehörige außereuropäischer Gesellschaften zunehmend als Bedrohung angesehen werden, hält die Faszination ihrer Herkunftsländer ungebrochen an. Im Rahmen von Fernreisen suchen die EuropäerInnen in der Fremde das, was sie zu Hause im Alltag meiden: eine Konfrontation von 'Eigenem' und 'Fremdem'.
Die Autorin geht der Frage nach, welche Wahrnehmungsmuster in der Sehnsucht nach der Fremde zum Ausdruck kommen. Auf dem Hintergrund der historischen Wurzeln und gesellschaftlichen Voraussetzungen dieser Wahrnehmung sowie ihrer Ausgestaltung im Ferntourismus untersucht sie deren Implikationen für ein Verstehen oder Mißverstehen der Fremde(n).
Bd. 6, 1995, 144 S., 28,80 DM, br., ISBN 3-8258-2393-8

Gertraude Lowien
Bilder vom Alltag italienischer Frauen
Erzählte Lebensgeschichte – gesellschaftliche Verhältnisse
Es handelt sich um Bilder im Sinne von Lebensbildern: Zehn Italienerinnen im Alter von Mitte Dreißig bis über neunzig Jahre kommen im ersten Teil zu Wort. Sie stellen ihre Biographien dar und schildern als Expertinnen ihrer eigenen Realität, wie sie in den letzten neun Jahren mit den vielen, oft "typisch italienischen" Schwierigkeiten ihres Alltags umgegangen sind. Die Auswahl dieser Frauen nach unterschiedlichem Alter, Herkommen, Ausbildungs- und Familienstand ermöglicht Einblicke in sehr unterschiedliche Lebensmodelle. Im zweiten Teil werden, weitgehend auf der Basis italienischer Literatur und aus der Perspektive von Frauen Fakten, Zusammenhänge und Einzelbeispiele zu den allgemeinen und speziellen Bedingungen dargestellt, die den Alltag von Frauen bestimmen: Rollen- und Selbstverständnis, Mutterschaft, Familie im Wandel, Arbeit im Beruf und in der Familie, Alter, Gesundheit, Wohnen.
Bd. 7, 1997, 384 S., 48,80 DM, br., ISBN 3-8258-3178-7

Andreas von Seggern
'Großstadt wider Willen'
Zur Geschichte der Aufnahme und Integration von Flüchtlingen und Vertriebenen in der Stadt Oldenburg nach 1944
Die vorliegende Untersuchung beschäftigt sich mit jenem Zeitraum der Oldenburger Stadtgeschichte, in dem sich innerhalb weniger Jahre die Entwicklung der vormaligen Residenz- bzw. Landeshauptstadt zur Großstadt vollzog. Die Dynamik des Zustroms von über 40.000 Vertriebenen und Flüchtlingen, die als Folge des nationalsozialistischen Krieges in das weitgehend unzerstört gebliebene Oldenburg strömten, schuf soziale, ökonomische, politische, vor allem aber sozio-kulturelle Probleme, deren Bewältigung – bei allen Integrationserfolgen – zum Teil bis in die Gegenwart nur unzureichend gelingen konnte.
Bd. 8, 1998, 424 S., 59,80 DM, br., ISBN 3-8258-3553-7

Yasar Uysal
Biografische und ökologische Einflußfaktoren auf den Schulerfolg türkischer Kinder in Deutschland
Eine empirische Untersuchung in Dortmund
Noch immer sind Schüler mit ausländischem Paß nach wie vor an den Hauptschulen und Sonderschulen über- und an den Realschulen und Gymnasien unterrepräsentiert. Trotz vielfältiger pädagogischer und didaktischer Maßnahmen hat sich die Schulsituation ausländischer Schüler nicht wesentlich verbessert. Die vorliegende Arbeit versteht sich zugleich als sozialwissenschaftlicher und als schulpädagogischer Beitrag zur Analyse von Lebensbedingungen türkischer Schüler sowohl im Elternhaus als auch in ihrem sozialen Umfeld. Ein zentrales Ziel der vorliegenden Arbeit ist es, konkrete Schwierigkeiten türkischer Schüler zu verdeutlichen, um daraus konkrete Hinweise zu gewinnen, die einer Verbesserung der Schulsituation türkischer Kinder dienlich sein können.
Bd. 9, 1998, 240 S., 34,80 DM, br., ISBN 3-8258-3606-1

Hasan Alacacıoğlu
Außerschulischer Religionsunterricht für muslimische Kinder und Jugendliche türkischer Nationalität in NRW
Eine empirische Studie zu Koranschulen in türkisch-islamischen Gemeinden
Die Debatte um die Einführung eines islamischen Religionsunterrichts an deutschen Schulen wird überwiegend von Emotionen und Vorurteilen bestimmt. Diese fehlende Sachlichkeit ist vor allem zurückzuführen auf die verbreitete Unkenntnis hinsichtlich der großen islamischen Religionsgemeinschaften, die als Träger eines solchen Unterrichts in Frage kämen. Vor diesem Hintergrund leistet

LIT Verlag Münster – Hamburg – London
Bestellungen über:
Grevener Str. 179 48159 Münster
Tel.: 0251 – 23 50 91 – Fax: 0251 – 23 19 72
e-Mail: lit@lit-verlag.de – http://www.lit-verlag.de
Preise: unverbindliche Preisempfehlung

die vorliegende Studie einen wichtigen Beitrag zur Schließung vorhandener Informationslücken. Der Autor stellt die fünf größten islamischen Gemeinschaften in Deutschland – VIKZ, Milli Görüş, DITIB, Nurculuk-Bewegung, Aleviten – detailliert vor und gibt einen Überblick über ihre weltanschauliche Fundierung und ihre Zielsetzungen auf religiösem, kulturellem und politischem Gebiet. Im Mittelpunkt steht die Untersuchung des Religionsunterrichts, den diese Gemeinschaften in ihren Koranschulen anbieten, seiner inhaltlichen Schwerpunkte, seiner Zielsetzungen sowie der verwandten Unterrichtsmethoden. Eine ausführliche Beurteilung dieses Unterrichts unter pädagogischen und religionspädagogischen Gesichtspunkten rundet das Buch ab.
Bd. 10, 1999, 296 S., 39,80 DM, br., ISBN 3-8258-4144-8

Brigitte Wießmeier (Hrsg.)
"Binational ist doch viel mehr als deutsch"
Studien über Kinder aus bikulturellen Familien
Die interkulturelle Forschung focussiert bisher eher Probleme, wonach das Zusammentreffen zweier Kulturen grundsätzlich als divergent und in Form kultureller Zerrissenheit erlebt wird. Die sogenannte Kulturkonflikthypothese geht von grundlegenden Orientierungs- und Identitätsschwierigkeiten aus. Die Kultur wird als zentrale und primäre Dimension betont, und andere persönliche, soziale und ökonomische Faktoren werden vernachlässigt. Der Forschungsansatz der Forschungsgruppe ist hingegen ein anderer. Dieser meint nicht ein "sozialromantisches" Hinwegsehen kulturkritischer Komponenten. Es wird aber ein Zusammenhang gesehen zwischen einem "existierenden Kulturkonflikt" und "gesellschaftlicher Anerkennung bzw. Nichtanerkennung von Kultur". An dieser Stelle bekommen also die individuellen Internalisierungsprozesse bezogen auf Kultur und ihre gesellschaftliche Anerkennung und Wertschätzung eine Bedeutung. Weiterhin werden im mehrkulturellen Kontext Momente der Erweiterung von Lebens- und Handlungsmöglichkeiten erkannt, die in bisherigen kulturvergleichenden Zusammenhängen vernachlässigt wurden. An dieser Stelle soll kein "positives Vorurteil" konstruiert und ein genereller bikultureller Vorteil unterstellt werden. Vielmehr wird parallel zur interkulturellen eine bikulturelle Chance akzeptiert.
Bd. 11, 1999, 216 S., 34,80 DM, br., ISBN 3-8258-4166-9

Cüneyt Sözbir u. a. (Hrsg.)
Migration und gesellschaftlicher Wandel
Bd. 12, Herbst 2000, 200 S., 29,80 DM, br.,
ISBN 3-8258-4567-2

Shirin Daftari
Fremde Wirklichkeiten
Verstehen und Mißverstehen im Fokus bikultureller Partnerschaften
Menschen, die eine Situation gemeinsam erleben, nehmen diese meist verschieden wahr und handeln dementsprechend in verschiedene Wirklichkeiten. Von dieser Tatsache angeregt, hat Shirin Daftari versucht, verschiedene Dimensionen der Wahrnehmung herauszuarbeiten, auf Grund derer Wirklichkeit unterschiedlich entsteht. Hierzu wählt sie bikulturelle Partnerschaften als Fokus. Diese sind als Intimbeziehungen zum einen Ort intensivster Kommunikation, an dem Verschiedenheit nicht einfach übergangen werden kann. Zum anderen kann sich in der Auseinandersetzung mit bikulturellen Partnerschaften *einer* Dimension von Andersartigkeit, nämlich kulturell geprägter Andersartigkeit, angenähert werden.
Bd. 13, 2000, 216 S., 39,80 DM, br., ISBN 3-8258 4586 9

Stefan Körner
Das Heimische und das Fremde
Die Werte Vielfalt, Eigenart und Schönheit in der konservativen und in der liberalprogressiven Naturschutzauffassung
Die vorliegende Studie beschäftigt sich anhand einer Diskussion um die Bewertung fremder Arten im Naturschutz mit einem Problemkomplex, der von den meisten Ökologen, Landschaftsplanern, Geographen und Naturschützem überhaupt nicht als Problem angesehen wird: Bei der Anwendung ökologischer Theorien im Handlungsfeld des Naturschutzes werden die in diesen Theorien enthaltenen Weltbilder, nämlich das konservative und das liberalprogressive, mit ihren jeweiligen fundamentalen Werten in die Natur projiziert, um sie in einem naturalistischen Fehlschluß dann wieder aus dieser als angeblich objektive ökologische Sachverhalte herauszulesen.
Bd. 14, 2000, 120 S., 34,80 DM, br., ISBN 3-8258-4701-2

Soziologie

Birgit Marx
Soziale Entwicklung in ländlichen Regionen
Ein theoretischer und empirischer Bezugsrahmen für ein Konzept sozialer Regionalentwicklung für die Zielgruppen Frauen und Jugend
Bd. 31, 1999, 296 S., 48,80 DM, br., ISBN 3-8258-4356-4

Wolfgang Schäfer-Klug
De-Thematisierung und symbolische Politik
Grenzen der Durchsetzung einer umweltorientierten Verkehrspolitik auf lokaler Ebene
Bd. 32, 1999, 288 S., 58,80 DM, br., ISBN 3-8258-4481-1

Dietmar Rost
Gesellschaftsbilder in Sardinien
Zur sozialen Konstruktion lokaler, regionaler und nationaler Identitäten
Bd. 33, Herbst 2000, 400 S., 48,80 DM, br.,
ISBN 3-8258-4864-7

LIT Verlag Münster – Hamburg – London
Bestellungen über:
Grevener Str. 179 48159 Münster
Tel.: 0251 – 23 50 91 – Fax: 0251 – 23 19 72
e-Mail: lit@lit-verlag.de – http://www.lit-verlag.de
Preise: unverbindliche Preisempfehlung